石油石化职业技能培训教程

石油勘探测量工

（上册）

中国石油天然气集团有限公司人事部　编

石油工业出版社

内 容 提 要

本书是由中国石油天然气集团有限公司人事部统一编写的《石油石化职业技能培训教程》中的一本。本书包括石油勘探测量工基础知识、初级工、中级工应掌握的操作技能与相关知识,并配套了相应等级的理论知识练习题,以便于员工对知识点的理解与掌握。

本书既可用于职业技能鉴定前培训,也可用于员工岗位技术培训和自学提高。

图书在版编目(CIP)数据

石油勘探测量工. 上册/中国石油天然气集团有限公司人事部编. —北京:石油工业出版社,2019.12
石油石化职业技能培训教程
ISBN 978-7-5183-3542-8

Ⅰ. ①石… Ⅱ. ①中… Ⅲ. ①石油勘探测量-技术培训-教材 Ⅳ. ①P618.130.8

中国版本图书馆 CIP 数据核字(2019)第 167491 号

出版发行:石油工业出版社
　　　　　(北京安定门外安华里 2 区 1 号楼　100011)
　　　　　网　　址:www.petropub.com
　　　　　编辑部:(010)64256770
　　　　　图书营销中心:(010)64523633
经　　销:全国新华书店
印　　刷:北京中石油彩色印刷有限责任公司

2019 年 12 月第 1 版　2022 年 8 月第 2 次印刷
787×1092 毫米　开本:1/16　印张:22.25
字数:560 千字

定价:65.00 元
(如出现印装质量问题,我社图书营销中心负责调换)

《石油勘探测量工》编委会

主　　编：孙国庆

副 主 编：徐忠民

编　　委：李德民　谢　宁

审核人员（按姓氏笔画排序）：

　　　　王广伟　何　平　李秀山　杨　柳

　　　　周　彬　郑家志　赵林冬

随着企业产业升级、装备技术更新改造步伐不断加快,对从业人员的素质和技能提出了新的更高要求。为适应经济发展方式转变和"四新"技术变化要求,提高石油石化企业员工队伍素质,满足职工鉴定、培训、学习需要,中国石油天然气集团有限公司人事部根据《中华人民共和国职业分类大典(2015年版)》对工种目录的调整情况,修订了石油石化职业技能等级标准。在新标准的指导下,组织对"十五""十一五""十二五"期间编写的职业技能鉴定试题库和职业技能培训教程进行了全面修订,并新开发了炼油、化工专业部分工种的试题库和教程。

教程的开发修订坚持以职业活动为导向,以职业技能提升为核心,以统一规范、充实完善为原则,注重内容的先进性与通用性。教程编写紧扣职业技能等级标准和鉴定要素细目表,采取理实一体化编写模式,基础知识统一编写,操作技能及相关知识按等级编写,内容范围与鉴定试题库基本保持一致。特别需要说明的是,本套教程在相应内容处标注了理论知识鉴定点的代码和名称,同时配套了相应等级的理论知识练习题,以便于员工对知识点的理解和掌握,加强了学习的针对性。此外,为了提高学习效率,检验学习成果,本套教程为员工免费提供学习增值服务,员工通过手机登录注册后即可进行移动练习。本套教程既可用于职业技能鉴定前培训,也可用于员工岗位技术培训和自学提高。

《石油勘探测量工》分上、下两册,上册为基础知识、初级工操作技能及相关知识、中级工操作技能及相关知识,下册为高级工操作技能及相关知识、技师与高级技师操作技能及相关知识。

本工种教程由大庆油田有限责任公司任主编单位,参与审核的单位有川庆钻探公司、东方地球物理公司等。在此表示衷心感谢。

由于编者水平有限,书中不妥之处在所难免,请广大读者提出宝贵意见。

编者

CONTENTS 目录

第一部分 基础知识

第二部分　初级工操作技能及相关知识

第三部分 中级工操作技能及相关知识

理论知识练习题

附 录

第一部分

基 础 知 识

模块一 石油勘探基础知识

项目一 石油勘探的概念与方法

一、石油勘探的概念

CAA001 石油
勘探的定义

石油勘探是为了寻找和查明油气资源而利用各种勘探手段了解地下的地质状况,认识油气的生成、运移、聚集、保存等条件,综合评价含油气远景,确定油气聚集的有利地区,找到储油气的圈闭,探明油气田面积,摸清油气藏情况和产出能力的过程。

随着世界经济的快速发展,人类社会对能源的需求逐年增加,而油气资源作为能源最重要的组成部分之一,其需求量更是突飞猛进。油气多深埋在地下几千米的岩层中,无法通过简单的地面勘查获得,只能通过地震、钻井、化验等技术手段勘查岩层中的物理现象和化学现象,判断地层中含有油气资源的可能性。人们经过长期不断的实践,总结并吸收、引用许多科学技术部门的新理论和新技术,逐渐建立了一套油气勘探科学的方法和技术,为国家经济服务。

二、石油勘探的方法

CAA002 石油
勘探的方法

地区石油赋存多少,主要取决于石油成矿后的后期构造的作用和含油地层的出露。石油勘探的方法与其他矿物勘探方法基本相同,石油勘探的方法可以归纳为三大类,即地质法、物探法和钻探法。

地质法就是以石油地质学、构造地质学、沉积岩石学等理论为基础,观察并研究出露在地表的地层、岩石,对地质资料进行综合分析,了解一个地区有无生成石油和储存石油的条件,最后做出该地区的含油气远景评价,指出含油气的有利地区。

CAA003 地质
法勘探的概念

物探法,即地球物理勘探方法,是根据地质学和物理学的原理,利用电子学和信息论等新技术,建立起来的一种较新的勘探油气的方法。这一方法利用各种物探仪器,在地面观测地壳中的各种物理现象,从而推断地下的地质构造和岩性分布的特点,寻找可能的储油储气构造。物探法是一种间接的找油方法。物探法能用来查明地下地质构造的特点,主要是因为组成地壳的各种岩石或组成地质构造的各个岩层具有不同的物理性质,因而不同岩石或地层对地面上的物理仪器就有不同的响应,根据仪器测量的结果,经过各种分析研究就可以推断地下地质构造的特点,寻找到适合储油的地质构造。

物探法可以了解地下地质构造的特点,寻找到适合储油的地质构造,物探法是目前主要的勘探手段。但这些构造是否储存油气,还需根据物探法提供的井位进行钻探得以证实。

钻探法就是利用物探法提供的井位进行钻探,通过钻井来勘查地下地质情况,直接取得地下最可靠的地质资料来确定地下的构造特点及含油气的情况,是最直接的石

CAA004 钻探
法勘探的概念

油勘探方法。

石油勘探最初的普查工作主要是由地质技术人员完成并绘制出区域构造地质图，然后由物探技术人员通过物探方法详细勘察地质构造位置和形状，最后需要钻井技术人员通过钻井方法直接勘察地下地质情况。由此可见，油气勘探是一件很复杂的工作，需要地质学家和地球物理学家紧密配合综合分析。

项目二　石油物探基础知识

一、石油物探的概念

CAA005 石油物理勘探的定义

石油地球物理勘探简称石油物探，是以地下各种岩石或矿体具有不同的物理学性质作为研究基础的，用物理学原理和方法来研究地质构造情况和寻找地下矿藏的科学工程。

石油地球物理勘探，利用一定的物理方法和观测仪器，对某个区域的地球物理场，例如磁场、电场、引力场、弹力波场等，进行观测和分析，然后结合石油地质学理论，以岩石间物理性质差异为基础，以物理方法为手段，推断出地下石油或天然气的分布情况和储量大小。

二、石油物探的地位和方法

石油物探在长期的施工勘探事业中具有重要的地位，总体来说，我国的石油物探技术水平处在国际一流水平。但是由于石油物探是间接的勘探方法，无法直接观察和确定地下岩层性质和构造，所以前石油部部长王涛曾经说过这样一句话："搞石油勘探，成在物探，败也在物探"，最终的勘探目标要靠钻探方法确定。由于钻探方法的成本较高，在石油勘探行业，有一条不成文的法规："没有充分可靠的物探资料，就不能定探井井位"。

CAA006 石油物探的地位

物探法特别适用于海洋、沙漠地区及地表较为松散的沉积地区，因为在这些地区的表面，看不到岩石，地质法受到限制，用大量钻井、取岩心等方法成本高、效率低，所以一般运用物探法。

地球物理勘探以地下各种岩石或矿体具有不同的物理性质作为研究基础，利用一定的物理方法和特定的观测仪器，对某个区域的地球物理场进行观测和分析，然后结合物理学理论，推断出地下的地质构造和矿体分布情况。

CAA007 石油物理勘探的方法

石油物探一般分为电法勘探、磁法勘探、重力勘探、地震勘探和放射性勘探等几种是根据含油气地层岩性物理性质发生变化的原理进行勘查。目前地震勘探方法是应用最为广泛的石油物探方法，基本方法有二维地震勘探和三维地震勘探等。

CAA009 电法勘探的定义

电法勘探是以地壳中的岩石和矿石具有某些电学性质并在地表上形成一定特征的电场原理作为研究基础的。电法勘探所利用的电场，既可以是天然的，也可以是通过人工建立的直流或交流电场。电法勘探要利用特定的仪器，结合地质学理论进行分析，可间接获得地下地质构造和矿体分布的情况。如电阻率法，借助于地表的岩石具有透水性的特征，当在地面上两点供入直流电，地下立即会形成一个电场，砂岩是很好的储层，当电阻率很高的石油侵入后，就会形成高阻层或高阻异常体，这就为寻找油气提供了电性异常及有关的地质信息。

重力勘探是以地面重力场随着地下岩石和矿体密度的不同而变化的原理为研究基础的。重力勘探是使用重力仪作为主要勘探仪器,对特定区域的重力场进行观测,用高低不平的地下重力构造图并结合其他物探资料来分析研究地下的地质结构,结合地质学理论进行分析,间接获得地下地质构造和矿体分布的情况。

CAA010 重力勘探的定义

磁法勘探是通过对地表磁力异常的研究,间接地获得地下地质构造和矿体分布的情况。地下岩石或矿体具有不同的磁性并产生大小不同的磁场,在地磁场的作用下,不同地层形成的地质构造就会呈现出不同的磁性,并产生磁力作用。用磁力仪测出不同地点的磁力值数据,绘成各种图件,同重力图配合使用,对寻找油气藏就能起到相辅相成的作用。

CAA011 磁法勘探的定义

三、石油物探的作用

CAA008 石油物探的作用

在我国现有的油气田中,石油物探的作用大于石油化学勘探,大部分油气田都是用物探方法发现的。1958—1959 年,在松辽盆地,首先应用综合物探方法发现了大型的"长垣构造",然后相继展开大规模的物探工作,并于 1959 年 9 月在松基 3 井喜获原油,从此揭开了大庆油田会战的序幕;渤海湾地区的胜利、辽河、大港、华北、中原等一大批油田,主要是依靠地震勘探方法查明地下情况后才得以取得勘探突破的。在钻井之前,如能应用石油物探方法选准钻井的地方,这样做往往能节省资金,精确地找到油气储层及储量。

项目三 地震勘探基础知识

一、地震勘探的概念

CAA012 地震勘探的定义

地球物理勘探最主要的一种勘探方法是地震勘探,它具有勘探精度高,能更清晰地确定油气构造形态、埋藏深度、岩石性质等优点,成为油气勘探的主要手段,并被广泛应用。

地震勘探是以人工激发引起的地震波作为研究基础,使用的最重要仪器是地震仪和检波器。先利用人工激发引起地震波,再利用地震探测仪器接收地震波遇到地下各岩层所产生的反射波和折射波来研究地下地质构造。

根据目前的科技水平,三维地震勘探技术能像"CT"一样对地下各切面做成像解剖,因而成为当前最精密的石油地球物理勘探手段之一。

二、地震勘探的方法

CAA013 地震勘探的方法

在经过周密部署的勘探区域,利用测量仪器在地面标定设计位置并实测坐标高程,使用炸药或机械作为人工震源激发地震波,通过地震检波器接收经地下各种地质构造反射、折射回地面的地震波,并将这些记录的数据进行综合处理和资料解释,来完成地震勘探。

通常在原理上,地震勘探分为二维地震勘探和三维地震勘探。

CAA014 地震勘探的阶段

根据勘探目的和程度的不同,地震勘探一般分为普查、详查、细测和精测等几个阶段。其中,普查阶段的地震勘探,一般是落实地质构造的形状和大小,其测线线距通常为几十千米,在重力、磁法或电法勘探已经获得初步地质资料的基础上,对地质构造的形状和大小进行初步落实。新探区的普查大多采用二维地震勘探。详查阶段地震勘探,是在普查阶段地震勘探基础上,对地质构造的形状和大小进行较详细的落实,重点探区的详查和细测,大多采用三维地震勘探方法。"高分辨率三维地震"及"随时间推移的四维地震"等新技术能够在地下储层描述及油田开采方面提供更多的信息。目前,三维地震勘探应用最广。

三、地震测线的部署
CAA015 地震测线的部署

野外地震资料采集之前,必须根据勘探目标进行详细的测线部署。

二维地震测线一般分为主测线和联络测线,主测线方向垂直于地质构造走向,主测线相互之间保持平行,联络测线与主测线正交。相比联络测线,主测线部署密度较高,是为了取得详细的目的区域地质信息。

根据地震测线部署的一般原则,地震测线应尽量保持直线。但是由于地表条件复杂,社会活动较多,有些区域无法部署测线或无法进行采集施工,二维地震测线在遇到特殊地形条件时,可布设成折线或弯线,三维地震测线网还可以布设成蛛网状。

四、地震勘探的流程
CAA016 地震勘探的流程

地震勘探是一项系统工程,工程技术人员根据勘探目标在勘探区域有目的性地部署测线,然后进入地震勘探流程,即地震资料采集、资料处理和资料解释三个主要过程。

地震资料采集是利用人工地震方法在勘探目的区域,使用地震仪器采集野外地震波资料,是地震勘探资料的原始来源。

CAA017 地震资料采集方法
地震资料采集的主要对象是地震波数据。首先通过测量工作来确定采集位置,通过炸药激发、检波器接收地震波,在此过程中,地震仪控制地震波数据采集过程。

野外地震勘探原始资料含有大量干扰信息,不能直接用于地质解释,需要利用大型数字计算机对野外地震勘探所获得的原始资料进行加工和改造,来获得高质量和可靠的地震信息,这一过程称为地震资料处理。

CAA018 地震资料处理方法
地震资料处理是个复杂过程,各个过程具有不同的意义。静校正是为了消除地表起伏对地震资料的影响,动校正是为消除因各接收点与激发点距离不同引起的正常时差的影响。最后地震资料处理的成果是地震剖面图。

CAA019 地震资料解释方法
数据处理结束之后,进入地震资料解释阶段,其基础工作是剖面解释。地震资料解释能够根据地震信息推测地层的岩性、厚度等,确定地质构造形态和空间位置,能够直接为钻探提供井位并和地震勘探工区含油气远景评价。

五、地震波的基本概念
ZAA001 地震波的基本概念

地震勘探工程是观测和处理人工地震产生的地震波及其传播过程来取得地下地质情况。地震波的形成必须具备两个条件,一个是震源,产生冲击力和振动能量,另一个是存在能够传播弹性振动的弹性介质,在震源瞬间激发产生的冲击力作用下,岩石质点产生震动,形成地震波。弹性理论指出:波实质上是弹性振动在弹性介质中的传播过程。介质的震动产生波前、波面和波后,每一个传播时刻都有一个波前,即这一时刻介质开始震动的质点形成的曲面。波前的每一个点都可以看成是新的点震源,叫子波源,所有子波波前形成的包络面就是新的波前。

地震波在激发震源、地下地质构造和测线上各观测点之间传播。传播到测线上各观测点的传播时间同观测点相对于激发点的距离之间的关系曲线，叫地震波的时距曲线。

六、地震波的分类

ZAA002 地震波的分类

地震波在地下介质中传播，遇到不同密度、不同结构的介质会产生相应的变化。地震波传播就会产生阻力，即波阻抗，作用于某个面积上的压力与单位时间内垂直通过此面积的质点流量之比，称为波阻抗，其数值等于介质密度 ρ 与波速 v 的乘积。介质发生变化，波阻抗也会发生变化，发生波阻抗变化的分界面为波阻抗界面。当地震波入射到波阻抗界面时，会产生各种不同的波，如反射波、折射波、透射波等。

ZAA003 有效波的概念

波的传播具有方向性。弹性介质发生体应变，即在震源作用下质点的震动方向和波的传播方向相同的波称为纵波；弹性介质发生切应变，即在震源作用下质点的震动方向和波的传播方向垂直时所产生的波称为横波。

纵波和横波可以在介质的整个立体空间中传播，称为体波；只存在于不同介质分界面附近，并沿着分界面传播的波称为面波。

由震源出发，没有遇到介质分界面直接到达接收点的波称为直达波；在两个以上波阻抗分界面之间多次反射形成的波称为多次波。

ZAA004 干扰波的概念

按照地震波在地震勘探过程中所起的作用，可以分为干扰波和有效波。能提供与勘探方法和勘探目标相适应的地震地质信息的地震波称为有效波；反之，对地震勘探没有作用或者对地震资料处理起干扰作用的波称为干扰波。有效波一定是在炮点产生、检波点位置接收的地震波。一种地震波如折射波或反射波，不一定就是干扰波或有效波。对于反射波地震勘探来说，反射波是有效波。对于折射波地震勘探来说，折射波是有效波。一般情况下，面波属于干扰波。一般干扰波是指在采集作业时间段对地震资料产生错误影响的震动。例如，在激发点激发时观测系统内自然环境中风速变化、人和车辆产生的震动对地震资料来说是干扰波。

项目四　地震采集施工流程

目前石油地球物理勘探一般应用地震勘探技术，地震勘探包括地震资料采集、地震资料处理和地震资料解释三个基本过程。地震资料采集过程是物探资料的基本来源，是石油物探的重要过程和基础内容。

地震资料采集过程是物探资料的基本来源，是石油物探的重要过程和基础内容。地震资料采集全部在勘探目标区域野外完成，主要由表层调查、施工设计、测量、放线、钻井、采集和现场处理等几个基本工作组成。表层调查主要确定钻井井深和药量；施工设计负责确定施工设备人员组成和施工技术参数等；测量工作负责确定钻井和放线位置；放线工作负责安置检波器和数据传输设备；钻井工作负责将炸药放置至设计位置和深度；采集通过地震仪器建立观测系统控制炸药激发和检波器接收，并将地震波的采集资料记录到储存介质中；现场处理在野外施工现场对采集地震资料初步处理，进行地震资料采集质量控制。

一、表层调查

（一）概念

地震勘探的理论都假定激发点与接收点是在一个水平面上，并且地层速度是均匀的。但实际上地面常常不平坦，各个激发点深度也可能不同，低速带中的波速与地层中的波速又相差悬殊，所以必将影响实测的时距曲线形状。为了消除这些影响，对原始地震数据要进行地形校正、激发深度校正、低速带校正等，这些校正对同一观测点的不同地震界面都是不变的，因此统称静校正。表层调查就是利用仪器设备和技术方法，对近地表层地质结构进行的调查过程，主要目的是描述地表低降速带的速度和厚度。

存在于地表面的低速介质称为低速带，低速带对地震波的产生和传播具有重要影响，表层调查为确定合理的激发因素提供了依据，表层调查的资料首先用于野外钻井井深设计，确定测线各区域的钻井深度及药量等，同时也为地震资料静校正提供基础资料。

（二）表层调查的方法

表层调查的方法很多，不同表层结构及岩性特征的地区，各种表层调查方法的探测精度不同，所反映的表层特征也不同。目前石油物探中主要采用地震类表层调查方法，即微测井法和折射法。

1. 微测井法

微测井法是采用打穿低降速带的钻孔，进行井中激发地面接收、地面激发井中接收或井中激发井中接收，利用透射波初至时间研究低降速带的方法。其中井中激发地面接收的方法称为地面微测井，地面激发井中接收称为井中微测井，在一定的距离内钻两口打穿低降速带的井，在井中激发和井中接收称为双井微测井。

地面微测井法采用井中激发，可以有效地保证较深激发点的地震波的能量，并能够提高施工安全系数，是较常用的微测井方法。

微测井法利用仪器控制激发和接收，并将资料记录，形成地震波时深曲线，微测井解释时经常使用时深曲线进行低降速带速度分析。

2. 折射法

折射法也称为小折射法，是利用直达波和近地表界面传播的折射波初至时间测定低降速带速度和厚度及高速层速度的方法。小折射方法比较适合地形平坦地区。

由于地表高程变化、地表低降速层横向厚度和速度发生变化，都可以产生静校正量。表层调查野外资料采集和资料解释之后及时建立表层模型，在激发点钻井之前为钻井工作设计钻井深度，为地震资料处理提供静校正数据。

二、施工设计

经过野外实地踏勘，表层调查之后，由工程决策者、施工技术人员根据调查及本地区以往的施工技术资料确定地震资料采集工程所使用的设备型号数量、施工人员的数量、施工技术参数、施工周期等。

施工设计是地震资料采集的重要指导，必须先设计，后施工。施工设计必须满足石油勘探项目的要求，符合本地区的社会实际情况，提供施工技术依据，解决生产的技术难题，保障工程安全顺利完成。

三、物探测量

ZAA005 物探测量的概念

物探测量是指测量工作人员使用测量仪器,采取专业测量技术手段将物探物理点放样到实地并测量坐标和高程的工作过程,是物探资料采集的重要过程之一。

物探测量工作包括野外观测和室内数据处理两个部分。

野外测量人员的基本任务是将地质和物探人员所设计的物理点合理地布设在实地上并做出明显的标志,一般使用红色小旗代表炮点激发点,蓝色小旗代表接收检波点,或根据环境的色彩使用其他颜色标志旗,并在测量点用土堆、石块、竹签等设置测线物理点桩号,地震采集人员必须根据测量人员所布设的激发点位置进行钻井或使用机械震源,接收点的位置安置检波器。

如果测量人员在野外所放样的物理点位置有误,那么地震采集所获得的资料就不能正确体现勘探部署的意图。所以在进行放样和实测物理点之后必须进行质量检查,发现放样误差超出施工技术要求必须查明原因,必要时进行野外返工。当数据质量满足施工技术要求时,可以进行统计汇总,形成测线测量成果进行上交。这些质量控制工作是在室内完成的,即测量数据处理过程。

ZAA006 物探测量的方法

石油物探及为之服务的石油物探测量技术经历了很长的发展历史,测量仪器的发展带动了石油物探测量方法的变革。从开始的经纬仪和测距仪导线测量,发展到全站仪导线、全站仪极坐标放样,全球导航卫星(GNSS)实时定位测量方法是目前主要的物探测量的作业方法。通常将使用全站仪的测量方法称为常规测量方法,将使用全球导航卫星进行测量的方法称为卫星定位测量方法。

实时定位测量简称RTK,是利用实时通信技术对野外测量仪器的观测数据进行实时改正,提高卫星定位仪器测量精度。RTK测量的卫星测量改正值来源于参考站。参考站可以是设置在附近具有已知坐标高程的控制点上的卫星定位仪,也可以是连续运行参考站网络。所以在物探测量过程中,首先要利用三角点进行控制测量,以便发展足够的参考站,而实施物理点测量的流动站,通过卫星导航的方法到达设计点位,埋设点位标志,记录点位坐标和高程。

四、物探放线

ZAA013 物探放线的概念

地震资料采集的主要设备是地震波接收设备,物探放线就是将地震资料采集接收设备即地震检波器及其数据线放置在预定位置的工作过程。地震测线是地震震源和接收设备的设计区域,通过野外物探放线作业将检波器准确安置在测量技术人员测量的接收点,并且使检波器通过数据线连接到仪器车,确保检波器、数据线及仪器车通信畅通。仪器车装载着地震仪器,是地震波信号采集的主要控制和记录单元。完成野外物探放线作业后,接收设备与激发点形成一套地震观测系统。

一个地震观测系统需要大量的地震波接收设备,物探放线作业一般使用车辆运输,通过人工方法安置检波器及数据线。检波器被安置在接收点,必须做到"平、稳、正、直、紧",避免受到环境影响,并与大地紧密耦合。一个或一组检波器为一个接收道,同一条测线接收点之间的距离称为道距,安置检波器后的道距尽量均匀,不能安置检波器的检波点在采集观测系统中称为空道，在环境允许的条件下，尽可能减少空道。如果确因地表条件复杂，遇有河流、房屋、树木、公路等障碍物，可以根据施工技术要求在偏移点位安置检波器。

ZAA014 物探放线的方法
数据线及采集站、电源站等数据传输设备沿接收检波器铺设，尽量减少占地空间，同时确保设备的安全。垂直经过公路、河流的数据线一般采取高架方法铺设，避免数据线遭到车辆的碾压和浸泡。数据传输设备之间、数据传输设备与检波器之间必紧密连接，在特殊气候、特殊地形条件下加以保护，避免潮湿、短路或断路，保证通信畅通。

ZAA011 物探钻井的概念

五、物探钻井

地震资料采集需要人工激发和采集地震波，人工激发地震波的主要方式有两种，炸药震源和机械可控震源。经过了较长的历史并且目前仍然广泛使用是炸药震源，因为炸药震源相比于机械可控震源可以应用在任何地形条件下。

为了减少能量损失和提高施工安全，炸药震源一般在地面下 5~30m 的深度激发，炸药的安置需要钻井技术和钻井设备来完成。物探钻井是钻井工通过小型钻机在规定地面位置钻井并将激发炸药安置在预定深度的工作过程。钻井的地面位置由采集工程技术设计确定，并由测量人员通过测量作业在地面上标定，一般称之为炮点或震源点。控制钻井操作台的操作手一般称为司钻，随时掌握钻井的速度、深度，并记录钻井各深度的岩性数据。

由于物探钻井需要架设井架，钻进过程又破坏了地表岩层，并且在炸药激发的瞬间会产生巨大的震动，所以物探钻井位置必须远离堤坝、房屋、养殖场、水井、高压输电线、易燃易爆危险品等，保证安全生产文明生产。

地震勘探的区域性比较强，地表条件变化表较大，野外钻井施工受环境的制约，针对不同的地形、不同的地表岩性、不同的勘探技术要求，需要采用不同的钻井设备和钻井方法。

平原、沙漠地区一般使用车载钻机，山地、沼泽区域一般使用人工轻便钻具。钻机主要包括操作平台、动力机械、钻杆、钻头等部分，操作平台用来承载钻井设备和控制钻井过程，动力机械为钻杆和钻头提供钻进动力，钻杆一般是空心圆柱形，用来传递动力、输送钻井液和塑造井壁，钻头的作用是切削岩层，使岩层变成碎屑。

ZAA012 物探钻井的方法
钻井一般使用水基泥浆作为钻井液，钻井液在动力的驱动下在地面和井下循环，将钻头切削的岩屑从井下经钻杆输送到地面，使钻头减轻压力，井下形成空间，完成钻井过程。野外钻井施工必须根据井深设计数据确定每口井的钻井深度，当完成预定深度后，提钻下药，并恢复井口。

六、地震采集的概念

经过钻井埋置炸药，放线作业安置地震波检波器及数据传输设备，完成了一系列的准备工作后，可以进入地震资料采集程序。

地震资料采集的主要控制单元是地震仪器车，由地震仪器操作人员根据工区采集技术参数确定采集观测系统，即当某一激发点激发时，需要哪些检波点接收地震波资料。仪器操作人员首先通过仪器检查观测系统内各单元的通讯状态，及时发现接收点异常情况，通知查线人员现场检查并恢复通信。确认观测系统正常后发出指令激发炸药震源或启动机械可控震源，同时记录保存接收道的震动时间、震动幅度等信息。

七、现场处理

地震资料采集是一项人员、设备、技术、资金耗费巨大的工程,各工序必须严格按照施工设计进行,努力做到高效率和高质量。为了保证采集到的地震勘探资料质量符合勘探目的要求,在采集过程中加入了现场处理工序,即将采集到的地震资料在野外立即进行分析和处理,及时发现影响采集质量的因素,纠正不合理的施工参数等,监视野外采集施工质量。

模块二　测绘法律法规知识

项目一　测绘法

为了加强测绘管理，促进测绘事业发展，保障测绘事业为经济建设、国防建设、社会发展和生态保护服务，维护国家地理信息安全，1992 年 12 月 28 日，第七届全国人民代表大会常务委员会第二十九次会议通过，制定了《中华人民共和国测绘法》简称《测绘法》，并在 2002 年 8 月 29 日和 2017 年 4 月 27 日两次进行修订。在中华人民共和国领域和中华人民共和国管辖的其他海域从事测绘活动，应当遵守《测绘法》。

一、测绘工作管理

《测绘法》规定，测绘是指对自然地理要素或者地表人工设施的形状、大小、空间位置及其属性等进行测定、采集、表述，以及对获取的数据、信息、成果进行处理和提供的活动。测绘事业是经济建设、国防建设、社会发展的基础性事业。各级人民政府应当加强对测绘工作的领导。

国务院测绘地理信息主管部门负责全国测绘工作的统一监督管理。国务院其他有关部门按照国务院规定的职责分工，负责本部门有关的测绘工作。

从事测绘活动，应当使用国家规定的测绘基准和测绘系统，执行国家规定的测绘技术规范和标准。国家鼓励测绘科学技术的创新和进步，采用先进的技术和设备，提高测绘水平，推动军民融合，促进测绘成果的应用。国家加强测绘科学技术的国际交流与合作。对在测绘科学技术的创新和进步中做出重要贡献的单位和个人，按照国家有关规定给予奖励。

外国的组织或者个人在中华人民共和国领域和中华人民共和国管辖的其他海域从事测绘活动，应当经国务院测绘地理信息主管部门会同军队测绘部门批准，并遵守中华人民共和国有关法律、行政法规的规定。外国的组织或者个人在中华人民共和国领域从事测绘活动，应当与中华人民共和国有关部门或者单位合作进行，并不得涉及国家秘密和危害国家安全。

二、测绘基准和测绘系统

国家设立和采用全国统一的大地基准、高程基准、深度基准和重力基准，其数据由国务院测绘地理信息主管部门审核，并与国务院其他有关部门、军队测绘部门会商后，报国务院批准。

国家建立全国统一的大地坐标系统、平面坐标系统、高程系统、地心坐标系统和重力测量系统，确定国家大地测量等级和精度及国家基本比例尺地图的系列和基本精度。具体规范和要求由国务院测绘地理信息主管部门会同国务院其他有关部门、军队测绘部门制定。

因建设、城市规划和科学研究的需要,国家重大工程项目和国务院确定的大城市确需建立相对独立的平面坐标系统的,由国务院测绘地理信息主管部门批准;其他确需建立相对独立的平面坐标系统的,由省、自治区、直辖市人民政府测绘地理信息主管部门批准。

建立相对独立的平面坐标系统,应当与国家坐标系统相联系。

国务院测绘地理信息主管部门和省、自治区、直辖市人民政府测绘地理信息主管部门应当会同本级人民政府其他有关部门,按照统筹建设、资源共享的原则,建立统一的卫星导航定位基准服务系统,提供导航定位基准信息公共服务。

测绘法所称卫星导航定位基准站,是指对卫星导航信号进行长期连续观测,并通过通信设施将观测数据实时或者定时传送至数据中心的地面固定观测站。

卫星导航定位基准站的建设和运行维护应当符合国家标准和要求,不得危害国家安全。

卫星导航定位基准站的建设和运行维护单位应当建立数据安全保障制度,并遵守保密法律、行政法规的规定。

三、基础测绘

基础测绘是公益性事业。国家对基础测绘实行分级管理。

基础测绘,是指建立全国统一的测绘基准和测绘系统,进行基础航空摄影,获取基础地理信息的遥感资料,测制和更新国家基本比例尺地图、影像图和数字化产品,建立、更新基础地理信息系统。

国务院测绘地理信息主管部门会同国务院其他有关部门、军队测绘部门组织编制全国基础测绘规划,报国务院批准后组织实施。

县级以上地方人民政府测绘地理信息主管部门会同本级人民政府其他有关部门,根据国家和上一级人民政府的基础测绘规划及本行政区域的实际情况,组织编制本行政区域的基础测绘规划,报本级人民政府批准后组织实施。

军队测绘部门负责编制军事测绘规划,按照国务院、中央军事委员会规定的职责分工负责编制海洋基础测绘规划,并组织实施。

基础测绘成果应当定期更新,经济建设、国防建设、社会发展和生态保护急需的基础测绘成果应当及时更新。

基础测绘成果的更新周期根据不同地区国民经济和社会发展的需要确定。

四、界线测绘和其他测绘

中华人民共和国国界线的测绘,按照中华人民共和国与相邻国家缔结的边界条约或者协定执行,由外交部组织实施。中华人民共和国地图的国界线标准样图,由外交部和国务院测绘地理信息主管部门拟定,报国务院批准后公布。

行政区域界线的测绘,按照国务院有关规定执行。省、自治区、直辖市和自治州、县、自治县、市行政区域界线的标准画法图,由国务院民政部门和国务院测绘地理信息主管部门拟定,报国务院批准后公布。

测量土地、建筑物、构筑物和地面其他附着物的权属界址线,应当按照县级以上人民政府确定的权属界线的界址点、界址线或者提供的有关登记资料和附图进行。权属界址线发生变化的,有关当事人应当及时进行变更测绘。

城乡建设领域的工程测量活动,与房屋产权、产籍相关的房屋面积的测量,应当执行由国务院住房城乡建设主管部门、国务院测绘地理信息主管部门组织编制的测量技术规范。水利、能源、交通、通信、资源开发和其他领域的工程测量活动,应当执行国家有关的工程测量技术规范。建立地理信息系统,应当采用符合国家标准的基础地理信息数据。

五、测绘资质资格管理

国家对从事测绘活动的单位实行测绘资质管理制度。

从事测绘活动的单位应当具备下列条件,并依法取得相应等级的测绘资质证书,方可从事测绘活动:

(1)有法人资格;

(2)有与从事的测绘活动相适应的专业技术人员;

(3)有与从事的测绘活动相适应的技术装备和设施;

(4)有健全的技术和质量保证体系、安全保障措施、信息安全保密管理制度以及测绘成果和资料档案管理制度。

国务院测绘地理信息主管部门和省、自治区、直辖市人民政府测绘地理信息主管部门按照各自的职责负责测绘资质审查、发放测绘资质证书。具体办法由国务院测绘地理信息主管部门商国务院其他有关部门规定。

测绘单位不得超越资质等级许可的范围从事测绘活动,不得以其他测绘单位的名义从事测绘活动,不得允许其他单位以本单位的名义从事测绘活动。

测绘项目实行招投标的,测绘项目的招标单位应当依法在招标公告或者投标邀请书中对测绘单位资质等级做出要求,不得让不具有相应测绘资质等级的单位中标,不得让测绘单位低于测绘成本中标。中标的测绘单位不得向他人转让测绘项目。

从事测绘活动的专业技术人员应当具备相应的执业资格条件。具体办法由国务院测绘地理信息主管部门会同国务院人力资源社会保障主管部门规定。测绘人员进行测绘活动时,应当持有测绘作业证件。任何单位和个人不得阻碍测绘人员依法进行测绘活动。

测绘单位的测绘资质证书、测绘专业技术人员的执业证书和测绘人员的测绘作业证件的式样,由国务院测绘地理信息主管部门统一规定。

六、测绘成果管理

国家实行测绘成果汇交制度。国家依法保护测绘成果的知识产权。

测绘项目完成后,测绘项目出资人或者承担国家投资的测绘项目的单位,应当向国务院测绘地理信息主管部门或者省、自治区、直辖市人民政府测绘地理信息主管部门汇交测绘成果资料。属于基础测绘项目的,应当汇交测绘成果副本;属于非基础测绘项目的,应当汇交测绘成果目录。负责接收测绘成果副本和目录的测绘地理信息主管部门应当出具测绘成果汇交凭证,并及时将测绘成果副本和目录移交给保管单位。测绘成果汇交的具体办法由国务院规定。

国务院测绘地理信息主管部门和省、自治区、直辖市人民政府测绘地理信息主管部门应当及时编制测绘成果目录,并向社会公布。

县级以上人民政府测绘地理信息主管部门应当积极推进公众版测绘成果的加工和编制工作,通过提供公众版测绘成果、保密技术处理等方式,促进测绘成果的社会化应用。

测绘成果保管单位应当采取措施保障测绘成果的完整和安全,并按照国家有关规定向社会公开和提供利用。

测绘成果属于国家秘密的,适用保密法律、行政法规的规定;需要对外提供的,按照国务院和中央军事委员会规定的审批程序执行。

测绘成果的秘密范围和秘密等级,应当依照保密法律、行政法规的规定,按照保障国家秘密安全、促进地理信息共享和应用的原则确定并及时调整、公布。

使用财政资金的测绘项目和涉及测绘的其他使用财政资金的项目,有关部门在批准立项前应当征求本级人民政府测绘地理信息主管部门的意见;有适宜测绘成果的,应当充分利用已有的测绘成果,避免重复测绘。

基础测绘成果和国家投资完成的其他测绘成果,用于政府决策、国防建设和公共服务的,应当无偿提供。

除前款规定情形外,测绘成果依法实行有偿使用制度。但是,各级人民政府及有关部门和军队因防灾减灾、应对突发事件、维护国家安全等公共利益的需要,可以无偿使用。

测绘成果使用的具体办法由国务院规定。

中华人民共和国领域和中华人民共和国管辖的其他海域的位置、高程、深度、面积、长度等重要地理信息数据,由国务院测绘地理信息主管部门审核,并与国务院其他有关部门、军队测绘部门会商后,报国务院批准,由国务院或者国务院授权的部门公布。

地图的编制、出版、展示、登载及更新应当遵守国家有关地图编制标准、地图内容表示、地图审核的规定。

互联网地图服务提供者应当使用经依法审核批准的地图,建立地图数据安全管理制度,采取安全保障措施,加强对互联网地图新增内容的核校,提高服务质量。

县级以上人民政府和测绘地理信息主管部门、网信部门等有关部门应当加强对地图编制、出版、展示、登载和互联网地图服务的监督管理,保证地图质量,维护国家主权、安全和利益。

地图管理的具体办法由国务院规定。

测绘单位应当对完成的测绘成果质量负责。县级以上人民政府测绘地理信息主管部门应当加强对测绘成果质量的监督管理。

国家鼓励发展地理信息产业,推动地理信息产业结构调整和优化升级,支持开发各类地理信息产品,提高产品质量,推广使用安全可信的地理信息技术和设备。

七、测量标志保护

ZAE004　测绘法对测量标志保护的规定

任何单位和个人不得损毁或者擅自移动永久性测量标志和正在使用中的临时性测量标志,不得侵占永久性测量标志用地,不得在永久性测量标志安全控制范围内从事危害测量标志安全和使用效能的活动。

测绘法所称永久性测量标志，是指各等级的三角点、基线点、导线点、军用控制点、重力点、天文点、水准点和卫星定位点的觇标和标石标志，以及用于地形测图、工程测量和形变测量的固定标志和海底大地点设施。

永久性测量标志的建设单位应当对永久性测量标志设立明显标记，并委托当地有关单位指派专人负责保管。

进行工程建设，应当避开永久性测量标志；确实无法避开，需要拆迁永久性测量标志或者使永久性测量标志失去使用效能的，应当经省、自治区、直辖市人民政府测绘地理信息主管部门批准；涉及军用控制点的，应当征得军队测绘部门的同意。所需迁建费用由工程建设单位承担。

测绘人员使用永久性测量标志，应当持有测绘作业证件，并保证测量标志的完好。

保管测量标志的人员应当查验测量标志使用后的完好状况。

县级以上人民政府应当采取有效措施加强测量标志的保护工作。

县级以上人民政府测绘地理信息主管部门应当按照规定检查、维护永久性测量标志。

乡级人民政府应当做好本行政区域内的测量标志保护工作。

八、监督管理

县级以上人民政府测绘地理信息主管部门应当会同本级人民政府其他有关部门建立地理信息安全管理制度和技术防控体系，并加强对地理信息安全的监督管理。

地理信息生产、保管、利用单位应当对属于国家秘密的地理信息的获取、持有、提供、利用情况进行登记并长期保存，实行可追溯管理。

从事测绘活动涉及获取、持有、提供、利用属于国家秘密的地理信息，应当遵守保密法律、行政法规和国家有关规定。

地理信息生产、利用单位和互联网地图服务提供者收集、使用用户个人信息的，应当遵守法律、行政法规关于个人信息保护的规定。

任何单位和个人对违反测绘法规定的行为，有权向县级以上人民政府测绘地理信息主管部门举报。接到举报的测绘地理信息主管部门应当及时依法处理。

九、法律责任

违反测绘法规定，县级以上人民政府测绘地理信息主管部门或者其他有关部门工作人员利用职务上的便利收受他人财物、其他好处或者玩忽职守，对不符合法定条件的单位核发测绘资质证书，不依法履行监督管理职责，或者发现违法行为不予查处的，对负有责任的领导人员和直接责任人员，依法给予处分；构成犯罪的，依法追究刑事责任。

外国的组织或者个人未经批准，或者未与中华人民共和国有关部门、单位合作，擅自从事测绘活动的，责令停止违法行为，没收违法所得、测绘成果和测绘工具，并处十万元以上五十万元以下的罚款；情节严重的，并处五十万元以上一百万元以下的罚款，限期出境或者驱逐出境；构成犯罪的，依法追究刑事责任。

违反测绘法规定，未经批准擅自建立相对独立的平面坐标系统，或者采用不符合国家标准的基础地理信息数据建立地理信息系统的，给予警告，责令改正，可以并处五十万元以下的罚款;对直接负责的主管人员和其他直接责任人员,依法给予处分。

卫星导航定位基准站建设单位未报备案的,给予警告,责令限期改正;逾期不改正的,处十万元以上三十万元以下的罚款;对直接负责的主管人员和其他直接责任人员,依法给予处分。

卫星导航定位基准站的建设和运行维护不符合国家标准、要求的,给予警告,责令限期改正,没收违法所得和测绘成果,并处三十万元以上五十万元以下的罚款;逾期不改正的,没收相关设备;对直接负责的主管人员和其他直接责任人员,依法给予处分;构成犯罪的,依法追究刑事责任。

未取得测绘资质证书,擅自从事测绘活动的,责令停止违法行为,没收违法所得和测绘成果,并处测绘约定报酬一倍以上二倍以下的罚款;情节严重的,没收测绘工具。

以欺骗手段取得测绘资质证书从事测绘活动的,吊销测绘资质证书,没收违法所得和测绘成果,并处测绘约定报酬一倍以上二倍以下的罚款;情节严重的,没收测绘工具。

测绘单位有下列行为之一的,责令停止违法行为,没收违法所得和测绘成果,处测绘约定报酬一倍以上二倍以下的罚款,并可以责令停业整顿或者降低测绘资质等级;情节严重的,吊销测绘资质证书:

(1)超越资质等级许可的范围从事测绘活动;

(2)以其他测绘单位的名义从事测绘活动;

(3)允许其他单位以本单位的名义从事测绘活动。

测绘项目的招标单位让不具有相应资质等级的测绘单位中标,或者让测绘单位低于测绘成本中标的,责令改正,可以处测绘约定报酬二倍以下的罚款。招标单位的工作人员利用职务上的便利,索取他人财物,或者非法收受他人财物为他人谋取利益的,依法给予处分;构成犯罪的,依法追究刑事责任。

中标的测绘单位向他人转让测绘项目的,责令改正,没收违法所得,处测绘约定报酬一倍以上二倍以下的罚款,并可以责令停业整顿或者降低测绘资质等级;情节严重的,吊销测绘资质证书。

未取得测绘执业资格,擅自从事测绘活动的,责令停止违法行为,没收违法所得和测绘成果,对其所在单位可以处违法所得二倍以下的罚款;情节严重的,没收测绘工具;造成损失的,依法承担赔偿责任。

不汇交测绘成果资料的,责令限期汇交;测绘项目出资人逾期不汇交的,处重测所需费用一倍以上二倍以下的罚款;承担国家投资的测绘项目的单位逾期不汇交的,处五万元以上二十万元以下的罚款,并处暂扣测绘资质证书,自暂扣测绘资质证书之日起六个月内仍不汇交的,吊销测绘资质证书;对直接负责的主管人员和其他直接责任人员,依法给予处分。

违反测绘法规定,擅自发布中华人民共和国领域和中华人民共和国管辖的其他海域的重要地理信息数据的,给予警告,责令改正,可以并处五十万元以下的罚款;对直接负责的主管人员和其他直接责任人员,依法给予处分;构成犯罪的,依法追究刑事责任。

编制、出版、展示、登载、更新的地图或者互联网地图服务不符合国家有关地图管理规定的,依法给予行政处罚、处分;构成犯罪的,依法追究刑事责任。

测绘成果质量不合格的,责令测绘单位补测或者重测;情节严重的,责令停业整顿,并处降低测绘资质等级或者吊销测绘资质证书;造成损失的,依法承担赔偿责任。

有下列行为之一的,给予警告,责令改正,可以并处二十万元以下的罚款;对直接负责的主管人员和其他直接责任人员,依法给予处分;造成损失的,依法承担赔偿责任;构成犯罪的,依法追究刑事责任:

(1)损毁、擅自移动永久性测量标志或者正在使用中的临时性测量标志;

(2)侵占永久性测量标志用地;

(3)在永久性测量标志安全控制范围内从事危害测量标志安全和使用效能的活动;

(4)擅自拆迁永久性测量标志或者使永久性测量标志失去使用效能,或者拒绝支付迁建费用;

(5)违反操作规程使用永久性测量标志,造成永久性测量标志毁损。

地理信息生产、保管、利用单位未对属于国家秘密的地理信息的获取、持有、提供、利用情况进行登记、长期保存的,给予警告,责令改正,可以并处二十万元以下的罚款;泄露国家秘密的,责令停业整顿,并处降低测绘资质等级或者吊销测绘资质证书;构成犯罪的,依法追究刑事责任。

违反测绘法规定,获取、持有、提供、利用属于国家秘密的地理信息的,给予警告,责令停止违法行为,没收违法所得,可以并处违法所得二倍以下的罚款;对直接负责的主管人员和其他直接责任人员,依法给予处分;造成损失的,依法承担赔偿责任;构成犯罪的,依法追究刑事责任。

测绘法规定的降低测绘资质等级、暂扣测绘资质证书、吊销测绘资质证书的行政处罚,由颁发测绘资质证书的部门决定;其他行政处罚,由县级以上人民政府测绘地理信息主管部门决定。

最新的《中华人民共和国测绘法》自 2017 年 7 月 1 日起施行。

项目二　测绘资质管理规定

为了加强对测绘资质的监督管理,规范测绘资质行政许可行为,维护市场秩序,促进地理信息产业发展,规定从事测绘活动的单位,应当依法取得测绘资质证书,并在测绘资质等级许可的范围内从事测绘活动。国家测绘地理信息局负责全国测绘资质的统一监督管理工作,县级以上地方人民政府测绘地理信息行政主管部门负责本行政区域内测绘资质的监督管理工作。

GAC003 测绘
资质管理规定

一、申领测绘资质

测绘资质分为甲、乙、丙、丁四级。

测绘资质的专业范围划分为:大地测量、测绘航空摄影、摄影测量与遥感、地理信息系统工程、工程测量、不动产测绘、海洋测绘、地图编制、导航电子地图制作、互联网地图服务。

测绘资质各专业范围的等级划分及其考核条件由《测绘资质分级标准》规定。国家测绘地理信息局是甲级测绘资质审批机关,负责审查甲级测绘资质申请并作出行政许可决定。省级测绘地理信息行政主管部门是乙、丙、丁级测绘资质审批机关，负责受理、审查乙、丙、丁级测绘资质申请并作出行政许可决定；负责受理甲级测绘资质申请并提出初步审查意见。省级测绘地理信息行政主管部门可以委托有条件的设区的市级测绘地理信息行政主管部门受理本行政区域内乙、丙、丁级测绘资质申请并提出初步审查意见；可以委托有条件的县级测绘地理信息行政主管部门受理本行政区域内丁级测绘资质申请并提出初步审查意见。

申请测绘资质的单位应当符合下列条件：

(1)具有企业或者事业单位法人资格；

(2)具有符合要求的专业技术人员、仪器设备和办公场所；

(3)具有健全的技术、质量保证体系、测绘成果档案管理制度及保密管理制度和条件；

(4)具有与申请从事测绘活动相匹配的测绘业绩和能力(初次申请除外)。

初次申请测绘资质不得超过乙级。测绘资质单位申请晋升甲级测绘资质的，应当取得乙级测绘资质满2年。申请的专业范围只设甲级的，规定条件限制。

测绘资质证书分为正本和副本，由国家测绘地理信息局统一印制，正、副本具有同等法律效力。测绘资质证书有效期不超过5年。测绘资质证书有效期满需要延续的，测绘资质单位应当在有效期满60日前，向测绘资质审批机关申请办理延续手续。对继续符合测绘资质条件的单位，经测绘资质审批机关批准，有效期可以延续。

二、测绘资质罚则

测绘资质单位违法从事测绘活动的，各级测绘地理信息行政主管部门应当依照《中华人民共和国测绘法》及有关法律、法规的规定予以处罚。

测绘资质单位有下列情形之一的，予以通报批评：

(1)在测绘资质申请和日常监督管理中隐瞒有关情况、提供虚假材料或者拒绝提供反映其测绘活动情况的真实材料的；

(2)两年未履行测绘资质年度报告公示义务的；

(3)测绘地理信息市场信用等级评定为不合格的。

测绘资质单位有下列情形之一的，应当依法予以办理注销手续：

(1)测绘资质证书有效期满未延续的；

(2)测绘资质单位法人资格终止的；

(3)测绘资质行政许可决定依法被撤销、撤回的；

(4)测绘资质证书依法被吊销的；

(5)测绘资质证书所载各专业范围均不再符合法定条件的；

(6)测绘资质单位申请注销的。

测绘资质单位的部分专业范围不符合相应资质标准条件的，应当依法予以核减相应专业范围。测绘资质单位有下列情形之一的，应当依法视情节责令停业整顿或者降低资质等级：

(1)超越资质等级许可的范围从事测绘活动的；

(2)以其他测绘资质单位的名义从事测绘活动的；

（3）将承揽的测绘项目转包的；

（4）测绘成果质量经省级以上测绘地理信息质检机构判定为不合格的；

（5）涂改、倒卖、出租、出借或者以其他形式转让测绘资质证书的；

（6）违反保密规定加工、处理和利用涉密测绘成果，存在失泄密隐患被查处的。

测绘资质单位有下列情形之一的，应当依法吊销测绘资质证书：

（1）有符合停业整顿或者降低资质等级条件且情节严重的；

（2）以欺骗手段取得测绘资质证书从事测绘活动的；

（3）承担国家投资的测绘项目，且经暂扣测绘资质证书 6 个月仍不汇交测绘成果资料的。

测绘资质单位在从事测绘活动中，因泄露国家秘密被国家安全机关查处的，测绘资质审批机关应当注销其测绘资质证书。

依照测绘资质管理规定做出的核减专业范围、降低资质等级、吊销测绘资质证书、办理注销手续等决定，由测绘资质审批机关实施，其他决定由各级测绘地理信息行政主管部门实施。

项目三　测绘作业证管理规定

一、申领测绘作业证

为使测绘工作顺利进行，保障测绘外业人员进行测绘活动时的基本权利，根据《中华人民共和国测绘法》，国家测绘局发布实施《测绘作业证管理规定》。

测绘外业作业人员和需要持测绘作业证的其他人员（以下简称测绘人员）应当领取测绘作业证。进行外业测绘活动时应当持有测绘作业证。

国家测绘局负责测绘作业证的统一管理工作。省、自治区、直辖市人民政府测绘行政主管部门负责本行政区域内测绘作业证的审核、发放和监督管理工作。省、自治区、直辖市人民政府测绘行政主管部门，可将测绘作业证的受理、审核、发放、注册核准等工作委托市（地）级人民政府测绘行政主管部门承担。测绘单位申领测绘作业证，应当向单位所在地的省、自治区、直辖市人民政府测绘行政主管部门或者其委托的市（地）级人民政府测绘行政主管部门提出办证申请，并需填写《测绘作业证申请表》和《测绘作业证申请汇总表》。

测绘作业证的式样，由国家测绘局统一规定。测绘作业证在全国范围内通用。

GAC004 测绘
作业证管理规定

二、使用测绘作业证

测绘人员在下列情况下应当主动出示测绘作业证：

（1）进入机关、企业、住宅小区、耕地或者其他地块进行测绘时；

（2）使用测量标志时；

（3）接受测绘行政主管部门的执法监督检查时；

（4）办理与所进行的测绘活动相关的其他事项时。

进入保密单位、军事禁区和法律法规规定的需经特殊审批的区域进行测绘活动时，还应当按照规定持有关部门的批准文件。

有关部门、单位和个人,对依法进行外业测绘活动的测绘人员应当提供测绘工作便利并给予必要的协助。任何单位和个人不得阻挠和妨碍测绘人员依法进行的测绘活动。

测绘人员进行测绘活动时,应当遵守国家法律法规,保守国家秘密,遵守职业道德,不得损毁国家、集体和他人的财产。

测绘人员必须依法使用测绘作业证,不得利用测绘作业证从事与其测绘工作身份无关的活动。

测绘人员对测绘作业证应当妥善保存,防止遗失,不得损毁,不得涂改。测绘作业证只限持证人本人使用,不得转借他人。测绘人员遗失测绘作业证,应当立即向本单位报告并说明情况。所在单位应当及时向发证机关书面报告情况。

测绘人员离(退)休或调离工作单位的,必须由原所在测绘单位收回测绘作业证,并及时上交发证机关。测绘人员调往其他测绘单位的,由新调入单位重新申领测绘作业证。

三、测绘作业证的罚则

测绘作业证由省、自治区、直辖市人民政府测绘行政主管部门或者其委托的市(地)级人民政府测绘行政主管部门负责注册核准。每次注册核准有效期为三年。注册核准有效期满前 30 日内,各测绘单位应当将测绘作业证送交单位所在地的省、自治区、直辖市人民政府测绘行政主管部门或者其委托的市(地)级人民政府测绘行政主管部门注册核准。过期不注册核准的测绘作业证无效。

测绘人员有下列行为之一的,由所在单位收回其测绘作业证并及时交回发证机关,对情节严重者依法给予行政处分,构成犯罪的,依法追究刑事责任:

(1)将测绘作业证转借他人的;

(2)擅自涂改测绘作业证的;

(3)利用测绘作业证严重违反工作纪律、职业道德或者损害国家、集体或者他人利益的;

(4)利用测绘作业证进行欺诈及其他违法活动的。

项目四　建立相对独立平面坐标系统管理办法

JAB001 建立相对独立的平面坐标系统管理办法

为了加强对建立相对独立的平面坐标系统的管理,避免重复建设,促进测绘成果共享,2006 年 4 月 20 日,国家测绘局根据《中华人民共和国测绘法》的规定,制定了《建立相对独立平面坐标系统管理办法》。在中华人民共和国领域和管辖的其他海域,建立相对独立的平面坐标系统,应当遵守《建立相对独立平面坐标系统管理办法》。

相对独立的平面坐标系统是指:为了满足在局部地区大比例尺测图和工程测量的需要,以任意点和方向起算建立的平面坐标系统或者在全国统一的坐标系统基础上,进行中央子午线投影变换以及平移、旋转等而建立的平面坐标系统。

下列确需建立相对独立的平面坐标系统的,由国家测绘局负责审批:

(1)50 万人口以上的城市;

（2）列入国家计划的国家重大工程项目；

（3）其他需国家测绘局审批的。

下列确需建立相对独立的平面坐标系统的，由省、自治区、直辖市测绘行政主管部门（以下简称省级测绘行政主管部门）负责审批：

（1）50 万人口以下的城市；

（2）列入省级计划的大型工程项目；

（3）其他需省级测绘行政主管部门审批的。

一个城市只能建立一个相对独立的平面坐标系统。建立相对独立的平面坐标系统，应当与国家坐标系统相联系。

城市确需建立相对独立的平面坐标系统的，由申请单位向该城市的测绘行政主管部门提交申请材料，经测绘行政主管部门审核并报该市人民政府同意后，逐级报省级测绘行政主管部门；直辖市确需建立相对独立的平面坐标系统的，由申请单位向该市的测绘行政主管部门提交申请材料，经测绘行政主管部门审核并报该市人民政府同意后，报国家测绘局；其他需要建立相对独立的平面坐标系统的，由建设单位向拟建相对独立的平面坐标系统所涉及的省级测绘行政主管部门提交申请材料。

测绘行政主管部门应当自受理建立相对独立的平面坐标系统的申请之日起 20 日内做出行政许可决定。20 日内不能做出行政许可决定的，经负责人批准，可以延长 10 日，并应当将延长期限的理由告知申请人。

项目五 测绘标准化工作管理办法

一、标准化工作的意义

为加强测绘标准化工作的统一管理，提高测绘标准的科学性、协调性和适用性，促进工作的规范化、制度化。根据《中华人民共和国标准化法》《中华人民共和国测绘法》及国家有关规定，国家测绘局制定了《测绘标准化工作管理办法》。

测绘标准化工作的主要任务是贯彻国家有关标准化工作的法律、法规，加强测绘标准化工作的统筹协调；组织制定和实施测绘标准化工作的规划、计划；建立和完善测绘标准体系；加快测绘标准的制定、修订，并对标准的宣传、贯彻与实施进行指导和监督。鼓励相关组织和个人按照测绘标准化规划和标准体系的要求，积极提出标准提案，参与标准制定、修订工作。测绘标准化工作应当认真分析研究国际标准和国外先进标准，结合我国实际情况积极采用和吸收，并积极参与国际标准的制定工作。测绘标准及相关研究成果纳入测绘科技成果奖励范围。

二、制定标准化

测绘领域内，需要在全国范围内统一的技术要求，应当制定国家标准；对没有国家标准而又需要在测绘行业范围内统一的技术要求，可以制定测绘行业标准；对没有国家标准和行业标准而又需要在省、自治区、直辖市范围内统一的技术要求，可以制定相应地方标准。

下列需要在全国范围内统一的技术要求,应当制定测绘国家标准:

(1)测绘术语、分类、模式、代号、代码、符号、图式、图例等技术要求;

(2)国家大地基准、高程基准、重力基准和深度基准的定义和技术参数,国家大地坐标系统、平面坐标系统、高程系统、地心坐标系统和重力测量系统的实现、更新和维护的仪器、方法、过程等方面的技术要求;

(3)国家基本比例尺地图、公众版地图及其测绘的方法、过程、质量、检验和管理等方面的技术要求;

(4)基础航空摄影的仪器、方法、过程、质量、检验和管理等方面的技术指标和技术要求,用于测绘的遥感卫星影像的质量、检验和管理等方面的技术要求;

(5)基础地理信息数据生产及基础地理信息系统建设、更新与维护的方法、过程、质量、检验和管理等方面的技术要求;

(6)测绘工作中需要统一的其他技术要求。

测绘国家标准及测绘行业标准分为强制性标准和推荐性标准。下列情况应当制定强制性测绘标准或者强制性条款:

(1)涉及国家安全、人身及财产安全的技术要求;

(2)建立和维护测绘基准与系统必须遵守的技术要求;

(3)国家基本比例尺地图测绘与更新必须遵守的技术要求;

(4)基础地理信息标准数据的生产和认定;

(5)测绘行业范围内必须统一的技术术语、符号、代码、生产与检验方法等;

(6)需要控制的重要测绘成果质量技术要求;

(7)国家法律、行政法规规定强制执行的内容及其技术要求;

(8)测绘行业标准不得与测绘国家标准相违背,测绘地方标准不得与测绘国家标准和测绘行业标准相违背。

符合下列情形之一的,可以制定测绘标准化指导性技术文件:

(1)技术尚在发展中,需要有相应的标准文件引导其发展或者具有标准化价值,尚不能制定为标准的;

(2)采用国际标准化组织以及其他国际组织(包括区域性国际组织)技术报告的;

(3)国家基础测绘项目及有关重大专项实施中,没有国家标准和行业标准而又需要统一的技术要求。

三、使用标准化

测绘行业标准和行业标准化指导性技术文件的编号由行业标准代号、标准发布的顺序号及标准发布的年号构成。行业标准代号一般以行业名称的拼音缩写组成,常见如:测绘 CH、石油天然气 SY、化工 HG 等。例如,CH/T 2010—2011《全球定位系统实时动态测量(RTK)技术规范》,SY/T 5171—2011《陆上石油物探测量规范》,SY/T 6643—2013《陆上多波多分量地震资料采集技术规程》。

(1)强制性测绘行业标准编号:CH ××××(顺序号)—××××(发布年号);

(2)推荐性测绘行业标准编号:CH/T ××××(顺序号)—××××(发布年号);

GAC001 测绘标准化工作管理办法

（3）测绘行业标准化指导性技术文件编号：CH/Z ××××（顺序号）—××××（发布年号）。

强制性测绘标准及强制性条款必须执行。推荐性标准被强制性测绘标准引用的，也必须强制执行。不符合强制性标准或强制性条款的测绘成果或者地理信息产品，禁止生产、进口、销售、发布和使用。测绘企事业单位应当积极采用和推广测绘标准，并应当在成果（产品）上或者其说明书、包装物上标注所执行标准的编号和名称。

项目六　测绘计量管理暂行办法

为了加强测绘计量管理，确保测绘量值准确溯源和可靠传递，保证测绘产品质量，依据《中华人民共和国计量法》及其配套法规，国家制定了《测绘计量管理暂行办法》。任何单位和个人建立测绘计量标准，开展测绘计量器具检定，进口、销售和使用测绘计量器具，应当遵守。

GAC002 测绘计量管理暂行办法

测绘计量标准是指用于检定、测试各类测绘计量器具的标准装置、器具和设施；测绘计量器具是指用于直接或间接传递量值的测绘工作用仪器、仪表和器具。

进口以销售为目的的测绘计量器具，必须由外商或其代理人向国务院计量行政主管部门申请型式批准，取得《中华人民共和国进口计量器具型式批准证书》后，方准予进口并使用有关标志。在海关验放后，订货单位必须向省级以上政府计量行政主管部门申请检定，取得检定合格证书后，方准予销售；检定不合格，需要向外索赔的，订货单位应及时向商检机构申请复验出证。没有检定合格证书的进口测绘计量器具不得销售。

承担测绘任务的单位和个体测绘业者，其所使用的测绘计量器具必须经政府计量行政主管部门考核合格的测绘计量检定机构或测绘计量标准检定合格，方可申领测绘资格证书。无检定合格证书的，不予受理资格审查申请。

项目七　测绘生产质量管理规定

测绘生产质量管理是指测绘单位从承接测绘任务、组织准备、技术设计、生产作业直至产品交付使用全过程实施的质量管理。测绘生产质量管理贯彻"质量第一、注重实效"的方针，以保证质量为中心，满足需求为目标，防检结合为手段，全员参与为基础，促进测绘单位走质量效益型的发展道路。测绘单位必须经常进行质量教育，开展群众性的质量管理活动，不断增强干部职工的质量意识，有计划、分层次地组织岗位技术培训，逐步实行持证上岗。

测绘单位的法定代表人确定本单位的质量方针和质量目标，签发质量手册；建立本单位的质量体系并保证其有效运行；对提供的测绘产品承担产品质量责任。

质量主管负责人按照职责分工负责质量方针、质量目标的贯彻实施，签发有关的质量文件及作业指导书；组织编制测绘项目的技术设计书，并对设计质量负责；处理生产过程中的重大技术问题和质量争议；审核技术总结；审定测绘产品的交付验收。

JAB003 测绘生产质量管理规定

质量管理、质量检查机构及质量检查人员，在规定的职权范围内，负责质量管理的日常工作。编制年度质量计划，贯彻技术标准及质量文件；对作业过程进行现场监督和检查，处理质量问题；组织实施内部质量审核工作。各级质量检查人员对其所检查的产品质量负责,并有权予以质量否决,有权越级反映质量问题。

生产岗位的作业人员必须严格执行操作规程,按照技术设计进行作业,并对作业成果质量负责。其他岗位的工作人员,应当严格执行有关的规章制度,保证本岗位的工作质量。因工作质量问题影响产品质量的,承担相应的质量责任。测绘单位可以按照测绘项目的实际情况实行项目质量负责人制度。项目质量负责人对该测绘项目的产品质量负直接责任。

测绘任务的实施,应坚持先设计后生产,不允许边设计边生产,禁止没有设计进行生产。技术设计书应按测绘主管部门的有关规定经过审核批准,方可付诸执行。市场测绘任务根据具体情况编制技术设计书或测绘任务书,作为测绘合同的附件。测绘任务实施前,应组织有关人员的技术培训,学习技术设计书及有关的技术标准、操作规程。测绘任务实施前,应对需用的仪器、设备、工具进行检验和校正;在生产中应用的计算机软件及需用的各种物资,应能保证满足产品质量的要求,不合格的不准投入使用。

测绘单位必须制定完整可行的工序管理流程表,加强工序管理的各项基础工作,有效控制影响产品质量的各种因素。生产作业中的工序产品必须达到规定的质量要求,经作业人员自查、互检,如实填写质量记录,达到合格标准后,方可转入下工序。下工序有权退回不符合质量要求的上工序产品,上工序应及时进行修正、处理。退回及修正的过程,都必须如实填写质量记录。因质量问题造成下工序损失,或因错误判断造成上工序损失的,均应承担相应的经济责任。

测绘单位应当在关键工序、重点工序设置必要的检验点,实施工序产品质量的现场检查。现场检验点的设置,可以根据测绘任务的性质、作业人员水平、降低质量成本等因素,由测绘单位自行确定。

对检查发现的不合格品,应及时进行跟踪处理,做出质量记录,采取纠正措施。不合格品经返工修正后,应重新进行质量检查;不能进行返工修正的,应予报废并履行审批手续。测绘单位所交付的测绘产品,必须保证是合格品。

项目八　测绘成果质量监督抽查管理办法

JAB002 测绘成果质量监督抽查管理办法

国家测绘局负责组织实施全国质量监督抽查工作。县级以上地方人民政府测绘行政主管部门负责组织实施本行政区域内质量监督抽查工作。质量监督抽查工作必须遵循合法、公正、公平、公开的原则。测绘行政主管部门不应对同一测绘项目或者同一批次测绘成果重复抽查。

质量监督抽查的质量判定依据是国家法律法规、国家标准、行业标准、地方标准,以及测绘单位明示的企业标准、项目设计文件和合同约定的各项内容。当企业标准、项目设计文件和合同约定的质量指标低于国家法律法规、强制性标准或者推荐性标准的强制性条款时,以国家法律法规、强制性标准或者推荐性标准的强制性条款作为质量判定依据。

质量检验开始时,检验单位应当组织召开首次会,向受检单位出示测绘行政主管部门开具的监督抽查通知单,并告知检验依据、方法、程序等。

质量检验过程中,检验单位应当按照技术方案规定的程序,开展检验工作。检验单位可根据需要,向测绘项目出资人、设计单位、施测单位、质检单位等调查、了解项目相关情况,实施现场检验。

质量检验完成后,检验单位应当组织召开末次会,通报检验中发现的问题,提出改进意见和建议。

受检单位应当配合监督检验工作,提供与受检项目相关的合同、质量文件、成果资料、仪器检定资料等,对检验所需的仪器、设备等给予配合和协助。对依法进行的测绘成果质量监督检验,受检单位不得拒绝。拒绝接受监督检验的,受检的测绘项目成果质量按照"批不合格"处理。

受检单位对监督检验结论有异议的,可以自收到检验结论之日起 15 个工作日内向组织实施质量监督抽查的测绘行政主管部门提出书面异议报告,并抄送检验单位。逾期未提出异议的,视为认可检验结论。检验单位应当自收到受检单位书面异议报告之日起 10 个工作日内做出复验结论,并报组织实施质量监督抽查的测绘行政主管部门。组织实施质量监督抽查的测绘行政主管部门收到受检单位书面异议报告,需要进行复检的,应当按原技术方案、原样本组织。

复检一般由原检验单位进行,特殊情况下由组织实施监督抽查的测绘行政主管部门指定其他检验单位进行。复检结论与原结论不一致的,复检费用由原检验单位承担。

监督检验工作完成后,检验单位应当在规定时间内将监督检验报告、检验结论及有关资料报送组织实施监督抽查的测绘行政主管部门。

质量监督抽查不合格的测绘单位,组织实施质量监督抽查的测绘行政主管部门应当向其下达整改通知书,责令其自整改通知书下发之日起三个月内进行整改,并按原技术方案组织复查。

测绘单位整改完成后,必须向组织实施抽查的测绘行政主管部门报送整改情况,申请监督复查。逾期未整改或者未如期提出复查申请的,由实施抽查的测绘行政主管部门组织进行强制复查。

测绘成果质量监督抽查不合格的,或复查仍不合格的,测绘行政主管部门依照《中华人民共和国测绘法》及有关法律、法规的规定予以处理。

项目九　测绘成果保密管理制度

测绘成果涉及国家安全,影响经济发展,单位和个人在使用和生产测绘成果时必须遵守国家保密规定。

基础测绘成果保密等级的划分、调整和解密,经国务院测绘行政主管部门会同军队测绘主管部门商国家及军队保密主管部门决定后,由国务院测绘行政主管部门发布。

专业测绘成果保密等级的划分、调整和解密,由有关专业测绘成果管理部门确定,并报同级测绘行政主管部门备案;其密级不得低于原使用的地理底图和其他基础测绘成果的密级。

任何部门、单位使用保密测绘成果,必须按照国家保密法规进行管理。保密测绘成果确需公开使用的,必须按照国家规定进行解密处理。

保密测绘成果的销毁,应当经测绘成果使用单位的县级以上主管部门负责人批准,严格按照登记管理制度进行登记、造册和监销,并向提供该成果的管理机构备案。

测绘成果不得擅自复制、转让或者转借。确需复制、转让或者转借测绘成果的,必须经提供该测绘成果的部门批准;复制保密的测绘成果,还必须按照原密级管理。涉密计算机及信息系统应采取物理隔离措施,涉密计算机和载体介质未经批准不得带出保密档案室。

对发生重大测绘成果泄密事故的,由测绘行政主管部门给予通报批评,并规定追究单位负责人的责任。对未经提供测绘成果的部门批准,擅自复制、转让或者转借测绘成果的,由测绘行政主管部门给予通报批评,可以并处罚款。

有下列行为之一的个人,由其所在单位或者该单位的上级主管机关给予行政处分;构成犯罪的,由司法机关依法追究刑事责任:

(1)丢失保密测绘成果,或者造成测绘成果泄密事故的;

(2)未行报批手续,擅自对外提供未公开的测绘成果的;

(3)测绘成果管理人员不履行职责,致使测绘成果遭受重大损失,或者擅自提供未公开的测绘成果的;

(4)测绘成果丢失或者泄密造成严重后果以及对造成测绘成果丢失或者泄密事故不查处的单位负责人。

项目十 测绘成果管理条例

测绘成果,是指通过测绘形成的数据、信息、图件以及相关的技术资料。测绘成果分为基础测绘成果和非基础测绘成果。

汇交、保管、公布、利用、销毁测绘成果应当遵守有关保密法律、法规的规定,采取必要的保密措施,保障测绘成果的安全。测绘成果属于基础测绘成果的,应当汇交副本;属于非基础测绘成果的,应当汇交目录。测绘成果的副本和目录实行无偿汇交。

测绘项目出资人或者承担国家投资的测绘项目的单位应当自测绘项目验收完成之日起3个月内,向测绘行政主管部门汇交测绘成果副本或者目录。测绘行政主管部门应当在收到汇交的测绘成果副本或者目录后,出具汇交凭证。

测绘成果资料的存放设施与条件,应当符合国家保密、消防及档案管理的有关规定和要求。测绘成果保管单位应当按照规定保管测绘成果资料,不得损毁、散失、转让。测绘项目的出资人或者承担测绘项目的单位,应当采取必要的措施,确保其获取的测绘成果的安全。

法人或者其他组织需要利用属于国家秘密的基础测绘成果的,应当提出明确的利用目的和范围,报测绘成果所在地的测绘行政主管部门审批。测绘行政主管部门审查同意的,应当以书面形式告知测绘成果的秘密等级、保密要求及相关著作权保护要求。基础测绘成果和财政投资完成的其他测绘成果,用于国家机关决策和社会公益性事业的,应当无偿提供。

测绘成果依法实行有偿使用制度。但是,各级人民政府及其有关部门和军队因防灾、减灾、国防建设等公共利益的需要,可以无偿使用测绘成果。

依法有偿使用测绘成果的,使用人与测绘项目出资人应当签订书面协议,明确双方的权利和义务。测绘成果涉及著作权保护和管理的,依照有关法律、行政法规的规定执行。

任何单位和个人不得擅自公布重要地理信息数据。

ZAE005 测绘成果保密的规定

JAB004 测绘成果管理条例

重要地理信息数据包括：

（1）国界、国家海岸线长度；

（2）领土、领海、毗连区、专属经济区面积；

（3）国家海岸滩涂面积、岛礁数量和面积；

（4）国家版图的重要特征点，地势、地貌分区位置；

（5）国务院测绘行政主管部门商国务院其他有关部门确定的其他重要自然和人文地理实体的位置、高程、深度、面积、长度等地理信息数据。

在行政管理、新闻传播、对外交流、教学等对社会公众有影响的活动中，需要使用重要地理信息数据的，应当使用依法公布的重要地理信息数据。

模块三 计量基本知识

项目一 计量单位的概念

量,是指可以定性区别并定量确定的现象或物质的属性,如长度、时间等。计量是指实现单位统一、量值准确可靠的活动。秦始皇统一度量衡,不一致的度量衡制度在秦朝首次被统一起来,计量学在历史上首次引起重视。计量与其他测量一样,是人们理论联系实际,认识自然、改造自然的方法和手段。它是科技、经济和社会发展中必不可少的一项重要的技术基础。

所谓计量单位,就是具有确定的名称和定义,并令其数值为 1 的一个固定量,它是用以度量同类量大小的标准量。如 1m、1kg 等,是用于表示与其相比较的同种量的大小的约定定义和采用的特定量。

CAC004 计量单位的定义

单位制是一组基本单位、辅助单位和导出单位的总体。换句话说,单位制是按照指定规则制定的基本单位、辅助单位和导出单位的计量单位组合。如厘米·克·秒制、米·千米·秒制等。为了度量同类量的大小和确定不同类量之间的关系,就必须首先选定若干彼此独立的量,称为基本量,基本量的单位为基本单位。以基本量为依据,通过物理关系推导出的其他量称为导出量,导出量的单位为导出单位。

CAC003 计量单位制的概念

目前世界大多数国家普遍采用的计量单位制是国际单位制。国际单位制是 1960 年第 11 届国际计量大会通过,在米制的基础上逐步发展完善而形成的。国际单位制是以米、千克、秒、安培、开尔文、摩尔和坎德拉等 7 个单位为基本单位,以弧度、球面度 2 个单位为辅助单位及赫兹、牛顿、焦耳、帕斯卡等 19 个导出单位形成的单位制。国际单位制用符号 SI 表示。凡不属于基本单位、辅助单位和导出单位,及其用词头如千、毫等表示的倍数单位和分数单位,均为非国际单位制单位,如吨、升等。

CAC002 国际单位制的概念

我国的法定计量单位是在国际单位制的基础上扩充而形成的。由全部国际单位制单位以及另外选定的 15 个非国际单位制单位如吨、升、海里、分贝等组成。米制为我国的基本计量制度。我国法定计量单位是强制性的,各行业和组织必须依照执行,以确保单位的统一。

CAC001 我国法定计量单位

一般计量单位符号都用小写字母表示,如长度是物理量,而 m 是长度的计量单位,时间是物理量,而 s 是时间的计量单位。国际单位制中,长度的基本单位为米,用符号 m 表示。以米为基础,千米也称为公里,在 m 前面加 k(千),即用 km 表示;分米是在 m 前面加 d(十分之一),即用 dm 表示;厘米也称为公分,在 m 前面加 c(百分之一),即用 cm 表示;毫米是在 m 前面加 m(千分之一),即用 mm 表示。

CAC005 计量单位书写形式

如果计量单位名称来源于人名,则第一个字母用大写字母,如力的单位牛顿,用 N 表示,电流点位安培用 A 表示。

项目二　常用计量单位

ZAC001 长度
的单位

一、长度

国际单位制的基本单位是米,米的定义是光在真空中 1/299792458 秒的时间间隔内所经历路径的长度。米及米的倍数单位和分数单位是我国采用的法定长度单位,如千米、厘米、毫米等单位,分别用 km、cm、mm 表示。

在有些工作中,需要测量的长度特别小或特别大,所以会使用其他的长度单位,如材料科学中的微米(μm)、纳米(nm)等。天文单位也是一个长度的单位,约等于地球跟太阳的平均距离,即地球至太阳为一个天文单位,约 1.5 亿千米。为了描述更大的长度,天文学中长度的计量单位常用光年表示,即光在真空环境下一年所走过的距离。

ZAC002 长度
的换算方法

长度单位可以按照一定规律换算。比如:1 光年 $\approx 9.46 \times 10^{12}$ km,1km = 1000m,1m = 10dm = 100cm = 1000mm。

ZAC003 角度
的单位

二、角度

度、分、秒是我国采用的平面角的法定计量单位之一。我国的圆周单位为 360 度,即将一圆周分为 360 等份,每一等份所对应的圆心角称为 1 度,用"°"表示;1 度的 1/60 为 1 分,用"′"表示;1 分的 1/60 为 1 秒,用"″"表示。

ZAC004 角度
的换算方法

弧度是国际单位制的辅助单位,也是平面角的计量单位。1 弧度就是圆周上等于半径的弧长所对的圆心角。

弧度与度、分、秒有对应关系,1 弧度约为 57.3°,即 57°17′44.806″或 206265″。360°等于 2π 弧度,180°等于 π 弧度。

ZAC005 面积
的单位

三、面积

面积单位是测量物体表面大小的单位,面积的法定计量单位为平方米、平方千米、平方厘米、平方毫米、公顷等,如我国的国土面积约 960 万平方千米。法定面积计量单位之外,还有常用的面积单位"亩"。根据物体的大小使用适当的单位,如耕地一般使用单位"亩"或"平方米",一张 A4 纸的面积一般使用"平方厘米"。

其中,平方米用 m^2 表示,平方千米用 km^2 表示,平方厘米用 cm^2 表示,平方毫米用 mm^2 表示,公顷用 hm^2 表示。

ZAC006 面积
的换算方法

它们之间的关系是:$1km^2 = 1000000m^2$,$1m^2 = 100dm^2$,$1dm^2 = 100cm^2$,$1cm^2 = 100mm^2$,$1hm^2 = 10000m^2$,$1km^2 = 100hm^2$,1 亩 = 666.67m^2。

ZAC007 时间
的单位
ZAC008 时间
的换算方法

四、时间

时间是社会生活重要的计量概念,长到世纪、年代,短到时、分、秒,与各种行业、技术息息相关,是 7 种基本单位,即长度、时间、质量、物质的量、光照度、电流和(热力学)温度之一。

国际单位制时间的基本单位是"秒",用 s 表示。秒的定义是铯原子基态的两个超精细能级之间的跃迁所对应辐射的 9192631770 个周期的持续时间。分、小时是国际单位制辅助单位。分用 min 表示,小时用 h 表示,60 秒为 1 分,60 分为 1 小时。

日是地球自转一周所用的时间,有太阳日和恒星日之分。天文学中的太阳日是指同一地球经线相邻两次面对太阳所用的时间;恒星日是指某地天文子午面两次对向同一恒星的时间间隔。

月是月球绕地球公转的周期长度,年是指地球围绕太阳公转一周所用的时间。一个世纪是指连续的 100 年,第一世纪从公元 1 年到公元 100 年,而 20 世纪则从公元 1901 年到公元 2000 年,因此 2001 年是 21 世纪的第一年。把一个世纪分为 10 个单位,1 个单位 10 年,每 10 年叫作 1 个年代,依次分别叫作 10 年代,20 年代,30 年代,……,90 年代,如 2016 年可以称为 21 世纪 10 年代或 21 世纪初。

五、温度

ZAC009　温度的单位

1714 年,德国科学家华伦海特首先选用冰和氯化铵的混合物作为零点,以老式温度计来指示温度。后来他又选用了人们熟知的标准大气压下冰的熔点,定为 32 度,水的沸点定为 212 度,中间等分为 180 份,每一份就是 1 华氏度,这就是华氏温标,用 $℉$ 表示。

1742 年,瑞典科学家摄尔修斯和他的助手斯托玛用同样的温度计,以标准大气压下冰的熔点定为 0 度,水的沸点定为 100 度,中间等分为 100 份,每一份就是 1 摄氏度,这就是摄氏温标,用 $℃$ 表示。

1854 年,英国物理学家开尔文指出,只要选定一个温度固定——"水的三相点",即水、冰、水蒸气三相共存的温度,温度值就会完全可以确定下来,这是以绝对零度为起算点,把绝对零度到水的三相点温度等分 273.15 份,每一份就是 1 开氏度,这就是开氏温标,用 K 表示。这里,水的三相点是指在一个空间内,冰、水和水蒸气共存时的温度。为了方便起见,开氏温度计的刻度单位与摄氏温度计上的刻度单位相一致,也就是说,开氏温度计上的一度等于摄氏温度计上的一度。国际单位制热力学温度是以开氏温度开尔文为单位,而且开尔文是国际单位制的基础单位之一。

华氏温度与摄氏温度的换算关系是:

ZAC010　温度的换算方法

$$F = t \cdot \frac{9}{5} + 32$$

式中　F——华氏温度,$℉$;

　　　t——摄氏温度,$℃$。

摄氏温度与开氏温度的换算关系是:

$$T = t + 273.15$$

式中　T——开氏温度,K;

　　　t——摄氏温度,$℃$。

六、压强

ZAC011　压强的单位

压强是表示压力作用效果的物理量,是物体所受的压力与受力面积之比。在单位面积上,压力越大,压强越大,压力越小,压强越小。反之,在一定压力下,受力面积越大,压强越小,受力面积越小,压强越大。

国际单位制中压强的单位是帕斯卡,简称帕,即牛顿/平方米,用 Pa 表示,其物理意义是1 牛顿压力施加在 1 平方米面积上所产生的效果。帕是国际单位制的导出单位。在国际单位制和我国法定计量单位中,压强的单位采用帕斯卡及其倍数单位和分数单位。

大气压强是指地球上某个位置的空气产生的压强。地球表面的空气受到重力作用,由此而产生了大气压强,简称大气压。标准大气压是在标准大气环境条件下海平面的气压,其大小等于 760mm 汞柱,等于 $1.01325×10^5$ Pa,即 101325 牛顿/平方米。

大气压不是固定不变的,大气压的变化与天气有关,同一位置,不同时间的大气压是不同的,气温高时空气密度小,所以气温高时的大气压比气温低时要小些。

ZAC012 压强的换算方法

常用的压强单位还有巴(bar)、毫巴(mbar)、百帕(hPa)、千帕(kPa)、兆帕(MPa)等。压强单位的换算关系为:1MPa=1000000Pa=1000kPa=10000hPa;1hPa=1mbar。

ZAC013 频率的概念

七、频率

很多自然现象呈现周期性变化,如脉搏、交流电等。频率,是单位时间内完成周期性变化的次数,是描述周期运动频繁程度的量,常用符号 f 或 ν 表示,单位为秒分之一,即,物体 1 秒内完成周期性变化的次数,符号为 s。为了纪念德国物理学家赫兹的贡献,人们把频率的单位命名为赫兹,简称"赫",符号为 Hz。

每个物体都有由它本身性质决定的与振幅无关的频率,叫作固有频率。如我国使用的电是一种正弦交流电,其频率为 50Hz,即 1 秒内发生 50 次变化。工业术语称交流电的频率为工频,世界上的电力系统工频有两种,一种为 50Hz,另一种为 60Hz。

常用的频率单位还有千赫(kHz)、兆赫(MHz)等,人耳听到的频率范围为 20~20000Hz,低于 20Hz 为次声波,高于 20kHz 为超声波。卫星定位测量中使用的无线电频率一般在 400MHz 左右。

一种声音尽管只有一个恒定的频率,但是对听者来说,它有时却是变化的。当波源和听者之间发生相对运动时,听者所感到的频率改变的这种现象称为多普勒效应。科技工作者根据多普勒效应发明了医疗器械、卫星定位技术。最初的卫星定位技术就是通过测量卫星无线电波的多普勒频率变化计算卫星到仪器的距离,从而测量仪器的地面位置。

频率是周期的倒数。

ZAC014 速度的概念

八、速度

速度是表征质点在某瞬时运动快慢和运动方向的矢量,是描述物体运动快慢的物理量,定义为位移随着时间的变化率。速度用 v 表示,在国际单位制的最基本单位是米/秒,记为 m/s。速度的大小称为速率,速度是矢量,有大小和方向,速率是标量,只有大小。

瞬时速度是指运动物体在某一时刻或某一位置时的速度。平均速度是指物体通过的位移和所用时间的比值。

光在真空中的速度是 299m/s,792m/s,458m/s,是科技生活中的重要物理量,根据光速测定距离、时间等。无线电波的传播速度等于光速。

九、质量

ZAC015 质量
的概念

物体所含物质的数量称为质量,质量不随物体形状、状态、空间位置的改变而改变,是物质的基本属性。质量是国际单位制的基本物理量,符号是 m,单位为千克,用 kg 表示,定义为千分之一千克为 1 克,用 g 表示,是 18×14074481 个 C-12 原子的重量。另外还有毫克,用 mg 表示,其中:1kg = 1000g,1g = 1000mg。

重量是物体受万有引力作用后力的度量,重量和质量不同,重量的单位是千克重。在地球引力下,重量和质量是等值的,但是度量单位不同。质量和重量的换算关系为:

$$G = mg$$

式中　G——物体所受的重力,即重量,单位为 N(牛顿);

　　　m——物体的质量,单位为 kg(千克);

　　　g——重力加速度,常数,9.8m/s^2。

也就是说 1 千克质量物体产生的力相当于 9.8 牛顿。

模块四　误差基本知识

项目一　误差的基本概念

ZAD001 误差的基本概念

一、误差的概念

任何一个量,都有真实的大小。一个唯一代表某量真实大小的数值,称为该量的真值。如一个三角形的内角和为180°,这180°就是三角形内角和的理论值,称为真值;一个直角的角度是90°,这90°就是直角的真值。由于受到观测者感官、测量设备精度、观测环境等因素的影响,观测过程会产生偏差,这些偏差称为误差。误差是普遍存在的,所有的观测结果都与真值有偏差,这一观测量与该量的真值之差称为真误差。

ZAD002 观测条件的含义

误差的产生及大小与观测条件有关。观测者、测量仪器和外界观测环境统称为观测条件。观测者通过自己的感官,使用观测仪器,在自然条件下进行观测,因此观测结果就受到了各种影响。如观测者手、眼等感官的鉴别能力、操作能力不是那么完善和准确、测量仪器观测能力有限或存在缺陷,观测时观测环境不利于观测或发生变化等都会使观测结果产生误差。

二、误差的分类

根据观测误差的性质,观测误差可分为系统误差和偶然误差两类。

（一）系统误差

在相同的条件下,做多次观测,如果观测误差在符号及大小上表现出一致的倾向,如按一定的规律变化,或保持为常数,这种误差称为系统误差。棱镜加常数和链尺尺长引起的误差属于系统误差。例如,用一只名义上20m而实际上比标准长度长了0.15m的钢尺测量距离,测量的结果会比实际标准结果小,长度变短,而且测量的距离越长,产生的误差越大,误差与测量长度成正比,符号相同。如果测量的结果是100m,那么产生的误差是$+0.15/20 \times 100 = +0.75\text{m}$。

系统误差的危害性很大,但是可以通过一定的技术手段进行改正、减弱或消除。如加入距离改正数、正倒镜观测等。

ZAD003 误差的分类

（二）偶然误差

在相同的条件下,做多次观测,如果观测结果的差异在符号及数值上都没有表现出一致的倾向,即每个误差从表面上看,不论符号上还是数值上都没有任何规律性,这种误差称为偶然误差。例如读数时估读小数、对中、棱镜杆倾斜等引起的距离误差都属于偶然误差。

ZAD004 偶然误差的特性

偶然误差具有如下规律:

(1)在一定观测条件下,偶然误差的绝对值,不会超过一定的限度。

（2）绝对值越小的误差，其出现的机会越多。

（3）绝对值相等的正误差与负误差，出现的机会相同。

（4）当观测次数无限增多时，偶然误差的算术平均值趋近于零。

三、评定精度的标准

ZAD005 评定
精度的标准

在相同的观测条件下，即同一个人，使用同样的仪器，按照同样的方法，在同样的自然条件下对未知量进行 n 次观测，则会产生 n 个观测值及 n 个真误差，这些真误差具有偶然误差的 4 个特性。大量实验证明，在相同的观测条件下进行观测，得到的一组误差，当观测次数相当多时，误差出现在各个区间的百分比总是稳定在某一常数附近，说明相同观测条件下的各组观测误差其出现的总趋势是相同的。在不同的观测条件下，观测条件好的那一组误差，其小误差出现的百分比总是比观测条件差的一组要大。因此小误差出现的百分比的大小就反映了该组观测质量的优劣；或者说，一组误差的平均大小反映了该组观测精度的高低。所以通常用一组误差的平均大小来作为衡量精度的指标。

用一组误差的平均大小来作为衡量精度的指标，在使用上有几种不同的定义，其中常用的一种是取这组误差的平方和的平均数再开方来评定这组观测值的精度，即

$$m = \pm\sqrt{\frac{\sum\Delta^2}{n}}$$

式中　　m——中误差；

　　　　Δ——观测值误差；

GAB001 中误
差的概念

　　　　n——误差数量。

中误差 m 值的大小反映了该组观测值精度的高低，它表示这组观测中每个观测值都有这个值的精度。中误差是以一组误差的平均数这一概念来说明精度的，为了避免正负误差的互相抵消和明显反应大误差起见，所以在公式中采用了误差平方这一概念。

例如，在同一观测条件下，对一个三角形进行了 10 次观测，每次观测所得的三角形内角和的真误差为 $+3''$，$-2''$，$-4''$，$+2''$，$0''$，$-4''$，$+3''$，$+2''$，$-3''$，$-1''$，则其观测值中误差为：

$$m = \pm\sqrt{\frac{(3)^2+(-2)^2+(-4)^2+(2)^2+(0)^2+(-4)^2+(3)^2+(2)^2+(-3)^2+(-1)^2}{10}} = \pm2.7''$$

对于评定精度来说，有时利用中误差还不能反映测量的精度。例如丈量两条直线，一条长 100m，另一条长 20m，它们的中误差都为 ±10mm，可是不能说明它们的测量精度是相同的，而是前者优于后者。为此，利用中误差与观测值的比值，即 $\frac{m_i}{L_i}$ 来评定精度，通常称此比值为相对中误差，即两条下线观测值的相对中误差分别为：

$$\frac{m_1}{L_1} = \frac{0.010}{100} = \frac{1}{10000} \quad \frac{m_2}{L_2} = \frac{0.010}{20} = \frac{1}{2000} \quad \frac{m_1}{L_1} < \frac{m_2}{L_2}$$

根据偶然误差的特性，偶然误差的绝对值不会超过一定的限值。根据最小二乘法理论，大于 2 倍的中误差，其出现的可能性约为 5%，大于 3 倍的中误差出现的可能性只占 3‰，因此在测量工作中常取 2 倍中误差为误差的限差，也就是测量工作中的容许误差。即 $\Delta_容 = 2m$。

项目二 误差传播定律

在实际工作中,许多未知量不能直接观测而求其值,需要由观测值间接计算出来。例如,某未知点 B 的高程 H_B 是由起始点 A 的高程 H_A 加上从 A 点到 B 点进行了若干站水准测量而得来的观测高差 $h_1, h_2, h_3, \cdots, h_n$ 求和得出的。这时 B 点的高程 H_B 是各独立观测值,即观测高差 $h_1, h_2, h_3, \cdots, h_n$ 的函数,需要根据观测值的中误差求观测值函数的中误差。阐述观测值中误差与观测值函数的中误差之间关系的定律称为误差传播定律。

一、倍数的函数

设有函数:
$$z = kx$$
式中 z——观测值函数;

k——常数;

x——观测值。

该函数 z 为观测值 x 的 k 倍,如果已知观测值 x 的中误差 m_x,则 z 函数的中误差为:
$$m_z = km_x$$
即,观测值与常数乘积的中误差,等于观测值中误差乘常数。

例如,在 1:500 比例尺地形图上量得 A 与 B 两点间的图上距离 $S_{ab} = 23.4\text{mm}$,中误差为 $m_{s_{ab}} = \pm 0.2\text{mm}$。那么 A 与 B 之间的实地距离应为:
$$S_{AB} = 500S_{ab} = 500 \times 23.4 = 11700(\text{mm}) = 11.7(\text{m})$$
根据倍数函数误差传播定律,实地距离的中误差应为:
$$m_{S_{AB}} = 500m_{S_{ab}} = 500 \times (\pm 0.2) = \pm 100(\text{mm}) = \pm 0.1(\text{m})$$
记为 $S_{AB} = 11.7\text{m} \pm 0.1\text{m}$。

二、和或差的函数

设有函数:
$$z = x_1 \pm x_2 \pm x_3 \pm \cdots \pm x_n$$
式中 z——观测值函数;

$x_1, \cdots, x_n$——观测值。

该函数 z 为观测值 x_i 的和或差,如果已知观测值 x_i 的中误差 m_{x_i},z 函数的中误差与观测值 x_i 的中误差 m_{x_i} 的关系为:

$$m_z^2 = m_{x_1}^2 + m_{x_2}^2 + \cdots + m_{x_n}^2$$
即,n 个观测值代数和的中误差的平方,等于 n 个观测值中误差平方之和。

例如,以 30m 钢尺丈量 90m 的距离,当每尺段量距的中误差为 $\pm 5\text{mm}$ 时,全长 90m 的中误差为:
$$m_{90} = \sqrt{m_{30}^2 + m_{30}^2 + m_{30}^2} = \sqrt{3 \times m_{30}^2} = \sqrt{3}\, m_{30} = \sqrt{3} \times (\pm 5) = \pm 8.66(\text{mm})$$
记为 $S_{90} = 90\text{m} \pm 0.008\text{m}$,说明在量距测量中,量距的中误差与丈量尺段数 n 的平方根成正比。

三、直线函数

设有直线函数：
$$z = k_1 x_1 \pm k_2 x_2 \pm \cdots \pm k_n x_n$$

式中　$x_1, x_2, \cdots, x_n$——独立观测值；

$k_1, k_2, \cdots, k_n$——常数。

如果观测量 $x_1, x_2, \cdots, x_n$ 的中误差分别为 $m_1, m_2, \cdots, m_n$，则直线函数的中误差为：

$$m^2 = (k_1 m_1)^2 + (k_1 m_2)^2 + \cdots + (k_n m_n)^2$$

项目三　中误差计算

一、算术平均值的中误差

在相同的观测条件下对未知量观测了 n 次，观测结果为 $L_1, L_2, \cdots, L_n$，如果该未知量的真值为 X，则观测值的真误差为：

$$\Delta_i = X - L_i \, (i = 1, 2, \cdots, n)$$

将上式相加得：

$$\sum \Delta_i = nx - \sum L_i$$

故真值 X 为：

$$X = \frac{\sum L_i}{n} + \frac{\sum \Delta_i}{n}$$

观测值的算术平均值 x 为：

$$x = \frac{\sum L_i}{n}$$

算术平均值的真误差为：

$$\Delta_x = \frac{\sum \Delta_i}{n}$$

当 n 趋近于无穷大时，Δ_x 趋近于零，算术平均值即为真值。在实际工作中，观测次数总是有限的，所以算术平均值不可视为所求量的真值。但是随着观测次数增加，算术平均值趋近于真值。因此在计算时，不论观测次数多少，均以算术平均值作为未知量的最或是值。

由于在相同的观测条件下观测，各观测值的精度相同，设其观测值中误差为 m，则根据直线函数误差转播定律，算术平均值的中误差为：

$$m_x = \frac{m}{\sqrt{n}}$$

由上式可知，算术平均值的中误差较各独立观测值小 $\sqrt{n}$ 倍。

例如，在同样的观测条件下对一段距离丈量了 5 次，观测值分别为 25.002m，25.001m，24.999m，24.997m，25.003m，每次丈量观测值的中误差为 ±2mm，则此丈量的算数平均值为：

$$x = \frac{\sum L_i}{n} = \frac{25.002+25.001+24.999+24.997+25.003}{5} = 25.0004\text{m}$$

GAB003 算术
平均值的中误差 该算数平均值的中误差为：

$$m_x = \frac{m}{\sqrt{n}} = \frac{\pm 2}{\sqrt{5}} = \pm 0.89\text{mm}$$

二、同精度观测值中误差

利用观测值的真误差求观测值中误差的计算公式为：

$$m = \sqrt{\frac{\sum \Delta_i^2}{n}}$$

但是未知量的真值往往是不知道的，真误差也就不知道了。所以这时不能直接用这个公式计算观测值的中误差。但是观测值的最或是值是可以求的，同精度观测值的最或是值为观测值的算数平均数。观测值最或是值与观测值的差称为观测值的改正数：

$$v_i = x - L_i$$

式中 v_i——观测值的改正数；

x——观测值的最或是值；

L_i——观测值。

则在同精度观测条件下，利用改正数计算同精度观测值的中误差公式为：

$$m = \pm \sqrt{\frac{\sum v_i^2}{n-1}}$$

在同精度观测条件下，利用改正数计算同精度观测值算数平均数的中误差公式为：

$$m = \pm \sqrt{\frac{\sum v_i^2}{n(n-1)}}$$

例如，对某段距离进行 5 次同精度丈量，观测值分别为：148.64m，148.58m，148.61m，148.62m，148.60m，则观测值的算数平均值为：

$$x = \frac{\sum L_i}{n} = \frac{148.64+148.58+148.61+148.62+148.60}{5} = 148.61\text{m}$$

各观测值的改正数为：

$$v_1 = x - L_1 = 148.61 - 148.64 = -3\text{cm}$$
$$v_2 = x - L_2 = 148.61 - 148.58 = +3\text{cm}$$
$$v_3 = x - L_3 = 148.61 - 148.61 = 0\text{cm}$$
$$v_4 = x - L_4 = 148.61 - 148.62 = -1\text{cm}$$
$$v_5 = x - L_5 = 148.61 - 148.60 = +1\text{cm}$$

GAB007 同精度
观测值中误差 原则上，改正数之和应为 0，可以通过这个规律检核改正数计算正确与否。

利用改正数计算观测值的中误差为：

$$m = \pm \sqrt{\frac{\sum v_i^2}{n-1}} = \pm \sqrt{\frac{20}{4}} = \pm 2.2 \text{cm}$$

利用改正数计算观测值算数平均值的中误差为：

$$m = \pm \sqrt{\frac{\sum v_i^2}{n(n-1)}} = \pm \sqrt{\frac{20}{5 \times 4}} = \pm 1.0 \text{cm}$$

三、权及带权平均值的中误差

（一）权的概念

当进行了 n 次的同精度观测，可以通过计算算数平均值的方法计算未知量的最或是值。若对未知量进行 n 次不同精度观测，则不能取观测值的算数平均值作为未知量的最或是值。计算不同精度观测值的最或是值时，精度高的观测值在其中占的"比重"大些，而精度低的观测值在其中的"比重"小些。这里的"比重"反映了观测值的精度，可以用数值表示。这个反映观测值精度及其在计算最或是值过程中所占的比重数据称为观测值的"权"。观测值的精度越高，其误差越小，权越大；反之，观测值的精度越低，中误差越大，其权越小。

> GAB004 权的定义

（二）单位权中误差

在测量工作中，可以利用中误差确定观测值的权，如：

> GAB005 单位权中误差

$$p_i = \frac{\mu^2}{m_i^2}(i = 1, 2 \cdots, n)$$

式中　p_i——观测值的权；

　　　μ——任意常数；

　　　m_i——观测值的中误差。

虽然 μ 为任意常数，但是在使用上式求一组观测值的权时，必须采用同一 μ 值。观测值的权 p_i 是与该观测值中误差平方成反比的一组比例数。同时，上式可以写为：

$$\mu^2 = p_i m_i^2 (i = 1, 2 \cdots, n)$$

或

$$\frac{\mu^2}{m_i^2} = \frac{p_i}{1}$$

上式说明，μ 是权等于 1 的观测值的中误差，通常称等于 1 的权为单位权，权为 1 的观测值为单位权观测值。而 μ 为单位权观测值的中误差，简称单位权中误差。

例如，已知观测值 L_1 的中误差 $m_1 = \pm 3 \text{mm}$，L_2 的中误差 $m_2 = \pm 4 \text{mm}$，L_3 的中误差 $m_3 = \pm 5 \text{mm}$，那么各观测值的权可以这样确定：

设 $\mu = m_1 = \pm 3 \text{mm}$，则

$$p_1 = \frac{\mu^2}{m_1^2} = \frac{(\pm 3)^2}{(\pm 3)^2} = 1$$

$$p_2 = \frac{\mu^2}{m_2^2} = \frac{(\pm 3)^2}{(\pm 4)^2} = \frac{9}{16}$$

$$p_3 = \frac{\mu^2}{m_3^2} = \frac{(\pm 3)^2}{(\pm 5)^2} = \frac{9}{25}$$

此时,单位权中误差为±3mm,三个观测值的权分别为 1、$\dfrac{9}{16}$、$\dfrac{9}{25}$。

GAB006 带权
平均值的中误差**（三）带权平均值的中误差**

设对某未知量 x 进行了 n 次不同精度的观测,观测值为 $L_1,L_2,L_3,\cdots,L_n$,其相应的权为 $p_1,p_2,p_3,\cdots,p_n$,则不同精度观测值的最或是值为:

$$x = \frac{p_1 L_1 + p_2 L_2 + \cdots + p_n L_n}{p_1 + p_2 + \cdots + p_n}$$

由于此式是根据观测值的权来计算不同精度观测值的最或是值,故由此式计算的未知量称为带权平均值,或称广义算数平均值。当所有的观测值都是同精度时,各观测值的权相等,则广义算数平均值或带权平均值即为算数平均值。

例如,对某长度进行了三次不同精度的丈量,观测值为: $L_1 = 88.23\text{m}$, $L_2 = 88.20\text{m}$, $L_3 = 88.19\text{m}$,其权为: $p_1 = 1$, $p_2 = 3$, $p_3 = 2$,则该长度的最或是值为:

$$x = \frac{\sum p_i L_i}{\sum p_i} = \frac{88.23 + 88.20 + 88.19}{1 + 3 + 2} = 88.20(\text{m})$$

带权平均值的中误差为:

$$m_x = \frac{\mu}{\sum p_i}$$

模块五 计算机基础知识

项目一 计算机硬件

计算机硬件是指计算机系统中由电子、机械和光电元件等组成的各种物理装置的总称。这些物理装置按系统结构的要求构成一个有机整体为计算机软件运行提供物质基础。计算机硬件的功能是输入并存储程序和数据，以及执行程序把数据加工成可以利用的形式。从系统逻辑上看，计算机包括运算器、控制器、储存器、输入设备和输出设备等五部分组成；从外观上看，计算机由主机箱和外部设备组成。主机箱内主要包括 CPU、内存、主板、硬盘驱动器、光盘驱动器、各种扩展卡、连接线、电源等，外部设备包括鼠标、键盘和打印机等。

一、逻辑部件

（一）运算器

运算器由算术逻辑运算单元（ALU）、累加器、状态寄存器、通用寄存器组等组成。算术逻辑运算单元的基本功能为加、减、乘、除四则运算，与、或、非、异或等逻辑操作，以及移位、求补等操作。计算机运行时，运算器的操作和操作种类由控制器决定。运算器处理的数据来自存储器，处理后的结果数据通常送回存储器，或暂时寄存在运算器中。运算器与控制器共同组成了 CPU 的核心部分。

（二）控制器

控制器（Control Unit），是整个计算机系统的控制中心，它指挥计算机各部分协调地工作，保证计算机按照预先规定的目标和步骤有条不紊地进行操作及处理。控制器从存储器中逐条取出指令，分析每条指令规定的是什么操作及所需数据的存放位置等，然后根据分析的结果向计算机其他部件发出控制信号，统一指挥整个计算机完成指令所规定的操作。计算机自动工作的过程，实际上是自动执行程序的过程，而程序中的每条指令都是由控制器来分析执行的，它是计算机实现"程序控制"的主要设备。

通常把控制器与运算器合称为中央处理器（CPU）。工业生产中总是采用最先进的超大规模集成电路技术来制造中央处理器，即 CPU 芯片。它是计算机的核心设备。它的性能，主要是工作速度和计算精度，对机器的整体性能有全面的影响。

（三）存储器

存储器（Memory）是计算机系统中的记忆设备，用来存放程序和数据。计算机中全部信息，包括输入的原始数据、计算机程序、中间运行结果和最终运行结果都保存在存储器中。它根据控制器指定的位置存入和取出信息。有了存储器，计算机才有记忆功能，才能保证正常工作。按用途存储器可分为主存储器或内存和辅助存储器或外存，也有分为外部存储器和内部存储器的分类方法。外存通常是磁性介质或光盘等，能长期保存信息。内存指主板上的存储部件,用来存放当前正在执行的数据和程序,但仅用于暂时存放程序和数据,关闭电源或断电,数据会丢失。

(四)输入设备

输入设备是向计算机输入数据和信息的设备,是计算机与用户或其他设备通信的桥梁。输入设备是用户和计算机系统之间进行信息交换的主要装置之一。键盘、鼠标、摄像头、扫描仪、光笔、手写输入板、游戏杆、语音输入装置等都属于输入设备。输入设备是人或外部与计算机进行交互的一种装置,用于把原始数据和处理这些数据的程序输入计算机中。计算机能够接收各种各样的数据,既可以是数值型的数据,也可以是各种非数值型的数据,如图形、图像、声音等都可以通过不同类型的输入设备输入计算机中,进行存储、处理和输出。

(五)输出设备

输出设备是计算机的终端设备,用于接收计算机数据的输出显示、打印、声音、控制外围设备操作等,也可把各种计算结果数据或信息以数字、字符、图像、声音等形式表示出来。

二、设备部件

(一)中央处理器

中央处理器(CPU),由运算器和控制器组成,分别由运算电路和控制电路实现,是计算机系统中必备的核心部件。

运算器是对数据进行加工处理的部件,它在控制器的作用下与内存交换数据,负责进行各类基本的算术运算、逻辑运算和其他操作。在运算器中含有暂时存放数据或结果的寄存器。运算器由算术逻辑单元(ALU)、累加器、状态寄存器和通用寄存器等组成。ALU 是用于完成加、减、乘、除等算术运算,与、或、非等逻辑运算及移位、求补等操作的部件。

控制器是整个计算机系统的指挥中心,负责对指令进行分析,并根据指令的要求,有序地、有目的地向各个部件发出控制信号,使计算机的各部件协调一致地工作。控制器由指令指针寄存器、指令寄存器、控制逻辑电路和时钟控制电路等组成。

寄存器也是 CPU 的一个重要组成部分,是 CPU 内部的临时存储单元。寄存器既可以存放数据和地址,又可以存放控制信息或 CPU 工作的状态信息。

并行处理通常把具有多个 CPU 同时去执行程序的计算机系统称为多处理机系统。依靠多个 CPU 同时并行地运行程序是实现超高速计算的一个重要方向。

CPU 品质的高低,直接决定了一个计算机系统的档次。反映 CPU 品质的最重要指标是主频和数据传送的位数。主频说明了 CPU 的工作速度,主频越高,CPU 的运算速度越快。常用的 CPU 主频有 1.5GHz、2.0GHz、2.4GHz 等。CPU 传送数据的位数是指计算机在同一时间能同时并行传送的二进制信息位数。常说的 16 位机、32 位机和 64 位机,是指该计算机中的 CPU 可以同时处理 16 位、32 位和 64 位的二进制数据。286 机是 16 位机,386 机是 32 位机,486 机是 32 位机,Pentium 机是 64 位机。随着型号的不断更新,微机的性能也不断提高。

(二)内存

计算机系统的一个重要特征是具有极强的"记忆"能力,能够把大量计算机程序和数据存储起来。存储器是计算机系统内最主要的记忆装置,既能接收计算机内的数据和程序信息,又能保存信息,还可以根据命令读取已保存的信息。存储器按功能可分为主存储器和辅助存储器。主存储器是相对存取速度快而容量小的一类存储器,辅助存储器则是相对存取速度慢而容量很大的一类存储器。

主存储器,也称为内存储器,简称内存。内存直接与 CPU 相连接,是计算机中主要的工作存储器,当前运行的程序与数据存放在内存中。现代的内存储器多半是半导体存储器,采用大规模集成电路或超大规模集成电路器件。内存储器按其工作方式的不同,可以分为随机存取存储器(RAM)和只读存储器(ROM)。

随机存储器允许随机的按任意指定地址向内存单元存入或从该单元取出信息,对任一地址的存取时间都是相同的。由于信息是通过电信号写入存储器的,所以断电时 RAM 中的信息就会消失。计算机工作时使用的程序和数据等都存储在 RAM 中,如果对程序或数据进行了修改之后,应该将它存储到外存储器中,否则关机后信息将丢失。通常所说的内存大小就是指 RAM 的大小,一般以 MB 或 GB 为单位。

只读存储器是只能读出而不能随意写入信息的存储器。ROM 中的内容是由厂家制造时用特殊方法写入的,或者要利用特殊的写入器才能写入。当计算机断电后,ROM 中的信息不会丢失。当计算机重新被加电后,其中的信息保持原来的不变,仍可被读出。ROM 适宜存放计算机启动的引导程序、启动后的检测程序、系统最基本的输入输出程序、时钟控制程序以及计算机的系统配置和磁盘参数等重要信息。

(三)外存

辅助存储器也称为外存储器,简称外存。计算机执行程序和加工处理数据时,外存中的信息按信息块或信息组先送入内存后才能使用,即计算机通过外存与内存不断交换数据的方式使用外存中的信息。

计算机常用的外存是软磁盘(简称软盘)和硬磁盘(简称硬盘)。从数据存储原理和存储格式上看,硬盘与软盘完全相同。但硬盘的磁性材料是涂在金属、陶瓷或玻璃制成的硬盘基片上,而软盘的基片是塑料的。硬盘的转速和容量会影响读写速度和系统运行速度,硬盘相对软盘来说,主要是存储空间比较大,有的硬盘容量已在 4TB 以上。硬盘大多由多个盘片组成,每个盘片分为若干个磁道和扇区,多个盘片表面的相应磁道将在空间上形成多个同心圆柱面。

用于计算机系统的光盘有三类:只读光盘(CD-ROM)、一次写入光盘(CD-R)和可擦写光盘(CD-RW)等。

(四)输入设备

输入设备是指为计算机提供数字、文字、图像、音频、视频等信息或指示计算机系统操作过程的设备。如鼠标、键盘等。

1.键盘

键盘(Keyboard)是常用的输入设备,它由一组开关矩阵组成,包括数字键、字母键、符号键、功能键及控制键等。每一个按键在计算机中都有它的唯一代码。当按下某个键时,键盘接口将该键的二进制代码送入计算机主机中,并将按键字符显示在显示器上。当快速大量输入字符,主机来不及处理时,先将这些字符的代码送往内存的键盘缓冲区,然后再从该缓冲区中取出进行分析处理。键盘接口电路多采用单片微处理器,由它控制整个键盘的工作,如上电时对键盘的自检、键盘扫描、按键代码的产生、发送及与主机的通信等。键盘分为以下几类：

（1）机械键盘（Mechanical），采用类似金属接触式开关，工作原理是使触点导通或断开，具有工艺简单、噪声大、易维护、打字时节奏感强，长期使用手感不会改变等特点。

（2）塑料薄膜式键盘（Membrane），键盘内部共分四层，实现了无机械磨损。其特点是低价格、低噪声和低成本，但是长期使用后由于材质问题手感会发生变化。已占领市场绝大部分份额。

（3）导电橡胶式键盘（Conductive Rubber），触点的结构是通过导电橡胶相连。键盘内部有一层凸起带电的导电橡胶，每个按键都对应一个凸起，按下时把下面的触点接通。这种类型键盘是市场由机械键盘向薄膜键盘的过渡产品。

（4）无接点静电电容键盘（Capacitives），使用类似电容式开关的原理，通过按键时改变电极间的距离引起电容容量改变从而驱动编码器。特点是无磨损且密封性较好。

2. 鼠标器

鼠标器（Mouse）是一种手持式屏幕坐标定位设备，它是为适应菜单操作的软件和图形处理环境而出现的一种输入设备，特别是在现今流行的 Windows 图形操作系统环境下应用鼠标器方便快捷。常用的鼠标器有两种，一种是机械式的，另一种是光电式的。

机械式鼠标器的底座上装有一个可以滚动的金属球，当鼠标器在桌面上移动时，金属球与桌面摩擦，发生转动。金属球与四个方向的电位器接触，可测量出上下左右四个方向的位移量，用以控制屏幕上光标的移动。光标和鼠标器的移动方向是一致的，而且移动的距离成比例。

光电式鼠标器的底部装有两个平行放置的小光源。这种鼠标器在反射板上移动，光源发出的光经反射板反射后，由鼠标器接收，并转换为电移动信号送入计算机，使屏幕的光标随之移动。其他方面与机械式鼠标器一样。

鼠标器上有两个键的，也有三个键的。最左边的键是拾取键，最右边的键为消除键，中间的键是菜单的选择键。由于鼠标器所配的软件系统不同，对上述三个键的定义有所不同。一般情况下，鼠标器左键可在屏幕上确定某一位置，该位置在字符输入状态下是当前输入字符的显示点；在图形状态下是绘图的参考点。在菜单选择中，左键，即拾取键可选择菜单项，也可以选择绘图工具和命令，当做出选择后系统会自动执行所选择的命令。鼠标器能够移动光标，选择各种操作和命令，并可方便地对图形进行编辑和修改，但却不能输入字符和数字。

3. 其他输入设备

光学标记阅读机是一种用光电原理读取纸上标记的输入设备，常用的有条码读入器和计算机自动评卷记分的输入设备等。

图形图像扫描仪是利用光电扫描将图形图像转换成像素数据输入计算机的输入设备。一些部门已开始把图像输入用于图像资料库的建设中。如人事档案中的照片输入，公安系统案件资料管理，数字化图书馆的建设，工程设计和管理部门的工程图管理系统，都使用了各种类型的图形图像扫描仪。

正在研究使计算机具有人的"听觉"和"视觉"，即让计算机能听懂人说的话，看懂人写的字,从而能以人们接收信息的方式接收信息。为此,人们开辟了新的研究方向,包括模式识别、人工智能、信号与图像处理等,并在这些研究方向的基础上产生了语言识别、文字识别、自然语言理解与机器视觉等研究方向。语言和文字输入技术的实质是使计算机从语言的声波及文字的形状领会到所听到的声音或见到的文字的含义,即对声波与文字的识别。

(五)输出设备

输出设备是人与计算机交互的一种部件,用于数据的输出。它把各种计算结果数据或信息以数字、字符、图像、声音等形式表示出来。常见的有显示器、打印机、绘图仪、影像输出系统、语音输出系统、磁记录设备等。

1.显示器

显示器是计算机必备的输出设备,常用的有阴极射线管显示器、液晶显示器和等离子显示器。阴极射线管显示器(简称CRT)由于其制造工艺成熟,性能价格比高。随着液晶显示器(简称LCD)技术的逐步成熟,已经成为主流的显示器。显示器不仅可以显示字符,而且可以显示图形和图像。图形是指工程图,即由点、线、面、体组成的图形。图像是指景物图。显示器是通过"显示接口"及总线与主机连接,待显示的信息,如字符或图形图像是从显示缓冲存储器送入显示器接口的,经显示器接口的转换,形成控制电子束位置和强弱的信号。受控的电子束就会在荧光屏上描绘出能够区分出颜色不同、明暗层次的画面。显示器的重要技术指标包括尺寸、分辨率、发光强度比等。

2.打印机

打印机是计算机最基本的输出设备之一,它将计算机的处理结果打印在纸上。打印机按印字方式可分为击打式和非击打式两类。击打式打印机是利用机械动作,将字体通过色带打印在纸上,根据印出字体的方式又可分为活字式打印机和点阵式打印机。

活字式打印机是把每一个字刻在打字机构上,可以是球形、菊花瓣形、鼓轮形等各种形状。点阵式打印机是利用打印钢针按字符的点阵打印出字符。每一个字符可由 m 行×n 列的点阵组成。一般字符由7×8点阵组成,汉字由24×24点阵组成。点阵式打印机常用打印头的针数来命名,如9针打印机、24针打印机等。

非击打式打印机是用各种物理或化学的方法印刷字符的,如静电感应、电灼、热敏效应、激光扫描和喷墨等。其中激光打印机(Laser Printer)和喷墨式打印机(Inkjet Printer)是目前最流行的两种打印机,它们都是以点阵的形式组成字符和各种图形。激光打印机接收来自电脑的信息,然后进行激光扫描,将要输出的信息在磁鼓上形成静电潜像,并转换成磁信号,使碳粉吸附到纸上,加热定影后输出。喷墨式打印机是将墨水通过精制的喷头喷到纸面上形成字符和图像。

3.绘图仪

绘图仪是直接由计算机或数字信号控制,用以自动输出各种图形、图像和字符的绘图设备。可采用联机或脱机的工作方式,是计算机辅助制图和计算机辅助设计中广泛使用的一种外围设备。常见的按绘图方式分为跟踪式绘图机(如笔式绘图仪)和扫描式绘图仪(如静电扫描绘图机、激光扫描绘图机、喷墨式扫描绘图机等)。按机械结构分为滚筒式绘图仪和平台式绘图仪两大类。

项目二　计算机软件

计算机软件是一系列按照特定顺序组织的电脑数据和指令的集合。软件一般被划分为编程语言、系统软件、应用软件和介于这两者之间的中间件。其中系统软件为计算机使用提供最基本的功能，但是并不针对某一特定应用领域。而应用软件则恰好相反，不同的应用软件根据用户和所服务的领域提供不同的功能。软件就是程序加文档的集合体，软件被应用于世界的各个领域，对人们的生活和工作都产生了深远的影响。

一、系统软件

计算机系统软件负责管理计算机系统中各种独立的硬件，使得它们可以协调工作。系统软件使得计算机使用者和其他软件将计算机当作一个整体而不需要顾及底层每个硬件是如何工作的。一般来讲，系统软件包括操作系统和一系列基本的工具，如编译器、数据库管理、存储器格式化、文件系统管理、用户身份验证、驱动管理、网络连接等方面的工具。

系统软件在为应用软件提供上述基本功能的同时，也进行对硬件的管理，使在一台计算机上同时或先后运行的不同应用软件有条不紊地合用硬件设备。例如，两个应用软件都要向硬盘存入和修改数据，如果没有一个协调管理机构来为它们划定区域的话，必然形成互相破坏对方数据的局面。

操作系统管理计算机的硬件设备，使应用软件能方便、高效地使用这些设备。常见的有DOS、Windows、UNIX、OS/2 等。操作系统是最底层的软件，它控制所有计算机运行的程序并管理整个计算机的资源，是计算机裸机与应用程序及用户之间的桥梁。没有它，用户也就无法使用某种软件或程序。

操作系统是计算机系统的控制和管理中心，从资源角度来看，它具有处理机、存储器管理、设备管理、文件管理等功能。

二、应用软件

计算机应用软件是用户可以使用的各种程序设计语言，以及用各种程序设计语言编制的应用程序的集合。分为计算机应用软件包和用户程序。计算机应用软件包是利用计算机解决某类问题而设计的程序的集合，供多用户使用。

办公软件是常用的应用软件，办公软件可以进行文字处理、表格制作、幻灯片制作、图形图像处理、简单数据库的处理等方面工作，包括微软 Office 系列、金山 WPS 系列、永中 Office 系列、红旗 2000Red Office 等。目前办公软件的应用范围很广，大到社会统计，小到会议记录，数字化的办公，离不开办公软件的鼎力协助。办公软件朝着操作简单化，功能细化等方向发展，讲究大而全的 Office 系列和专注于某些功能深化的小软件并驾齐驱。另外，政府用的电子政务，税务用的税务系统，企业用的协同办公软件等，这些都称为办公软件。

（一）文字处理

文字处理的主要目的是实现文字输入、文字排版、文档储存、文档输出等基本功能。常用的文字处理软件包括微软 Office 系列中的 Word 软件、金山 WPS 系列中的 Word 软件等，这些软件虽然出处不同，版本不同，为了迎合用户的习惯，除保留其特点以外，基本的界面、快捷方式、功能等大致相同，能够提供快速入门和快速处理各种文档信息的功能。以下以 Windows XP 操作系统下的微软 Office 系列软件中的 Word 软件为例说明常用方法，注意不同的版本或不同厂家的文字处理软件的操作方式稍有区别。

1. 建立新文档

建立新文档有以下方式：

（1）打开 Word，启动之后自动建立了一个新文档。

（2）单击工具栏上的"新建空白文档"按钮，新建一个空白的文档。

（3）通过"开始"菜单的"新建 Office 文档"命令来建立。

（4）按 Ctrl+N 快捷键，可以建立一个新的空白文档。

（5）使用"文件"菜单的"新建"命令来建立。

（6）在"我的电脑"和"资源管理器"中使用"新建"命令来建立。

（7）在桌面上空白处单击鼠标右键，在快捷菜单中单击"新建"项，从弹出的子菜单中选择"Microsoft Word 文档"。

2. 打开文档

打开文档有如下方式：

（1）单击工具栏上的"打开"按钮，打开一个现存的文档。

（2）"开始"菜单的"打开 Office 文档"命令来打开。

（3）按"Ctrl+O"快捷键。

（4）使用"文件"菜单的"打开"命令。

（5）使用"文件"菜单中的历史记录来打开文档。

3. 保存文档

保存文档可以通过如下方式：

（1）打开"另存为"对话框，输入文档的名字，单击"保存"按钮，就可以把文档保存在新建的文件夹中了。

（2）单击工具栏上的磁盘图标，保存文档。

4. 关闭文档

关闭文档可以通过如下方式：

（1）单击标题栏上的右上角"关闭"按钮。如果文档被修改，软件会提示是否保存。

（2）使用"文件"菜单的"关闭"命令。

（二）电子表格

电子表格软件主要用于对数据的处理、统计、分析和计算。常见的电子表格软件有微软 Office 系列中的 Excel 软件和 WPS 系列中的电子表格软件，以下以 Windows XP 操作系统下的微软 Office 系列软件中的 Excel 软件为例说明常用方法，注意不同的版本或不同厂家的文字处理软件的操作方式稍有区别。

一个电子表格文件就称为一个工作簿，一个工作簿可以包含若干张工作表，一个表格称为一个工作表。工作表中的每一个格称为单元格，光标所在的单元格为活动单元格。

1. 电子表格数据排序的方法

JAA021 电子表格数据排序的方法

在 Excel 中，当记录在数据清单中组织好之后，就可以使用"数据"菜单中的几个命令来重新整理或分析数据，"排序"命令可以根据一个或多个列的值并按不同顺序来整理数据，可以按递增或递减的顺序来对记录排序，也可以按自定义顺序，比如按一周的日期次序，一年的月份或者工作头衔来对记录排序。

对一个包含公式的数据清单进行排序可能会影响该公式中涉及的相关单元格，如果按行排序，只有每一行的公式引用同一行中其他单元格的时候，排序的结果才不会有问题，否则不要对数据清单进行排序并且将公式中的单元格引用变成绝对引用该数据清单以外的单元格，最好引用不同工作表中的单元格，如果在排序之后要想将数据清单恢复到原来的顺序，可以选择"编辑"下的"取消排序"或显示"撤销"按钮的下拉列表并单击早先的排序操作。

在 Excel 中，对数据进行排序时最多允许用户认定 3 个排序关键字，如果在"主要关键字"下拉列表指定的数据列中含有重复的内容，可以通过次要关键字下拉列表指定另一列数据进一步排序，在 Excel 默认状态，是按字母顺序对数据清单进行排序。

Excel 的常用工具栏提供了两个排序按钮，它们是升序排序和降序排序，可以利用"常用"工具栏中的"降序排序"和"升序排序"按钮直接对行数据排序，只要在待排序数据列中单击任一单元格，如果要升序排列，单击"升序排序"，如果要按降序排序，单击"降序排序"按钮。

在电子表格中，可以根据数据清单中列的数值对数据清单中的行列数据进行排序，排序时 Excel 将利用指定的排序顺序重新排列行和列及各单元格，可以根据一列或多列的内容按升序或降序对数据清单进行排序。

2. 电子表格使用宏的方法

JBG005 电子表格使用宏的方法

Visual Basic for Applications（VBA）是 Visual Basic 的一种宏语言，主要用来扩展 Windows 的应用程式功能，特别是 Microsoft Office 软件，其中包括 Excel、PPT、Word、Outlook。

在 Excel 中，宏是存储在 Visual Basic 模块中的一系列命令和函数，并且是在需要执行该项任务时可随时运行的程序。Excel 的宏由一系列 Visual Basic 语言代码构成，可以用它编写为宏，如果用户不熟悉 VB 语言，可以用记录功能建立宏。

要建立一个宏，方法有两种：一是用宏记录器记录所要执行的一系列操作，二是用 Visual Basic 语言编写，这两种方法各有优越之处，自动记录宏使用户在不懂 Visual Basic 语言的情况下也可以建立自己的宏。但缺点是对于一些复杂的宏要记录的操作很多，而且可能有些功能并非能通过现有的操作能完成。在 Excel 中，创建一个宏就像用磁带录音机录制音乐一样有趣，然后就可以运行宏使其重复执行来"回放"这些命令。

在 Excel 中，在记录或编写宏之前，应先制订计划，大致确定一下宏所要执行的步骤和命令，因为如果在记录宏时出现失误，对失误的纠正也将记录在宏中。自己动手编写宏则不必进行烦琐的操作而且能实现自动记录所不能完成的一些功能。

在 Excel 中，删除宏的方法是选择工具菜单"宏"命令中的"宏"子命令，在对话框中选择要删除的宏,单击"删除"按钮。在 Excel 中,"加载宏"命令在工具菜单中。为了预防宏病毒侵害,Excel 在每次打开含有宏的工作簿时,都会显示警告信息,然后让用户选择是以允许运行宏的方式,还是禁止运行宏的方式打开工作簿。宏病毒只有在允许运行时才是有害的,所以禁止宏的运行可以使打开工作簿更安全。

JAA018 电子表格构建公式的方法

3. 电子表格构建公式的方法

在电子表格中,每个公式都以一个等号开头,这一等号表示后面的字符是一个要用于计算的公式的一部分,其结果将显示在一个单元格中,如果省略等号,电子表格将把这个公式当作纯文本处理,而不去计算其结果。

每个公式都使用一个或多个算术运算符,但是算术运算符并不是必需的,用户可简单地创建一个公式,使用一个或多个函数就可完成全部所需的计算。

复制一个公式时,电子表格将相对每个新的公式位置调整单元格的引用,注意,采用的是相对位置,在电子表格中需要手动指明公式中的单元格位置是绝对的而非相对的,方法是在列和行指示符前面插入一个美元符号 $ 。在电子表格中,使用"编辑"菜单上的"填充"子菜单,就可以很容易地在相邻的单元格中复制、再现一个公式。

在电子表格中,可通过逗号分隔单元格的方法,使用 SUM 函数来累加多个不相邻的区域。如果在一个公式中指定的圆括号的个数为奇个数,或者指定了一对不匹配的圆括号,电子表格将显示一条消息,告诉用户在公式中发现了一个错误并提出修改建议。

电子表格允许相同的方式来编辑公式,具体操作如下:双击该单元格,用鼠标或箭头键定位错误的地方,纠正错误,然后按回车键,将鼠标指针定位到公式栏上,然后再用鼠标突出显示另外的单元格,就可以在编辑一个公式的同时,插入一个新的单元格引用。注意,电子表格用颜色来标识该工作表中对应的单元格,可以按 Esc 键取消编辑。

JAB019 电子表格使用内置函数的方法

4. 电子表格使用内置函数的方法

为了完成更复杂的数字和文本处理操作,可以向公式中添加函数,一个函数就是一个预定义的等式,它对一个或多个值进行计算、处理并返回单个值。SUM 是最常用的函数,要使用 SUM 函数来合计一列数字,操作步骤如下:首先单击想要放置 SUM 函数的单元格,然后单击"自动求和"按钮,如果 Excel 选择的正是要合计的区域,按下回车键。Excel 包含一些有用的函数集合,其中有 200 多个函数。

面对如此多可供选择的函数,对于不熟悉它们的特性的用户来说,可能会不知所措。Excel 在"插入"菜单上提供了一个名为"函数"的特殊命令,可以帮助使用者了解函数并将它们插入公式中,在电子表格的"插入函数"对话框中按类型列出了函数名字。在电子表格的"插入函数"对话框中,函数语法中出现的所有参数都用粗体显示,但不是所有参数都是必需的。在电子表格中,如果函数结果与其他函数兼容,还可以将函数作为一个参数包含在另一个函数中。

如果输入一个函数时出现错误,可能会在一个或多个单元格中获得一个称为错误值的代码,该错误值以一个#符号开始,通常以一个叹号结束。而为一个单元格或区域指派一个名字后,就可将这个名字用于工作簿中的任意公式了。

5. 电子表格创建图表的方法

在创建图表之前,应该首先做好规划,因为电子表格图表是根据已有的电子表格工作表中的数据而创建的,所以在创建图表前,首先应该创建一个含有必需的元素和数字的工作表。尽管电子表格可以根据分布在表格中的数据创建图表,但如果组织好数字,使得它们易于组合和选择,那么创建图表的过程就会更容易一些。

在 Excel 工作表中,可以一步创建一个默认柱形图,操作步骤是:在工作表中选定绘制图表的单元格区域,然后按 F11 键即可完成简单图表的创建。如果在创建饼图前已经为图表中的数据选择了标题,那么 Excel 会自动地把该名称加到图表中。在 Excel 的二维图中,Excel 把水平轴即 X 轴为分类轴,把垂直轴或 Y 轴为数据轴,沿着轴方向表明距离的线段称为刻度线,在绘图区这些标记水平和垂直的扩展线称为网格线。

在 Excel 图表中,利用"图表向导"生成图表一共有 4 步。一是图表类型,二是"图表源数据",三是"图表选项",四是"图标位置"。利用"图表向导"生成嵌入式图表,当单击"完成"按钮后,图表就显示在当前工作表中,此时图表周围有八个控制点,名称框中显示的名称为图表区。

在电子表格中,无论在一个新工作表中内嵌一个图表还是创建一个新的独立图表,改变其数据源时,Excel 都会同时改变图表中的数据。

（三）幻灯片

幻灯片软件主要用于会议、展示等。常见的幻灯片软件有微软 Office 系列中的 Power-Point 软件和 WPS 系列中的幻灯片软件。以下以 Windows XP 操作系统下的微软 Office 系列软件中的 PowerPoint 软件说明常用方法,注意不同的版本或不同厂家的文字处理软件的操作方式稍有区别。

1. 打开方法

（1）单击桌面"开始"按钮,启动 Office,选择 PowerPoint。

（2）双击桌面快捷方式图标"Microsoft Office PowerPoint"。

2. 退出方法

（1）单击窗口右上角的"关闭"。

（2）单击菜单"文件",选择"退出"。

3. 幻灯片设计

（1）按照顺序创建若干张幻灯片;

（2）在这些幻灯片上插入需要的对象;

（3）按照幻灯片顺序从头到尾进行播放。

4. 幻灯片的选择

对幻灯片的选择包括单选（即选择一张幻灯片）和多选（即同时选择多张幻灯片）,其中多选又包括连续多选（即相邻的多张幻灯片）和非连续多选（即不相邻的多张幻灯片）,操作方法如下:

（1）单选:单击需要选定的幻灯片缩略图,缩略图出现蓝色框线,该幻灯片被称作"当前幻灯片"。

（2）连续多选:先单击相邻多张幻灯片的第一张,然后按住 Shift 键,单击最后一张。

（3）非连续多选：先单击某张幻灯片,然后按住 Ctrl 键,单击需要选择的幻灯片。

5. 幻灯片的插入

在设计过程中感到幻灯片不够用时,就需要插入幻灯片。插入幻灯片有以下方法:

（1）先选择某张幻灯片,然后单击菜单"插入""新幻灯片",当前幻灯片之后被插入了一张新幻灯片。

（2）先选择某张幻灯片,然后单击格式工具栏的"新幻灯片"按钮,当前幻灯片之后被插入了一张新幻灯片。

（3）右击某张幻灯片,然后选择弹出菜单中的"新幻灯片"项,该张幻灯片之后被插入了一张新幻灯片。

（4）先选择某张幻灯片,然后按"回车"键,当前幻灯片之后被插入了一张新幻灯片。

6. 幻灯片的删除

若某些幻灯片不再有用,就需要删除幻灯片。删除幻灯片有以下方法:

（1）选择欲删除幻灯片,然后按键盘上的"Delete"键,被选幻灯片被删除,其余幻灯片将顺序上移。

（2）选择欲删除幻灯片,然后选择菜单"编辑""剪切",被选幻灯片被删除,其余幻灯片将顺序上移。

（3）右击欲删除幻灯片,然后选择弹出菜单中的"删除幻灯片"项,被选幻灯片被删除,其余幻灯片将顺序上移。

7. 幻灯片的移动

有时幻灯片的播放顺序不合要求,就需要移动幻灯片的位置,调整幻灯片的顺序。移动幻灯片有以下方法:

（1）拖动的方法:选择欲移动的幻灯片,用鼠标左键将它拖动到新的位置,在拖动过程中,有一条黑色横线随之移动,黑色横线的位置决定了幻灯片移动到的位置,当松开左键时,幻灯片就被移动到了黑色横线所在的位置。

（2）剪切的方法:选择欲移动的幻灯片,然后选择菜单"编辑""剪切",被选幻灯片消失,单击想要移动到的新位置,会有一条黑色横线闪动指示该位置,然后选择菜单"编辑""粘贴",幻灯片就移动到了该位置。

8. 幻灯片的复制

当需要大量相同幻灯片时,可以复制幻灯片。复制幻灯片的方法是:

（1）右击选中的幻灯片,在弹出菜单中选择"复制"项。

（2）右击复制的目标位置,在弹出菜单中选择"粘贴"项。

9. 改变幻灯片的背景

幻灯片的背景指的是幻灯片的底色,PPT 默认的幻灯片背景为白色。为了提高演示文稿的可视性,往往要改变幻灯片的背景,PPT 提供了多种方法允许用户自行设计丰富多彩的背景。背景的种类包括单色、渐变、纹理、图案、图片和设计模板等。

（1）选择菜单"格式""背景",弹出"背景"对话框。

（2）右击幻灯片空白区,弹出"背景"对话框。

（3）在"背景"对话框中,左半部"背景填充"显示了当前背景,左下部下拉按钮可以选择"其他颜色"或"填充效果"，右半部"应用"按钮指将背景应用到当前幻灯片，"全部应用"按钮指将背景应用到所有幻灯片。当单击"全部应用"后，新建的幻灯片自动应用该背景。

项目三　计算机网络基础知识

计算机网络是利用通信线路和通信设备，把分布在不同地理位置的具有独立功能的两台或多台计算机、终端及附属设备互相连接，按照网络协议进行数据通信，利用功能完善的网络软件实现资源共享的计算机系统的集合。计算机网络是计算机技术与通信技术结合的产物。

一、计算机网络基本概念

网络主要包含连接对象、连接介质、连接控制机制和连接方式与结构四个方面。连接的对象是各类型的计算机或其他数据终端设备，如大型计算机、工作站、微型计算机、终端服务器等。连接介质是通信线路和通信设备，通信线路包括光纤、同轴电缆、双绞线、地面微波、卫星等，通信设备包括网关、网桥、路由器、MODEM 等。控制机制是各层的网络协议和各类网络软件。

两台计算机通过通信线路连接起来就组成了一个最简单的计算机网络，全世界成千上万台计算机相互连接就构成了 Internet 网络。网络中的计算机可以是在一个办公室内，也可以分布在地球的不同区域，这些计算机相互独立，脱离网络也能作为单机正常工作。组成计算机网络的目的是资源共享的互相通信。

二、计算机网络的分类

按照网络覆盖地理范围的大小，可以将网络分为局域网、城域网和广域网三种类型。

局域网（LAN）是将较小地理区域的计算机或数据终端设备连接在一起的通信网络。局域网具有距离近、范围小、传输速度高的特点。局域网计算机之间可以直接通信。常见的局域网一般由计算机及网卡、交换机或集线器（HUB）、双绞线及水晶接头四部分组成。网卡也称为网络接口板、通信适配器、网络适配器等。集线器的主要功能是对接收到的信号进行再生整形放大，以扩大网络的传输距离，同时把所有的节点集中在以它为中心的节点上。交换机是一种用于电信号转发的网络设备，它可以为介入交换机的任意两个网络节点提供独享的电信号通路。

城域网（MAN）是一种大型的局域网，覆盖范围介于局域网和广域网之间，一般为几千米至几万米，将位于一个城市之内的不同地点的多个计算机局域网连接起来实现资源共享。城域网所使用的通信设备和网络设备的功能要求比局域网高，以便有效地覆盖整个城市的地理范围。

广域网（WAN）是在一个广阔的地理区域进行数据、语音、图像等信息传输，由多个局域网通过网络互联设备，如路由器里阿尼额而成的计算机网络。在广域网内的计算机之间不能直接通信，需要通过路由器转发才能实现通信。由于远距离数据传输的带宽有限，广域网的传输速率比局域网慢。广域网可以覆盖一个城市、一个国家甚至全球。

三、计算机网络技术

(一)光纤

光导纤维简称光纤,是一种能够传输光束的、细而柔软的通信媒体。光纤通常是由石英玻璃拉成细丝,由纤芯和包层构成的双层通信圆柱体,其结构一般是由双层的同心圆柱体组成,中心部分为纤芯。

光纤的纤芯用来传导光波,包层有较低的折射率。当光线从高折射率的介质射向低折射率的介质时,其折射角将大于入射角。因此如果折射角足够大,就会出现全反射,光线碰到包层就会折射回纤芯,这个过程不断重复,光线就会沿光纤传输下去。

光纤的优点是频带宽、传输速率高、传输距离远、抗冲击和电磁干扰性能好、数据保密性好、损耗和误码率低、体积小重量轻等。但缺点是连接和分支困难,工艺和技术要求高,需配备光电转换设备。由于光纤是单向传输的,要实现双向传输就需要两根光纤或一根光纤上有两个频段。

(二)网络协议

网络协议是网络上所有设备通信规则的集合,规定了通信时信息必须采用的格式和这些格式的意义。一般计算机网络采用分层体系结构,每一层都建立在它的下层之上,向它的上一层提供一定的服务,而把如何实现这一服务的细节对上一层加以屏蔽。在网络的各层存在着许多协议,接收方和发送方同层的协议必须一致,否则一方将无法识别另一方发出的信息。网络协议使网络上的各种设备能够交换信息,常见的协议有:TCP/IP 协议、IPX/SPX 协议、NetBEUI 协议等。

TCP/IP 协议也称为传输控制协议/因特网互联协议,又叫网络通信协议,是 Internet 最基本的协议和互联网的基础,是由网络层的 IP 协议和传输层的 TCP 协议组成。该协议定义了计算机如何连入因特网,以及数据如何在它们之间传输的标准。

(三)IP 地址

在 Internet 上连接的所有计算机,从大型机到微型计算机都是以独立的身份出现,都称为主机。为了实现各主机间的通信,每台主机都必须有一个唯一的网络地址,这个地址就叫作 IP(Internet Protocol)地址,即用 Internet 协议语言表示的地址。

在 Internet 内,IP 地址是一个 32 位的二进制地址,为了便于记忆,将它们分为 4 组,每组 8 位,由小数点分开,用 4 个字节来表示。而且用点分开的每个字节的数值范围是 0～255,如 215.138.127.2,这种书写方法叫作点数表示法。

(四)网关地址

若要使两个完全不同的网络连接到一起,一般都要使用网关。在 Internet 中的两个网络也要通过一台称为网关的计算机实现互联。这台计算机能根据用户通信目标、计算机的 IP 地址决定是否将用户发出的信息送出本网络,同时,它还将外界发送给属于本地网络计算机的信息接收过来,它是一个网络和另一个网络联系的通道。为了使 TCP/IP 协议能够寻址,该通道被赋予一个 IP 地址,这个地址称为网关地址。

(五)子网掩码

子网掩码用于子网划分,它将能够改变的主机地址分为主机编码和网络编码的一部分,同时它将网络地址全部确定为网络编码,如 255.255.255.0。

第二部分

初级工操作技能及相关知识

模块一　使用工具

项目一　相关知识

一、观测系统

（一）观测系统的概念

地震勘探中的观测系统是指地震波的激发点与接收点的相互位置关系。为了了解地下构造形态，必须连续追踪各界面的地震波。因此就要沿测线许多激发点分别激发，并进行连续的多次观测。每次观测时，激发点和接收点的相对位置保持一定的关系，以保证连续追踪地震界面。观测系统的选择决定于地震勘探的任务、该工区的地质条件和采用的方法等，总的原则是尽量使记录到的地下界面能得到连续追踪，避免发生有效波彼此干扰，便于野外施工控制等。

地下界面除了存在断层情况外一般是连续的，因此要了解连续的界面状态，就要在一定长度的测线上使用连续的观测系统，对一个界面连续观测一次为一次覆盖，进行多次连续观测为多次覆盖。

在初查或粗查阶段的勘探工程中一般使用二维地震，采用二维观测系统，即激发点和接收点沿直线布设，取得的地震资料显示的是地下构造的二维剖面。

在详查和精测阶段的勘探工程中，一般是使用三维地震，三维地震使用三维观测系统，即由一点激发地震波，在一定面积上使用接收检波器，二维平面接收，从三维空间了解地下地质构造。

根据激发点和接收点之间的相对位置关系，可把测线分为纵测线和非纵测线，IN-LINE表示纵测线，方向与接收线的方向相同，OFF-LINE表示非纵测线，方向与接收线方向垂直或成一定角度。

三维面元是指地震波各反射点叠加成一个叠加道的区域。三维排列片是指一个特定的炮点激发时，由参与接收的全部检波点所构成的区域。

在观测系统中，同一炮点激发，不同检波点接收的所有道形成的道集为这一炮点的共炮点道集，用CSP表示；不同炮点激发，同一检波点接收的所有道形成的道集为这一检波点的共检波点道集，用CRP表示。

每次观测到的都是来自同一点的反射，该反射点叫这些道的共反射点，这些道组成的道集为该反射点的共反射点道集。当该反射点位于炮检距中心点的正下方，反射点称为中心反射点，具有共同中心反射点的相应各记录道组成该中心反射点的共中心点道集。

CBA001 物理点的概念 **（二）物理点的概念**

每条测线由检波点或炮点组成。由检波点组成的测线称为检波线,检波点用来安置地

CBA002 激发点的概念 震接收检波器接收人工地震波,所以也称接收点,测线也称接收线。由炮点组成的测线称为炮线,炮点用来安置炸药或使用机械可控震源,是地震勘探作业中人工激发地震波震源的地面位置,当使用炸药震源时需要在炮点进行钻井,将炸药下到预定的深度,确保激发效果。炮点也称激发点,炮线也称激发线。

炮点和检波点统称物探物理点。按一定规则所布置的一系列线状排列的物理点组成测线,一系列成束状排列的相关物理点组成测线束。

CBA003 接收点的概念 在地震资料采集过程中,检波点和炮点由测量人员通过仪器测设,为了使后续施工人员便于识别,用不同颜色的小旗安插在地面,一般检波点使用蓝色的小旗,炮点用红色的小旗,颜色的使用与周围环境颜色有关,相互差异。小旗下埋设点号,供放线或钻井激发施工人员检查确认。

安置在一个检波点上的检波器或检波器组为一个接收道,通常称为一道。同一检波线相邻两个接收道之间的距离为道距,同一炮线相邻两个炮点之间的距离为炮距。一般二维或三维在同一测线上道距或炮距是相同的,同一测线上的道距和炮距不一定相等。

为了地震资料采集施工、处理和解释,每条测线在部署的过程中被赋予一个测线号,每个物理点被赋予一个桩号。二维测线的测线号以千米为单位,桩号以米为单位。测线号和桩号可以按照施工的需要根据特定的规则使用自编号。

无论是二维还是三维,由于测线设计为直线,线和线之间平行或按其他规则排列,所以测线物理点可以根据部署测线的原点或基准点按数学公式进行推算。如同一二维测线物理点间的纵坐标增量是桩号之差乘以测线方位角的余弦,同一二维测线物理点间的横坐标增量是桩号之差乘以测线方位角的正弦。

CBB003 特观设计的定义 **（三）特观设计**

一般每个工区的地震勘探采用统一的观测系统,炮点、检波点的相对位置关系保持不变,均匀分布炮检点,有利于地震资料的后处理。但是,受地表条件影响,很多炮点或检波点无法在理论设计位置施工作业,在障碍物区无法正常设置规则的激发线和接收线时,可设计特殊观测系统,简称特观。特观设计就是在合理避开地表障碍物时的观测系统设计。

经过特观设计取得的地震资料不如按原标准设计取得的地震资料准确,所以特观设计是以降低资料品质为代价,换取低成本投入的一种选择。

特观设计的目的是保证勘探目标点的覆盖次数,特观设计的基本原理与地震勘探地震波的传播特性有关,即地震勘探利用地震波的透射、反射和折射定律来处理和分析地下目的层连续反射点的信息。

CBB004 物理点偏移的基本原理 入射线、反射线和法线在一个平面内,并且入射线、反射线在法线的两侧,入射角等于反射角,称为波的反射定律。

透射线位于入射面内,入射角的正弦和透射角的正弦之比等于上下两种介质的波速比,称为波的透射定律。

特观设计是通过改变观测系统,设计新的方式增加新的地震波反射路径,保证地震资料的覆盖次数,特观设计的方法是通过偏移物理点实现的,物理点偏离理论设计位置的距离称

为偏移量。

只有在物理点偏移的最大距离内加密炮检点，才能达到增加覆盖次数的目的。激发点在横向上和纵向上偏移的距离为该方向上检波点距的 1/5，接收点在横向上和纵向上偏移的距离为该方向上激发点距的 1/5，这样能够获得共反射点的另一路径信息。特观设计的炮检点位置必须满足原观测系统的面元大小和位置要求，特观设计网格纵横向长度一般为响应面元边长的 2 倍，多为 1 个道距。

地下管线、城镇房屋、养殖场地等对特观物理点的布设具有很大的影响。作为测量技术人员，可以通过地图或实地勘察，提前对地表障碍物进行调绘，将障碍物范围描绘到图纸上，提供给施工技术人员进行特观设计。

物探技术人员在特观设计前查阅工区地形图等相关资料，在测量施工之前，从技术方面、公共关系和安全环保健康三个方面分析地表附着物的特点，预计影响地震资料连续性的障碍物。当设计点位实在难以布设时，可以按照原则将物理点布设在其他的替代位置。同时，对偏移、加密的炮检点桩号编写进行规定，做到每个物理点的桩号在整个工区是唯一的。

当二维测线遇到大型障碍物时，首先考虑测线平移或进行折线设计，平移距离根据地形和障碍物情况及勘探目的要求确定，同时可以考虑进行 8° 角折线设计，即偏移后的测线与原设计测线形成的两个夹角均不大于 8°。对于小型障碍物，如房屋院落、小型池塘等，二维测线可以偏移物理点。炮点的横向偏移距离不能大于一个道距，检波点的横向偏移距离不能大于一个道距。

当三维测线遇到大型村镇时，障碍物内部尽量布设物理点。因为一般障碍物的正常偏移变观，较浅的目的层易造成覆盖次数降低，连续性差。所以在障碍物内部深井小药量激发，可以有效保证较浅目的层的覆盖次数和连续性。

三维测线一般炮点在炮线上纵向整道距偏移。当遇到鱼池、堤坝等狭长形的障碍物，纵向偏移过大时，在进行论证情况下，可以考虑进行非纵偏移。

根据地震波的叠加原理，二维物理点测量放样最大偏移距离应为道距的 1/8，三维物理点测量放样最大纵向偏移距离应为道距的 1/8，最大横向偏移距离应为同向面元边长的 1/4。如道距为 50m 的二维观测系统，检波点的偏移距离应不大于 6.25m。道距为 40m 的三维观测系统，激发点的纵向偏移距离应不大于 5m。

地震资料采集过程中，测量物理点相对于设计位置偏移距离应不大于 0.5m，也就是说，测量放样时允许放样误差为 0.5m，特殊区域，如林区、山地可以放宽。需要提高放样精度的在施工设计时制定精度指标。

二、测线部署

(一)测线部署

地震勘探主要应用二维地震和三维地震采集方法。新探区多以普查为主，通常采用二维地震勘探，重点探区多为详查或细测阶段，通常采用三维地震勘探。

二维测线由主测线和联络测线构成(图 2-1-1)，主测线一般按照垂直于地质构造走向部署，相对较密集，根据地质构造的形态变化程度确定主测线间距。普查阶段地震勘探主测线线距通常为几十千米，详查阶段地震勘探二维主测线间距一般为

2km、4km、6km 等。较平坦地区，联络测线方向与主测线方向正交，相互垂直，复杂地表区域也可斜交。联络测线相对主测线稀疏，并按照一定的间距排列，一般为 4km、6km、8km 等。

细测和精测阶段的地震勘探，一般是在油田开发阶段，主要是对地质构造的形状和大小进行更详细的落实。三维地震测线一般采取测线束设计（图 2-1-2），相邻的几条检波线与其对应的炮线构成一束。接收线距是相邻两条检波线之间的距离，激发线距是相邻两条炮线之间的距离。线距可为十几米到几十米。

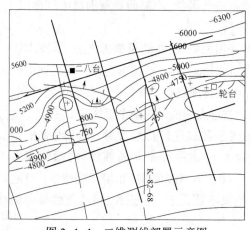

图 2-1-1　二维测线部署示意图

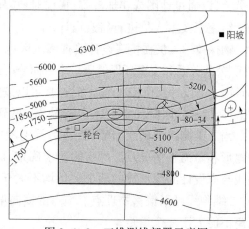

图 2-1-2　三维测线部署示意图

CBA013 三维地震测线的设计方法

通常每个勘探区域有一个二维测线原点和一个主测线方位角。测线原点是由线号、桩号、北坐标、东坐标组成。线号是原点所在位置主测线的编号，以"千米"为单位；桩号是原点所在位置联络测线的编号，以"米"为单位。书写线号和桩号时单位省略。为了便于计算，二维测线原点坐标一般采用平面直角坐标形式，以"米"为单位。一个勘探区域内二维测线设计物理点应根据测线原点进行推算。

每个三维勘探工区测线设计时可自定义测线原点和测线方位角。测线原点是由线号、桩号、北坐标、东坐标组成。原点线号和桩号均为自编号。线号为原点所在位置三维测线的自编号，无单位；桩号为原点所在位置物理点的自编号，无单位。线号间距是指线号每增加一个单位所对应的距离，桩号间距是指桩号每增加一个单位所对应的距离。检波线和炮线的方位角一致。相邻两条检波线之间的垂直距离称为检波线间距或接收线间距；相邻两条炮线之间的垂直距离称为炮线间距或激发线间距。原点坐标一般采用平面直角坐标形式，以"米"为单位。三维测线设计时要根据线号间距、桩号间距及原点信息计算物理点设计坐标。

（二）物理点编号

物探测量的主要任务是放样设计物理点，即通过人员使用测量仪器，应用技术方法，将设计位置在地面找到并做好标记。由于物探观测系统使用成千上万的炮点和检波点，所以必须加以区分，以便钻井、放线及其他采集人员使用，有的放矢。一般用红、蓝测量小旗区别炮点、检波点，在小旗下方埋设物理点桩号区别测线和物理点顺序，确定地面点在工区测线中的位置。

物探测线物理点的编号必须根据施工设计进行统一编号,每个物理点的桩号在工区中都是唯一的。

[CBA020 物理点桩号的编写方法]

检波点和炮点的编号由线号和点号共同组成,一般写成分数形式,分子为物理点编号,即点号,分母为测线编号,即线号。

二维测线点号以米为单位,线号以千米为单位,物理点按照相互之间的距离递增或递减桩号。例如:道距为 20m 的测线,某一检波点的点号为 457000/965.0,小号方向相邻检波点的桩号为 456980/965.0,大号方向相邻检波点的桩号为 457020/965.0。

三维测线点号和线号均使用自编号,如 1009/5368,相邻物理点按照顺序递增或递减桩号。例如:道距为 20m,每道自编号增量为 1,某一检波点的点号为 1009/5368,小号方向相邻检波点的桩号为 1008/5368,大号方向相邻检波点的桩号为 1010/5368。

[CBA022 测量标志点号的制作方法]

炮点与检波点遵循相同的编号规则。

在平原地区,物探测线通常按自西向东、自南向北递增顺序编号。在石油物探中,人们规定方位角在 $(45°±180°)\sim(135°±180°)$ 之间(含 $45°±180°$,$135°±180°$)的测线为东西方向测线;方位角在 $(135°±180°)\sim(225°±180°)$ 之间(不含 $135°±180°$,$225°±180°$)的测线为南北方向测线。

根据工区环境物理点桩号可以使用不同的材料编写,如木桩、纸张、塑料布、针织布等。主要考虑桩号在施工过程中要承受日晒雨淋风吹等破坏,所以选用标注桩号的材料要注重其耐久性,同时还要考虑其环保因素。

桩号可以通过打印机打印,也可用油性点号笔书写,书写文字应大小适中,端正清晰,便于查识,禁止涂改。一般常用油性点号笔在彩色塑料布上书写桩号,夏季沼泽区域可采用塑封打印纸张,较利于保存和使用。桩号应该在野外施工前做好,并按照施工计划先后顺序用铁丝或细绳装订,便于野外取用。当测量施工需要偏移物理点,可在野外附加注明偏移量等信息,标注方法按照施工管理要求执行。

[CBA017 物探设计坐标的计算方法]

(三)测线设计坐标

物探测线设计坐标是指为达到勘探目的,根据地下地质构造和物探观测系统部署的测线及测线物理点的理论位置。测线设计坐标必须使用石油物探测量规范要求的椭球和投影基准,一般用平面直角坐标表示。

一般较平坦地区测线设计比较规则,二维主测线之间、联络测线之间相互平行,二维主测线与联络测线垂直,三维检波线、炮线之间相互平行。所以根据部署测线位置,设计一个起算点和起算方位角,用来系统地推算其他测线物理点,这个起算点就是工区的测线原点,以二维主测线方向或三维检波线方向为起算方位角。每个物探工区只能有一个测线原点和起算方位角。

测线原点的内容包括原点的线号、桩号、纵坐标 x、横坐标 y 等。工区所有的测线物理点都由原点和起算方位角推算。物理点与原点之间的距离根据线号和桩号计算,物理点与原点之间的横坐标增量是两点间距离乘以两点间方位角的正弦值,纵坐标增量是两点间距离乘以两点间方位角的余弦值。

（四）测线实测坐标

测线实测坐标是指测量员使用测绘仪器对地面物理点实际测量的结果。测量员在放样后埋置的地面物理点标志，并利用全站仪、卫星定位仪等测量仪测量和记录标志的坐标和高程等信息。

放样的物理点标志为钻井和放线等工序提供指引，实测坐标则为物探采集施工、资料处理和解释提供了空间位置。实测坐标对勘探工作的质量影响很大，所以实测坐标必须由测量员通过仪器或工具在实地观测得到，室内内插的物理点不属于测量实测坐标。

物探测量实测坐标与设计坐标的差别称为测量的放样误差。

三、测量工具

（一）测量工具的概念

CBB010 物探测量工具的概念

物探测量工作是一项系统而又繁杂的工作，需要大量的人员和工具，凡是能被测量技术人员使用，为物探测量施工提供辅助的器物都属于测量工具。

全站仪、经纬仪能够测角或测距，GNSS卫星定位仪能够导航和测量坐标，钢尺或链尺可以丈量长度、高度或距离，罗盘仪可以测量方向，铁锤可以用来固定测量标志等，这些都属于物探测量工具。由于科学技术发展，测量方法不断改进，有些测量工具不适应现在快节奏的工作方式，如经纬仪和测距仪等已经不用或较少使用。目前，物探测量作业的主要仪器是GNSS卫星定位仪，全站仪作为林区城镇卫星信号受到限制的区域的辅助工具。另外，物探测量中广泛采用卫星定位导航仪进行工区踏勘和野外找点。

CBB013 钢卷尺的维护方法

钢卷尺是野外常用的便携量距工具，最小量度单位是毫米。野外常用3m或5m钢卷尺测量仪器高度，用50m钢卷尺测量道距或线距。钢卷尺在运输和保存时应卷起，携带和使用过程中应避免打结，禁止拖拽，避免损伤钢尺尺身和刻度。

（二）制作与检校链尺

由于每个工区的观测系统是固定的，道距和线距基本不变，为了减少读数误差，在施测时可以采用固定长度的测量工具进行距离丈量或放样。一般采用具有较好韧性，又无较大弹性的绳索制作，即测量链尺，长度一般与道距一致。

CBB011 链尺的制作方法

制作链尺必须选择地势平坦，无杂草树木的场地建立基线，可以使用全站仪测距或GNSS RTK测量方法测定基线，也可用质量较好的钢卷尺作为工具进行基线尺度测定。一般选用炮线或其他伸缩性小、抗张力大的绳索作为链尺材料，在基线上根据基线端点位置在绳索上打结或用卡子标记链尺尺长。为了使用方便，还要在链尺两端制作拉环。

CBB012 链尺的检校方法

制作链尺完成和使用一定阶段后必须进行检校。当长时间使用或拉力过大，链尺会变长，放样的道距将变长。可使用基线或其他精密测距仪器如全站仪等检校链尺。链尺检校时必须保持正常拉力，可通过反复比较基线，确定链尺的准确性。

（三）司尺员

CBB021 司尺员的工作内容

在物探测量工作中除了使用卫星定位RTK实时动态定位测量方法，还经常会应用全站仪导线或极坐标放样方法，解决较复杂的地表条件下，如山区、丛林等区域卫星信号受到限制的问题。

在全站仪作业过程中,司尺员的工作非常重要,其工作内容主要是选择测站和设立前后视尺。通常由前司尺员负责选择前进测站设置测站标志、竖立前视花杆或棱镜,后司尺员负责竖立后视花杆或棱镜,为测站指示后视方向。

CBB022 司尺员的工作要求

为了保证测站和前视、后视棱镜或花杆通视,测站一般选择在地势较高,通视条件较好的区域。在全站仪导线法物探测量作业中,测站一定要选择在能够目视到后视尺的位置,保证仪器顺利观测。同时,为了仪器安置稳定,测站要选择土质较坚硬的位置。

当全站仪进行观测时,司尺员必须把花杆或棱镜杆竖直并对准标志,长时间使用时可用绳索固定。

(四)测量桩号

物探测量工作的主要任务之一是在野外地面上放样设计的物理点,放样后需要在点位上保留测量标志,为钻井和放线等工作提供指引。测量标志员的任务就是按照测量施工设计要求制作和埋置测量标志。

CBA023 标志员的工作内容

测量标志包括一般测量桩号和测量小旗,根据施工环境和施工设计可以增加其他设施,如土堆、石块、木桩及彩色布条等,主要目的是利于识别。

制作桩号和小旗是标志员的主要工作内容。标志员根据测量施工设计的标准格式和施工顺序制作桩号,一般在室内进行,并在野外测量施工前完成。通常桩号有几种不同制作方法:

(1)用油性点号笔将点号、线号及其他施工信息人工书写在红色或白色塑料布上;

(2)将点号、线号及其他施工信息使用打印机打印在普通纸上,使用过塑机塑封防水;

(3)将点号、线号及其他施工信息使用打印机打印在防水纸上;

(4)将点号、线号及其他施工信息人工直接书写在木桩上。

CBA024 标志员的工作要求

需要人工书写的必须保证文字工整清晰,容易认识。做好的桩号使用订书机、铁丝、线绳等合适的工具分类、顺序装订或捆扎,便于野外取用。

野外施工安置测量桩号时,应随时与观测员核对点号和线号信息的准确性,确定桩号是否与测量仪器测量的桩号一致。安置后的桩号尽量避免受到风吹、日晒、雨淋等破坏,可以使用土、石等方便取用的材料覆盖,使桩号保持更长的时间。

CBA019 测量标志制作方法

(五)测量标志旗

测量作业通过测量仪器和测量方法放样设计物理点位置,这些位置是为物探野外采集的后续物探施工测设的,所以需要设置地面标志。因为不需要长期保存,另外考虑环保可降解因素,一般采用临时性标志,可用纸、布或塑料小旗作为地面标志,小旗上或小旗下方埋设物理点的桩号布,注明线号、桩号及偏移数量等信息,在环境允许的条件下还可埋设土堆石块等加固标志。由于这些小旗是由测量技术人员设立,为钻井作业和放线作业提供地面指示的,所以一般也称为测量小旗,区别于其他的道路、安全指示等。

CBA021 测量标志旗的制作方法

根据施工环境和季节的不同,小旗的大小、颜色也有所差异,要求小旗与环境颜色对比强烈,便于寻找。但是一个物探工区必须制作和使用统一形式的测量标志旗,即整个工区标示炮点的测量标志旗颜色、高度和形状必须一致。

激发炮点与接收检波点使用的标志颜色必须加以区分,一般激发点使用红色小旗,接收点使用蓝色小旗。测量小旗的颜色、形状、大小等在施工开始之前进行统一约定,并在施工设计中明确。

项目二　制作测量标志旗

一、准备工作

(一)材料

红布 0.5m²,蓝布 0.5m²、φ4mm 长度 30cm 以上竹签 10 支、乳白胶 1 瓶、扁毛刷 1 个、橡皮筋 2 个。

(二)工具

裁纸刀 1 把、剪刀 1 把、油性点号笔 1 支、40cm 直尺 1 把。

(三)人员

1 人独立操作,劳动用品穿戴齐全。

二、操作规程

(一)裁剪旗面

(1)利用直尺和点号笔在红布、蓝布上各画出 5 个 12cm×12cm 的方格。

(2)使用裁纸刀或剪刀按照方格裁下旗面。

(二)粘贴旗杆

(1)在旗杆一端涂抹 12cm 长的乳白胶。

(2)在旗杆上端粘贴旗面。

(3)去除多余胶水。

(三)捆扎标志旗

(1)按照颜色把小旗分类,红色分为一组,蓝色分为一组。

(2)旗面和旗面对齐,旗杆与旗杆对齐。

(3)分别用橡皮筋捆扎红旗和蓝旗。

三、技术要求

(1)在红布、蓝布上要按照 12cm×12cm 尺寸规划方格。

(2)旗面各角角度应约为 90°。

(3)旗面与旗杆黏合牢固。

(4)旗面、旗杆无笔迹、胶水污染,旗杆无弯曲、折断。

(5)颜色分类清楚无混淆。

(6)捆扎牢固,整齐,无散落。

四、注意事项

(1)使用裁纸刀和剪刀时一定要穿戴工服手套,防止划伤。

（2）裁纸刀、剪刀不用时马上收好，归位，避免伤人。

（3）使用直尺和裁纸刀裁旗面时注意刀刃方向和力度，减少损伤直尺和工作台面。

（4）乳白胶涂抹过多时可用碎布擦拭，避免弄脏旗面和工作台面。

（5）使用旗杆和捆扎小旗时注意旗杆两端尖锐，避免误伤。

项目三 制作测量桩号

一、准备工作

（一）材料

红塑料布 $0.5m^2$。

（二）工具

裁纸刀 1 把、剪刀 1 把、油性点号笔 1 支、40cm 直尺 1 把、订书机 1 个。

（三）人员

1 人独立操作，劳动用品穿戴齐全。

二、操作规程

（一）制作桩号布

（1）利用直尺和点号笔在红塑料上画出 10 个 12cm×12cm 的方格。

（2）使用裁纸刀或剪刀按照方格裁下桩号布。

（二）编写二维炮点桩号

在桩号布上书写二维炮点桩号，当物理点测线号为 469.0，点号为 957600 时，书写 957600/469.0，相邻点桩号按照道距或线距进行数据递增或递减。

（三）编写三维检波点桩号

在桩号布上书写三维炮点桩号，当物理点测线号为 5005，点号为 2216 时，书写 5005/2216，相邻点桩号按照点号顺序或线号顺序进行数据递增或递减。

（四）装订桩号

按照二维炮点、三维检波点分类，按照桩号顺序用订书机装订桩号布。

三、技术要求

（1）在红塑料布上要按照 12cm×12cm 尺寸规划方格。

（2）裁剪旗面时要沿规划线进行剪裁，先裁条，后裁块。

（3）按照规则进行桩号编写。

（4）书写文字清晰。

（5）按照桩号分类和桩号大小顺序分别装订。

四、注意事项

（1）使用裁纸刀和剪刀时一定要穿戴工服手套，防止划伤。

（2）裁纸刀、剪刀不用时马上收好，归位，避免伤人。

（3）使用直尺和裁纸刀裁旗面时注意刀刃方向和力度，减少损伤直尺和工作台面。

（4）油性点号笔使用结束后及时盖好，防止干燥或弄脏其他物品。

（5）使用订书机时注意不要误伤手指。

项目四　制作与检校链尺

一、准备工作

（一）材料

3cm×3cm×10cm 小木桩 2 根、小铁钉 5 个、炮线 50m、白胶布 1 卷。

（二）工具

克丝钳 1 把、锤子 1 把、50m 钢卷尺 1 个。

（三）人员

1 人操作，1 人辅助（拉绳或尺），劳动用品穿戴齐全。

二、操作规程

（一）建立基线

（1）选择无草木、无凹凸的场地。

（2）在场地一边，用锤子将木桩打入地面，上端与地面基本水平，在木桩上钉入小铁钉作为基线 0 基点。

（3）将钢卷尺 0 点固定在基线 0 基点上（可由工作人员辅助）。

（4）拉直钢卷尺至 10m 以上，在 10m 刻度处打入木桩，根据钢卷尺刻度，在木桩上钉入铁钉作为基线 10m 基点。

（二）制作链尺

（1）取用链尺材料：从炮线上量出 12m，剪下，其中 10m 作为链尺尺身，另外 2m 用来制作链尺两端拉环。

（2）在材料 1m 处打结，作为链尺 0 点，固定在 0 基点处。

（3）将材料放置在基线上，用正常拉力拉直拉紧，在基线 10m 基点处打结。

（4）在两端结点外分别制作周长约为 30cm 的链尺拉环。

（三）检校链尺

使用正常拉力，保持链尺平直，2 次以上反复在基线上测量链尺，检查链尺结点之间长度与基线符合程度。

（四）清理现场

（1）回收工具、材料。

（2）去除场地内木桩，地面恢复平整。

三、技术要求

（1）场地平坦，无杂草，无凹凸，场地直线空间不少于 10m。

（2）基线长度误差不大于 1cm。

（3）取用炮线材料不多于 14m 或少于 10m。

（4）链尺结点牢固，无松动，长度检校误差不大于 2cm。

（5）链尺两端拉环结点使用固定结，无滑动。

（6）链尺拉环周长不少于 20cm。

四、注意事项

（1）选择场地时注意场地及其周围有无高压线、地下电缆、地下水管等设施。

（2）使用锤子、铁钉、木桩等材料及工具时注意安全，防止人身伤害。

（3）根据需要取用材料，禁止浪费。

（4）不要过分用力拉伸钢卷尺或链尺，避免损坏工具和材料。

（5）不能要求辅助人员提供除固定以外的其他行为。

项目五　使用过塑机塑封桩号

一、准备工作

（一）材料、工具

A4 幅面塑封膜 1 张、点号纸 1 张、剪刀 1 把、克丝钳 1 把、4 号铁丝 50cm、打孔器 1 个。

（二）人员

1 人独立操作，劳动用品穿戴齐全。

二、操作规程

（一）准备材料

将需用的材料，放入材料盘内，一次性移到操作台上。

（二）安装过塑机

（1）在操作台面上将过塑机摆正，放平；

（2）将电源线插入电源插座；

（3）打开过塑机电源，预热机器。

（三）匹配纸膜

（1）开口向下放平塑封膜。

（2）沿塑封膜开口处打开，将点号纸插入，使点号纸居中，摆正。

（3）盖上塑封膜，排除膜内空气。

（四）过塑

（1）将塑封膜封口对准塑封机进口，轻轻插入。

（2）观察塑封机运转，当纸膜输出后关闭塑封机电源。

（五）裁切

使用剪刀，按照点号纸切割标线将封好的纸膜裁剪分成独立的桩号。

(六)装订

(1)在桩号文字左边和边缘空白处中间打孔。

(2)剪取 20cm 左右的铁丝。

(3)用铁丝将打孔后的桩号按照大小顺序穿起来。

(4)铁丝两端闭合打结。

三、技术要求

(1)过塑机必须预热到指示灯亮起才能进行过塑操作。

(2)点号纸必须在塑封膜内居中,不可突出在塑封膜外。

(3)过塑时塑封膜封闭端先插入进料口。

(4)热压后的纸膜平整,无空气残留。

(5)装订孔打在文字左侧空白中心部位。

(6)按照桩号大小顺序装订。

四、注意事项

(1)过塑机通过电加热,机体温度很高,注意防止触电和烫伤。

(2)过塑作业时过塑机进行机械转动,手、手套或其他物品应远离过塑机进料口。

(3)切勿将过塑膜开口处先进入进料口,容易造成膜内空气堵留涨破。

(4)当出现特殊情况,如卡纸,可按后退键,机器反转纸膜退出。

(5)过塑后的纸膜温度较高,且易变形,应放置在平整通风的地方。

(6)使用剪刀裁切点号纸膜时切勿割伤手指、手臂。

模块二 使用地图

项目一 相关知识

一、基本方向

CBB015 基本方向的概念

(一)基本方向

在物探测量工作中,距离和方向是常用量。距离是两点间的空间距离,方向是直线段与基本方向之间的关系,一般用角度表示。在物探测量工作中,通常以北方向作为基本方向。北方向可分为真北方向、磁北方向和坐标北方向。

通过地面某点及地球北极、南极的平面与地球表面的交线称为该点的真子午线,真子午线北端所指的方向即为该点的真北方向。真子午线用天文测量方法测定。

地面任一点,通过该点水平面上的磁针成静止状态时,磁针轴线指的方向线为过该点的磁子午线,磁针指的北方向为该点的磁北方向。磁子午线用罗盘仪测定。

CBB019 基本方向的关系

在直角坐标系中,通过任一点的坐标纵线北端所指的方向为该点的坐标北方向。

三个北方向之间存在一定的夹角,磁子午线与真子午线,即磁北方向与真北方向之间的夹角为磁偏角,一般用 δ 表示;磁子午线与坐标纵线,即磁北方向与坐标北方向的夹角为磁坐偏角。坐标纵线与真子午线方向,即坐标北方向与真北方向的夹角为子午线收敛角,一般用 γ 表示,如图 2-2-1 所示。

CBB016 方位角的概念

(二)方位角

从通过某直线段起点的基本方向的北端顺时针到该直线的水平角度,称为该直线的方位角。

以真北方向线作为基本方向线时,量得的地面直线段的方位角为真方位角。

以磁子午线为基本方向线所确定的方位角为磁方位角。

任一直线段的坐标方位角,就是从该直线段任一端点的坐标纵线北端起,顺时针方向量至该线段的水平夹角。如线段 AB,A 点至 B 点的坐标方位角是 A 点的坐标纵线顺时针量至 AB 方向的水平角度;B 点至 A 点的坐标方位角是 B 点的坐标纵线顺时针量至 BA 方向的水平角度。所以同一直线段有正反两个方位角,两者相差

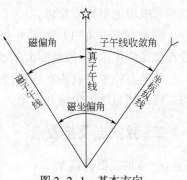

图 2-2-1 基本方向

180°。坐标方位角的取值范围为 0°~360°。任一点坐标北方向的方位角为 0° 或 360°,坐标东方向的方位角为 90°,坐标南方向的方位角为 180°。

CBB020 物探测线方位角的概念

物探测线的方向是物理点桩号的增加方向,物探测线的方位角是坐标方位角,即测线方向与坐标北方向的水平夹角,取值范围为0°~360°。

二维测线网的方位角是指主测线的方位角,联络测线一般与主测线垂直,方位角为主测线方位角加减90°。

三维测线网的方位角为检波线的方位角,纵测线三维地震方法的炮线方位角与检波线测线方位角相同。

CBB017 象限角的概念

（三）象限角

所谓象限角是指从纵坐标轴的指北端或指南端至直线的锐角,用 R 表示,取值范围0°~90°。为了说明直线所在的象限,在 R 前面加直线所在象限的名称。一周分为四个象限,象限名称分别为北东(NE)、南东(SE)、南西(SW)、北西(NW)。象限角与坐标方位角之间的换算关系见表2-2-1。

表2-2-1　象限角与坐标方位角之间的换算关系

象限	象限角 R 与方位角 α 换算公式
第一象限(NE)	$R=\alpha$
第二象限(SE)	$R=180°-\alpha$
第三象限(SW)	$R=\alpha-180°$
第四象限(NW)	$R=360°-\alpha$

CBB014 直线定向的方法

（四）直线定向的方法

直线定向就是利用自然、仪器和测绘技术确定一条直线或一个直线段的方向。磁方位角可以用罗盘仪测定,坐标方位角可以用 GNSS 全球定位仪测量。利用天文观测的方法可以直接确定某地面点至地面目标方向的真方位角。

CBB018 罗盘仪的使用方法

罗盘仪利用的是地球的磁场,测量的数据是磁方向。罗盘仪的主要部件是磁针、瞄准器和分度盘。分度盘的方位刻度是逆时针注记的,所以当罗盘仪安置在要测量的测线上保持水平,磁针指向磁北极或磁南极,操作者转动罗盘仪,瞄准目标,分度盘随照准部转动,磁针所指的分度盘刻度即为目标方向的磁方位角。

利用 GNSS 全球定位仪可以测量地面上直线或直线段上的两点,通过坐标反算得知直线或直线段的坐标方位角。

测量真方位角的方法有两个,其一是利用惯性原理,使用陀螺经纬仪测量。其二是利用经纬仪观测恒星,一般观测太阳或北极星来测量真方位角。

几种方位角可以相互推算,如已知某直线的真方位角和该直线起点的子午线收敛角,则可以确定该直线的坐标方位角。

二、激发点及接收点

CBA005 地震勘探震源的种类

（一）地震勘探震源

地震勘探需要进行人工激发地震波,能够产生地震波的材料或设备称为震源,激发地震波的位置称为震源点。

地震勘探人工震源激发的地震波必须有足够的能量和脉冲信号,使地震波传播较远的距离和较深的层次。目前地震勘探震源主要分为炸药震源和可控震源。

陆上炸药震源主要有三类:硝酸甘油、TNT 和硝铵,可根据地表地质情况、勘探目的要求和施工方法等因素选择合适的炸药类型。炸药激发需要控制药量、埋置深度和起爆时间等,激发时产生持续时间短的窄脉冲信号,产生的巨大能量中只有一部分用于产生地震波,其他能量用于产生热量和介质变形。为了产生良好的效果,炸药震源需要通过钻井设备安放到指定深度,一般在潜水面下,井中激发能够产生最好的效果。

CBA007 炸药震源的特点

陆上非炸药震源主要分为撞击型和振动型,常见可控震源能够产生延续时间几秒至几十秒的连续震动,也称连续震动震源。可控震源激发地震波的主要部件是重锤,由于重量较大,可控震源在运输和使用过程中需要重型车荷载。重锤通过控制器控制产生振动,振动频率可以根据需要实现人为控制,其主要特点是作用时间长,振幅均匀。

CBA006 可控震源的特点

可控震源在激发点进行作业,相比炸药震源,除技术因素以外,可控震源的环保优势比较高,不需要钻井,激发时不会破坏地表岩层,同时避免使用炸药,降低危险隐患。

(二)激发点位置选择

无论是使用炸药震源还是使用可控震源,在地震资料采集过程中都会形成地面震动,特别是炸药震源,必须进行钻井作业,具有一定的破坏性,所以在选择激发点时要非常慎重。一方面施工设计位置是达到勘探目的的理想位置;另一方面涉及安全环保等因素一定要考虑。所以在选择激发点位置时要注意以下几方面:

CBB001 地震施工对激发点位置的选择要求

(1)选择在设计位置,尽量不偏移变观,达到最好勘探效果。

(2)堤坝附近不允许钻孔和震动,具有决堤危害,根据施工设计要求远离一定安全距离。

(3)钻机钻具较高,在高压线下容易发生触电事故,严禁在高压线下设点。

(4)鸡、鱼等受到声波和地面震动的惊吓,容易造成群体死亡或降低农业产量,所以要远离禽类养殖场、鱼池等养殖基地。

(5)及时调查估量地面农业林业经济作物破坏成本,可以将激发点偏移出重点保护区。

(6)在国家自然保护区内谨慎设置激发点。

(7)严禁在化学品仓库、化工厂等易燃易爆设施附近设置激发点。

(8)为了达到最好的激发效果,激发点的位置尽量避高就低。

(三)地震检波器

地震检波器是物探地震资料采集的重要设备之一,负责接收从地下地质构造反射、透射的地震波。

CBA008 地震检波器的工作原理

地震勘探检波器的主要功能是将动能转化为电能,即将震源产生的地震波震动转换为电信号。从工作原理上,地震检波器主要分为电磁感应式、压电陶瓷式、微电子机械及光纤等。陆上石油勘探主要使用电磁感应式检波器,动圈式和涡流式检波器是电磁感应式检波器的主要分支。动圈式检波器是通过线圈切割永磁体的磁力线产生感应电动势形成电信号。涡流式检波器是通过运动的导体圆筒切割永磁体的磁力线产生感应电流,即涡流电信号。

压电检波器是根据某些物质的压电效应制成的,压电检波器常用到海洋地震勘探中。

电磁感应式检波器技术指标的主要参数有阻尼、自然频率、灵敏度、非线性、绝缘电阻等。

CBA010 地震检波器的主要参数

阻尼是指检波器在振动中,由于外界作用或系统本身固有的原因引起的振动幅度逐渐下降的特性,以及此一特性的量化表征。阻尼系数可分为开路阻尼和线圈电流阻尼两部分。

自然频率是指检波器固有的频率或共振频率,与检波器内弹簧振子有关。

灵敏度是检波器对震动相应的敏感程度,即机电转换的效率。

非线性畸变也称为非线性失真、波形失真,是指检波器系统对震动的保真程度,与制造工艺有关。检波器的非线性畸变越小越好。

绝缘电阻是指检波器芯体与大地等外界介质的绝缘程度,检波器芯体必须与外界绝缘,防止工频电网和天磁电对地震信号的干扰。

CBB002 地震施工对接收点位置的选择要求

(四)接收点位置选择

接收点的理想位置是其设计位置,必须按照测量员放样的接收点埋置检波器,最大偏移半径不能超过道距的 1/10,当使用组合检波器时,检波器接收道组合高差不能超过 1.0m。

由于接收点不会对环境造成破坏,村庄、堤坝、草地、树林等几乎任何位置都可以作为接受点,但是接收点的位置必须能够安放检波器或检波器组。当设计接收点遇到障碍物,如房屋、公路、铁路等,可以根据规则进行横向偏移和纵向偏移。

CBA009 地震检波器的埋置要求

为了能够采集地震资料,检波器必须与大地较好地耦合。检波器埋置要严格执行"查、量、准、刨、挖、放、埋"七字作业法,检波器放置要做到平、稳、正、直、紧。

采集地震资料之前,地震施工前排必须设专人检查每道检波器的电阻值,排列员要严格做到"量、观、排、报",监控检波器埋置质量。

CBA004 地震勘探对测量的要求

(五)地震勘探对测量的要求

地震勘探工作对测量工作的基本要求,就是及时、准确地放样采集施工所需要的设计物理点并提供物理点的坐标、高程。

施工要求人员持证上岗,测量设备通过计量检定。经过培训合格的测量人员,使用专业测量仪器如全站仪、全球导航卫星定位仪等设备,遵照测量技术规范和测量技术设计进行放样和测量施工。测量工序是地震勘探野外采集的第一道工序,必须高效和准确,既满足后续施工的进度要求,又达到施工要求的测量精度。测量工作必须做到以下几点:

(1)测量施工计划周密。

(2)人员物探测量技术熟练。

(3)测量仪器运行正常。

(4)车辆、供电等辅助设施齐备。

(5)测量方法、精度满足规范和设计要求。

(6)健康安全环保和质量意识强,不发生或少发生事故。

三、大地坐标

CBC001 测绘学的概念

(一)测绘学

测绘是测量和绘图的总称,测绘科学是自然科学的一个部分,是为了人们了解自然和改造自然服务的。它研究的对象是地球表面,研究的内容是地球的形状、大小和地球表面的几何形状。测绘学是研究地球的形状、大小和重力场,以及如何确定和表示地球表面上的点的空间位置和各种固定物体的几何形状的科学。

测绘学既属于地学科学,又属于应用科学。传统意义上的测绘学包括大地测量学、地形测量学、海道测量学、工程测量学、摄影测量学、地图制图学等学科。各种测绘学科相互融通,并不是相互独立的。物探测量属于工程测量中的一门技术,但是物探测量施工所使用的地形图来源于摄影测量和地图制图技术,使用的三角点标志和成果来源于大地测量技术。 【CBC002 测绘学的分科】

研究地球的形状、大小和地球重力场,以及在全球或广域范围内建立测量控制网的理论、方法与技术的学科,称为大地测量学。大地测量学以广大地区为研究对象,可分为常规大地测量和卫星大地测量等分支。常规大地测量包括天文测量、重力测量、三角测量、导线测量、水准测量等内容;卫星大地测量学是研究利用人造地球卫星进行地面点定位以及测定地球形状、大小和地球重力场的理论和方法的学科。GNSS 全球导航定位测量技术大量地应用了卫星大地测量技术,利用导航卫星测量地面位置。 【CBC003 大地测量学的概念】

研究地球表面局部范围内测绘地形图的基本理论、方法和技术的学科,称为地形测量学。地形测量的具体内容主要包括图根控制测量和碎部测量等,主要目的是确定目标区域地表的起伏状态,其主要成果是地形图。 【CBC004 地形测量学的概念】

为工程建设的设计、施工和管理所进行的测量工作的理论、方法和技术,称为工程测量学。工程测量是为各种工程建设的规划设计、施工安装、竣工验收和运营管理等所进行的测量工作的统称。工程测量是为工程建设服务的,按工程测量所服务的建设阶段划分,工程测量可分为规划设计阶段的测量,施工安装阶段的测量和运营管理阶段的测量。按所服务的工程门类划分,工程测量可分为城市测量、建筑测量、线路测量、桥梁测量、隧道测量、水利测量、矿山测量和地质勘探测量等。石油物探属于地质勘探,石油物探测量是工程测量的一个分支,通过测量技术人员使用测绘仪器,为地震资料采集设备桩定位置和测量坐标高程。 【CBC005 工程测量学的定义】

随着测绘科学的不断发展,以大地测量、摄影测量和地图制图为主要内容的传统测绘学已经逐渐发展为以全球导航定位系统(GNSS)、遥感(RS)和地理信息系统(GIS)即3S 技术及其集成为主要特征的现代测绘学。现代测绘学中的(RS)遥感技术所得到的图片大量应用于防灾减灾工作,GNSS 全球导航定位技术已经成为目前物探测量的主要方法,石油物探大量应用现代测绘学的技术如遥感地图、卫星定位等完成测线设计和施工。 【CBC006 现代测绘学的内容】

(二)参考椭球 【CBD010 地球椭球的定义】

测量工作是在地球表面进行的。地球的形状近似于两极略扁的椭球,地球的南北两极是不对称的,形状似梨形。地球表面也是不规则的,有陆地、海洋、高山和平原。这些不规则的变化对于地球庞大的体积来说可以忽略不计,而把地球看作一个球状。地球上海洋面积占70%以上,人们可以将地球总的形状看作是被海水包围的球体。设想有一个静止的海水面,向陆地延伸形成一个封闭的曲面,这个静止的海水面称为水准面,海水有潮汐,时高时低,所以水准面有无数个,其中通过平均海水面的水准面称为大地水准面,它所包围的形体称为大地体。

大地水准面处处与铅垂线垂直。由于地球内部质量分布不均匀，引起地面上各点铅垂线的方向产生不规则的变化，因此大地水准面实际上是一个有微小起伏的不规则的曲面，大地体是一个不规则的形体。

为了方便研究和计算，人们用一个与大地体十分接近，用以代表地球形状和大小的旋转椭球代表地球，这个椭球称为地球椭球。地球椭球在几何形状和物理性质上与大地水准面接近，并能用数学公式和参数描述，方便进行测量和计算。将地球椭球上的点投影到平面上的过程称为地图投影。

由于受到时代技术条件的限制，不能勘测整个地球椭球的大小，只能用个别国家和局部地区的大地测量资料推求椭球体的元素，如长轴半径、扁率等。这些根据地方数据推算得出的椭球有局限性，只能作为地球形状和大小的参考，故称为参考椭球。

CBD009 参考椭球的定义 一个具有确定参数，并且按照一定条件固定其与大地体相关位置的地球椭球称为参考椭球，参考椭球能与此区域的大地水准面最佳吻合，并已进行了定位与定向。参考椭球体是地球具有区域性质的数学模型，仅具有数学性质而不具物理特性。它在区域大地测量中，是测量计算的基准面，也是研究大地水准面形状的参考面。

由于科技的发展和区域的特殊性，不同时间、不同区域可以使用不同的参考椭球，参考椭球的形状、大小通常用长半轴和扁率来表示，常见椭球参数见表 2-2-2。

表 2-2-2　常见椭球参数

椭球名称	长半轴 a,m	扁　率	计算年份和国家	备　注
贝塞尔	6377397.155	1:299.152	1841 年德国	
海福特	6378388.000	1:297.000	1910 年美国	1942 年国际第一个推荐值
克拉索夫斯基	6378245.000	1:298.300	1940 年苏联	中国 1954 年北京坐标系采用
1975 年国际椭球	6378140.000	1:298.257	1975 年国际	中国 1980 年国家大地坐标系采用
WGS-1984	6378137.000	1:298.257223563	1979 年国际	美国 GNSS 采用
CGCS2000	6378137.000	1:298.257222101	2008 年中国	2000 国家大地坐标系采用

在测量数据计算中，参考椭球是基准椭球，参考椭球面是一个国家大地统一基准面，所有的测量工作应按照这个基准面进行。中华人民共和国成立初期，曾采用克拉索夫斯基椭球，并依此为基准建立了 1954 北京坐标系，1980 西安坐标系采用 1975 国际椭球作为参考椭球，2000 国家大地坐标系采用 CGCS2000 椭球。

CBD011 大地坐标的概念 **（三）大地坐标**

以参考椭球面及其法线为依据建立起来的坐标系，称为大地坐标系，地面点的空间位置用大地经度、大地纬度和大地高表示。

通过参考椭球旋转轴的平面为子午面，子午面与参考椭球面的交线为子午线。通过英国格林尼治天文台的子午面为本初子午面，本初子午面与参考椭球面的交线为本初子午线或起始子午线。通过椭球面某一点的子午面与本初子午面的交角为该点的大地经度，自本初子午线以西由 0° 至 180° 称为西经，以东由 0° 至 180° 称为东经。

参考椭球面上至两极距离相等点的连线为赤道，通过赤道的平面为赤道面，参考椭球面上一点的法线与赤道面的交角称为该点的大地纬度。赤道以南为南纬，赤道以北为北纬。

大地坐标见图 2-2-2。

大地高是地面点沿法线方向至参考椭球面的高度。

在使用地图的过程中,经常需要量算地图上某个点、线或区域的位置,小比例尺地图如中国地图、分省行政区划图及 1∶50000 以下的地形图,一般使用经线和纬线作为地图坐标框架,所有的地图内容以这个框架为基础绘制和使用。地图上大地坐标格网横线代表纬度,竖线代表经度,用角度标注。地图上每个大地坐标格网纵横间距不一定相等,相同经差,赤道上的距离最远,向北或者向南,距离赤道越远,相同经差代表的距离越短。所以在地图上,每个大地坐标格网都近似矩形,大地坐标点量算一般采用内插法,根据量算点距离横纵网格的距离计算大地坐标点的坐标。

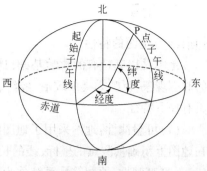

图 2-2-2　大地坐标

CBD014 大地坐标点的展绘方法

四、平面直角坐标

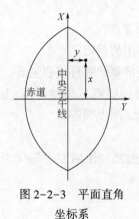

图 2-2-3　平面直角坐标系

(一)平面直角坐标的概念

为了地图应用和减小地图变形的需要,地球参考椭球上的点向一个参考平面上投影,赤道与特定的子午线形成相互垂直的直线,构成在同一个平面上互相垂直且有公共原点的两条数轴,以此为基础形成平面直角坐标系。通常,两条数轴分别置于水平位置与垂直位置,如图 2-2-3 所示,垂直位置的数轴为纵轴,代表南北方向,一般用 x 或 N 表示,向北为正;水平位置为横轴,代表东西方向,一般用 y 或 E 表示,向东为正。

在测量上的平面直角坐标系中,其角度量度的方向通常为顺时针方向。由于坐标轴的次序和角度量度的方向均正好相反,因而测量上和数学上的所有三角公式完全相同。

平面直角坐标是由大地坐标按照一定规则和参数投影而来,所以平面直角坐标可以与大地坐标相互转换。

CBD012 平面直角坐标的概念

(二)平面直角坐标量算

在生产生活中,经常需要取得地图上某一点的平面直角坐标,平面直角坐标点量算一般采用内插法。

由于地图上平面直角坐标格网是正方形,地图上平面直角坐标各格网间横坐标差相等,纵坐标差相等,各格网间图上距离相等,实地距离相等,所以通过量测点到相邻网格线的图上距离就可以计算出量测点到网格线的实地距离,加上网格线的注记坐标就是量测点的坐标。

一般地图上平面直角坐标格网标注数字的单位是 km,大比例尺地图也可以使用 m 为坐标单位。

CBD013 平面直角坐标点的展绘方法

五、地图

CBD001 地图的特性

（一）地图的特性

地图是以其特有的数学基础、地图语言、抽象概括法则表现地球或其他星球自然表面的时空现象，反映人类的政治、经济、文化和历史等人文现象的状态、联系和发展变化。地图具有如下特征：

（1）可量测性：地图采用了地图投影、地图比例尺和地图定向等特殊的数学法则，可以在地图上精确量测点的坐标、线的长度方位、区域的面积、物体的体积和地面坡度等。

（2）直观性：地图符号系统称为地图语言，它是表达地理事物的工具，利用地图可以直观、准确地获得地理空间信息。

（3）一览性：地图是缩小了的地面表象，它不可能表达出地面上所有的地理事物，需要通过地图综合的方法，使地面上任意大小的区域缩小制图，按照制图目的，将读者需要的内容一览无余地呈现出来。

CBD002 地图的内容

（二）地图的内容

地图的内容由数学要素、地理要素、辅助要素构成，通称地图"三要素"。

数学要素包括地图的坐标网、控制点、比例尺、定向等内容，是编图的基础。

地图的地理要素是地图的主体，大致可以分为自然要素、社会经济要素和环境要素等。

辅助要素是指为方便使用而提供的具有一定参考意义的说明性内容或工具性内容，主要包括图名、图号、接图表、图廓、分度带、图例、坡度尺、附图、资料及成图说明等。

CBD003 地图的分类

（三）地图的分类

地图可以分别以内容、比例尺、制图区域范围、用途、介质表达形式和使用方法等作为标志进行分类。

1. 按内容分类

按照地图的内容，地图可以分为普通地图和专题地图。

普通地图是反映地表基本要素的一般特征的地图。普通地图以相对均衡的详细程度表示地图区域各种自然地理要素和社会经济要素的基本特征、分布规律及相互联系。地图比例尺越大表示的内容越详细，比例尺越小，内容的概况程度也就越大，如地形图。

专题地图是根据专业需要反映自然或社会现象中的某一或几种专业要素的地图，它集中表现某种主题内容，如地质构造图、交通图等。

2. 按比例尺分类

按照地图的比例尺，地图可以分为大、中、小比例尺地图。

大比例尺地图是指比例尺大于等于 1 : 100000 的地图；中比例尺地图是指介于 1 : 100000 至 1 : 1000000 之间的地图；小比例尺地图是指小于或等于 1 : 1000000 的地图。

3. 按制图区域范围分类

按自然区域划分为世界地图、大陆地图、州地图等；按行政区域划分为国家地图、省区地图、市地图、县地图等。

4. 按使用方式分类

桌面用图：地形图、地图集等；挂图：教学挂图等；随身地图：小图册、折叠地图等。

5. 按介质表达形式分类

纸质地图、丝绸地图、塑料地图及以磁盘为介质的电子地图、数字地图等。

（四）地图综合

CBD004 地图综合的概念

简单缩小地球表面的现象时，相邻的离散物体挤在一起，复杂的地理轮廓显得很混乱、拥挤。为了使读者能清晰地阅读地图上的图形，地图只能以概括、抽象的形式反映出制图对象的带有规律性的类型特征，而将那些次要、非本质的物体舍弃，这个过程称为制图综合。

制图综合也就是对制图现象进行两种基本处理：取舍和概括。

1. 取舍

取舍也称选取，即在大量的制图物体中选择对制图目的较重要的信息保留在地图上，不需要的信息则被舍掉。取舍方法通常有资格法和定额法。

资格法是以一定数量或质量标志作为标准或资格进行选取。数量标志包括长度、面积、高程或高差、人口数、产量、产值等；质量标志包括等级、品种、性质和功能等。

定额法是规定出单位面积内应选取的制图物体的数量而进行的选取方法。如平原地区高程点数量指标 10 个/100cm^2 等。

2. 概括

概括是指对制图物体的形状、数量、质量特征进行化简。也即是对那些选取了的信息，在比例尺缩小的条件下，对于按比例缩小的物体无法清晰表示时可以进行概括删除，能够以需要的形式传输给读者。

形状概括通过删除、合并和夸大来实现。去掉复杂轮廓形状中的某些碎部，保留和夸大重要特征，以总的形体轮廓代之。为了显示和强调制图物体的形状特征，可以夸大一些本来按比例应当删除的碎部，如水井等。当制图图形及其间隔小到不能详细区分时，可以采用合并同类物体细部的办法来反映物体的主要特征，如村庄等。

数量特征概括是引起数量标志发生变化的概括，一般表现为数量变小或变得更加概略，如高程注记，去掉小数点等。

质量特征概括表现为制图表象分类分级的减小。对于性质上有重要差异的制图物体的概括方法是进行分类，如河流和居民地分为不同的类别。

3. 概括和取舍的区别

取舍是整体性地去掉某类或某一级信息；概括则是去掉或夸大制图对象的某些碎部及进行类别、级别的合并。

CBD005 地图综合的基本方法

绘制测线草图就是根据物探野外施工的需要，进行制图综合的过程。绘制测线草图最重要的目的之一是保障施工安全，所以，在绘制测线测量草图时要着重描述与施工安全有关的地图信息，如高压线、铁路、公路、房屋、鱼池等，对于与安全关系不大的信息如人行道、小路、耕地、草地等可进行概括甚至舍弃。独立房屋甚至一个村庄可概括为一个矩形，公路铁路可概括为一条线，独立的树木或小树林可以舍弃。绘制测线位置图力求重点突出、简洁清晰，方便阅读。

（五）地形图

CBD006 地形图的应用知识

测量技术人员常用地图是地形图（图 2-2-4）。地形图一般为纸质，属于普通地图，描绘图幅区域的地形、社会经济及其他一般信息，能够为各行业提供信息。

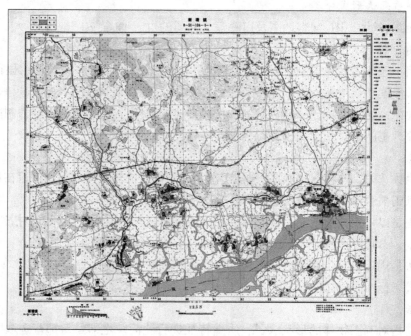

图 2-2-4　地形图

　　一幅地形图编排的序号为图号，一般按统一的分幅编号规则编号。国家基本比例尺地形图在 1∶1000000 比例尺地形图的基础上根据纬度和经度计算的行列号进行编号。地形图的名称一般以本图幅内最著名的地名、山名、河名等命名。

　　图廓是一幅地形图四周的范围线，一般由内图廓和外图廓组成。内图廓是地形图制图范围线，外图廓是距内图廓以外一定距离绘制的加粗平行线，仅起装饰作用。坐标格网是用来确定地形图上点位的坐标标志线，分为地理坐标格网和直角坐标格网，格网的坐标数值被标注在内、外图廓之间。地形图上的点、线可根据坐标格网绘制或量测。

CBD008 测站位置图的绘制方法

（六）测站位置图

　　在进行控制测量时，测量的点位需要较长时期地保留和反复使用，所以必须绘制测站位置图，也称为点之记，用来为使用该点位的人寻找测站标志提供参考。

　　为了如实反映测站周围状况，绘制测站位置图应在现场绘制，确定图纸北方向及测站点位参照物，一般以房屋、公路、桥梁、烟囱等永久建筑或设施为参照，同时标注测站点到参照物的距离和方位。

　　测站位置图最主要的内容是测站位置情况，内容力求简洁清晰，对于寻找测站位置没有帮助的地形地物，如地形、植物等内容可以简化或不予描述。

　　由于各测站位置不同，所以绘制测站位置图可以根据测站周围地形地物情况使用不同的比例尺。

CBC010 测量记录员的工作内容

（七）测线测量草图

　　在物探测量施工中，需要及时记录或计算观测信息，如 GNSS 静态测量测站数据、全站仪导线测站观测数据、测线测量草图等，这些工作由记录员完成。

　　记录员记录的所有数据应采用标准字体记录，字体整洁端正，并保证真实、准确。

测线测量草图是测量施工的主要成果之一，合格的测线测量草图能够给测量施工质量控制、钻井施工安全、放线运输指引等方面提供非常有价值的帮助，具有重要意义。

CBC011 测量记录员的工作要求

如实反映测线点位及点位周围地形地物状况，物探测线草图必须在施工现场实时进行记录。为了使草图信息准确，草图记录员必须经常与测量仪器操作员、标志员核对点桩号，重点描绘物理点所在位置的地物属性，记录物理点到村庄、鱼池、高压线等重要制图内容的大致距离。草图记录员还要时刻关注地下管线、地下电缆的信息，通过观察地面提示、地质雷达探测等方式收集地下管线、地下电缆的数据，并描绘在测量草图上。

CBD007 测线草图的绘制方法

测线测量草图力求内容简介清晰，方便阅读，对人行道、草垛等与物探施工效率和安全没有影响的地物可进行舍弃，可不予绘制。草图记录员野外记录完成后，及时上交原始记录，测量内业员进行制图综合处理、打印上交等。

六、地图比例尺

（一）比例尺的概念

CBC008 比例尺的定义

地图是缩小了的地面表象，所以地图上的长度或距离都会比地面上实际缩小。地图上某一线段长度与地面上相应线段水平距离之比就是该地图的比例尺。

为了保证图上与实地信息保持一定的对应关系，同一幅地图只有一个制图比例尺。地图比例尺通常有数字式、文字式、图解式等形式。

（1）数字式比例尺可以用比的形式，如 1：5000，也可以将其表达为分子为 1 的分数形式，如 1/5000。

（2）文字式比例尺是用文字注释的方法表示，如五千分之一。

（3）图解式比例尺是用图形加注记的形式表示，有直线比例尺和复式比例尺，常用的是直线比例尺。

当图上一线段长度为 1cm，对应实地距离为 500m 时，则该图纸的比例尺为 1cm/500m，即 1：50000，也可表述为 1/50000 或五万分之一。

（二）比例尺的精度

CBC009 比例尺的精度

由于正常人的眼睛只能分辨图上 0.1mm 以上的间隔，图上小于 0.1mm 的任何距离和物体，人眼是无法分辨的。因此，将各种比例尺图上 0.1mm 所代表的相应实地水平距离称为该图比例尺的精度。即：图上 0.1mm×该图比例尺分母＝该图比例尺的精度。如 1：50000 比例尺地图的比例尺精度为：0.1mm×50000＝5m；1：25000 比例尺地图的比例尺精度为：0.1mm×25000＝2.5m。

以上数据说明在比例尺为五万分之一的地图上，实地小于 5m 的地物和线段在该图上无法表示。在二万五千分之一的地图上，实地小于 2.5m 的地物和线段在该图上无法表示。比例尺越大，地图所反映的地物精度越高。反之按照某项工程设计的要求，地形图上应能够反映出实地上 1m 的地物，则需要提供 1：10000 或更大比例尺的地形图。在物探施工中应根据二维地震或三维地震勘探区域大小，选用合适比例尺的地图。

（三）国家基本比例尺

CBC007 国家基本比例尺

我国的国家基本比例尺地形图是指根据需要由国家统一规定测制，具有统一的图式规范,有固定比例尺系列,并根据保密等级限定发行和使用范围的地形图。

国家基本比例尺地形图系列包括:1∶500、1∶1000、1∶2000、1∶5000、1∶10000、1∶25000、1∶50000、1∶100000、1∶250000、1∶500000、1∶1000000 等 11 种比例尺。

（四）比例尺注记

比例尺是重要的地图要素,任何一幅完整的地图都包括数学要素、地理要素和辅助要素这些内容。比例尺属于数学要素,明确确定该幅图纸的缩小程度,图纸使用者可以根据图上注记的比例尺确定该幅地图表达的区域大小、图上线段的实地长度、图上形状的实地规模等信息。

常见的地图比例尺标注为数字比例尺和直线比例尺。数字比例尺表达形式为比的形式,如 1∶50000;直线比例尺是用一定长度的线段表示图上的长度,并将其实地平距数字注记在线段上,如图 2-2-5 所示。

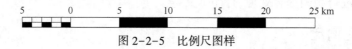

图 2-2-5　比例尺图样

数字比例尺可以用来计算量测线段长度在实地的平距,直线比例尺可以用来直接量测图上线段在实地的长度。

项目二　绘制测站位置图

一、准备工作

（一）工具
2B 铅笔 1 支、裁纸刀 1 把、橡皮 1 块、40cm 透明直尺 1 把、地质罗盘 1 个。

（二）人员
1 人独立操作,劳动用品穿戴齐全。

二、操作规程

（一）准备材料
将 2B 铅笔削尖,准备绘图。

（二）确定绘图方向
(1)使用地质罗盘,磁针指向为磁北方向。

(2)观察太阳方向,根据时间和所在地区确定北方向。如东经 120°地区中午 12 点,太阳方向为正南方向,反方向为北方向。其他地区,与东经 120°经差每隔 15°,正午时间加减 1h,以东减 1h,以西加 1h。

(3)根据房屋走向、树木长势等大自然信息确定北方向。

(4)在图纸上绘图区域右上角绘制北方向,可用箭头标示,标注文字"北"。

（三）检查并绘制测站信息
(1)检查测站属性并绘制测站标示:三角点一般有国家固定标志或文字标识,图上用 △ 符号标示;参考站或其他静态作业点一般用木桩或铁钉等临时标志,图上用 □ 符号标示;测线物理点一般用小旗、土堆等标示,图上用○符号标示。

（2）检查测站点号,标注在测站标示旁。

（四）绘制地形地物

1. 绘制图形

绘制以测站为中心 100m 周围的地形地物,包括房屋、道路、电线、河流等。

一般房屋或村镇用细实线勾画轮廓,内部用细实线间隔 1～2mm 绘制斜线填充;道路用双实线绘制,铁路用 10mm 间隔宽实线填充;高压线、电话线等用细实线绘制。

2. 标注地物属性

用文字在绘制的图形内或图形旁标注属性,如房屋、学校、公路、草地等。

三、技术要求

（1）测站位置图必须标注北方向,北方向标示误差不超过 30°。

（2）根据实地测站标识标注测站点号。

（3）主要地物描绘清楚,地物属性标注正确,相对位置关系准确。

（4）本图为示意图,主要为寻点提供指导,地形地物比例尺可不做严格要求。

（5）线条清晰简洁,文字工整清晰,字高 3～5mm,根据图内空间确定。

（6）图纸无涂改、划改。

四、注意事项

（1）观察太阳时主要保护眼睛,避免灼伤。

（2）准备材料时,勿割伤手指,承接铅笔屑,保护现场环境。

（3）维护纸张,勿弄湿弄皱。

（4）仔细观察测站周围情况,防止遗漏。

项目三　绘制测线草图

一、准备工作

（一）工具

2B 铅笔 1 支、裁纸刀 1 把、橡皮 1 块、40cm 透明直尺 1 把、削笔刀 1 把。

（二）人员

1 人独立操作,劳动用品穿戴齐全。

二、操作规程

（一）准备材料

将 2B 铅笔削尖,准备绘图。

（二）绘制草图北方向

（1）根据测线走向确定北方向。

（2）观察太阳方向，根据时间和所在地区确定北方向。如东经 120°地区中午 12 点，太阳方向为正南方向，反方向为北方向。其他地区，与东经 120°经差每隔 15°，正午时间加减 1h，以东减 1h，以西加 1h。

（3）根据房屋走向、树木长势等大自然信息确定北方向。

（4）在图纸上绘图区域右上角绘制北方向，可用箭头标示，标注文字"北"。

（三）检查并绘制物理点点号标识

（1）根据图纸绘图区域的大小，用○符号绘制点标识。

（2）检查测线物理点点号，标注在相应点标示旁。

（四）绘制地形地物

1. 绘制图形

绘制以物理点为中心 50m 周围的地形地物，包括房屋、道路、电线、河流等。

一般房屋或村镇用细实线勾画轮廓，内部用细实线间隔 1~2mm 绘制斜线填充；道路用双实线绘制，铁路用 10mm 间隔宽实线填充；高压线、电话线等用细实线绘制。

2. 标注地物属性

用文字在绘制的图形内或图形旁标注属性，如房屋、学校、公路、草地等。

三、技术要求

（1）测线必须标注北方向，北方向标示误差不超过 30°。

（2）根据实地物理点标识标注物理点点号。

（3）主要地物描绘清楚，地物属性标注正确，相对位置关系准确。

（4）本图为示意图，主要为寻点提供指导，地形地物比例尺可不做严格要求。

（5）线条清晰简洁，文字工整清晰，字高 3~5mm，根据图内空间确定。

（6）图纸无涂改、划改。

四、注意事项

（1）观察太阳时主要保护眼睛，避免灼伤。

（2）准备材料时，勿割伤手指，承接铅笔屑，保护现场环境。

（3）维护纸张，勿弄湿弄皱。

（4）仔细观察测站周围情况，防止遗漏。

（5）测线测量草图主要功能是为后续施工进行指导和安全警示，所以与施工安全有关的信息如高压线、房屋等必须标记清晰。

项目四　量算地图点大地坐标

一、准备工作

（一）工具

2B 铅笔 1 支、橡皮 1 块、40cm 透明直尺 1 把、削笔刀 1 把，计算器 1 个。

(二)人员

1 人独立操作,劳动用品穿戴齐全。

二、操作规程

(一)判读格网坐标值

(1)摆正地图,上北下南;

(2)找到需要量测的坐标点位置和标识;

(3)观察量测点上、下、左、右四个方向相邻的坐标网格线,通过边框标注的坐标确定 4 个坐标网格线的坐标值:B_1、B_2、L_1、L_2。

(二)计算网格间坐标差

(1)计算纬度差:求坐标点北侧与南侧的纬线线纬度坐标差 v_B:$v_B = B_2 - B_1$。

(2)计算经度差:求坐标点东侧与西侧的经线线经度坐标差 v_L:$v_L = L_2 - L_1$。

(三)量测图纸网格间距

(1)用透明直尺,过坐标点纵向量取坐标格网间的距离 P_B。

(2)用透明直尺,过坐标点横向量取坐标格网间的距离 P_L。

(四)量测坐标点至格网线的距离

(1)用透明直尺,过坐标点纵向量取坐标点至下方低纬度纬线坐标格网的图上距离 S_B。

(2)用透明直尺,过坐标点横向量取坐标点至左侧低经度经线坐标格网的距离 S_L。

(五)计算坐标差

(1)计算坐标点至低纬度坐标线间的纬度坐标差 D_B:$D_B = (S_B \div P_B) \times v_B$。

(2)计算坐标点至低经度坐标线间的经度坐标差 D_L:$D_L = (S_L \div P_L) \times v_L$。

(六)计算坐标点坐标

(1)计算坐标点的纬度 B:$B = B_1 + D_B$。

(2)计算坐标点的经度 L:$L = L_1 + D_L$。

三、技术要求

(1)图纸量测误差不大于 1mm。

(2)计算数据可保留 2 位小数。

(3)计算误差不大于图上 0.5mm,及当使用 1∶50000 地图时,计算误差不大于 25m。

(4)保持图纸平整、清洁。

四、注意事项

(1)使用铅笔注意不要刺伤。

(2)由于大地坐标网格不是正方形,量测相邻网格平距时,直尺必须经过坐标点并平行纬线或经线。

(3)由于大地坐标网格不是正方形,量测坐标点至网格线距离时,直尺必须经过坐标点并平行纬线或经线。

（4）注意经差和纬差的单位换算，角度是六十进制换算关系。

（5）不要在图纸上留存笔迹。

项目五　量算地图点平面直角坐标

一、准备工作

（一）工具

2B 铅笔 1 支、橡皮 1 块、40cm 透明直尺 1 把、削笔刀 1 把，计算器 1 个。

（二）人员

1 人独立操作，劳动用品穿戴齐全。

二、操作规程

（一）判读格网坐标值：

（1）摆正地图，上北下南。

（2）找到需要量测的坐标点位置和标识。

（3）观察量测点上、下、左、右四个方向相邻的坐标网格线，通过边框标注的坐标确定 4 个坐标网格线的坐标值：X_1、X_2、Y_1、Y_2。

（二）计算网格间坐标差

（1）计算网格纵坐标差：求坐标点北侧与南侧相邻的平面直角坐标格网坐标差 V_X：$V_X = X_2 - X_1$。

（2）计算网格横坐标差：求坐标点东侧与西侧相邻的平面直角坐标格网坐标差 V_Y：$V_X = Y_2 - Y_1$。

（三）量测图纸网格间距

（1）用透明直尺，过坐标点纵向量取坐标格网间的距离 P_X。

（2）用透明直尺，过坐标点横向量取坐标格网间的距离 P_Y。

（四）量测坐标点至格网线的距离

（1）用透明直尺，过坐标点纵向量取坐标点至下方相邻坐标格网的图上距离 S_X。

（2）用透明直尺，过坐标点横向量取坐标点至左侧相邻坐标格网的图上距离 S_Y。

（五）计算坐标差

（1）计算坐标点至下方相邻坐标线间的纵坐标差 D_X：$D_X = (S_X \div P_X) \times V_X$。

（2）计算坐标点至左侧相邻坐标线间的横坐标差 D_Y：$D_Y = (S_Y \div P_Y) \times V_Y$。

（六）计算坐标点坐标

（1）计算坐标点的纵坐标 X：$X = X_1 + D_X$。

（2）计算坐标点的横坐标 Y：$Y = Y_1 + D_Y$。

三、技术要求

（1）图纸量测误差不大于 1mm。

（2）计算数据保留 2 位小数。

（3）计算误差不大于图上 0.5mm，及当使用 1∶50000 地图时，计算误差不大于 25m。

（4）保持图纸平整、清洁。

四、注意事项

（1）使用铅笔注意不要刺伤。

（2）量测相邻网格平距时，直尺必须平行坐标格网线，即纵坐标格网或横坐标格网。

（3）量测坐标点至网格线距离时，直尺必须平行坐标格网线，即纵坐标格网或横坐标格网线。

（4）注意直角坐标的单位换算，为十进制换算关系。

（5）注意维护图纸，保持图纸平整，不要在图纸上留存笔迹。

项目六　利用地形图判断地形

一、准备工作

（一）材料
地形图一张。地形图上用铅笔绘制测线和测线物理点，标注物理点线号、桩号。

（二）工具
2B 铅笔 1 支、橡皮 1 块、40cm 透明直尺 1 把、削笔刀 1 把。

（三）人员
1 人独立操作，劳动用品穿戴齐全。

二、操作规程

（一）检查并记录物理点点号
（1）摆正地图，上北下南。

（2）找到需要图上测线和测线物理点。

（3）查看点号，将线号、桩号记录到记录纸张相关栏内。二维测线物理点注记格式为 456500/163.0，其中 163.0 为线号，456500 为桩号。三维物理点注记格式一般为 5001/1001 或 5021.5/1045.5，其中 5001、5021.5 为线号，1001、1045.5 为桩号。

（二）检查并记录物理点地形
查看物理点在地图上的位置，根据地图反映的信息，如等高线、文字标注等判断物理点所在位置的地形，如平地、丘陵、山地、陡坡等，记录到记录纸相关栏内。

（三）检查并记录物理点地类
查看物理点在地图上的位置，根据地图反映的信息，如图形、符号、文字标注等判断物理点所在位置的地类，如耕地、草地、公路、铁路、河流、湖泊、树林等，记录到记录纸相关栏内。

三、技术要求

（1）根据测量规范辨识物理点线号、桩号。

（2）可使用提示以外能够表达物理点位置真实特征的地形、地类的词语,应简洁概括。

（3）保持图纸平整、清洁,无划改、涂抹。

四、注意事项

（1）书写错误时可用斜线划改。

（2）注意维护图纸,保持图纸平整,不要在图纸上留存笔迹。

项目七　量算地图比例尺

一、准备工作

（一）材料

不同比例尺地形图 3 张,现场抽取一张进行量算。

（二）工具

2B 铅笔 1 支、橡皮 1 块、40cm 透明直尺 1 把、削笔刀 1 把、计算器 1 个。

（三）人员

1 人独立操作,劳动用品穿戴齐全。

二、操作规程

（一）判读地形图格网坐标

（1）摆正地图,上北下南。

（2）在图廓附近选取任意两条平行的平面直角坐标格网线,可以是横坐标线,也可以是纵坐标线,根据图廓上的坐标标注判读这两条格网线的坐标值:X_1、X_2 或 Y_1、Y_2。

（二）计算网格线实地距离

根据记录的网格线的坐标计算选定的两条网格线的实地距离:

$$D = X_2 - X_1 \text{ 或 } D = Y_2 - Y_1$$

（三）量取图纸上网格线间距

使用透明直尺,垂直量取选定的网格线之间的图上距离 d。

（四）比例尺计算公式

书写比例尺计算公式:

$$\frac{1}{M} = \frac{d}{D}$$

（五）计算比例尺

使用计算器计算比例尺。统一计算单位,得出的数值再取倒数,即得比例尺分母数值 M,或直接用 $M = D/d$ 求取,保留整数。如:$d = 20\text{mm}$,$D = 1\text{km}$,则 $1 : M = 20\text{mm}/1\text{km} = 20/1000000 = 1/50000$。

三、技术要求

（1）读取的网格线坐标和计算的实地距离可保留整数。

(2)量取网格线间距时可自由使用度量单位,如果以 mm 为单位保留 1 位小数,如果以 cm 为单位保留 2 位小数,如果以 m 为单位保留 4 位小数,一般用 mm 度量。

(3)用数字比例尺表示,计算的比例尺分母保留整数。

(4)保持图纸平整、清洁。

四、注意事项

(1)判读坐标、量测距离使用相同的两条网格线,否则会出现计算错误。

(2)判读和量取坐标时必须标注单位。

(3)计算过程中应统一度量单位再进行计算。

(4)按照数字比例尺标准格式书写计算结果。

(5)注意维护图纸,保持图纸平整,不要在图纸上留存笔迹。

项目八　利用地图量算测线长度

一、准备工作

(一)材料
地形图一张,绘制出若干条二维地震测线,端点清晰。

(二)工具
2B 铅笔 1 支、橡皮 1 块、40cm 透明直尺 1 把、削笔刀 1 把、A4 演算纸 1 张。

(三)人员
1 人独立操作,劳动用品穿戴齐全。

二、操作规程

(一)量取图上测线长度
(1)摆正地图,上北下南。

(2)选择其中 2 条测线,使用透明直尺对准测线,量出测线在图上线段长度。

(二)检查图纸比例尺
检查图纸地图信息,在地图信息中找到比例尺。一般在图廓线外分别标注数字比例尺和直线比例尺。按照数字比例尺的标准格式抄写图纸比例尺,如 1∶50000 等。

(三)计算测线长度
分别计算选择量测的 2 条测线的实地长度。

(四)汇总计算
合计测线总长度。

三、技术要求

(1)量取时可自由使用度量单位,如果以 mm 为单位保留 1 位小数,如果以 cm 为单位保留 2 位小数,如果以 m 为单位保留 4 位小数。

（2）用数字比例尺形式表示比例尺检查结果。

（3）长度计算误差小于图上 0.1mm，即如果使用 1：50000 地形图，计算误差应小于 5m。

（4）计算结果可自由使用度量单位，如果以 m 为单位保留整数，如果以 km 为单位保留 3 位小数。

（5）保持图纸平整、清洁。

四、注意事项

（1）量取图上长度时要卡准测线，仔细阅读直尺刻度。

（2）检查不出比例尺信息时，可根据图上坐标计算比例尺。

（3）使用比例尺、图上距离等信息计算测线长度时注意度量单位，图上长度宜用 mm 为单位，实地长度宜用 m 或 km 为单位，计算时进行统一换算。

（4）注意维护图纸，保持图纸平整，不要在图纸上留存笔迹。

项目九　拼接图纸

一、准备工作

（一）材料
相邻位置地形图 2 张。

（二）工具
40cm 钢板直尺 1 把、裁纸刀 1 把、胶水 1 只。

（三）人员
1 人独立操作，劳动用品穿戴齐全。

二、操作规程

（一）整理图纸顺序
（1）摆正地图，上北下南；

（2）检查接图表或图廓坐标，根据接图表提示或图廓坐标确定图纸上、下或左右顺序。

（二）裁切图纸
（1）选择裁切位置：根据接图顺序，选择相接的位置进行裁切。如果是左右相邻地图拼接，裁切左面图纸右侧，右侧图纸保持原样；如果是上下相邻地图拼接，裁切上面图纸下侧，下面图纸保持原样。原因是在使用地图时，人们习惯从左到右、从上向下绘制直线，拼接后的图纸接缝不会阻挡制图笔。

（2）使用钢板直尺和裁纸刀在选定的裁切位置沿内图廓切除图纸边缘。

（三）涂抹胶水
（1）摆放图纸：将未裁切的图纸正面向上摆放，裁切的图纸正面向下摆放在其上面，并且使上图裁切口对准下图内图廓线。

(2)在图纸裁切两侧位置快速均匀涂抹胶水。

(四)对齐粘贴

(1)下图不动,上图以裁切口为轴翻转近180°,勿使两图粘接。

(2)根据图廓、坐标网格和地形地物图案移动上图,对齐图纸。先对齐中间网格线,再对齐两侧图廓线,在胶水有活性时将变形误差均匀分摊。

(3)用手轻压粘接处,粘牢,压平。

(五)清理现场

收起钢板尺,关闭裁纸刀,盖上胶水,将裁下的废纸投入垃圾箱。

三、技术要求

(1)按照图纸顺序进行拼接。

(2)拼接前应进行裁切,切口无毛刺,无图形损伤。

(3)地图坐标格网线最大误差不超过0.1mm。

(4)地图地形地物图形最大误差不超过0.2mm。

(5)图纸拼接口连续开胶长度不大于5mm。

(6)粘接后图纸平整,无撕裂,无褶皱。

(7)图纸正面无残余胶水、纸屑。

四、注意事项

(1)裁切之前仔细检阅地图,认真确定地图拼接顺序和裁切位置。

(2)注意裁纸刀使用安全,勿割伤身体,用时注意方向和力度,不用时立刻收起。

(3)涂抹胶水要均匀快速,减小图纸因水分增加变形。

(4)胶水要涂抹到下图图纸边缘,可增强图纸强度和平整度。

(5)对齐图纸要平稳、快速,避免弄伤图纸,且保证胶水不干燥。

(6)轻压图纸拼接处,避免图纸变形损坏。

模块三　使用仪器

项目一　相关知识

一、物探测量施工流程

CBE001 物探测量的基本任务

（一）物探测量的任务

物探测量是为石油物探采集工程服务的技术领域，物探测量的基本任务是依据物探设计，由专业的测量技术人员，使用专业的测绘仪器，采用一定的测量方法将物探测线的物理点测设到实地，为物探野外施工、资料处理及解释提供符合要求的测量成果和图件。物探测量在完成基本任务的同时，要维护好测量设备，并为其他工作或工序提供必要的测绘技术服务。

根据物探采集的施工要求，物探测量必须及时准确地将物理点按照设计坐标放样到地面位置，安置清晰的测量标志，为钻井、放线等其他工作提供目标，并通过专业仪器设备测量出标志所在位置的坐标和高程，同时及时根据野外实际情况编绘测线测量草图，为钻井和放线等工序交通和安全提供参考。

CBE002 物探测量的主要内容

石油物探一般分为地震勘探和非地震勘探，同样，为物探服务的物探测量工作按所服务的物探方法的不同而分为地震勘探测量和非地震勘探测量。习惯上，人们将非地震勘探测量分为重力勘探测量、磁法勘探测量、电法勘探测量等。由于目前非地震勘探测量方法的局限性，物探测量一般指地震勘探测量。根据物探分类方法将地震勘探测量分为二维地震勘探测量和三维地震勘探测量。各种物探测量的内容和技术方法大同小异，按物探测量本身作业性质和阶段的不同，物探测量的主要内容包括控制点的布设和物理点的放样等，在放样物理点的同时观测物理点的坐标高程、绘制测线测量草图，并将这些作为成果上交。

CBE003 物探测量的作业方法

（二）物探测量的方法

物探测量的主要任务是放样物理点，按照放样所采用测量方法的不同，物探测量一般分为常规导线极坐标放样方法和卫星定位实时动态放样方法。常规方法是指使用经纬仪、测距仪、全站仪等测角、测距方法，卫星定位测量是指使用卫星定位仪器，通过观测卫星信号进行测量的方法。

在卫星定位技术诞生之前和发展之初，物探测量放大量使用经纬仪和全站仪，通过符号导线、极坐标等方法测量物理点，相比较卫星定位测量方法，效率和精度都比较低。在 GNSS 卫星定位导航系统普及后，全球导航定位测量实时动态差分测量方法是目前主要的物探测量的作业方法，相比较常规测量方法，它具有精度和效率高，可以全天候作业的显著特点。

在物探测量过程中，首先要利用三角点进行控制测量，发展足够的参考站，求取当地区域的坐标系统转换参数，然后建立参考站，向其他测量仪器提供卫星测量改正值，流动站通过观测卫星,接收参考站的卫星差分改正数据,提高测量的精度,计算物理点目标的位置,通过导航的方式到达设计点位,并测量点位的坐标和高程。

（三）物探测量的流程

CBE004 物探测量的作业流程

物探测量作业的主要流程包括工区踏勘、测量施工技术设计、控制测量、物理点放样、数据处理和成果上交等环节。

工区踏勘是在接收任务后,使用地图或到达勘探任务指定区域实地考察工区地形、社会环境、三角点、驻地等情况。

测量施工技术设计是按照采集工程设计的要求,设计测量施工方法、技术要求、人员设备数量、QHSE 管理等方案。物探测量工作必须先设计后施工。

控制测量是在 RTK 作业前,利用现有的三角点等国家控制点或其他高等级控制点,采用静态测量方法建立卫星定位测量基线或控制网,进行平差计算,发展参考站和求算工区坐标系统转换参数的过程。

物理点放样是指利用测量仪器将设计位置在地面标示出来,并测量位置坐标高程的过程。在物理点放样过程中,测量员在放样位置安置小旗、点号等标志,为钻井、放线等工作提供目标,同时记录员记录物理点及其周围的环境状况,绘制测线测量草图,为其他工序提供参考。

数据处理是指对野外观测数据、野外记录图表进行整理、计算和统计的过程。通过数据处理,发现野外作业质量问题,及时提出整改意见。

成果上交是将测线合格通知书、测线测量成果和测线测量草图上交到施工管理部门的过程。所有的测量数据、测量图件必须经过数据处理,确认没有质量问题,满足测量规范和测量施工设计的技术要求,才能上交,供其他物探工序使用。

二、物探测量仪器

CBE005 物探测量的仪器

物探测量的目的是将设计坐标在地面上标定出来,并测量出地面物理点标志的坐标和高程,物探测量目的的实现需要专业的测量人员、专业的测量仪器和专业的测量施工方法共同进行,测量仪器是其中的重要组成部分。测量仪器的科技含量、技术能力直接影响物探测量的施工效率和精度水平。受科技水平的限制,不同的历史年代、不同的发展时期、不同的地域,测量仪器的种类、型号、操作方法、精度指标等均有所差别。能够满足物探精度要求,经过计量检定的测量设备,均可作为物探测量仪器,如经纬仪、测距仪、全站仪、卫星定位仪等。经纬仪通过测角,测距仪通过电磁波测距,全站仪通过测角、测距及程序控制,卫星定位仪通过观测人造地球卫星信号来完成物探测量工作。物探测量仪器的基本功能是能够准确地将设计坐标放样到地面,并实测地面点坐标和高程。目前物探测量野外常用的测量仪器是 GNSS 全球导航卫星定位仪。

（一）经纬仪

CBE006 经纬仪的概念

经纬仪是 20 世纪 60 年代物探测量施工生产广泛使用的测量仪器,通过测量水平角和垂直角进行测量作业。由于最早被用来航海、天文测量和大地测量,观测计算得到的坐标主要是天文经度、天文纬度,大地经度和大地纬度,所以仪器被称为经纬仪。经纬仪又分为普通光学经纬仪和电子经纬仪。经纬仪基本结构由照准部、望远镜、水准器、水平度盘、垂直度盘、基座等组成,电子经纬仪还包括电子显示器及操作按钮等。

1. 照准部

经纬仪照准部是仪器的主要支撑结构,各种部件被精确地安装在照准部内部或外部,构成精密的水平和垂直系统,仪器旋转、对中、整平,都通过调整照准部姿态完成。同时照准部对其他部件具有保护作用,仪器的所有重量由照准部承担,仪器的平衡通过照准部达成,操作人员通过手握照准部取用、操作仪器。

2. 望远镜

经纬仪上的望远镜是与水平横轴一起连接在照准部上的,它的主要组成部分有物镜、目镜和十字丝。望远镜可以绕水平横轴作上、下转动,它是经纬仪的照准设备,其主要作用有两个:一是在测量中将远方目标放大成像,使观测者能清晰地看到远方被测目标;二是用望远镜内的十字丝精确地照准被测目标,以便准确地测定出所需数据资料。这两个作用是由望远镜各部件及其上、下制动和微动螺旋来完成的,即望远镜的放大成像是用其物镜组、目镜组、调焦螺旋和调焦透镜来完成的,望远镜精确照准目标是用仪器照准部上的望远镜制动螺旋和微动螺旋,以及水平方向的制动、微动螺旋来完成的。从经纬仪构造上讲,要求望远镜上、下转动中,视准轴所画出的是一竖直平面。

3. 水准器

光学经纬仪上一般装有一个圆水准器和两个长水准器,这些水准器的作用是用来确定经纬仪某条轴线或平面成水平状态或垂直状态。圆水准器用来粗略地定平仪器水平度盘,水平度盘上面的长水准器是用来使其准确地处在水平面位置上。而垂直度盘上的长水准器是用来调准垂直度盘指标线处在标准位置,它是由照准部上的垂直度盘水准管微动螺旋来调动的,而圆水准器和水平度盘上的长水准,则是通过仪器的三个脚螺旋来调整的。

4. 水平度盘

经纬仪上的水平度盘被金属外壳所密封,它是用光学玻璃圆环制作的,在玻璃圆环上,顺时针方向刻有一圈若干间隔相等的分划线,一般每一度的刻线上都注记有数字。水平度盘的主要作用是用来量取直线间的水平夹角。它被独立装在仪器竖轴上,当照准部,即绕仪器竖轴转动的部分转动时,水平度盘一般是不动的。有的光学经纬仪装有复测器,当将复测按钮扳下时,则水平度盘与照准部连在一起,水平度盘可随着照准部一起转动,当将复测按钮扳上时,则水平度盘与照准部脱开,不与照准部一同转动。这种经纬仪有时也称为复测经纬仪。还有一类经纬仪没有复测器,当要变换水平度盘方向时,需通过安装在复测按钮处的度盘变换手轮来实现,这类经纬仪有时称为方向经纬仪。

5. 垂直度盘

经纬仪上的垂直度盘也称为竖盘,被用来量取地面直线段的垂直角或天顶距,它安装在水平横轴的一端,垂直度盘的中心要处在水平横轴上,且垂直于水平横轴。当望远镜在垂直面内上、下转动时,垂直度盘跟着一起转动。垂直度盘上装有一密封的长水准器,利用其竖盘水准器微动螺旋,可使长水准器气泡居中。

6. 基座

光学经纬仪的基座是支撑整个仪器的底座,在它下面有三个金属脚螺旋,转动这三个脚螺旋,可以使水平度盘处在水平面位置上,也可以说使仪器竖轴处在铅垂线位置,从而可以定出过水平度盘中心的天顶线。基座是由轴座固定螺旋同经纬仪照准部连接在一起的，一般不宜将它松开。整个经纬仪用中心连接螺旋与三脚架连在一起，以便进行操作使用。在野外只要一开箱取出经纬仪，就必须用中心连接螺旋将它稳固地安装在三脚架上，以保证仪器安全，防止仪器落地摔坏。

光学经纬仪上都装有水平度盘和垂直度盘。为了量取地面直线段间的水平角和天顶距（或垂直角），在光学玻璃圆环上，都刻有若干间隔相等的分划线，任意两相邻分划线间的圆弧所对的圆心角，称为度盘格值。不同精度的光学经纬仪，其度盘格值是不一样的，度盘存值越小，仪器越精密，精度也就越高。无论度盘格值大小如何，度盘上每隔1°有一数字注记。水平度盘的数字注记，是由0°至360°顺时针方向标注，而垂直度盘的刻法和注记，则多种多样，有与水平度盘一样注记的，也有对称标注的。无论度盘格值多少，都总是整度数或整分数。因此在测角中，在度盘上能直接读出角度数值。

普通经纬仪通过目镜人工读数，电子经纬仪是在普通光学经纬仪基础上发展起来的，除保留普通光学经纬仪原有的特征以外，又增加了许多新的技术，如度盘和读数系统、竖轴倾斜自动改正系统等。电子经纬仪通过电子读数系统自动读取水平角和垂直角，并通过电子显示器显示出来。

CBE007 测距仪的概念

（二）测距仪

测距仪，也称光电测距仪、电磁波测距仪或激光测距仪，是通过测定激光、红外线等电磁波往返于测距仪与反射棱镜之间的时间来确定仪器和棱镜之间的距离。

测距仪既是测距信号发射源，也是接收器。测距仪一般采用两种方式来测量距离：脉冲法和相位法。

1. 脉冲法测距

测距仪发射出的电磁波经被测量物体的反射后又被测距仪接收，测距仪同时记录电磁波往返的时间。光速和往返时间的乘积的一半，就是测距仪和被测量物体之间的距离。脉冲法测量距离的精度是一般是在±1m左右。另外，此类测距仪的测量距离一般是15m左右。

2. 相位法测距

相位法测距仪是用无线电波段的频率，对激光束进行幅度调制并测定调制光往返测线一次所产生的相位延迟，再根据调制光的波长，换算此相位延迟所代表的距离。即用间接方法测定出光往返测线所需的时间。相位式激光测距仪一般应用在精密测距中。一般为毫米级。为了有效地反射信号，并使测定的目标限制在与仪器精度相称的某一特定点上，对这种测距仪都配置了被称为合作目标的反射镜，即棱镜。棱镜一般装配了相互之间呈45°角的镜片，使激光能够按原来的方向返回到发射源。

在物探测量中，测距仪通过配合经纬仪测角可以进行常规导线测量、三角高程测量。在卫星定位技术，特别是RTK实时动态差分定位测量技术成熟之后，测距仪、经纬仪已经逐渐退出物探历史舞台，测角、测距技术被全站仪取代并得到发展。

CBE008 水准仪的概念

（三）水准仪

水准仪通过建立水平线来测定两点间的高差。水准仪主要部件有望远镜、管水准器或补偿器、垂直轴、基座、控制螺旋。按结构分为微倾水准仪、自动安平水准仪、激光水准仪和数字水准仪（又称电子水准仪）。按精度分为精密水准仪和普通水准仪。

水准仪的望远镜用来观察和瞄准目标，管水准器或补偿器用来调节和控制水平视线，垂直轴用来控制旋转照准部，使照准部能够观测前方和后方的标尺，基座用来控制仪器基本水平和平衡稳定，控制螺旋使照准部在水平面上微动，准确照准标尺。

微倾水准仪利用微倾螺旋控制水平视线，在仪器基本水平的状态下达到观测视线水平的效果。

自动安平水准仪是利用重力作用，为水准仪设计了一个"重锤"，在仪器基本水平的状态下，借助于"重锤"补偿器，利用机械作用和光学折射原理，使仪器水平视线自动水平。

激光水准仪是在自动安平水准仪的基础上，利用激光束和专用标尺，实现自动读数的功能。

数字水准仪又称电子水准仪，是目前最先进的水准仪，配合专门的条码水准尺，通过仪器中内置的数字成像系统，自动获取水准尺的条码读数，不再需要人工读数，同时具有统计计算的功能。这种仪器可大大降低测绘作业劳动强度，避免人为的主观读数误差，提高测量精度和效率。

水准仪是用来测量高程的仪器，水准仪的主要组成是水准仪、水准尺和三脚架。水准仪用来建立水平视线，水准尺用来为水准仪提供照准和读数，三脚架用来安置水准仪。使用水准仪进行的高程测量称为水准测量，水准测量是测量地面点之间高差的方法之一。

（四）全站仪

CBE009 全站仪的概念

全站仪，即全站型电子经纬仪，是一种集光、机、电为一体的高技术测量仪器，是集测角、测距功能于一体的测绘系统。与光学经纬仪比较，电子经纬仪将光学度盘换为光电扫描度盘，将人工光学测微读数代之以电子度盘自动读取角度读数并在仪器上显示出来，使测角操作简单化，且可避免读数误差的产生。全站仪在电子经纬仪的基础上，增加了测距、计算、程序控制的功能，因其一次安置仪器就可完成该测站上全部测量工作，所以称为全站仪，广泛用于大型建筑和地下隧道施工等精密工程测量或变形监测领域。

在石油物探测量中，全站仪主要被用于卫星被遮挡、卫星状态差的情况下，作为RTK测量技术的补充。全站仪预装了操作和计算程序，实现了高度的自动化，可以进行导线测量或坐标放样。

（五）卫星定位仪

卫星定位仪是基于全球导航卫星定位系统（GNSS）的测量仪器。全球导航卫星定位系统包括三个组成部分：导航卫星、卫星监控站和用户测量仪器，其中的用户测量仪器就是卫星定位仪。在日常工作和生活中，一般将卫星定位仪称为GNSS。卫星定位仪是一种电子测量仪器，通过观测分布在地球周围的人造卫星导航信号来确定仪器所在的位置坐标，具有速度快，精度高，不受气候条件限制的优点。卫星定位仪一般由接收机主机、卫星信号天线和手簿控制器组成。

CBE011 GNSS接收机的认识

接收机是卫星定位用户部分的核心部件，主机由集成电路组成，用防水、防尘、防震的材料包装，可以适合高低温环境和雨雪天气。接收机主机负责跟踪和接收来自天线的卫星信号，对所跟踪的卫星信号进行处理、计算和存储，形成静态、动态观测数据。

卫星定位接收机分为导航型和大地测量型，导航型接收机结构简单，轻便便携，只接收来自卫星的伪距观测值,快速并独立计算接收机所在的位置坐标,由于测量精度较低,在石油物探工作中只用于踏勘测量。大地测量型卫星定位仪能够接收卫星多个不同频率的载波相位信号,得到大量的高精度观测值,同时能够应用差分测量技术对观测数据进行实时或事后处理,去除仪器时钟、卫星轨道、大气折射等误差,提供较高的测量精度,可以用来进行物理点导航、放样、观测、记录等工作,精度一般为厘米级。

CBE010 GNSS
天线的认识

卫星测量信号来自卫星定位天线,天线将接收到的信号经前置放大器放大后送入接收机主机进行处理和保存,得到基本观测数据。天线一般设计为圆形或对称多边形,平面中心即为天线的相位中心。卫星定位仪测量就是以天线的相位中心为准进行计算,卫星定位仪的仪器高度就是指天线相位中心的垂直高度。设计良好的 GNSS 天线具有抗干扰能力,能够减弱多路径误差。野外测站测量作业时,GNSS 天线安装必须进行对中整平,使天线相位中心与测量标志在一条铅垂线上,并且使天线尽量水平,减少光滑平面如大面积水面、地面等反射卫星信号造成的多路径干扰。

CBE012 GNSS
控制器的认识

GNSS 控制器是卫星定位仪的主要控制单元,卫星定位测量的控制终端。控制器内置了卫星定位导航和放样软件,可以为用户提供测量技术服务。

GNSS 卫星定位仪控制器与主机之间一般通过电缆或蓝牙连接,GNSS 控制器一般不具备跟踪、观测载波相位观测值的能力,所以只能通过软件控制主机进行静态或动态作业。由于在测量作业过程中,经常通过 GNSS 控制器的键盘或触摸屏进行人机交互操作,所以一般称 GNSS 控制器为手簿或手簿控制器。

CBE021 三脚
架的功能

(六) 三脚架

测绘工作离不开测绘仪器,测量仪器离不开三脚架。三脚架的基本结构是一个操作平台和平台下面用铰链连接的三个可以控制伸缩的支撑杆。三个支撑杆可以相隔120°向外张开,形成支撑平台的三个脚,故称三脚架(图 2-3-1)。由于三个支撑杆可以自由伸缩,伸缩杆的张开程度可以不同,所以三脚架可以安置于任何地形上,将仪器架设在操作者合适高度的平台上,并且辅助仪器进行对中和整平。

三脚架的三个伸缩杆高度一般在 1m 至 2m 之间,可以手工调整长度,并通过安置在每

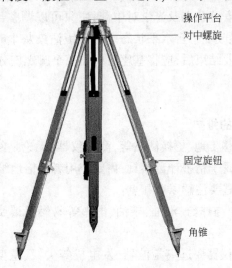

图 2-3-1 三脚架

个杆上的旋钮使之固定，这个旋钮通常称脚架固定旋钮。调整伸缩杆的长度，可以使三脚架平台达到合适的高度，使三脚架适应各种起伏、粗糙复杂的地形。

三脚架平台通常呈三角形，中间预置一个直径 10cm 左右的圆孔，圆孔内安装一个内有通心孔的螺丝，当测量仪器在三脚架平台上操作时，可以通过这个螺丝与三脚架连接固定，并通过通心孔观察地面测量标志，进行仪器精确对中。

三脚架通常用来架设经纬仪、全站仪主机、GNSS 卫星定位仪器天线。三脚架虽然不属于精密部件，但是三脚架的状态直接影响测量精度和测量效率，需要进行精心维护。

CBE022 三脚架的维护方法 三脚架在保管过程中，应经常检查各部位的螺丝是否旋紧，远离潮湿，平台向上直立，尽量避免堆放，压迫三脚架伸缩杆，造成变形，影响伸缩效果，甚至折断。运输或迁站时，必须旋紧三脚架固定旋钮，避免伸缩杆因重力或离心力自动伸出，尖脚刺伤车辆或人员，不可以踩踏三脚架，使之变形折断。在测量作业过程中，严禁人员过其他物品触动三脚架，避免改变仪器对中整平安置状态。

（七）基座

CBE023 基座的功能 基座（图 2-3-2）是连接仪器和三脚架、操作台的主要部件，基座呈三角形，每个角有一个高低调整螺丝，内部一般安装光学对中瞄准设备，所以也称为三角基座对中器。基座主要功能是调节仪器姿态，精密对中和整平，实现测量仪器平衡稳定。基座通过水准管或圆水准器水准气泡显示整平效果，通过光学系统实现测量仪器与标石的对中，通过对中螺旋的连接使仪器得到稳定。

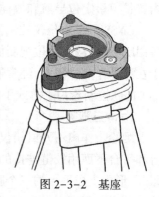

图 2-3-2　基座

CBE024 对中器的维护方法 基座对中器属于精密部件，严谨的光学和机械机构可以保证测量仪器能够良好地对中和整平。所有计量设备都有误差，对中器也不例外，完美的对中整平效果都是相对的，是在测量作业精度容许的范围内。

运输和储存时对中器不可以与三脚架连接一起，容易破坏脚螺旋和水准气泡。非专业人员不可以调整水准气泡安置状态及光学对中部件，只可以调整目镜螺旋改变十字丝和标志影像清晰度，调整脚螺旋改变平台水平状态。当目镜沾染灰尘时可以使用软布对目镜进行轻轻擦拭。作业前和作业结束后，应将基座对中器三个脚螺旋分别调整至中间状态。

三、测量仪器维护

（一）测量仪器转运中的维护

CBE013 仪器转运中的维护方法 测量仪器经常需要转移工地、更换测站等，测量仪器，无论是经纬仪、全站仪还是 GNSS 全球导航卫星定位仪等都属于精密计量器具，需要使用者加倍地维护。

在仪器的转运过程中需要注意以下几点：

（1）测量仪器严格禁止与炸药、汽油、柴油、电瓶等易燃易爆腐蚀性危险品在一个车辆混装运输。

（2）运输过程中，测量仪器要远离检波器、发电机等尖锐、重型设备，避免扎伤、挤伤仪器设备。

（3）运输过程中，测量仪器应放入专用仪器箱，盖好锁紧，箱与箱之间使用纸板、泡沫、海绵等柔软物品分隔、挤牢，并有专人看护。

（4）近距离迁站时，测量仪器应分解拆卸，装箱后进行搬运。

（5）迁站遇有河流、湖泊等水域需要涉水时，必须将仪器用塑料布、雨衣等物品进行防水处理，避免意外落水淋湿。

（6）三脚架、对中杆等附件应捆紧锁好，避免刺伤人员和其他物品。

（二）测量仪器使用中的维护

CBE014 仪器使用中的维护方法

测量仪器是在野外使用的设备，参与作业的设备零部件较多，作业环境也千差万别，维护好设备，能够保证测量仪器正常运行。

测量仪器使用过程中的维护工作需要做到以下几个主要方面：

（1）从仪器箱中取用测量仪器时应握紧机身，尽量避免触碰小部件、易损零件。如经纬仪、全站仪，从包装箱中取出时应松开制动螺旋，用双手握住仪器的基座和支架，尽量不触碰望远镜、瞄准镜、反光镜、调整螺旋等，平稳取出。

（2）取出后的仪器直接安置于三脚架上或放置在干净卫生的台、布上，避免沾染灰尘水渍。

（3）安置仪器时不要反向或过分用力旋转各种螺丝、旋钮。

（4）插拔各种仪器电缆时注意电缆接头型号是否与相应接口一致，多芯数据电缆按照电缆和接口上的红色指示标志对准，正向直接插拔，不可旋转；两芯同轴电缆按照螺丝左旋松、右旋紧的方向调整，不可直接插拔。

（5）操控测量仪器时应用手指按键，不可使用其他物品触碰。当使用触摸屏时，还可用塑料材质触摸笔触碰屏幕，不可使用铁、玻璃等坚硬物品触碰触摸屏。

（6）按照仪器应用程序正常操作，对不清楚的程序动作尽量不在野外作业中尝试，特别是初始化、格式化、更换密码等操作，确实需要时确认数据已经备份、电池电量充足。

（7）不在仪器表面书写、刻画或粘贴。

（8）经常用软布擦拭仪器表面，保持仪器卫生清洁。

（9）遇到大风雷雨及时停止观测，并用防雨设施对仪器加以防护。

CBE015 仪器保管中的维护方法

（10）设备使用完毕或长时间不用时应收起装箱，避免污染或丢失。

（三）测量仪器保管中的维护

测量仪器保管过程中的维护是非常重要的，能够通过保管过程使仪器保持正常状态，及时准备参加生产。主要有以下几点：

（1）保管测量仪器应有专用场所，能够达到干燥、清洁、温度适宜、防火防盗等基本条件，远离易燃易爆腐蚀性危险物品。

（2）在测量仪器进入保管场所之前，应对测量仪器进行数量清点，清洁仪器表面、接口及包装箱等，去除野外带入的灰尘杂草。

（3）测量仪器应根据型号和物品分类摆放，无挤压，容易取用，方便查找。

（4）保管过程中的测量仪器应定期进行充电和保养。

（5）保管测量仪器的地方应禁止吸烟。

（6）长期存放时，测量仪器应取出电池，防止电池腐蚀仪器。

（7）对长期保存的测量仪器要定期通电运行测量仪器,检测仪器状态,发现故障及时维修。

（8）仪器保管过程中,应远离热源,避免导致外壳和结构变形。

（四）全站仪的维护

全站仪是重要的测量设备之一,具有自动测距、自动测角、自动记录及程序计算的基本功能。测量精度依赖于精密的竖轴、横轴、视准轴等机械系统和对中、瞄准等光学系统,所以全站仪需要加倍维护才能使之正常工作。

CBE016 电子全站仪的维护方法

维护全站仪需要做好以下几个方面的工作:

（1）全站仪需要在防震、防潮、温度适中的场所存放。

（2）取用全站仪时应用双手紧握全站仪支架,平稳移动,尽量不触碰望远镜、瞄准镜、键盘等部件。

（3）可以使用软毛刷、软布或气老虎去除全站仪上的灰尘,特别是望远镜的物镜和目镜,不可以使用粗糙的抹布或纸巾擦拭。

（4）插拔全站仪的电源电缆、数据电缆时,应手握电缆插头手柄进行操作,对正红色指示标志,不可以强行插拔,并确保全站仪处于关机状态。

（5）需要进行太阳观测时,提前在望远镜上加盖滤光镜,防止阳光损伤仪器和灼伤操作者的眼睛。

（6）当全站仪长途搬运或长时间不使用时,应将电池从仪器上取下并进行保养,取出电池时确认仪器处于关机状态。

（7）全站仪装箱时,应按照仪器箱预置的形状放置,使仪器得到平衡稳定。

CBE017 GNSS 接收机的维护方法

（五）GNSS 接收机的维护

GNSS 全球导航卫星定位系统仪器一般具有防水、防潮、防震的物理性能,但是作为精密测量的设备,需要进行必要的维护。主要需做好以下几个方面工作:

（1）仪器运输时应远离检波器、发电机等尖锐、沉重的物品,防止受到刺伤和挤压。

（2）平稳安置 GNSS 天线,防止跌落。

（3）GNSS 接收机虽然具有全天候作业的特性,但不可以在雷雨天气条件下工作,避免雷电击伤仪器。

（4）GNSS 接收机具有防水的物理特性,但涉水时还是要使用塑料布、雨衣等加以保护,防止进水短路。

（5）在插拔数据电台天线电缆插头时,应确保电台处于关闭状态。

（6）当 GNSS 接收机长途搬运或长时间不使用时,应将电池从仪器中取出并定期对接收机通电保养。

（7）可以使用湿毛巾擦拭 GNSS 接收机机壳、电缆及接口,不可以使用酒精、强碱等溶剂擦拭仪器。

（8）定期清洗和缝补 RTK 背包。

CBE020 电缆的维护方法

（六）电缆的维护

在测量仪器零部件中,电缆承担着重要的工作,如电源供应、数据传输等。由于在野外工作,电缆更容易受到外界的伤害,发生故障的电缆将会给仪器主机等部件造成更大的伤害。

维护仪器电缆需要注意以下几方面：

（1）每种规格测量仪器、同一仪器的不同数据接口的电缆一般是独特设计的，往往不可以通用，所以在使用电缆时确认接口插针数量、接头形状是否与仪器相关插口一致，根据仪器型号和接口类型选择合适的电缆。

（2）寒冷区域使用电缆应顺应电缆趋势进行释放或收纳，避免打结和强行曲折。温度较高环境下，电缆尽量避免长时间暴晒、相互之间挤压或与其他塑料、橡胶材质物品混放。

（3）电缆在保管和使用过程中，一定要避免拉伸、碾压、打结，应远离锐利物体。

（4）可以使用湿毛巾、中性溶剂擦拭电缆和插头的灰尘污渍。

（七）充电器的维护

充电器材一般在室内使用，在维护方面需要做到以下几点：

（1）GNSS 充电器需要散热，一般不具备防水防尘的功能，在使用和存放期间，应避免潮湿，宜选择干燥、卫生的环境。

（2）充电器不可以用湿布擦洗灰尘，可以使用毛刷、干毛巾进行擦拭。

（3）充电器使用过程中应远离水杯，防止溅水造成短路故障。

（4）充电器在充电过程中，不允许任何物品覆盖，避免发热引起故障。

（5）不能用金属物品触碰充电器触点。

（6）使用充电器相应电压的电源，只对充电器相应规格的电池进行充电。

（7）定期对充电器进行加电保养。

（8）非专业人员不可以拆卸、维修充电器。

> CBE018 充电器的维护方法

（八）仪器电池维护

测量仪器需要进行程序控制、数据计算、无线电收发等工作，所以需要电力能源。为了携带方便，一般使用可充电池作为电源。

不同型号的仪器使用不同规格的电池，大小、形状、电压等稍有区别，每种仪器应使用专用型号和规格的电池。

在电池保管和使用过程中，都需要进行维护，包括清理卫生、定期充电等。电池触点接口是电池的重要部位，必须保持清洁干燥，不变形，在保管和使用过程中远离金属物品，避免短路造成电量流失，电池损坏及火灾隐患。电池不可以摔落，不可以随意丢弃或投入火中。

定期充电是电池维护的重要工作，各种型号的充电电池即使不使用也需要定期进行充电，不同型号的电池必须要用相对应的充电器进行充电。

电池一般安置在仪器内部，可以更换。在安装和拆卸电池时，一定要确认用电设备处于关机状态，避免造成仪器程序混乱和电池损坏。

> CBE019 电池的维护方法

四、常用物探测量方法

> CBF003 常规测量的一般原则

（一）常规测量

常规测量是在卫星定位测量技术出现以后，为了区别，将使用经纬仪、测距仪、全站仪、水准仪等仪器进行的导线测量、水准测量等测量方法称为常规测量。

　　在常规测量中，由于测量技术和测量精度受到环境、仪器造成的系统误差、人员操作造成的偶然误差等影响比较严重，同时误差容易传递和累计，所以使用常规测量方法作业需要遵循一定的原则，将测量误差降低或均衡。

　　在常规测量工作中，从范围方面考虑，应遵循由整体到局部的原则；从精度方面考虑，必须遵循从高级向低级的原则；从内容方面考虑，应遵循先控制后碎步的原则。首先根据施工工区的范围，确定测量控制点的部署、控制点的测量和平差，然后利用已经布设的控制点进行各个局部的碎步测量，使整个工区测量误差受到控制。而且在实际测量过程中，为了确保所产生的误差在可接受的范围内，必须步步有检核，确定精度指标，发现问题及时解决。

CBF004 常规测量的基本要素 常规测量工作的实质是利用经纬仪、全站仪等常规仪器确定地面点的位置，即地面点的平面坐标和高程。水平角、水平距离和高差是常规测量确定地面点间相对关系的三个基本要素。传统上，常规测量的基本内容包括角度测量、距离测量和高差测量。在常规测量中，角度可以用望远镜配合水平度盘、垂直度盘进行测量，距离测量通过测距仪、全站仪的电磁波测距方法进行测量，两点之间的高差可以通过水平距离和垂直角来确定，或者使用水准仪进行测量。

CBF005 常规测量的一般过程 当在一个特定的区域内进行常规测量工作时，其一般过程大致是起算数据的准备、控制测量和碎部测量。开展野外测量工作前，首先要获取必要的起算数据，这些起算数据通常为各个等级的控制点，包括国家各等级的三角点和水准点、高等级控制导线点等，根据技术要求进行选择。传统上，平面控制点采用附合导线方法施测，高程控制点主要采用水准测量、三角高程测量确定。

CBF006 常规测量坐标系的形式 测量上常用的坐标系主要有球面坐标、平面直角坐标和空间直角坐标等表达形式。球面坐标有大地坐标、天文坐标等，在表示地球上某点的位置时，大地坐标、天文坐标都以纬度和经度表示；球面坐标经过投影分带，以相互垂直的 x 轴、y 轴长度表示的坐标为平面直角坐标；以地心或参考椭球中心为原点，以相互垂直的 X 轴、Y 轴、Z 轴长度表示的坐标是空间直角坐标。

　　常规测量主要使用两种坐标形式，即大地坐标和平面直角坐标。

（二）全球导航定位测量

CBF007 全球导航定位系统的定义 全球导航卫星定位系统是可以为全球任何地点的拥有特定装备的用户提供连续导航定位服务的一个或多个导航卫星系统及其增强系统，简称 GNSS。GNSS 包括美国 GPS 全球定位系统、俄罗斯 GLOSNASS 全球导航系统、欧洲 GALILEO 导航系统和中国北斗导航系统等卫星定位系统，是通过仪器，即全球导航卫星系统测量仪观测空中运行的导航卫星信号来测定接收机所在位置的空间坐标。GNSS 一般包含静态、动态等测量模式，通过不同测量模式完成不同精度、不同生产生活要求的测量任务，如物探测量、车辆导航等。

CBF008 全球导航定位技术的特点 GNSS 定位技术已经在社会生活中广泛普及，小到手表、手机，大到汽车、飞机、轮船等都有卫星定位测量的应用。GNSS 定位技术相对于常规测量方法，测量范围更广，测站之间可以跨度很大，测量仪器之间相互独立观测，不需要通视，减少了对环境要求，不受风霜雨雪雾的限制，具有全天候、长距离、高效率、高精度、无须通视等特点。

五、静态测量

CBF009 静态测量的概念

(一)静态测量的概念

静态测量是 GNSS 卫星定位测量的主要工作模式之一,也是最早的卫星定位测量工作模式。静态测量是两台或两台以上 GNSS 接收机相对静止,共同观测同步卫星,通过计算机对观测数据进行后处理,取得相对位置矢量信息的一种测量模式。静态测量在 GNSS 技术的各种测量模式中精度最高,主要用于控制测量。

静态测量仪器的主要部件包括主机、天线、电缆和三脚架等,天线接收卫星信号,主机用来跟踪卫星和处理观测值,电缆用来连接天线、接收机、电源等,三脚架用来仪器天线对中和整平安置,使仪器天线与测量标志在一个铅垂线上。当然,随着科技不断发展,仪器越来越集成化,主机、天线、电池等部件可以被高度集成为一个模块,静态操作时只需将仪器安置在三脚架上即可进行静态作业。

为了获得较高的精度,GNSS 卫星定位静态测量必须取得足够多的观测值,为了取得足够多的观测值,每台测量仪器必须在一个测站观测较长的时间。同步观测的任意两台静态测量仪器构成一个静态测量基线,50km 左右的基线长度,一般需要共同观测 60min 以上的时间。

CBF010 快速静态的概念

在实际应用中,为了提高作业效率,通过缩小采样间隔,在较短时间取得足够数量历元观测量,并且利用整周未知数快速解算技术解算出基线向量,人们把这种静态测量方法称为快速静态测量方法。决定快速静态质量的主要作业参数是采样间隔。由于缩小了采样间隔,测量仪器在相同时间内可以接收更多的卫星观测数据,但是,各相邻历元间卫星观测数据的关联性较大,不利于静态数据解算,所以快速静态测量方法适合较短的基线测量,一般不用于高等级控制测量,主要用于发展参考站测量。

CBF033 精密单点定位技术的概念

精密单点定位简称 PPP,是静态测量的一个特例。普通的静态测量需要两台或两台以上的测量仪器同时观测并进行差分计算,而精密单点定位只需要一台卫星定位仪进行静态观测,接收的观测数据发送给国际 GNSS 服务组织进行数据处理。

国际 GNSS 服务组织即 IGS,是由国际大地测量协会 IAG 协调的一个永久性 GNSS 服务机构,成立于 1992 年,最早称为国际 GNSS 服务组织。其目的是为全球科研机构及时提供 GNSS 数据和高精度星历,以支持世界范围内的地球物理学研究,它无偿向全球用户提供 GNSS 各种信息,如精密星历、快速星历、预报星历 IGS 站坐标等。IGS 机构在全球设立了 260 多个连续跟踪站,我国有 20 多个点,如武汉、拉萨、乌鲁木齐、上海等。

为了取得较好的精密单点定位结果,必须有足够多的观测历元,一般一个点的观测时间大于 6h,得到 IGS 机构接收的跟踪站数据及精密星历等处理才能得出较高精度的结果,所以精密单点定位不会得到实时定位测量结果,这项技术一般用于交通极不便利、附近没有控制点或者进行科学研究等情况。

(二)静态测量仪器安装

CBF014 静态测量仪器安装方法

1. 零部件安装

静态测量仪器安装和操作都比较简单,安装的要求主要是将仪器天线相位中心对准测量标志,其次是使测量仪器各部件连接并保持稳定。操作的要求是为仪器提供观测参数,如采样间隔、卫星截止高度角等。

安装静态测量仪器时,除特殊地点使用强制对中的观测墩,一般使用三脚架架设仪器,利用基座对中器将卫星接收天线水平固定并与测量标志精确对中,使用专用电缆将接收机、天线、控制器和电源等部件进行连接。

安装静态测量仪器要保证各部件安全稳定,三脚架伸缩杆紧固旋钮、对中螺旋要旋紧,使测量仪器测量时能够保持静止状态。由于静态测量各测站之间独立观测,不需要进行数据传递,所以仪器不需要连接电台设备。静态测量仪器安装示意图见图2-3-3。

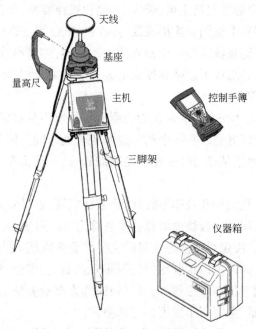

图2-3-3　静态测量仪器安装示意图

2. 对中

对中是使测量仪器对准地面标志的过程。对中使仪器的测量中心与地面测量标志在同一个铅垂线上,当全站仪完成对中,全站仪的竖轴对准地面测量标志,全站仪测量的水平角才是地面标志与目标形成的水平角;当GNSS全球定位测量仪卫星天线完成对中,天线相位中心对准地面测量标志,测量的平面坐标才是地面标志的平面坐标。所有的物探测量作业都有对中过程,对中通常是使用测量仪器的对中器完成。

测量仪器对中是仪器设置必不可少的过程,仪器对中必须在测量作业前完成。测量仪器对中设置能够保证测量精度,对中过程使仪器测量中心在水平方向上接近地面标志。全站仪对中质量主要影响全站仪的水平角测量精度,GNSS卫星定位仪对中质量主要影响GNSS卫星定位的纵坐标和横坐标测量精度。

不同的历史阶段,不同的仪器设备,不同的作业方法,其对中方法稍有区别。早期和特定的条件下仪器对中可使用铅锤进行,操作者将铅锤悬挂在对中螺旋上,铅锤在重力的作用下沿铅垂线方向自然向下,操作者移动三脚架和仪器,使铅锤底端指向测量标志,实现测量仪器的对中。

经纬仪、全站仪及 GNSS 静态测量作业时一般采用光学对中器进行对中,除特殊情况如观测点有观测台,仪器使用基座直接连接,进行强制对中方法外,一般对中操作都是在三脚架上完成,借助三脚架的移动和调节功能,提高对中效率。对中时,操作者将基座对中器与三脚架对中螺旋连接,移动三脚架,观察对中器目镜内的十字丝和地面标志,使之基本重合,踩实三脚架。在三脚架平台上移动基座,使十字丝对准地面标志,完成对中操作。

当使用卫星定位 RTK 实时定位测量方法时,一般使用对中杆进行精确对中。GNSS 卫星天线被安置在对中杆上端,测量时移动对中杆,使之对中地面标志,观察对中杆上的水准器,当气泡居中时,对中杆处于铅直状态,仪器天线对准测量标志。

3. 整平

整平是调整测量仪器姿态的过程,也就是说,整平使仪器测量基准面与大地水准面保持相对平衡状态。全站仪的整平是使仪器水平度盘保持水平状态的过程,当水平度盘保持水平状态,全站仪竖轴处于铅垂线位置,垂直度盘也保持竖直状态。GNSS 卫星定位仪整平是使仪器天线保持水平状态。
CBE028 仪器整平的概念

测量仪器必须在仪器安置时完成整平,完成整平操作才可以进行下一步测量作业。测量仪器未整平将使测站观测数据产生系统误差。全站仪三角高程测量时,整平质量直接影响垂直角和高差的测量精度。GNSS 卫星定位仪天线也需要严格整平,一方面,天线倾斜,增加了卫星信号多路径干扰的影响,另一方面,天线未整平,对中的误差会增大,测量的平面坐标质量会受到影响。
CBE029 仪器整平的意义

整平过程是通过调整三脚架和测量仪器脚基座螺旋来完成的。首先通过控制三脚架三个伸缩杆的长度使三脚架平台大致水平,然后调整仪器基座的三个脚螺旋,使基座水准气泡居中,仪器置于水平状态。
CBE030 仪器整平的方法

使用带有圆水准器的三脚基座整平时,两手拇指同时向内转动两只脚螺旋,则圆水准器气泡沿两只脚螺旋连线向右移动;两手拇指同时向外转动两只脚螺旋,则圆水准器气泡沿两只脚螺旋连线向左移动;单手向外顺时针转动某只脚螺旋,则圆水准器气泡向该脚螺旋方向移动;单手向内逆时针转动某只脚螺旋,则圆水准器气泡向该脚螺旋相反方向移动。长水准气泡整平装置与之控制方法相同,只是操作完一个方向时,需 90° 旋转水准气泡,再进行调整。测量仪器基座整平脚螺旋是有高低限位的,不可以单方向无限旋转,所以在操作之前,应将三个脚螺旋分别置于中间位置,方便向上或向下旋转。

实际作业时,操作者站立于三脚架两个伸缩杆之间,则基座三个角中的一角正对操作者。操作者首先用双手调整远处的两个脚螺旋,使气泡居于该两只脚螺旋的中间位置,然后单手调整最近的一只脚螺旋,使气泡居中。如果气泡未完全居中,可重复以上过程直到气泡居中为止。

(三)静态测量观测参数

1. 观测历元
CBF027 观测历元的概念

观测历元是指一项数据的观测时刻,如一组卫星数据观测值的观测时间是 2016 年 5 月 1 日 3 时 40 分 20 秒,则这组数据的观测历元就是 2016 年 5 月 1 日 3 时 40 分 20 秒。对卫星数据观测一次为一个观测历元。观测历元的多少,可以表达观测次数指标,特别是静态测量,取得更多的观测历元,可以提高静态差分测量精度。相邻观测两个历元之间的时间长度为历元间隔，历元间隔通常被描述为采样间隔。

2. 有效卫星数

CBF028 有效卫星数的概念

有效卫星数是指在基线数据处理过程中能够参与差分计算的卫星数量。有效卫星数越多越有利于基线解算，所以在野外静态观测过程中尽可能观测更多的卫星，取得更多的观测值。

降低卫星截止高度角可以提高有效卫星数。卫星截止高度角是指观测和记录卫星观测值的最小角度，当设置卫星截止高度角为 10° 时，测量仪器或数据处理软件对从地平线起算，垂直角 10° 以下的卫星观测数据不进行观测、记录和处理。根据这个原理，卫星截止高度角设置越低，仪器观测的卫星和取得的卫星观测值越多，有效卫星数也会增加。但是卫星截止高度角并不是越低越好，过低高度角的卫星信号受大气和电离层的影响也越大，卫星观测值的质量也会相应受到影响。

合理选择测站点，避开树木和楼房等遮挡物的影响，可以提高有效卫星的数量。

利用卫星运行预测软件和数据，观察卫星运行状况，选择天顶卫星较多的观测时段进行野外观测，可以在相同的时间段内取得更多的卫星观测数据。

当进行静态测量时，相邻的测站距离越近，观测相同编号的卫星越多，相同编号的卫星观测值在基线数据处理过程中可以被进行差分计算，所以缩短基线长度有助于提高静态测量有效卫星的数量。

3. 卫星图形精度因子

CBF030 DOP 值的定义

在一般情况下，测量仪器可同时观测 5 颗以上的卫星。不同观测时刻卫星所构成的图形是不同的，这些图形对测量仪器定位计算的影响也不相同。卫星高度适中，图形各边边长均匀，对提高测量精度更有利。用来统计卫星图形状况的参数是卫星图形精度因子，卫星 DOP 值。卫星 DOP 值是一个统计常数，没有单位，DOP 值越小，卫星图形状况越好，越有利于观测。DOP 值与观测人员熟练程度、观测仪器质量和能力没有关系。

卫星 DOP 值有几个不同的统计分量，GDOP 表示卫星几何精度因子，PDOP 值表示位置精度因子，HDOP 值表示水平精度因子，VDOP 表示垂直精度因子，TDOP 表示时间精度因子等。

4. 观测时段

CBF032 观测时段的确定方法

GNSS 静态测量观测时段是指开始观测时刻，至停止观测时刻所经历的时间位置和时间长度。静态测量观测时段的选择需要考虑以下几个重要因素：

（1）交通：选择的野外观测时段能否为仪器和人员运输提供充裕的时间。

（2）卫星：选择的观测时段可观测卫星数量、卫星图形是否有利于观测和计算。

（3）历元：在选择的观测时段长度内能否得到足够的观测历元。

（4）基线：较短的静态基线长度需要较短的观测时段，反之，较长的基线长度需要较长的观测时段。

综合以上因素，确定观测时段时首先通过卫星星历数据推算卫星运行状态。卫星的运行状态是有规律的，当给定测站的位置，利用软件可以推算该地区全天各时刻卫星数量、卫星位置图形及 DOP 值等信息。选择可观测卫星数较多，DOP 值较小的时段进行卫星定位测量可以保证测量精度，同时充分考虑观测地点的交通状况、控制网边长或静态基线的长度等,根据技术规范确定观测时段的长度和起始时间。

采样间隔是静态测量非常重要的观测参数,它决定了在一定时间内测量仪器观测 CBF031 采样间隔的确定方法
值的数量。采样间隔是上一个观测历元至下一个观测历元之间的时间间隔。采样间隔越
大,单位时间获得的观测量越少,反之,采样间隔越小,单位时间获得的观测量越多。

在 GNSS 各种不同的测量模式中,静态测量必须设定采样间隔。一般静态测量采样间
隔设置为 15s 或 20s,快速静态测量需要设置较小的采样间隔以获得较多的观测量,一般设
置为 5s 至 15s。RTK 实时动态定位和导航定位方法一般不需要记录卫星原始观测数据。

由于静态和快速静态测量作业需要两台或两台以上的测量仪器同步工作和差分计算,
所以各观测仪器的采样间隔必须一致,否则将损失大量的观测历元数据,甚至无法得出满足
精度要求的结果。

(四)静态数据解算

CBF024 整周模糊度的概念

GNSS 卫星定位测量有两种主要观测值:伪距和载波相位,相对于伪距观测定位,载波
相位观测量能够提供更高的测量精度。载波相位观测量具有一定的周期和波长,测量仪器
观测到载波相位时,测量仪器能够准确地计算出不足一个周期的相位,但是无法检测出信号
自卫星传递到测量仪器经过了多少个完整的周期或波长,对于观测数据而言,这些完整的波
长数量就是整周未知数,也称整周模糊度。知道了卫星观测信号的整周未知数,并且通过仪
器检测出不足一个波长的相位,即可测算出卫星到接收机的距离,所以说整周未知数是
GNSS 测量的重要精度指标。

静态测量时整周未知数是通过数据后处理差分求算出来的,RTK 实时动态定位测量中
的整周未知数是通过流动站获得参考站的观测数据经过实时差分计算出来的。获得整周未
知数的过程也称为初始化过程,完成初始化以后,整周未知数固定,测量精度保持稳定。在
RTK 作业过程中,当卫星信号受到遮挡导致观测信号中断时,整周未知数必须重新确定,所
以仪器需要重新初始化。

CBF025 固定解的概念

整周未知数解算出来,得到的计算结果为固定解,整周未知数未解算或求得的整
周未知数的值是非整数的时候,得到的结果为浮动解或浮点解。固定解的精度高于浮点解,
在 RTK 测量中,完成初始化的过程就是取得观测值固定解的过程。观测的卫星数越多,获
得固定解的速度越快。

CBF026 浮点解的概念

根据陆上石油物探测量规范的规定,利用 RTK 方法发展参考站时必须完成初始
化,取得整周未知数固定解。在测量物理点时,因特殊原因无法取得固定解时,连续取得浮
点解的物理点不准超过 20 个。

六、基准站测量

CBF001 控制测量的基本概念

(一)测量控制点

无论是常规测量还是卫星定位测量,都需遵循"由整体到局部""从高级向低级"的原
则,也就是说在测量施工开始前,都要进行控制测量,用较高的测量精度控制整个施工区域。
控制测量一般是指通过建立控制网来确定地面点的精确位置所进行的测量工作,控制测量
所使用和发展的点为测量控制点,如国家三角点、控制导线点、GNSS 卫星定位控制网点,以
及经过检验的静态基线点、RTK 测量点都可以成为施工测量控制点。传统意义上,测量控

制点分为平面控制点和高程控制点，平面控制点主要利用三角测量、导线测量等方法布设，高程控制点主要采用几何水准测量或三角高程测量的方法测定。在现代测量中大量使用卫星定位等空间测量技术，平面和高程同时得到精确测量。根据技术规范的要求，可以利用 GNSS 测量技术、全站仪测量技术等发展控制点，由于全站仪导线控制测量的效率和精度都比较低，目前一般可以通过静态测量、快速静态测量、RTK 测量等方法发展控制点。

CBF022 控制点位置的选择方法

物探测量控制点是用来为实施测量控制用的，所以应选择在距离测线较近的地方。为了便于仪器观测和保存标志，物探测量控制点应选择在地形较高、基础坚硬、地势开阔的地方，特别是作为全站仪或经纬仪的控制点尽量选在高岗处，便于进行角度和距离的测量。

CBF012 动态差分参考站的概念

（二）动态差分参考站

在 GNSS 全球定位测量技术中，常用的测量模式主要有伪距导航测量、静态差分测量和动态差分测量。动态差分测量有 RTK 实时动态差分测量和后处理动态差分测量之分，二者的区别在于前者使用数据电台实时通信并利用接收机或控制器进行差分处理，后者通过内业下装数据使用计算机进行解算。

CBF011 实时动态差分测量的概念

实时动态差分测量简称 RTK 测量，是石油物探测量的主要施工方法。野外施工是由基准站和流动站组成。动态差分参考站是进行全球定位实时动态测量时向其他仪器发布卫星观测数据、仪器所在已知点坐标等差分改正数据的基准站点，所以也称为基准站。相对应，安置在运动载体上接收差分数据，提供精确导航信息完成指定测量任务的仪器为流动站。基准站通过电台或电信网络向其他流动站播放差分改正数据，以提高流动站测量精度。实时动态差分测量的精度取决于是否完成初始化，即经过差分计算已求出载波相位整周未知数。为了达到良好的数据沟通，动态差分的参考站与流动站必须使用相同的通信协议。

CBF019 发展参考站的规则

一般可以通过静态测量、快速静态测量、实时相位差分（RTK）测量、事后相位差分测量（PPK）等方法通过国家三角点、高等级卫星定位点等发展参考站，也可利用连续运行参考系统播发的差分定位数据测设参考站，其水平定位精度和垂直定位精度应优于 0.15m 和 0.25m。采用静态方法发展参考站时，基线长度不宜超过 50km；采用快速静态方法发展参考站时，基线长度应不超过 30km；使用实时相位差分（RTK）方法或事后相位差分测量（PPK）发展参考站应不超过 25km，并必须经过检核。参考站的发展次数应不超过 2 次。

（三）参考站仪器安装方法

GNSS RTK 测量的基准站的主要功能是静止观测 GNSS 卫星，同时利用数据电台将观测数据实时发送给流动站接收机，流动站接收机可以利用基准站的数据进行差分处理，得到精确的坐标。RTK 基准站设备的基本组成是 GNSS 主机、GNSS 天线、手簿控制器、基站电台、电台天线及电缆等。主机负责跟踪卫星，天线接收卫星信号，手簿控制器进行坐标系统、测站坐标等参数控制，发射电台将主机的数据按照控制器的指令发射出去。

CBF015 RTK 动态测量基准站仪器安装方法

一般 RTK 动态测量基准站设置在已知点上，使用三脚架架设 GNSS 天线，进行精确对中和整平。主机用天线电缆连接 GNSS 天线，接收卫星信号，同时用电台通信电缆连接发射电台，发送卫星数据和基准站坐标等。基站电台通过天线发射数据，电台不需要对中整平。为了达到较好的通信效果，电台天线一般需要架高，安装时注意安全，远离高压线等危险设施。基站电台的电源线为直流电源电缆，红色标志指示正极，连接电池正极，黑色标志指示负极，连接电池的负极。由于发射电台的功率较大,一般为 10~35W,在没有安装和连接好电台天线前不能为电台连接电源线或打开电台电源开关,否则电台在没有安装天线的情况下发射数据将造成反射功率增强,烧坏电台功放系统。参考站安装示意图见图 2-3-4。

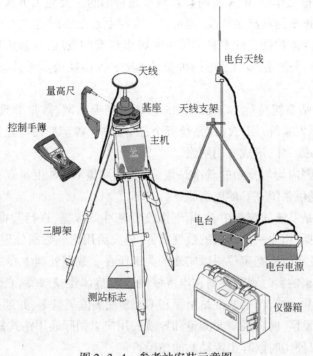

图 2-3-4　参考站安装示意图

七、流动站测量

CBF013 动态差分流动站的概念

(一)动态差分流动站

在卫星定位 RTK 实时差分动态测量中,观测卫星信号,并且同时接收参考站差分改正数据,进行移动导航测量作业的仪器为流动站。接收差分信号的目的是提高测量精度,观测过程中同时接收参考站差分信号和卫星信号,参考站数据与流动站数据在一起经过差分计算,计算出载波相位整周未知数,使流动站仪器完成初始化。初始化所用的时间与卫星状况、流动站至参考站的距离等有关,距离参考站越近,初始化速度越快,同时距离参考站越近,测量精度越高。在物探测量作业中,动态差分流动站的主要作用是放样和测量物理点。

RTK 实时动态测量流动站的主要功能是观测导航卫星、接收参考站差分数据及导航测量等,所以 RTK 实时动态测量流动站的仪器主要包括 GNSS 主机、GNSS 天线、手簿控制器、电台等基本部件或模块。GNSS 主机和 GNSS 天线用来接收卫星信号,电台用来接收参考站数据,手簿控制器用来控制卫星跟踪、电台参数等,同时向使用者提供导航目标点的距离、方位、高度等导航信息,控制测量仪器进行测量定位等。

CBF016 RTK 动态测量流动站仪器安装方法

安装 RTK 实时动态测量流动站仪器时需要充分考虑测量仪器,特别是仪器主机的稳固,避免行进过程中摔落、摔伤。通常分体式 RTK 流动站测量仪器主机和电台需安装在背包内,使用两芯同轴电缆与 GNSS 天线连接。为了保证对中精度,流动站 GNSS 天线需安装在对中杆上，安装仪器时不需要对中整平，实际测量中根据对中杆上的水准器调整对中杆的对中和天线水平。

CBF034 连续运行参考系统的概念

（二）连续运行参考站系统

在石油物探测量工作中，RTK 实时动态测量是目前的主要施工方法。RTK 测量必须建立或使用参考站数据来提高测量精度，通常自己在控制点上临时建立 GNSS 参考站，向流动站发送无线电卫星观测数据。随着科学技术和城市建设的发展，大量的城市建立了连续运行参考站系统，为各行业、各部门及不同种类的 GNSS 仪器发送参考数据，也成为物探测量作业方法的选择之一。

连续运行参考站系统简称 CORS，CORS 系统由基准站网、数据处理中心、数据传输系统、定位导航数据播发系统、用户应用系统五个部分组成，各基准站与监控分析中心间通过数据传输系统连接成一体，形成专用网络。

基准站网由范围内均匀分布的基准站组成，负责采集 GNSS 卫星观测数据并输送至数据处理中心，同时提供系统完好的监测服务。

数据处理中心是系统的控制中心，用于接收各基准站数据，进行数据处理，形成多基准站差分定位用户数据，组成一定格式的数据文件，分发给用户。数据处理中心是 CORS 的核心单元，也是高精度实时动态定位得以实现的关键所在。数据处理中心 24 小时连续不断地根据各基准站所采集的实时观测数据在本区域内进行整体建模解算，自动生成一个对应于流动站点位的虚拟参考站，包括基准站坐标和 GNSS 观测值信息等，并通过现有的数据通信网络和无线数据播发网，向各类需要测量和导航的用户以国际通用格式提供码相位、载波相位差分修正信息，以便实时解算出流动站的精确点位。

数据传输系统包括数据传输硬件设备及软件控制模块，各基准站观测数据通过光纤专线传输至数据处理中心。

数据播发系统通过移动网络、UHF 电台、Internet 等形式向用户播发定位导航数据。

用户应用系统包括用户信息接收系统、网络型 RTK 定位系统、事后和快速精密定位系统以及自主式导航系统和监控定位系统等。按照应用的精度不同，用户服务子系统可以分为毫米级用户系统、厘米级用户系统、分米级用户系统、米级用户系统等；而按照用户的应用不同，可以分为测绘与工程用户（厘米、分米级）、车辆导航与定位用户（米级）、高精度用户（事后处理）、气象用户等几类。

CORS 系统丰富了传统 RTK 测量作业方式，其主要优势体现在扩大了有效工作的范围，用户随时随地可以观测，提高了工作效率；CORS 系统拥有完善的数据监控系统，可以有效地消除系统误差和周跳，增强差分作业的可靠性；不需架设参考站，真正实现单机作业，减少了作业费用；使用固定可靠的数据链通信方式，减少了噪声干扰；提供远程 Internet 服务，实现了数据的共享。

当连续运行参考站系统只有一个参考站时通常称为单基站系统，适合作业区域较小和固定情况。连续运行参考站工作原理示意图见图 2-3-5。

CBF035 信标差分全球定位系统的概念

（三）信标差分系统

信标差分全球导航定位系统是利用航海无线电指向标发播台向用户发播 DGNSS 修正信息以提供高精度导航定位服务的沿海实时导航定位系统。

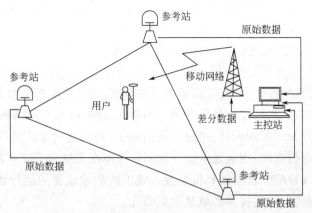

图 2-3-5 连续运行参考站工作原理示意图

无线电指向标是通过在无线电信号上调制测距信号,引导海洋船舶航行的海岸无线电系统。利用无线电指向标强大的无线电传输功能,将 GNSS 卫星定位技术与之结合,形成无线电指向标 GNSS 差分定位系统,简称信标差分系统。其作业原理与一般的 RTK 原理基本相同,使用伪距作为主要观测值,作业精度相对于载波相位观测值较低,作业距离较长,主要用于海上石油勘探和轮船导航。为了保证导航精度,信标差分全球导航定位系统参考站与流动站的作业距离一般不宜超过 200km。

(四)地形碎部测量

CBF002 碎部测量的基本概念

碎部测量是根据地图综合原理,利用图根控制点对地物、地貌等地形图要素的特征点,用测图仪器进行测定并对照实地用等高线、地物、地貌符号和高程注记、地理注记等绘制成地形图的测量工作。按照先控制后碎部的原则,碎部测量作业的基本依据通常是各级、各类控制点,主要是图根控制点。碎部点的选择应该充分体现地形的主要特征,即地形、地貌特征点,如河流转弯处、地形最高处、地形最低处、山脊线等。地形测图的作业方法主要有经纬仪模拟测绘法、全站仪数字测绘法、全球卫星定位 RTK 测绘法等。

CBF021 放样的概念

(五)物理点放样测量

物探放样就是根据施工设计的技术和物探测量规范的要求,应用专业测量技术,使用测量仪器将物探施工设计坐标在野外地面标定出来,为钻井、安置地震资料采集检波器提供地面指引。经纬仪、测距仪、全站仪、GNSS 全球定位仪、GNSS 全球导航卫星系统定位仪等能够满足技术要求的计量设备都可作为物探放样测量的设备。目前物探放样最常用的仪器是全站仪和 GNSS 全球导航定位测量仪,物探测线放样方法主要包括 GNSS RTK 测量方法和全站仪坐标放样法等。

CBF029 放样误差的概念

所有的测量活动都会产生误差,物探放样测量也不例外。放样误差是测量员操作仪器向目标点导航程度的计量指标,是放样点位与设计点位之间的偏差,即实测坐标与理论坐标之间的偏差,一般指平面放样测量的精度。测量员操作流动站测量仪器在卫星导航数据的指示下向设计目标点移动,距离目标点越近,放样出来的地面标志越接近设计位置。导航卫星系统存在误差,仪器计算也存在误差,仪器天线对中整平误差及人为晃动等都影响导航放样的精度,在相同的环境条件下,放样误差主要与操作人员的操作有关。放样误差的大小会影响物探工程质量,操作越细致,放样误差越小,但是要求的精度越高,放样作业效率越低。所以根据石油物探地震采集的技术要求制定了物探放样技术指标,一般地区放样误差不大于 0.5m 即能满足物探地震资料采集的技术要求。

（六）复测

> CBF020 复测的概念

在 RTK 实时动态测量作业中,流动站的测量精度、放样精度都会因为卫星状况、数据通信状况、仪器技术参数和人员操作技能等诸多因素的影响,以至于放样标志的坐标和高程误差过大。为了在野外及时发现问题,避免无谓的返工,需要通过复测检核,即通过测量仪器在已经测过的点上进行观测,现场显示上一次测量与本次测量的平面互差和高程互差,以检验已经施工完成测线点的测量精度和将要投入施工的测量仪器的运行状况是否正常、技术参数是否合理、选用的参考站技术参数是否正确等。

> CBF023 复测率的概念

在进行测线 RTK 测量施工之前、变更参考站之后和基准站或流动站变更仪器参数后应及时进行复测。同时,每连续施测达到 100 个物理点时,应强制重新初始化并在已测过的点上复测,连续取浮点解达到 20 个物理点时,应强制重新初始化并在已测过的点上复测。未重新初始化的情况下,在一个点上连续测量 2 次不可以作为复测检核。野外复测是检验GNSS RTK 测量或全站仪放样测量精度的主要方法。发现复测误差过大,及时查找原因。

复测率是复测点数占测量总点数的百分比,复测率的大小和测量质量无关。

八、导航仪测量

（一）单点定位

> CBF018 单点定位的概念

单点定位是全球导航卫星定位系统最初也是基本的作业模式,是由一台 GNSS 接收机独立观测卫星信号,通过接收机内预设软件计算其点位位置的一种测量模式。这种测量模式快捷、灵活,广泛应用于旅游、车辆、轮船、飞机导航等社会生活中。

单点定位通过观测各卫星发出的卫星信号由卫星传播到接收机所用的时间来计算接收机至各卫星的距离,从而计算出接收机所在的空间位置。由于接收机观测的卫星至接收机的距离包含了卫星时钟误差、接收机时钟误差、大气层延迟误差等大量因素的影响,与实际距离具有一定的差距,所以称观测的距离为伪距,接收机使用的观测值为伪距观测值。伪距观测值的精度较低,所以单点定位不会得到高精度实时定位测量结果。

理论上,接收机观测 3 颗以上的卫星就可以计算出接收机的位置,但是接收机的时钟误差比较大,在计算位置时把接收机的时钟误差当作一个未知参数与其他三个位置参数一起解算,所以必须同时接收 4 颗以上的卫星才能计算出准确的坐标,所以单点定位的测量精度与卫星数量密切相关。同时,为了取得较好的单点定位结果,必须要有足够的观测时间,观测足够多的观测历元。

（二）导航仪

> CBF017 导航仪导航方法

几乎所有的 GNSS 接收机都具有伪距观测能力,能够计算出接收机位置的坐标和高程。当接收机软件提供接收机位置到目标点的距离和方位信息时,接收机就成为导航仪,为用户提供导航服务。因为导航仪对精度的要求较低,只需单点定位,观测伪距观测值,所以导航仪可以制造得越来越小。

导航前用户可以在导航仪中输入目标点的纵坐标和横坐标,也可以将目标点编辑成航线。导航仪在观测 4 颗以上卫星时可以进行导航,提供目标点的方位和距离,也可以根据需要记录导航位置的坐标。在缺省状态下,导航仪是在 WGS-1984 世界坐标系坐标系统下进行导航,显示、记录的坐标是以 WGS-1984 世界坐标系为基准的坐标。用户也可以设定基准参数,使用地方坐标基准进行导航和测量。导航仪外观图见图 2-3-6。

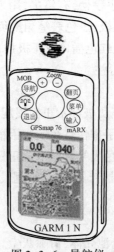

图 2-3-6　导航仪

项目二　使用万用表测量仪器电池电压

一、准备工作

(一)设备
GNSS 接收机 1 台,电池 1 块。

(二)工具
万用表 1 套。

(三)人员
1 人独立操作,劳动用品穿戴齐全。

二、操作规程

(一)准备工作
选择万用表 1 个和调零用平口起子 1 个。

(二)调整万用表
(1)万用表调零。使用平口起子旋转调零螺丝,同时观察万用表指针,使指针归零。

(2)调整万用表电压挡位。旋转万用表右侧旋钮,使上面指针指向电压指示标志 V。

(3)调整万用表电压量程。检查 GNSS 接收机电池标识,确认电池额定电压,旋转万用表左侧旋钮,使上面指针指向合适的电压量程。例如,电池电压为 9V,使用直流电压量程 10V;电池电压为 12V 时,使用直流电压量程 50V。原则是量程必须超过待测量的电压、电流。为了达到最好的测量精度,当测量电压、电流时,量程选择最大量程刻度附近,测量电阻时,使测量指针在刻度中间位置。当待测电压、电流无法确定时,选择万用表最大量程进行逐级测试,直到量程合适再进行测量。

（4）连接万用表表笔。表笔方向选择:万用表表笔有方向性,较短的一端有弹性弹片,连接万用表,另一端较长,有安全护手手柄,有笔尖,用来测量电器。表笔颜色选择:表笔有颜色区分,规则要求红色表笔测量正极,黑色表笔测量负极。

操作方法:红色表笔插入万用表红色插口或正极插口,黑色表笔插入负极插口或公共插口,公共插口一般用" * "或"COM"标注。

(三)测量电压
（1）摆正需测量的电池,触点、正负极标示正面展现在操作者面前,便于操作。
（2）左手握住黑色表笔手柄,右手握住红色表笔手柄。
（3）黑色表笔轻触电池负极,红色表笔轻触电池正极。
（4）观察万用表指针和刻度,当指针停止时,根据设定的量程,选择相应的刻度线,读出量值。

(四)安装测试
（1）用软毛巾擦拭电池触点和电池壳体,清除灰尘。
（2）检查 GNSS 仪器主机是否开机,如果处在开机状态,按关机键关机。
（3）打开 GNSS 仪器主机电池仓。
（4）根据电池触点和仪器电池仓的设置方向插入电池。
（5）关闭电池仓。
（6）按 GNSS 主机开机键开机,观察主机运行状态。
（7）关闭 GNSS 主机。
（8）打开电池仓,取出电池并关闭电池仓。

(五)清理现场
（1）拆卸万用表表笔,收起。
（2）万用表复位:将两个设置旋钮分别置于"·"挡位。
（3）将万用表、表笔、起子、毛巾、电池等恢复原来的位置摆放。

三、技术要求

（1）万用表调零误差不大于一个最小刻度。
（2）测量电压时必须调整到电压挡,否则容易损坏测量器具。
（3）必须选择合适的量程。
（4）必须使用表笔测量端测量电池。
（5）报告测量结果误差不大于标准值的 1/10,度量单位与实际相符。
（6）测试 GNSS 主机时,主机能够开机运行。
（7）万用表停止使用时应处于复位状态。

四、注意事项

（1）选择工用具时选择万用表、起子、毛巾等必用器具。

（2）机械调零时要轻柔，不可粗暴旋转调零螺丝。

（3）准备表笔时不可抻拉电缆。

（4）表笔未连接电表前不可接触待测量电池。

（5）测量时手握表笔手柄，不可接触金属端。

（6）电池摆放合理，能够方便判断极性和测量操作。

（7）安装电池前应用干净软毛巾擦拭电池，避免灰尘带入 GNSS 主机电池仓，并使触点接触良好。

（8）安装和取出电池确认 GNSS 主机处于关机状态。

（9）操作完毕后应将现场设备、工具恢复原位。

项目三　使用充电器充放电

一、准备工作

(一)材料

GNSS 接收机电池 1 块，软布 1 块。

(二)工具

充电器 1 套。

(三)人员

1 人独立操作，劳动用品穿戴齐全。

二、操作规程

(一)准备工作

检查电池标签，确认电池型号，选择与之匹配型号的充电器。

(二)清洁工具

（1）用软布擦拭充电器电缆，去除电缆灰尘污渍。

（2）用软布擦拭充电器电源接口，去除接口灰尘。

（3）用软布擦拭充电器电池触点，去除触点灰尘。

（4）用软布擦拭电池正负极触点，去除触点灰尘。

(三)安装充电器

（1）将充电器电源电缆插入充电器电源。

（2）将充电器电源电缆插头插入电源插座，确认充电器指示灯亮起。

(四)放电操作

（1）将电池沿充电器卡槽导轨卡入充电槽。

（2）按充电器充放电切换按钮多于 3s，使充电槽指示灯"黄-红"交替闪烁，"红"色指示灯持续亮起,进入放电状态。

(3)沿充电槽导轨方向取出电池。

(五)充电操作

(1)将电池沿充电器卡槽导轨卡入充电槽。

(2)按充电器充放电切换按钮多于 3s,使充电槽指示灯"黄-绿"交替闪烁,"绿"色指示灯持续亮起,进入充电状态。

(六)清理现场

将充电器电缆线插头从电源插座取下,断开电源电缆和充电器,将所用物品摆回原位放好。

三、技术要求

(1)在充放电作业前,用软布擦拭充电器电缆、接口及触点的灰尘、污渍,减小电阻,达到最好的连接效果。

(2)电缆接头与电源插座、电缆与充电器接口、电池与充电槽安插适配牢靠,无松动。

(3)按照充电槽导轨安插、取下电池。

(4)轻触充电器按钮切换充放电功能。

(5)先放电,后充电。

四、注意事项

(1)接通电源后不可以擦拭电缆及充电器任何部位。

(2)插拔电源电缆时,握住插头安全手柄操作,不可触及金属插头。

(3)按照电源插头、插座的正确方向顺势操作,不可使用蛮力。

(4)安装或取出电池时,要依充电槽导轨方向顺势卡入或退出,不可使用蛮力。

(5)只可用手指轻按切换按钮,不可使用其他物品触碰。

(6)状态错误时可以按切换键返回,重新选择正确状态。

(7)操作完毕后断开电源,拆卸充电器,所有工具、用具回复原位。

项目四 对中整平仪器

一、准备工作

(一)工具

三脚架 1 个,基座对中器 1 个。

(二)人员

1 人独立操作,劳动用品穿戴齐全。

二、操作规程

(一) 准备工作

准备三脚架、基座,将三脚架、基座移动到操作场地。

(二) 调整脚架

(1)将三脚架脚尖向下、平台向上竖直于地面上。

(2)旋转 3 个三脚架伸缩杆紧固旋钮,松开伸缩杆。

(3)向上提升三脚架平台,使伸缩杆在重力的作用下自然伸展开,平台高度大致与操作者视线齐平。

(4)旋转 3 个三脚架伸缩杆紧固旋钮,紧固伸缩杆。

(三) 安置脚架

(1)分开三脚架三个伸缩杆,三个脚之间距离大致 1m。

(2)移动三脚架,使三脚架平台位于测量标志正上方。

(3)将三脚架放置稳定,调整伸缩杆,使三脚架平台大致水平。

(四) 安置对中器

(1)将基座对中器平放于三脚架平台中央,基座的三个脚正对平台的三个脚。

(2)旋转对中螺旋,将基座对中器固定在平台上。

(3)调整三个基座脚螺旋,使脚螺旋处于中间位置。

(五) 整平

(1)操作者站立于三脚架两个伸缩杆之间。

(2)双手分别用拇指和食指握住远离操作者的两个脚螺旋,同时向内或同时向外旋转脚螺旋,使水准气泡居于两个脚螺旋中间位置。

(3)单手用拇指和食指调整距离操作者最近的基座脚螺旋,使水准气泡居中。

(4)重复上述整平步骤,直至水准气泡进入水准器水准标志环内。

三角基座整平调节示意图见图 2-3-7。

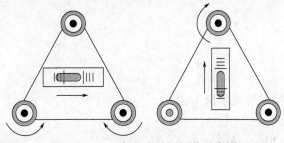

图 2-3-7　三角基座整平调节示意图

(六) 对中

(1)旋转光学对中器目镜,使十字丝或对中标志环、测量标志均清晰。

(2)平行移动基座对中器,同时观察对中器目镜,使对中器十字丝或对中标志环与测量标志重合。

（3）观察水准器，如果水准气泡偏出标志，重新进行整平，然后重新对中，直至满足目标要求。

三、技术要求

（1）三脚架平台高度在操作者胸部以上至肩部以下，便于仪器操作。

（2）三脚架三个伸缩杆紧固旋钮旋紧，伸缩杆无松动。

（3）三脚架三个伸缩杆角锥被踩实，使三脚架稳定无晃动。

（4）基座对中器安置于三脚架平台中央，并用对中螺旋固定。

（5）水准气泡位于水准标志中央。

（6）测量标志位于光学对中器对中标志中央。

四、注意事项

（1）搬运三脚架时不可松开伸缩杆紧固旋钮和伸缩杆绑带。

（2）提升三脚架平台前伸缩杆紧固旋钮必须全部打开，其他物品和操作者脚趾远离三脚架，防止角锥扎伤。

（3）平台提升到合适高度时紧固所有伸缩杆旋钮，防止角锥刺伤物品和身体。

（4）移动三脚架时注意周围人员和物品，防止绊倒和扎伤。

（5）三脚架安置好后用脚将角锥分别踩实，防止三脚架晃动。

（6）基座安置在平台中央，不要偏出平台边缘。

（7）对中整平前将基座脚螺旋调至中间位置，为调整预留出空间。

（8）当基座脚螺旋调至极限位置时，不能继续用力旋转，可反向旋转1~2圈，再通过调整其他螺旋达到整平效果。

（9）一次整平和一次对中可能无法达到目的，可反复进行操作。

项目五　测量仪器天线高

一、准备工作

（一）设备
三脚架1个，GNSS卫星定位仪1套。

（二）人员
1人独立操作，劳动用品穿戴齐全。

二、操作规程

（一）检查点标识
（1）查看测站点标识。

（2）记录测站点标识。

(二)检查天线型号

(1)松开基座适配器固定旋钮,或逆时针旋转天线,取下天线。

(2)查看天线标签,记录天线型号。

(3)安装天线。

(三)测量天线高度

(1)从仪器箱取出专用量高尺。

(2)将量高尺尺柄插入基座适配器量测圆孔。

(3)手指向下拉出量高尺,直至地面标志。

(4)观察尺柄上刻度,读出量高尺读数。

(5)记录天线高度测量值。

(6)将量高尺放回原处。

(四)绘制天线高度测量示意图

(1)绘制量高尺。

(2)绘制测量值尺寸界线。

(3)绘制测量值尺寸线。

(4)标注测量值和测量单位。

三、技术要求

(1)点标识记录准确,与现场标识相符,字迹清晰。

(2)天线型号直接影响高度改正数,记录型号与仪器相符。

(3)天线安装方式影响天线高度改正数,记录安装方式与实际相符。

(4)使用专用量高尺测量天线高度。

(5)天线高度测量误差不大于3mm。

(6)天线高度测量示意图绘制清晰,数据标注准确。

四、注意事项

(1)使用随机配备的量高尺测量天线高度。

(2)取下和安装 GNSS 天线时不能调整或碰动基座,以免影响设备对中整平安置状态。

(3)安装量高尺时不要粗暴用力,避免碰动仪器。

(4)拉长量高尺时不要扭曲,避免损伤尺身,影响量高精度。

(5)回收量高尺时应用手扶住尺身,缓慢回收,防止快速弹回伤害操作者和量高尺。

(6)操作过程不能触碰三脚架。

(7)绘制示意图时正确标注量测尺寸界线和尺寸数据。

项目六 安装静态测量仪器

一、准备工作

（一）设备

三脚架 1 个，GNSS 卫星定位仪 1 套（包括主机、天线、手簿、数据卡、电池、电缆、基座对中器、基座适配器、量高尺等各 1 件）。

（二）人员

1 人独立操作，劳动用品穿戴齐全。

二、操作规程

（一）安装三脚架

（1）将三脚架脚尖向下、平台向上竖直于地面上。

（2）旋转 3 个三脚架伸缩杆紧固旋钮，松开伸缩杆。

（3）向上提升三脚架平台，使伸缩杆在重力的作用下自然伸展开，平台高度大致与操作者视线齐平。

（4）旋转 3 个三脚架伸缩杆紧固旋钮，紧固伸缩杆。

（5）分开三脚架三个伸缩杆，三个脚之间距离大致 1m。

（6）将三脚架放置稳定，调整伸缩杆，使三脚架平台大致水平。

（7）踩实脚架角锥。

（二）安装天线

（1）将基座对中器平放于三脚架平台中央，基座的三个脚正对平台的三个脚。

（2）旋转对中螺旋，将基座对中器固定在平台上。

（3）调整三个基座脚螺旋，使脚螺旋处于中间位置。

（4）操作者站立于三脚架两个伸缩杆之间。

（5）双手分别用拇指和食指握住远离操作者的两个脚螺旋，同时向内或同时向外旋转脚螺旋，使水准气泡居于两个脚螺旋中间位置。

（6）单手用拇指和食指调整距离操作者最近的基座脚螺旋，使水准气泡居中。

（7）重复上述整平步骤，直至水准气泡进入水准器水准标志环内。

（8）安装基座适配器，锁紧固定。

（9）在基座适配器顶端螺旋上安装天线，顺时针旋转，直到旋紧。

（三）安装主机

（1）取出主机，安置在平稳位置。

（2）取出同轴天线电缆，一端连接天线接口，旋紧，另一端连接主机天线接口，旋紧。

（3）手簿控制器连接到主机。

（四）装配电池

（1）打开主机电池仓。

（2）按照电池触点方向,将电池插入电池仓。

（3）关闭电池仓。

（五）装配磁卡

（1）打开磁卡仓门。

（2）根据图标指示轻轻插入数据磁卡,直到感觉"咔"的响动,磁卡不反弹。

（3）关闭磁卡仓门。

三、技术要求

（1）选择并取用静态测量需要的所有零部件。

（2）三脚架安置平稳,脚架伸缩腿固定旋钮处于固定状态,三脚架角锥踩实,三脚架无移动扭曲。

（3）天线通过螺旋固定,利用基座对中器精确整平。

（4）基座适配器旋钮锁紧。

（5）基座对中器与对中螺旋旋紧固定。

（6）主机安置平稳,安全。

（7）天线电缆两端接口连接牢固。

（8）所有螺丝连接无松动、无错位。

（9）电池、磁卡安装方位正确,无损伤,接触良好。

四、注意事项

（1）取用仪器部件时要轻拿轻放,禁止扔、摔、磕、碰等动作。

（2）搬运三脚架时不可松开伸缩杆紧固旋钮和伸缩杆绑带。

（3）提升三脚架平台前伸缩杆紧固旋钮必须全部打开,其他物品和操作者脚趾远离三脚架,防止角锥扎伤。

（4）平台提升到合适高度时紧固所有伸缩杆旋钮,防止角锥刺伤物品和身体。

（5）移动三脚架时注意周围人员和物品,防止绊倒和扎伤。

（6）三脚架安置好后用脚将角锥分别踩实,防止三脚架晃动。

（7）基座安置在平台中央,不要偏出平台边缘。

（8）对中整平前将基座脚螺旋调至中间位置,为调整预留出空间。

（9）当基座脚螺旋调至极限位置时,不能继续用力旋转,可反向旋转 1 至 2 圈,再通过调整其他螺旋达到整平效果。

（10）选择干净、平坦、稳固的位置安置主机,充分考虑电缆的长度。

（11）安装电缆时,接口螺丝对准以后再旋转螺母,防止螺丝错位。

（12）安装电池、磁卡时要注意方向,切莫勉强用力。

项目七　安装基准站测量仪器

一、准备工作

(一) 设备

三脚架 1 个、GNSS 卫星定位仪 1 套(包括主机、天线、手簿、电池、电缆、基座对中器、基座适配器、量高尺等各 1 件)、基站电台 1 套(包括电台主机、电源线、天线电缆、天线等各 1 件)、12V 电瓶 1 块。

(二) 人员

1 人独立操作,劳动用品穿戴齐全。

二、操作规程

(一) 安装三脚架

(1)将三脚架脚尖向下、平台向上竖立于地面上。

(2)旋转 3 个三脚架伸缩杆紧固旋钮,松开伸缩杆。

(3)向上提升三脚架平台,使伸缩杆在重力的作用下自然伸展开,平台高度大致与操作者视线齐平。

(4)旋转 3 个三脚架伸缩杆紧固旋钮,紧固伸缩杆。

(5)分开三脚架三个伸缩杆,三个脚之间距离大致 1m。

(6)将三脚架放置稳定,调整伸缩杆,使三脚架平台大致水平。

(7)踩实脚架角锥。

(二) 安装天线

(1)将基座对中器平放于三脚架平台中央,基座的三个脚正对平台的三个脚。

(2)旋转对中螺旋,将基座对中器固定在平台上。

(3)调整三个基座脚螺旋,使脚螺旋处于中间位置。

(4)操作者站立于三脚架两个伸缩杆之间,双手分别用拇指和食指握住远离操作者的两个脚螺旋,同时向内或同时向外旋转脚螺旋,使水准气泡居于两个脚螺旋中间位置。

(5)单手用拇指和食指调整距离操作者最近的基座脚螺旋,使水准气泡居中。

(6)重复上述整平步骤,直至水准气泡进入水准器水准标志环内。

(7)安装基座适配器,锁紧固定。

(8)在基座适配器顶端螺旋上安装天线,顺时针旋转,直到旋紧。

(三) 安装主机

(1)取出主机,安置在卫生、平稳位置。

(2)取出同轴天线电缆,一端连接天线接口,旋紧,另一端连接主机天线接口,旋紧。

(3)手簿控制器连接到主机。

(四) 装配电池

(1)取出电池。

（2）打开主机电池仓。

（3）按照电池触点方向，将电池插入电池仓。

（4）关闭电池仓。

（五）安装电台

（1）在距离天线 2m 左右安置三脚架，锁紧，踩实。

（2）连接电台天线到天线电缆。

（3）安置电台天线在电台天线杆上。

（4）将电台天线杆连接到三脚架对中螺旋上，固定。

（5）连接电台天线电缆到基站电台天线接口。

（6）安装基站电台电源线，插头一端插入电台电源接口，插牢，另一端连接 12V 电瓶，红色标识的一端连接电瓶正极，黑色标识的一端连接电瓶负极。

（7）使用多芯数据电缆连接主机和电台。

三、技术要求

（1）选择并取用基准站测量需要的所有零部件。

（2）三脚架安置平稳，脚架伸缩腿固定旋钮处于固定状态，三脚架角锥踩实，三脚架无移动扭曲。

（3）电台天线杆安置稳固，无松动。

（4）GNSS 天线通过螺旋固定，利用基座对中器精确整平。

（5）基座适配器旋钮锁紧。

（6）基座对中器与对中螺旋旋紧固定。

（7）GNSS 主机、电台安置平稳，安全。

（8）所有电缆两端接口连接牢固，螺丝连接无松动、无错位。

（9）电池、电瓶安装方位正确，接触良好。

四、注意事项

（1）取用仪器部件时要轻拿轻放，禁止扔、摔、磕、碰等动作。

（2）搬运三脚架时不可松开伸缩杆紧固旋钮和伸缩杆绑带。

（3）提升三脚架平台前伸缩杆紧固旋钮必须全部打开，其他物品和操作者脚趾远离三脚架，防止角锥扎伤。

（4）平台提升到合适高度时紧固所有伸缩杆旋钮，防止角锥刺伤物品和身体。

（5）移动三脚架时注意周围人员和物品，防止绊倒和扎伤。

（6）三脚架安置好后用脚将角锥分别踩实，防止三脚架晃动。

（7）基座安置在平台中央，不要偏出平台边缘。

（8）整平前将基座脚螺旋调至中间位置，为调整预留出空间。

（9）当基座脚螺旋调至极限位置时，不能继续用力旋转，可反向旋转 1~2 圈，再通过调整其他螺旋达到整平效果。

（10）选择干净、平坦、稳固的位置安置主机，充分考虑电缆的长度。

（11）安装电缆时，接口螺丝对准以后再旋转螺母，防止螺丝错位。

（12）安装电池要注意方向，切莫勉强用力。连接电台电瓶时注意电源线红、黑标识，红色连接电瓶正极，黑色连接电瓶负极。

（13）安置电台天线杆时要注意周围的人员和物品，特别是上方是否有高压输电线。

项目八　　安装 RTK 流动站测量仪器

一、准备工作

（一）设备

GNSS 卫星定位仪 1 套，包括主机、天线、手簿、电池、数据卡、电缆、手簿托架、对中杆、背包等各 1 件(套)。

（二）人员

1 人独立操作，劳动用品穿戴齐全。

二、操作规程

（一）安置主机

(1)打开背包。

(2)在背包内安置主机，使电缆接口向上，方便插接。

(3)用背包内固定带固定主机。

（二）装配电池

(1)打开主机电池仓。

(2)按照电池触点方向，将电池插入电池仓。

(3)关闭电池仓。

（三）装配磁卡

(1)打开主机磁卡仓门。

(2)根据图标指示轻轻插入数据磁卡，直到感觉"咔"的响动，磁卡不反弹。

(3)关闭主机磁卡仓门。

（四）安装电台天线

(1)将鞭状天线连接到天线杆。

(2)连接天线同轴电缆到鞭状天线。

(3)在背包上安置电台天线杆。

(4)连接天线同轴电缆到主机电台天线接口。

（五）安装手簿

(1)组装对中杆，将上下两根对中杆对接，旋紧。

(2)在对中杆中间安装手簿托架。

(3)将手簿安置在手簿托架上，固定牢固。

(4)连接手簿电缆到主机手簿接口和手簿接口(蓝牙手簿可跳过此步骤)。

(六)安装卫星天线

(1)将天线螺口对准对中杆顶端螺丝,顺时针转动天线,直到天线固定。

(2)连接天线同轴电缆到天线接口。

(七)锁好背包

用拉锁或紧固带锁好背包。

流动站仪器安装示意图见图2-3-8。

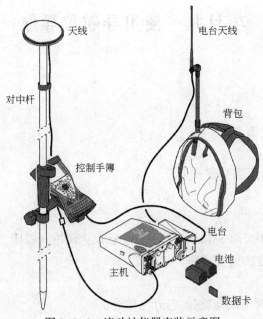

图2-3-8 流动站仪器安装示意图

三、技术要求

(1)选择并取用流动站测量需要的所有零部件。

(2)GNSS主机在背包内安置稳固,无松动。

(3)GNSS主机接口一侧向上,方便电缆安插。

(4)主机电池、磁卡插紧,接触良好。

(5)鞭状天线安装牢固。

(6)对中杆对接螺丝装配牢固,无松动,手簿托架高度在胸部以下腰部以上,手簿安置牢固。

(7)GNSS天线安装牢固。

(8)所有电缆两端接口连接牢固,螺丝连接无松动、无错位。

(9)安装完毕后锁好背包。

四、注意事项

(1)取用仪器部件时要轻拿轻放,禁止扔、摔、磕、碰等动作。

（2）安装电池、数据卡时要注意方向，切莫勉强用力。

（3）安装天线、电缆时，接口螺丝对准以后再旋转螺母，防止螺丝错位。

（4）安装对中杆时要注意底端尖锐，切勿正对人体或物品。

（5）手簿托架含有塑料部件，安装时切勿勉强用力。

（6）手簿与托架有固定位置和方向，看好对准以后再进行加固。

（7）装配后的背包或对中杆容易摔倒，可将背包、对中杆放平，防止损伤仪器部件。

项目九　使用导航仪导航

一、准备工作

（一）设备
导航仪 1 台，5 号电池 2 只。

（二）人员
1 人独立操作，劳动用品穿戴齐全。

二、操作规程

以下以常见的 CAMIN GPSMAP76 型手持导航仪为例进行说明，其他型号导航仪操作步骤与之基本相同，操作方法稍有区别。

（一）安装电池
（1）旋转导航仪背面电池仓旋钮，打开电池仓。

（2）按照导航仪电池仓标示提示的方向插入电池。

（3）关闭电池仓。

（4）锁紧电池仓旋钮。

（二）启动仪器
（1）按住导航仪红色开机键直到开机显示。

（2）根据屏幕提示，按【翻页】键进入导航界面。

（三）输入航点
（1）按住【输入】键，直到显示"标记航点"菜单。

（2）按光标键移动光标至点名，按输入键编辑点名。

（3）按光标键移动光标至坐标区，按【输入】键开始编辑东坐标和北坐标：当光标停止在需要编辑的数字上时，按光标向下键数字减小 1，按光标向上键数字增大 1，所有坐标数字编辑完成后按【输入】键确认。

（4）按光标键移动光标至"确定"按钮。

（5）按【输入】键保存输入的航点。

（四）航点导航
（1）按【导航】键，进入导航操作。

（2）选择"向航点导航"，按【输入】键。

(3)选择"航点",按【输入】键,从航点列表中查找目标点。

(4)按【翻页】键使光标进入航点列表。

(5)按【输入】键选择导航目标点。

(6)当光标在"导航"位置时按【输入】键开始导航。

(7)按【翻页】键选择导航信息显示。

(8)按照导航信息指示移动导航仪,直到"到达"目标点。

(五)记录位置

(1)当需记录导航位置时,按住【输入】键2s即进入"标记航点"窗口。

(2)根据需要编辑点号。

(3)将光标移至"确定"时按【输入】键存储点位置信息至导航仪。

三、技术要求

(1)必须按照导航仪上的指示安装电池。

(2)了解和掌握导航仪各功能键的作用。

(3)输入目标点坐标快速、准确。

(4)保存目标点时不能覆盖原有的目标点。

(5)观测卫星数多于4颗时才可进行导航,否则误差会很大。

四、注意事项

(1)必须按照导航仪上的指示安装电池,否则无法开机,甚至损坏电池或仪器。

(2)轻触导航仪按键。

(3)不可以坚硬物品触摸导航仪显示屏。

(4)在导航行进过程中注意脚下,防止跌倒。

第三部分

中级工操作技能及相关知识

模块一　使用地图

项目一　相关知识

一、高程

（一）水准面

测量工作是在地球的自然表面上进行的,而地球自然表面是不规则的,有陆地、海洋、高山和平原。这些高低起伏相对于地球庞大的体积来说可以忽略不计,而把地球看作球状。地球表面上的海洋面积约占地球表面的71%,陆地面积约占地球表面的29%。人们总是把地球的形状看作是被海水包围的球体。假想有一个静止的海水面,向陆地延伸而形成一个封闭的曲面,这个静止的海水面称为水准面。海水有潮汐,时高时低,所以水准面有无数个,其中通过平均海水面的一个称为大地水准面,它所包围的形体称为大地体。

水准面是受地球表面重力场影响而形成的,是一个处处与重力方向垂直的连续曲面,因此是一个重力场的等位面。因为水准面是重力场的等位面,因此其形态必然受重力场分布的控制。重力场分布既受地球内部物质密度场分布及地球自转的影响,同时还受地外因素的影响主要是月球和太阳。由于受月球和太阳的影响,水准面会发生周期性变化。潮汐是其显著的体现现象。

水平面是测量学中与水准面相切的平面。在几十平方千米范围内进行普通测量时,不必考虑用水平面代替水准面对水平角度的影响。

在不同的水准面中,设想一个静止的平均海水面,在重力作用下向陆地自然延伸形成一个连续而封闭的曲面,称为大地水准面也称为重力等位面。大地水准面是一个连续的、封闭的、不规则的曲面,是正高的基准面。因地球表面起伏不平和地球内部质量分布不匀,故大地水准面是一个略有起伏的不规则曲面。该面包围的形体近似于一个旋转椭球,称为大地体,常用来表示地球的物理形状。大地水准面的基本特性之一是处处与铅垂线正交。

似大地水准面是从地面点沿正常重力线量取正常高所得端点构成的封闭曲面。似大地水准面是正常高的基准面。似大地水准面严格说不是水准面,但接近于水准面,只是用于计算的辅助面。它与大地水准面不完全吻合,差值为正常高与正高之差。正高与正常高的差值大小,与点位的高程和地球内部的质量分布有关,在我国青藏高原等西部高海拔地区,两者差异最大可达3m,在中东部平原地区这种差异约几厘米,在海洋面上时,似大地水准面与大地水准面重合。

（二）高程系统

某点沿铅垂线方向到绝对基面的距离,称绝对高程,简称高程。某点沿铅垂线方向到某假定水准基面的距离,称假定高程。

常用的高程系统共有正高、正常高、力高和大地高程 4 种,而高程基准各国均有不同定义。

1. 正高

正高是以大地水准面为基准的高程,即地面点到大地水准面的铅垂距离。又称为绝对高程或者海拔,简称高程。

2. 正常高

正常高系统是为解决正高系统中重力场模型较难测量确定的问题而在 1954 年由苏联地理学家莫洛坚斯基提出的一种系统。由于重力值改变,其效果相当于高程起算面也发生了变化,即不再是大地水准面,而成为似大地水准面。地面点沿铅垂线到似大地水准面的距离称为正常高,以似大地水准面定义的高程系统称为正常高系统。我国目前采用的法定高程系统就是正常高系统。

3. 力高

由于同一水准点的正高和正常高系统测量值往往会有差别,为了在水利建设中避免出现问题,出现了力高的定义,力高的定义是指通过该点的水准面在纬度 45°处的正高。

ZBA015　大地高的概念 4. 大地高

大地高以椭球面为基准面,是由地面点沿其法线到椭球面的距离。可以采用卫星大地测量法或几何物理结合大地测量法获得。

大地高从参考椭球面起算,向外为正,向内为负。是大地地理坐标(B,L,H)的高程分量 H。大地高常应用于卫星定位测量。

参考椭球面是处理大地测量成果而采用的与地球大小、形状接近并进行定位的椭球体表面。参考椭球面是测量、计算的基准面。

ZBA014　海拔高的概念 5. 海拔高

海拔高以大地水准面为起算面,是某点沿铅垂线方向到大地水准面的距离,也称为绝对高程,一般用 H 表示。海拔高从大地水准面起算,向外为正,向内为负。

海拔高一般使用水准仪通过水准测量方法测定。

ZBA018　高程异常值的概念 (三)高程异常值

高程异常是似大地水准面与参考椭球面之间的距离,大地水准面差距是大地水准面与参考椭球之间的距离。高程异常公式:

$$h = H + \delta h \tag{3-1-1}$$

式中　h——大地高,m;

　　　H——正常高,m;

　　　δh——高程异常,m。

1954 北京坐标系为参心大地坐标系,它是以克拉索夫斯基椭球为基础,经局部平差后产生的坐标系,它的原点不在北京而是在苏联的普尔科沃。椭球长半轴为 $a=6378245$m;短半轴 $b=6356863.0188$m;扁率 $\alpha=1/298.3$;高程基准为 1956 年青岛验潮站求出的黄海平均海水面;高程异常以苏联 1955 大地水准面重新平差结果为起算数据,按我国天文水准路线推算而得。1954 北京坐标系的参考椭球面与大地水准面存在自西向东明显的系统性倾斜,全国平均值为+29m,并呈西高东低的系统性倾斜,在东部地区大地水准面差距最大达+60m。这使得大比例尺地图反映地面的精度受到影响,同时也对观测量元素的归算提出了严格的要求。

二、高程量算方法

(一)铅垂线和法线的概念

ZBA020　铅垂线的概念

1.铅垂线

地球表面质点所受地心引力和地球自转产生的离心力的合力称为重力。重力作用的方向线称为铅垂线,方向总是竖直向下,不一定是指向地心的(只有在赤道和两极指向地心),但总是与水准面正交。物体重心与地球重心的连线称为铅垂线(用圆锥形铅垂测得)。用一条细绳一端系重物,在相对于地面静止时,这条绳所在直线就是铅垂线,又称重垂线。铅垂线是由地球的重力引起的,铅垂线方向和地面质点受到的重力方向一致,它与水准面正交,是野外观测的基准线。悬挂重物而自由下垂时的方向,即为此线方向。

2.法线

ZBA021　法线的概念

曲面上某一点的法线指的是经过这一点并且与该点切平面垂直的那条直线。

地球参考椭球面的法线是与过该点椭球面的切面垂直的直线。参考椭球上不是所有点的法线和铅垂线都重合。参考椭球体的定位是选择特定的位置使椭球的法线与铅垂线相重合。

对于立体表面而言,法线是有方向的。一般来说,由立体的内部指向外部的是法线正方向,反过来的是法线负方向。

(二)等高线的概念

ZBB017　等高线的概念

地形图上显示地貌的方法很多,目前常用的是等高线法。等高线能够真实反映出地貌形态和地面高低起伏,且能依据等高线量出地面点的高程。

等高线即地面上高程相等的相邻各点连成的闭合曲线,等高线上各点的高程相等。

等高线是一定高度的水平面与地面相截的截线。水平面的高度不同,等高线表示地面的高程也不同。

地形图上两相邻等高线之间的高差为等高距。在相同的地表环境下,等高距越小则地形图上等高线越密,地貌显示就越详细、确切。等高距越大则地形图上等高线就越稀,地貌显示就越粗略。等高距的大小,应根据比例尺、地面坡度及用图目的而定。同一幅地形图上一般不能有两种不同的等高距。等高距并不是越小越好,如果等高距很小,等高线非常密,不仅影响地形图图面清晰,而且使用也不方便,同时使测绘工作量大大增加。

为了更好地表示地貌特征,便于识图用图,地形图上主要采用以下三种等高线。

ZBB018　等高线的分类

(1)基本等高线称为首曲线,即按基本等高距测绘的等高线。

(2)加粗等高线称为计曲线,每隔四条首曲线加粗描绘一根等高线,并注写该线的高程值。

(3)半距等高线称为间曲线,按1/2基本等高距内插描绘的等高线,以便显示首曲线不能显示的地貌特征。在平地当首曲线间距过稀时,可加绘间曲线。间曲线可不闭合,但一般应对称。

ZBB019 等高线的特性 | 等高线具有以下特性：

（1）在同一条等高线上的各点高程相等，沿等高线方向的地面坡度为零。相同高程的点不一定在同一条等高线上。

（2）等高线是闭合的曲线。一个无限伸展的水平面和地表面相交，构成的交线不可能不是闭合曲线。所以某一高程的等高线必然是一条闭合曲线。由于具体测绘地形图的范围有限，所以等高线若不在同一幅图内闭合，也会跨越一个或多个图幅闭合。因此，等高线不能在图的中间中断。具体绘图时，等高线除遇有房屋、公路、某些工业设施及数字注记等为了使图面清晰需要中间断开之外，其他地方不能中断。

（3）不同高程的等高线不能相交。不同高程的水平面是不会相交的，所以它们和地表面的交线也不会相交。但一些特殊地貌，如陡坎、陡壁的等高线会重叠在一起，这些地貌必须加用陡坎、陡壁符号表示。悬崖的等高线可能相交，悬崖下部的等高线用虚线表示。

（4）等高线与山脊线、山谷线正交。

（5）两等高线间的垂直距离称为平距，等高线间平距的大小与地面坡度的大小成反比。在同一等高距的情况下，地面坡度越小，则等高线在图上的平距越大；反之，地面坡度越大，则等高线在图上的平距越小。换言之，坡度陡的地方，等高线就密；坡度缓的地方，等高线就稀。

ZBB020 高程的量算方法 | **（三）高程的量算方法**

所谓高程的量算是指在地形图上，使用直尺根据等高线通过内插法量测地形点高程的过程。

量测地形点的高程，要充分熟悉等高线的概念及等高线的特性，认识地形图上各种等高线如首曲线、计曲线和间曲线等，并且能够根据标注判断地形点周围等高线的高程。

首先确认地形点位置，如果给出的是地形点的坐标，需要将坐标在地图上展绘出来。如果地图上已经存在地形点，可直接进行量测。

其次是计算地形点在两条等高线间的位置，利用直尺，过地形点绘制一条直线，使直线尽可能垂直地形点相邻的两条等高线，并分别量取地形点至两条等高线的距离，或线段的长度及点至相邻一条等高线的距离，那么根据相邻两条等高线的高程可以计算出地形点的高程：

$$H = H_a + \frac{L_a}{L} \cdot (H_b - H_a) \tag{3-1-2}$$

式中 H——地形点的高程；

        H_a——地形点一侧的等高线高程；

        H_b——地形点另一侧的等高线高程；

        L_a——地形点至 H_a 等高线的距离；

        L——过地形点相邻等高线的平距。

ZBB022　三角高程测量的概念

（四）三角高程测量的概念

三角高程测量就是根据所测得的两点间的高度角、水平距离以及所量取的仪器高和觇标高，应用三角学公式计算出两点间的高差，然后依据其中一个点的已知高程，求得另一个点的高程。它观测方法简单，受地形条件限制小，是测定大地控制点高程的基本方法。据有关资料显示，用标称精度为（5mm+5ppm）的全站仪进行各两侧回对向观测，三角高程的精度与四等水准的精度相当。在石油物探测量中，导线测量一般是指导线测量和三角高程测量综合在一起而进行的测量工作。

为了提高三角高程测量的精度，通常采取对向观测竖直角，推求两点间高差，以减弱大气垂直折光的影响。在三角高程测量中，测站点既可以设在已知高程点上，也可以设在待定高程点上。

三、地形图

ZBB011　三北方向的含义

（一）三北方向

三北方向是真子午线北方向、坐标纵线北方向、磁子午线北方向的总称。

真子午线北方向是沿地面某点真子午线的切线方向；坐标纵线北方向是高斯投影时投影带的中央子午线的方向，也是高斯平面直角坐标系的坐标纵轴线方向；磁子午线北方向是磁针在地面某点自由静止后磁针所指的方向。

真子午线和坐标纵线的方向，通常用天文大地测量或陀螺经纬仪直接测定，而磁子午线方向则用罗盘仪直接测定。它们是直线定向的三条标准方向线，三者的关系可用以下 3 个偏角表示，即磁偏角、磁坐偏角、子午线收敛角。

ZBB012　三北方向的关系

（1）磁偏角，是磁子午线与真子午线间的夹角，通常以 δ 表示，并规定以真子午线北方向为准，磁子午线位于以东时称为东偏、其角值为正，位于以西时称西偏、其角值为负。

（2）磁坐偏角，是磁子午线与坐标纵线间的夹角，常以 δ_m 表示，并规定以坐标纵线北方向为准，磁子午线位于以东时称东偏、其角值为正，位于以西时称西偏、其角值为负。

（3）子午线收敛角是地球椭球体面上一点的真子午线与位于此点所在的投影带的中央子午线之间的夹角，即在高斯平面上的真子午线与坐标纵线的夹角，通常用 γ 表示。此角有正、负之分：以真子午线北方向为准，当坐标纵轴线北端位于以东时称东偏，其角值为正；位于以西时称西偏，其角值为负。某地面点此角的大小与此点相对于中央子午线的经差 ΔL 和此点的纬度 B 有关，其角值可用近似计算公式 $\gamma = \Delta L \cdot \sin B$ 计算。当某点纬度为0°时，该点的子午线收敛角与经差无关。

一般在地形图上都标有三北方向示意图。

ZBB013　地形图的概念

（二）地形图的概念

在地面上进行的测量工作，如果用解析法，得到的是一系列的测量数据；如果用图解法，得到的将是地图。凡是既表示出道路、河流及居民地等固定物体，又表示出地面高低起伏的形态的地图可以称为地形图。

地形图，通常是指以一定的比例尺和特定的符号系统表示地面上各种固定物体和起伏形态的平面位置和高程的正射投影图。经过野外测量、室内绘制，按照一定的数学法则，把地貌和地物绘制成地形图。地形图可以分为线划图和影像图，也可以分为普通地形图和专题图,如地质图、森林分布图等。

（三）地形图的内容

ZBB014 地形图的内容

地图的内容由数学要素、地理要素和辅助要素构成,统称地图"三要素"。

数学要素包括地图册坐标网、控制点、比例尺、定向等内容。其中坐标网是指地图上的地理坐标网或经纬线网、直角坐标网或方里网;控制点包括天文点、三角点等平面控制点及有埋石点的高程控制网点;比例尺是地图上某一线段长度与地面上相应选段水平距离之比,比例尺表示地形图的缩小程度。

地理要素是地图内容的主体,据其性质可分为:自然要素,包括海洋、陆地水系以及地质、地球物理、地貌、气象、水文、土质与植被、动物等;社会经济要素,包括居民地、交通网、境界以及政治、行政、人口、城市、历史、文化和经济等方面的现象或物体;环境要素,是指人类生活的环境状况,包括自然灾害、自然保护、环境污染及其保护与治理、疾病与医疗等。

辅助要素是指为方便使用地图而提供的具有一定意义的说明性内容或工具性内容,主要包括图名、图号、接图表、图廓及成图说明等。

ZBB015 地物的概念

地物和地貌是地形图重要的表达内容。

地物是指地面上的山川、森林、建筑物等各种有形物和如省、县界等无形物的总称,泛指地球表面上相对固定的物体。

地貌是指地球表面高低起伏、凹凸不平的自然形态。地球表面的形态主要是由地球本身内部矛盾运动的结果而形成的。因此,地球表面的自然形态多数是有一定规律性的,认识了这种规律,采用恰当的符号即可将它表示在图纸上。地貌按其自然形态可分为高原、山地、丘陵、平原、盆地等。

ZBB016 地貌的概念

地貌的五种基本形状:

(1)山:较四周显著凸起的高地称为山,大者叫山岳,山脚与山顶的高差小于200m 的叫山丘。山的最高点叫山顶,尖的山顶叫山峰,山的侧面叫山坡(斜坡),山坡倾斜度在20°~45°的叫斜坡,70°以上叫陡坎(陡坡),几乎成竖直形态的叫峭壁(或陡壁),下部凹入的峭壁叫悬崖,山坡与平地相交处叫山脚。

(2)山脊:山的凸棱由山顶延伸至山脚叫山脊。山脊最高的棱线称分水线或山脊线。

(3)山谷:两山脊之间的凹部称为山谷,两侧称谷坡。两谷坡相交部分叫谷底。谷底最低点连线称山谷线(又称合水线)。谷地与平地相交处称谷口。

(4)鞍部:两个山顶之间的低洼山脊处,形状像马鞍形,称为鞍部。

(5)盆地:四周高中间低的地形叫盆地,最低处称盆底。有的盆地没有泄水道,水都停滞在盆地中最低处。湖泊实际上是汇集有水的盆地。

地球表面的形状虽然千差万别,但都可看作是一个不规则的曲面。这些曲面是由不同方向和不同倾斜度的平面所组成,两相邻倾斜面相交处即为棱线,山脊和山谷都是棱线,也称为地貌特征线,如果将这些棱线端点的高程及平面位置测定,则棱线的方向和坡度也就确定。

地面坡度变化的地方,较显著的有山顶点、盆地中心最低点、鞍部最低点、谷口点、山脚点、坡度变换点等,这些都称为地貌特征点。

（四）地形图比例尺

ZBB028　国家
基本比例尺的
含义

中国国家基本比例尺地形图是根据国家颁布的测量规范、图式和比例尺系统测绘或编绘的全要素地图，也可简称"国家基本地形图""基础地形图""普通地图"等。

世界各国采用的基本比例尺系统不尽相同，目前中国采用的基本比例尺系统为：1∶500、1∶1000、1∶2000、1∶5000、1∶10000、1∶2.50000、1∶50000、1∶100000、1∶250000、1∶500000、1∶1000000等11种，它们是国家基本比例尺地形图。过去曾用1∶200000，后改为1∶250000。基本地形图是经济建设、国防建设和文教科研的重要图件，又是编绘各种地理图的基础资料，其测绘精度、成图数量和速度等是衡量国家测绘技术水平的重要标志。

比例尺是指图上直线长度 d 与相应地面水平距离 D 之比。比例尺的形式主要有数字比例尺和直线比例尺。

ZBB021　数字
比例尺的含义

为了使比例尺的意义更直观、明确，通常将数字比例尺化为分子为1的分数，分母用一个比较大的整数 M 表示。M 越大，比例尺的值就越小；M 越小，比例尺的值就越大，如数字比例尺 1∶500>1∶1000。称比例尺为 1∶500、1∶1000、1∶2000、1∶5000 的地形图为大比例尺地形图；称比例尺为 1∶10000、1∶2.50000、1∶50000、1∶100000 的地形图为中比例尺地形图；称比例尺为 1∶200000、1∶500000、1∶1000000 的地形图为小比例尺地形图。

我国规定 1∶500、1∶1000、1∶2000、1∶5000、1∶10000、1∶25000、1∶50000、1∶100000、1∶250000、1∶500000、1∶1000000 等11种比例尺地形图为国家基本比例尺地形图。

中比例尺地形图系国家的基本地图，由国家专业测绘部门负责测绘，目前均用航空摄影测量方法成图，小比例尺地形图一般由中比例尺地图缩小编绘而成。

城市和工程建设一般需要大比例尺地形图，其中比例尺为 1∶500 和 1∶1000 的地形图一般用平板仪、经纬仪或全站仪等测绘；比例尺为 1∶2000 和 1∶5000 的地形图一般用由1∶500 或 1∶1000 的地形图缩小编绘而成。1∶500~1∶5000 的地形图也可以用航空摄影测量方法成图。

ZBA022　图纸
抄录方法

（五）图纸抄录方法

地图就是依据一定的数学法则，使用制图语言，通过制图综合在一定的载体上，表达地球上各种事物的空间分布、联系及时间中的发展变化状态的图形。地图必须概括和抽象地反映地图对象的带有规律性的类型特征。

制图综合就是对制图现象的取舍和概括。制图综合的程度受三种基本因素的影响：一是地图的用途，主要决定地图所应表示和着重表示哪些方面的内容；二是地图比例尺，主要决定地图内容表示的详细程度；三是制图区域的地理特点。

地图是以缩小的形式表达制图对象。制图对象形状的概括，是按照一定的综合标准，通过删除、夸大、合并、分割和位移等综合手法实现对图形的化简。制图对象数量和质量特征的概括，是以扩大数量指标的间隔或减少分类分级及减少制图对象中的质量差异来体现的。在实施过程中，不能单一考虑某一因素，必须全面考虑它们之间的相互联系和相互制约关系。此外，在对各个要素综合时，还必须分别注意其分布密度、弯曲程度和面积对比等，使图上内容及其表达程度能够合理而正确地反映客观实际。当制图图形及其间隔小到不能详细区分时，可以采用合并同类物体细部的办法来反映物体的主要特征。在制图中，对于按比例缩小的物体无法清晰表示时可以进行概括删除。

在抄录图纸时，应选取图纸的主要信息、主要特征进行抄写绘制。在抄录时注意图纸的比例尺、方向及各地物的名称。

四、地图投影

ZBB001 地图投影的概念

（一）地图投影基本概念

地图投影是利用一定数学法则把地球椭球体面上的经纬线网投影到平面上的理论和方法。

由于地球是一个赤道略宽两极略扁的不规则球体，故其表面是一个不可展平的曲面，所以运用任何数学方法进行这种转换都会产生误差和变形，为按照不同的需求缩小误差，就产生了各种投影方法。

地图投影的实质就是将地球椭球面上的地理坐标转化为平面直角坐标，是将椭球面上的点、线和图形，按一定的数学法则变换为可展面上的点、线和图形。

由于球面上任意一点的位置是用地理坐标表示的，而平面上点的位置是用直角坐标或极坐标表示的，所以要想将地球表面上的点转移到平面上，必须采用一定的方法来确定地理坐标与平面直角坐标或极坐标之间的关系。在地图投影过程中，无法使投影前后的图形保持完全一致，地图投影变形是球面转化成平面的必然结果，没有变形的投影是不存在的。对某一地图投影来讲，不存在这种变形，就必然存在另一种或两种变形。但制图时可做到：在有些投影图上没有角度或面积变形；在有些投影图上沿某一方向无长度变形，如正形投影就是使投影前后的角度变形为零，即投影前后的图形保持相似。在地图投影中，应采用适当的投影方式使各种投影变形小到可接受的程度。

ZBB002 地图投影的意义

地球椭球体表面是个曲面，而地图通常是二维平面，因此在地图制图时首先要考虑把曲面转化成平面。传统大地测量成果是在参考椭球面上处理的，而直接供人们使用的普通测量成果如地形图是在平面图纸上表示的。然而，从几何意义上来说，球面是不可展平的曲面。要把它展成平面，势必会产生破裂与褶皱。这种不连续的、破裂的平面是不适合制作地图的，所以必须采用特殊的方法来实现球面到平面的转化。

（二）投影方式

根据需要可选择不同的投影方式。

1. 等角投影、等积投影、任意投影

等角投影，又称正形投影，指投影面上任意两方向的夹角与地面上对应的角度相等。在微小的范围内，可以保持图上的图形与实地相似；不能保持其对应的面积成恒定的比例；图上任意点的各个方向上的局部比例尺都应该相等；不同地点的局部比例尺，是随着经、纬度的变动而改变的。

等（面）积投影是指地图上任何图形面积经主比例尺放大以后与实地上相应图形面积保持大小不变的一种投影方法。等积投影相反，保持等积就不能同时保持等角。

任意投影为既不等角也不等积的投影，其中还有一类"等距（离）投影"，在标准经纬线上无长度变形，多用于中小学教学图。

2. 几何投影和非几何投影

（1）几何投影：利用透视的关系，将地球椭球体面上的经纬网投影到平面上或可展位平面的圆柱面和圆锥面等几何面上。分为以下几种：

平面投影，又称方位投影，是将地球表面上的经、纬线投影到与球面相切或相割的平面上去的投影方法。平面投影大都是透视投影，即以某一点为视点，将球面上的图像直接投影到投影面上去。

圆锥投影，用一个圆锥面相切或相割于地面的纬度圈，圆锥轴与地轴重合，然后以球心为视点，将地面上的经、纬线投影到圆锥面上，再沿圆锥母线切开展成平面。投影地图上纬线为同心圆弧，经线为相交于地极的直线。

圆柱投影，用一圆柱筒套在地球上，圆柱轴通过球心，并与地球表面相切或相割，将地面上的经线、纬线均匀地投影到圆柱筒上，然后沿着圆柱母线切开展平，即成为圆柱投影图网。

多圆锥投影，投影中纬线为同轴圆圆弧，而经线为对称中央直径线的曲线。

(2)非几何投影分以下几种：

ZBB003 地图投影的分类

伪方位投影，在正轴情况下，伪方位投影的纬线仍投影为同心圆，除中央经线投影成直线外，其余经线均投影成对称于中央经线的曲线，且交于纬线的共同圆心。

伪圆柱投影，在圆柱投影基础上，规定纬线仍为同心圆弧，除中央经线仍为直线外，其余经线则投影成对称于中央经线的曲线。

伪圆锥投影，投影中纬线为同心圆圆弧，经线为交于圆心的曲线。

3.正轴投影、斜轴投影及横轴投影

正轴投影(重合)：投影面的中心线与地轴一致。

斜轴投影(斜交)：投影面的中心线与地轴斜交。

横轴投影(垂直)：投影面的中心线与地轴垂直。

4.切投影和割投影

投影面与椭球面相切完成的投影为切投影；投影面与椭球面相交，分割椭球面完成的投影为割投影。

ZBB004 选择地图投影应考虑的因素

(三)选择地图投影应考虑的因素

地图变形与制图区域大小有关，制图区域越大，则投影选择越复杂，制图区域的大小是根据投影所能达到的最大变形值来确定的。对很小的区域，无论采用什么样的投影方案，其变形都是很小的。以我国最大的新疆维吾尔自治区为例，其区域范围的大小对整个地球表面来说是"不大的"，所以为该区设计任何投影方案都是可行的。然而，像世界地图、半球地图、各大洲与大洋地图等，其区域范围很大，投影所产生的变形亦很大，所以需要考虑的投影方案有很多，使投影选择变得复杂。一般规定为，当制图区域的面积不超过 $5 \times 10^6 \sim 6 \times 10^6 \text{km}^2$ 时，即在常用投影中长度变形约为 0.5% 时，称为"不大的"区域；当制图区域面积大于 3500 万至 4000 万平方千米时，即在投影中长度变形达 2%~3% 时，称为"中等"区域；如果制图区域在投影中的长度变形大于 3% 时，就称为"大区域"。

除了制图区域的大小对投影的选择有影响以外，制图区域的形状、地理位置也决定了某一区域适用的投影方案。选用投影方案时最好使等变形线与制图区域的轮廓形状基本一致。方位投影的变形线的形状是以投影中心为圆心的圆形，所以它最适合表示具有圆形轮廓的区域；两极及其附近地区采用正轴方位投影、以赤道为中心的地区采用横轴方位投影、中纬地区采用斜轴方位投影。当制图区域沿东西方向延伸且处于中纬地区时,则宜采用正轴圆锥投影,如中国、美国等。当制图区域在赤道附近或处于赤道两侧沿东西方向延伸时,应采用正轴圆柱投影,如印度尼西亚。当制图区域沿南北方向延伸,一般采用横轴圆柱投影和多圆锥投影,如南美洲的阿根廷、智利。对于任意方向延伸的地区,可选用斜轴圆柱投影。

在世界地图中常用墨卡托投影(等角正轴投影)来绘制世界航线图、世界交通图、世界时区图,也有用任意圆柱投影绘制时区图。我国出版的世界地图多采用等差分纬线多圆锥投影,这对于表现我国形状以及与四邻的对比关系较好,但投影的边缘地区变形较大。对东、西半球地图常选用横轴方位投影,南、北半球图选用正轴方位投影,水、陆半球图则选用斜轴方位投影。

ZBA001 地球
的形状
ZBA002 地球
的大小

五、大地坐标量算

(一)地球的形状和大小

地球是个球体,各种测量工作都是在地球表面进行的。地球表面并不是平坦和规则的,有高山、深谷、丘陵、平原、江河、湖泊和海洋等,它是一个起伏不平的表面。这个起伏变化又不规则的表面称为地球的自然表面。在地球的自然表面上,海洋约占总面积的71%,陆地约占总面积的29%,地球上最高的山是珠穆朗玛峰,最深的海是马里亚纳海沟,高低相差近20km,但是与地球的平均半径6370.9km来说仍然是一个微小的数值,所以可以认为地球总的形状是被海水包围的球体。在地球表面上,由任一静止的海水面扩展延伸,穿过大陆和岛屿,并将整个地球包围起来的面,称为水准面。水准面处与铅垂线垂直。实际上海水不是静止的,所以有无数个海水面,也就有无数的水准面,其中不受潮汐和海浪影响的海水面为平均海水面,称经过平均海水面的水准面为大地水准面,大地水准面所包围的形体为大地体。大地体的形状就是地球的形状,它是一个两极略为扁平,中间稍微膨大,北极凸出,南极凹进的椭球形状。如果在这样一个不规则的表面上建立坐标系统,进行成果资料整理与计算,以确定大面积乃至整个地球面上各点的坐标将是极为困难的事情,会给测量成果资料的处理、分析带来极大的麻烦。因此,必须选用与地球极为相似而又规则的球体面作为测量的基准面,这就是大地水准面和参考椭球体面。

大地水准面接近地球表面,可以作为高程的起算面,但是由于地壳内物质密度分布不均匀,使地面各处引力不同,引起地面各点的垂线方向不一致,从而使大地水准面成为一个复杂的物理曲面。在这个曲面上无法进行测量计算,因此,用一个最接近大地体的规则数学形体来代替大地体,这个形体就是参考椭球体。

参考椭球的形状和大小是由其长半轴a、短半轴b及扁率α决定的,参考椭球上每个子午圈为一个椭圆,椭圆的长轴就是参考椭球的长轴,长轴的一半为长半轴。同理,椭圆的短轴是参考椭球的短轴,短轴的一半为短半轴。由于地球参考椭球呈两极略扁的椭球,所以参考椭球的长半轴就是赤道的半径,短半轴就是参考椭球旋转轴的半轴长。如图3-1-1所示,这三个元素称为参考椭球的基本元素,其相互关系为:

$$\alpha = \frac{a-b}{a} \qquad\qquad (3-1-3)$$

式中　α——参考椭球扁率;

　　a——参考椭球长半轴；

　　b——参考椭球短半轴。

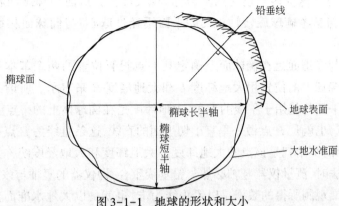

图 3-1-1　地球的形状和大小

　　不同的国家,不同的地区,不同的年代,计算和使用的参考椭球参数不同。如 WGS-1984 世界坐标系的参考椭球参数为:$a = 6378137$m,$b = 6356752.3142$m,$\alpha = 0.00335281066474$。而我国石油物探长期使用的 1954 北京坐标系参考椭球来源于苏联克拉索夫斯基测得,其基本参数为:$a = 6378245$m,$b = 6356863.01877$m,$\alpha = 1/298.3 = 0.003352329869$。

　　随着测绘科学技术的发展,我国一直在计算和修正参考椭球参数,先后计算和采用了"中国 1980 大地坐标系"参考椭球、"CGCS2000 国家大地坐标系"参考椭球等。

ZBA006　椭球长半轴的含义
ZBA007　椭球扁率的含义

　　地球参考椭球的扁率很小,一般情况下可以将地球视为圆球,其平均半径约为 6371km。由于地球半径很大,地球曲率很小,因此对于面积不大的测量区域的球面可以视作平面。

ZBA011　地理坐标的定义

(二)大地坐标系统

　　一个点在空间的位置需要三个量来确定。在测量工作中,这三个量通常用该点在基准面上的投影位置和该点沿投影方向到基准面的距离来表示。

　　以地球自转轴和地心为基准建立,以纬度、经度来确定地面点绝对位置的坐标系统称为地理坐标系统。通过地球南北极的平面称为子午面,子午面与地球表面的交线称为子午线,子午线有无数条,其中经过英国格林尼治天文台的子午面为起始子午面,起始子午面与地球表面的交线为起始子午线。起始子午面是地理坐标经度的起算面,任一点的地理经度是该点的子午面与起始子午面的夹角。过地心垂直于地球自转轴的平面为赤道面,赤道面与地球表面相交成赤道,赤道面是地理纬度的起算面,地面上任一点的纬度是该点的铅垂线与赤道面的夹角。

　　由于地球是个不规则椭球,所以通常以参考椭球旋转轴和参考椭球球心为基础建立,以大地纬度、大地经度来确定地面点绝对位置的坐标系统称为大地坐标系统。在实际工作中,由于参考椭球更容易计算和表达,所以常见的纬度和经度为大地坐标系统。

ZBA008　大地坐标的定义

　　假设 NS 为参考椭球的旋转轴,N 表示北极,S 表示南极。通过椭球旋转轴的平面称为子午面,而其中通过原英国格林尼治天文台的子午面称为起始子午面,子午面与椭球面的交线称为子午圈,也称子午线,子午线有无数条,过地面上任一点的子午圈与椭球面的交线为该点的子午线,也称为该点的经线,经线是经过椭球自转轴或参考椭球南极和北极的椭圆曲线。起始子午面与椭球的交线只有 1 条,称为本初子午线,或起始子午线。通过椭球中心且与椭球旋转轴正交的平面称为赤道面,赤道面与椭球面相截所得的曲线称为赤道。其他与参考椭球旋转轴正交的平面不经过球心,与椭球面相截所得的曲线为平行圈,也称纬圈。

ZBA003　子午线的含义

起始子午面与赤道面是在椭球面上确定某一点投影位置的两个基本平面。在测量工作中某点在椭球上的位置用大地纬度 L 和大地经度 B 来表示。所谓某点的大地经度是通过该点的子午面与起始子午线的夹角;大地纬度是在椭球体上的一点 P 做一平面与椭球面相切,过切点,也就是 P 点做一垂直于切平面的直线,这条直线为 P 点在椭球面上的法线,法线与赤道面的交角就是该点的大地纬度。大地纬度和大地经度统称为大地坐标。当使用天文测量方法时,测量仪器竖轴必然与铅垂线重合,即仪器的竖轴与该点的大地水准面相垂直。因此天文观测所得的数据是以铅垂线为准,也就是以大地水准面为依据。由天文观测求得的点的位置用天文经度和天文纬度表示。卫星定位技术产生和发展以后,可以通过卫星定位测量方法来测定。

天文经度和天文纬度换算成大地经度和大地纬度需要经过改化计算。在普通测量工作中,由于要求的精确度不高,所以可以不考虑这种改化,也就是说,日常工作中,可以认为大地经度和大地纬度就是天文经度和天文纬度、地理经度和地理纬度。

ZBA004　经度的概念

不论大地经度 L 或是天文经度 λ 都要从一个起始子午面算起,即经过英国格林尼治天文台的子午面。在格林尼治以东的点从起始子午面向东计,由 0°～180° 称为东经。同样,在格林尼治以西的点,则从起始子午面向西计,由 0°～180°,称为西经。实际上东经 180° 与西经 180° 在同一个子午面上。我国各地的经度都是东经。

ZBA005　纬度的概念

不论大地纬度 B 或天文纬度 ϕ 都从赤道面起算。在赤道以北的点,其纬度从赤道面向北计,由 0°～90°,称为北纬,北极的纬度是北纬 90°。在赤道以南的点,其纬度由赤道面向南计,也是由 0°～90°,称为南纬,南极的纬度是南纬 90°。我国疆域全部在赤道以北,各地的纬度都是北纬。

ZBA009　大地坐标的表示方法

（三）大地坐标量算方法

大量的地图采用了大地坐标来规范和描述地物和地貌的位置,特别是小比例尺地图,如中国地图、世界地图、交通地图等,小于 1∶50000 的地形图也用大地坐标作为数学元素为测绘工作提供参考,用户可以通过在图纸上量算,取得目标点的大地坐标数值。

在大地坐标系中,地面点的空间位置用大地经度、大地纬度和海拔高来表示。大地坐标的纬度和经度用角度表示,单位一般为度分秒,如北纬 37°17′28″,东经 117°22′35″。与时间、角度的单位一样,经度和纬度的度分秒之间是六十进制换算关系。也有的经度和纬度数据以度为单位,如北纬 37.29111111°,东经 117.37638888°,其换算关系为十进制。在仪器设置、电子地图、数据计算等环境下,经常用字母 E 代表东经,字母 W 代表西经,字母 N 代表北纬,字母 S 代表南纬,如 N37°17′28″,E117°22′35″。

ZBA010　图纸大地坐标量算方法

图纸上用大地坐标格网线作为框架绘制地形地物,为了减少地形地物变形,通过一定方法投影并绘制在图纸上的经线和纬线都是弯曲的,即图纸上的大地坐标格网线是纵横的曲线,其中水平格网线也叫纬线,表示纬度,竖直格网线也叫经线,表示经度。经线和纬线交叉形成的网格是由四条曲线形成的,既不是正方形、长方形,也不是梯形,而且横向和纵向的坐标差也不一定相等。所以,在图纸上量测大地坐标点的时候,首先要分别计算大地坐标格网的纬差和经差,通过直尺量出目标点距离四条相邻曲线的距离来内插出点位大地坐标。

六、平面直角坐标量算方法

(一)空间直角坐标

ZBA012 空间直角坐标的定义

随着卫星大地测量技术的不断发展和应用,空间直角坐标系越来越为人所熟悉。空间直角坐标系用来表示空间一点的位置。坐标系的原点在地球参考椭球的中心,有三个坐标轴。其中 z 轴与椭球的旋转轴重合,也就是椭球的短轴,指向北极方向,x 轴与赤道面和起始子午面的交线重合,y 轴与 x 轴、z 轴形成的平面垂直,垂足为参考椭球球心,指向东方。x、y、z 构成右手坐标系,即当右手拇指指向 x 轴,食指指向 y 轴,则中指就是 z 轴的方向。任一点的空间直角坐标用 (x,y,z) 表示,单位为 m。如地面某点的坐标为:$x=-2456743.765$m,$y=3648912.212$m,$z=4603232.967$m。

通过公式,空间直角坐标系坐标可以转换为大地坐标系坐标,大地坐标也很容易转换为空间直角坐标。空间直角坐标被广泛应用于卫星定位测量,常用的导航仪、RTK 作业时的坐标系统转换参数中的三个平移参数 ΔX、ΔY、ΔZ 就是两个不同的坐标系统的空间直角坐标原点相互之间的差异量,也就是一个空间直角坐标系原点在另一个空间直角坐标系上的坐标。

(二)高斯投影

ZBB005 高斯投影的概念

地图是一个平面,地球表面是一个曲面,将地球表面上的地物和地貌测绘到平面自然会产生变形。测绘面积不大时,可视地面为平面,不考虑变形。但是做大范围的测绘工作时,就需要按照一定的数学法则将地球椭球上的经纬线网投影到平面上,其方法称为地图投影。高斯投影是地图投影中的一种,是高斯在 1816—1820 年首先提出来的,后经克吕格加以补充,称为高斯-克吕格投影,简称高斯投影。

设想一个横圆柱面套在地球外面,垂直于圆柱横截面的母线经过地球椭球的旋转轴,并使圆柱的中心轴通过地球椭球球心,与椭球自转轴垂直,这时椭球体上的某子午线正好与横圆柱面相切,这条子午线称为投影的中央子午线。地球椭球上的经线、纬线和点向横圆柱面上投影,然后将横圆柱沿母线展开成平面,此面称为高斯投影面。

高斯投影是一种正形投影,也叫等角横切椭圆柱投影,有如下特点:

(1)中央子午线投影后无长度变形,离开中央子午线越远,长度变形越大。

(2)中央子午线和赤道投影后成为相互垂直的直线,具有完全固定的位置,因此采用它们作为高斯直角坐标系的坐标轴,中央子午线投影后的直线为 x 轴,赤道投影后的直线为 y 轴。

(3)除中央子午线和赤道投影后为直线外,其他经线和纬线在投影面上的投影为曲线,并且向两极收敛。

ZBB007 投影分带的概念

(4)角度投影后仍保持不变。

由以上特征可知,高斯投影后,除了中央子午线外,都存在着不同程度的长度变形,长度变形随着离开中央子午线越远其变形越大。因此为了将变形限制一定的范围内,将地球椭球以经差按 6°、3°、1.5°等分成若干条带,分别进行高斯投影,这样就产生了高斯投影 6°分带和 3° 分带的概念。石油勘探工作中主要使用高斯投影 6° 分带。

ZBB023 高斯投影 6° 分带方法

ZBB006 中央子午线的概念

高斯投影 6° 分带是从 0° 子午线起，每隔经差 6° 自西向东分带，即带宽为 6°，带号依次编为第 1 带、第 2 带、第 3 带等。每个分带的中央子午线为分带中间的子午线，即第 1 带经度从 0°～6°，其中央子午线为 3° 经线，以此类推，任一 6° 分带的中央子午线为：

$$L_0 = 6° \cdot N - 3° \tag{3-1-4}$$

式中　L_0——第 N 带的中央子午线；

　　　N——投影带号。

ZBB024 高斯投影 3° 分带方法

高斯投影 3° 分带是从 1°30′ 子午线起，每隔经差 3° 自西向东分带，即带宽为 3°，带号依次编为第 1 带、第 2 带、第 3 带等。每个分带的中央子午线为分带中间的子午线，即第 1 带经度从 1°30′～3°，其中央子午线为 3° 经线，以此类推，任一 3° 分带的中央子午线为：

$$L_0 = 3° \cdot N \tag{3-1-5}$$

式中　L_0——第 N 带的中央子午线；

　　　N——投影带号。

ZBB025 平面直角坐标系的概念

（三）平面直角坐标系

平面直角坐标系是指在一个平面上，利用两个相互垂直的直线作为坐标轴建立二维平面坐标系统。数学上的平面直角坐标系是用 y 轴作为纵坐标轴，x 轴作为横坐标轴，y 轴竖直向上为正，x 轴水平向右为正。测绘工作中使用的平面直角坐标系与之有所区别，用 x 轴作为纵坐标轴，y 轴作为横坐标轴，x 轴竖直向上为正，y 轴水平向右为正。由于测绘使用的方位角是从 x 轴正方向顺时针方向增加，与数学规定的刚好相反，所以，数学平面直角坐标系中三角函数关系在测绘平面直角坐标系中完全适用。

地球椭球经过高斯投影后成为一个平面，即高斯投影面。在高斯投影面上，以每一个高斯投影带的中央子午线的投影作为纵坐标轴 x，以赤道的投影作为横坐标轴 y，两轴交点作为坐标原点，建立平面直角坐标系，由于建立在高斯投影的基础上，所以称为高斯投影平面直角坐标系或高斯平面直角坐标系，在日常测量工作中，简称平面直角坐标系。

每个高斯投影带有一个平面直角坐标系。纵坐标 x 由赤道向北为正，向南为负，用 x 或 N 表示；横坐标 y 由中央子午线向东为正，向西为负，用 y 或 E 表示。我国处于北半球，所以 x 始终为正值。横坐标 y 在每个投影带内有正有负，此横坐标称为自然坐标。为了使用方便，避免出现负值，统一将每个投影带纵坐标轴向西移动 500km，及将 y 值均加 500km。同时，为了表明坐标属于第几投影带，在横坐标 y 值前面写上带号，这种坐标值称为通用坐标。如 20 带坐标：

自然坐标：$x = 5011987.7 \text{m}$　　$y = -10362.7 \text{m}$

通用坐标：$x = 5011987.7 \text{m}$　　$y = 20489637.3 \text{m}$

ZBB026 平面直角坐标的表示方法

（四）平面直角坐标的变换

某一点在一个平面直角坐标系中的坐标为 (x_1, y_1)，那么在同一个平面的另一个平面直角坐标系中的坐标会发生变化，成为 (x_2, y_2)，它们之间可以通过平移和旋转来变换（图 3-1-2）。

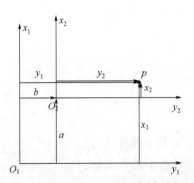 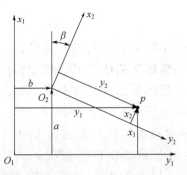

图 3-1-2 平面直角坐标变换示意图

1. 平移

设某一点 P 在坐标系 $X_1O_1Y_1$ 中的坐标为 (x_1,y_1)，在坐标系 $X_2O_2Y_2$ 中的坐标为 (x_2,y_2)，坐标系 $X_1O_1Y_1$ 与 $X_2O_2Y_2$ 的坐标轴方向一致，原点 O_2 在坐标系 $X_1O_1Y_1$ 坐标系中的坐标为 (a,b)，则 P 点在坐标系平移前后之坐标关系为：

$$\begin{cases} x_1 = x_2 + a \\ y_1 = y_2 + b \end{cases} \tag{3-1-6}$$

式中　x_1——坐标系 $X_1O_1Y_1$ 中的纵坐标；

　　　y_1——坐标系 $X_1O_1Y_1$ 中的横坐标；

　　　x_2——坐标系 $X_2O_2Y_2$ 中的纵坐标；

　　　y_2——坐标系 $X_2O_2Y_2$ 中的横坐标；

　　　a——坐标系 $X_2O_2Y_2$ 原点在 $X_1O_1Y_1$ 坐标系中的纵坐标；

　　　b——坐标系 $X_2O_2Y_2$ 原点在 $X_1O_1Y_1$ 坐标系中的横坐标。

2. 旋转

设某一点 P 在坐标系 $X_1O_1Y_1$ 中的坐标为 (x_1,y_1)，在坐标系 $X_2O_2Y_2$ 中的坐标为 (x_2,y_2)，坐标系 $X_1O_1Y_1$ 与 $X_2O_2Y_2$ 的坐标轴方向不一致，两个坐标系相应的坐标轴成夹角 β，原点 O_2 与原点 O_1 重合，则 P 点在坐标系旋转前后之坐标关系为：

$$\begin{cases} x_1 = x_2 \cdot \cos\beta - y_2 \cdot \sin\beta \\ y_1 = y_2 \cdot \cos\beta + x_2 \cdot \sin\beta \end{cases} \tag{3-1-7}$$

式中　x_1——坐标系 $X_1O_1Y_1$ 中的纵坐标；

　　　y_1——坐标系 $X_1O_1Y_1$ 中的横坐标；

　　　x_2——坐标系 $X_2O_2Y_2$ 中的纵坐标；

　　　y_2——坐标系 $X_2O_2Y_2$ 中的横坐标；

　　　β——坐标系 $X_1O_1Y_1$ 与 $X_2O_2Y_2$ 中的坐标轴旋转角。

ZBB027 平面直角坐标的变换

3. 平移旋转

设某一点 P 在坐标系 $X_1O_1Y_1$ 中的坐标为 (x_1,y_1)，在坐标系 $X_2O_2Y_2$ 中的坐标为 (x_2,y_2)，坐标系 $X_1O_1Y_1$ 与 $X_2O_2Y_2$ 的坐标轴方向不一致，两个坐标系相应的坐标轴成夹角 β，且原点 O_2 在坐标系 $X_1O_1Y_1$ 坐标系中的坐标为 (a,b)，则 P 点在坐标系平移及旋转前后之坐标关系为：

$$\begin{cases} x_1 = x_2 \cdot \cos(\beta) - y_2 \cdot \sin(\beta) + a \\ y_1 = y_2 \cdot \cos(\beta) + x_2 \cdot \sin(\beta) + b \end{cases}$$ (3-1-8)

式中　x_1——坐标系 $X_1O_1Y_1$ 中的纵坐标；

　　　y_1——坐标系 $X_1O_1Y_1$ 中的横坐标；

　　　x_2——坐标系 $X_2O_2Y_2$ 中的纵坐标；

　　　y_2——坐标系 $X_2O_2Y_2$ 中的横坐标；

　　　a——坐标系 $X_2O_2Y_2$ 原点在 $X_1O_1Y_1$ 中坐标系中的纵坐标；

　　　b——坐标系 $X_2O_2Y_2$ 原点在 $X_1O_1Y_1$ 中坐标系中的横坐标；

　　　β——坐标系 $X_1O_1Y_1$ 与 $X_2O_2Y_2$ 中的坐标轴旋转角。

平面直角坐标的变换方法常用于自定义平面直角坐标系之间或高斯平面直角坐标系与自定义平面直角坐标系之间的转换。

ZBB010 地球曲率对距离的影响

（五）地球曲率

当测区范围较小时，可以把水准面看作水平面。以下探讨用水平面代替水准面对距离、角度和高差的影响，以便给出限制水平面代替水准面的限度。

1. 对距离的影响

在普通测量工作中，完全可以将大地水准面和参考椭球面看作为圆球，用水平面代替水准面对距离的影响公式为：

$$\Delta D = \frac{D^3}{3R^2}$$ (3-1-9)

式中　ΔD——以水平长度 D' 代替弧长 D 所产生的误差；

　　　D——弧长；

　　　R——球面半径。

取地球半径 $R=6371\text{km}$，则可求出距离误差 ΔD 和相对误差 $\Delta D/D$，如表 3-1-1 所示。

表 3-1-1　水平面代替水准面的距离误差和相对误差

距离 D, km	距离误差 ΔD, mm	相对误差 $\Delta D/D$
10	8	1：1220000
20	128	1：200000
50	1026	1：49000
100	8212	1：12000

在实际测量工作中，当地面距离为 5km 时，用水平面代替水准面所产生的距离误差，与目前最精密的光电测距仪所产生的测距误差相比要小得多。

因此，在半径为 10km 的范围内进行距离测量时，可以用水平面代替水准面，而不必考虑地球曲率对距离的影响。

ZBB009 地球曲率对角度的影响

2. 对水平角的影响

从球面三角学可知，同一空间多边形在球面上投影的各内角和，比在平面上投影的各内角和大一个球面角超值 ε。一个三角形的球面角超值与球面三角形的面积成正比。

当面积为 100km² 时，进行水平角测量，可以用水平面代替水准面，而不必考虑地球曲率对距离的影响。

3. 对高程的影响

用水平面代替水准面对高程的影响公式为：

$$\Delta h = \frac{D^2}{2R} \tag{3-1-10}$$

式中　Δh——高程误差 mm；

　　　D——弧长 km；

　　　R——球面半径 mm。

以不同的弧长 D 值代入上式，可求出相应的高程误差 Δh，如表 3-1-2 所示。

表 3-1-2　水平面代替水准面的高程误差

弧长 D,km	0.1	0.2	0.3	0.4	0.5	1	2	5	10
Δh,mm	0.8	3	7	13	20	78	314	1962	7848

因此，用水平面代替水准面，对高程的影响是很大的。所以，在进行高程测量时，即使距离很短，也应顾及地球曲率对高程的影响。用水平面代替水准面所产生的高差误差，与水准测量所产生的高差误差相比要大得多，所以在水准测量中可以采用前后视距相等的方式消除地球曲率的影响。在进行测量工作时，可以通过地球曲率改正削弱用水平面代替水准面所产生的高差误差。

由于全球卫星定位测量方法是利用卫星进行的空间定位测量技术，不受地球曲率的影响。

七、物理点偏移设计方法

地球物理勘探作业中所布置的各种观测点统称物理点，包括重力勘探、磁法勘探、电法勘探中的各种测点、采样点，以及地震勘探中的激发点、接收点等。

一般每个工区的地震勘探采用统一的观测系统，炮点、检波点的相对位置关系保持不变，均匀分布炮检点，有利于地震资料的后处理。但是，受地表条件影响，很多炮点或检波点无法在理论设计位置施工作业，在障碍物区无法正常设置规则的激发线和接收线时，可设计特殊观测系统，简称特观或变观。特观设计就是在合理避开地表障碍物时的观测系统设计。

经过特观设计取得的地震资料不如按原标准设计取得的地震资料，所以特观设计是以降低资料品质为代价，换取低成本投入的一种选择。

特观设计的目的是保证勘探目标点的覆盖次数，特观设计的基本原理与地震勘探地震波的传播特性有关，即地震勘探利用地震波的透射、反射和折射定律来处理和分析地下目的层连续反射点的信息。

只有在物理点偏移的最大距离内加密炮检点，才能达到增加覆盖次数的目的。激发点在横向上和纵向上偏移的距离为该方向上检波点距的1/5，接收点在横向上和纵向上偏移的距离为该方向上激发点距的1/5，这样能够获得共反射点的另一路径信息。特观设计的炮检点位置必须满足原观测系统的面元大小和位置要求，特观设计网格纵横向长度一般为响应面元边长的2倍，多为1个道距。

地下管线、城镇房屋、养殖场地等对特观物理点的布设具有很大的影响。作为测量技术人员,可以通过地图或实地勘察,提前对地表障碍物进行调绘,将障碍物范围描绘到图纸上,提供施工技术人员进行特观设计。

当二维测线遇到大型障碍物时,首先考虑测线平移或进行折线设计,平移距离根据地形和障碍物情况及勘探目的要求确定,同时可以考虑进行8°角折线设计,即偏移后的测线与原设计测线形成的两个夹角均不大于8°。对于小型障碍物,如房屋院落、小型池塘等,二维测线可以偏移物理点。炮点的横向偏移距离不能大于一个道距,检波点的横向偏移距离不能大于一个道距。

当三维测线遇到大型村镇时,障碍物内部尽量布设物理点。因为一般障碍物的正常偏移变观,较浅的目的层易造成覆盖次数降低,连续性差。所以在障碍物内部深井小药量激发,可以有效保证较浅目的层的覆盖次数和连续性。

三维测线炮点一般炮点在炮线上纵向整道距偏移。当遇到鱼池、堤坝等狭长形的障碍物,纵向偏移过大时,在进行论证情况下,可以考虑进行非纵偏移。

根据地震波的叠加原理,二维物理点测量放样最大偏移距离应为道距的1/8,三维物理点测量放样最大纵向偏移距离应为道距的1/8,最大横向偏移距离应为同向面元边长的1/4。如道距为50m的二维观测系统,检波点的偏移距离应不大于6.25m。道距为40m的三维观测系统,激发点的纵向偏移应不大于5m。

地震资料采集过程中,测量物理点相对于设计位置偏移距离应不大于0.5m,也就是说,测量放样时允许放样误差为0.5m,特殊区域,如林区、山地可以放宽。需要提高放样精度的在施工设计时制定精度指标。

项目二　绘制测线高程曲线图

一、准备工作

(一)工具
2B铅笔1支、橡皮1块、40cm透明直尺1把。

(二)人员
1人独立笔试,劳动用品穿戴齐全。

二、操作规程

(一)绘制原点
(1)在图纸绘图区域内左下角,距离下边框和左边框1~2cm处选择格网交点;
(2)用铅笔绘制原点。

(二)绘制数轴
(1)经过原点向右绘制水平线,直到距离绘图区域右边框1~2cm处。
(2)在水平线右侧端点处绘制向右箭头。
(3)经过原点向上绘制垂直线,直到距离绘图区域上边框1~2cm处。

（4）在垂直线上侧端点处绘制向上箭头。

（三）标注点号

（1）查阅测线成果数据，检查需绘制高程剖面的成果点数量。

（2）根据成果点数量在横轴上均匀绘制刻度线。

（3）根据成果数据，以从小到大顺序在横轴下方刻度线处标注点号。

（四）标注高程

（1）查阅测线成果数据，检查需绘制高程剖面的成果点高程值的范围。

（2）根据高程值范围在横轴上均匀绘制刻度线，当高程范围较大时，必须绘制米刻度线，当高程范围较小时，可同时绘制分米甚至厘米刻度线。

（3）以从小到大顺序在纵轴刻度线左侧标注高程值。

（五）绘制曲线

（1）根据成果数据，读取点号及相对应的高程。

（2）纵向使用透明直尺，卡住标注的点号，依据纵轴刻度量测出高程所在位置。

（3）用铅笔绘制小圆点。

（4）依次展绘所有点的高程。

（5）用直线按点号顺序连接各展绘点。

三、技术要求

（1）所有制图内容必须在绘图区域内。

（2）选择原点位置要充分考虑绘图空间，应选择在绘图区域左下角，为数轴标注、高程剖面预留足够的空间。

（3）数轴必须水平或垂直，不可倾斜。

（4）数轴刻度必须均匀，刻度绘制区域必须超过数轴的二分之一，充分利用图纸空间。

（5）高程值展绘误差超过图上 2mm 为错误点。

（6）标注文字不可覆盖数轴或刻度线。

（7）高程剖面可用折线绘制，必须用直尺连续绘制直线线段。

（8）制图字体端正、清晰。

四、注意事项

（1）使用铅笔时注意不要扎伤。

（2）塑料透明直尺不可弯曲，有可能折断伤人。

（3）使用铅笔绘图时用力得当，可用浅色绘制草图，然后加黑颜色，便于修饰。

（4）制图前仔细检查测线成果数据，取得点号、高程范围，为绘制数轴做好准备。

（5）尽可能将点号均匀标注在整个横轴上，便于绘制和分辨。

（6）尽可能将高程范围均匀分布在整个纵轴上，便于展示高程变化。

（7）绘图时充分利用图纸预设的网格线，原点、刻度线尽量绘制在网格线交点上，便于测量和计数。

项目三　绘制物理点偏移设计草图

一、准备工作

（一）工具

2B 铅笔 1 支、橡皮 1 块、40cm 透明直尺 1 把。

（二）人员

1 人独立笔试，劳动用品穿戴齐全。

二、操作规程

（一）检查障碍物

（1）观察图纸上测线与测线经过的地形地物，找出影响物探施工安全的障碍物，如村镇、高压线、堤坝、湖泊等。

（2）用铅笔描画障碍物轮廓，面型障碍物如村镇用闭合轮廓线描画，线型障碍物用单线描画，点型障碍物用圆形描画。

（3）根据安全技术指标，用直尺沿测线量测安全距离，用铅笔绘制安全红线。

（二）偏移物理点

（1）观察图纸，圈定需要偏移的物理点，在需要偏移的物理点标示上画"×"。

（2）计算需要偏移的物理点数量。

（3）根据偏移点数量制定偏移方案，两个以上偏移点沿障碍物两侧均分，当需分配奇数点时向测线大号方向多偏移 1 个点。

（4）在安全红线外布设偏移点：在障碍物两侧按整道距安置被偏移的物理点，当偏移后的位置挤占原有物理点时，将原有物理点按点号顺序依次偏移，偏移后的点标示用◎表示。

（三）标注点号

（1）根据物理点原来的位置和偏移后的位置计算偏移量。

（2）在偏移后的点标示一侧标注点号及偏移量：点号使用原来设计的点号，向测线大号方向偏移，偏移量为正值，用"＋"前缀，向测线小号方向偏移，偏移量为负值，用"－"前缀。如 1234.5m+80m。

三、技术要求

（1）仔细阅读偏移安全技术要求，确定障碍物的种类及各隐患地物的安全距离。技术要求未提供的地物不计入障碍物范围。

（2）根据安全距离绘制安全红线，红线绘制误差不大于道距的 1/2。

（3）红线内的物理点需要偏移，需要偏移的物理点用"×"符号勾画，红线外被挤占的物理点需要偏移，但不在勾画范围内。

（4）物理点对称障碍物偏移，当偏移点数为奇数时，向测线大号方向多偏移 1 个点。

（5）偏移后的物理点必须在测线上，且按整道距偏移。

(6)在可能的条件下,物理点偏移量,即偏移距越小越好。

(7)偏移后的物理点标注原设计点号,点号后注释偏移量,向测线大号方向偏移,偏移量为正值,用"+"前缀,向测线小号方向偏移,偏移量为负值,用"−"前缀。

(8)制图文字工整,点线清晰。

四、注意事项

(1)使用铅笔时注意不要扎伤。

(2)塑料透明直尺不可弯曲,有可能折断伤人。

(3)使用铅笔绘图时用力得当,可用浅色绘制草图,然后加黑颜色,便于修饰。

(4)制图前仔细检查技术要求、地图内容等,掌握偏移原则,制定偏移方案。

(5)偏移后的测线物理点位置发生变化,点号大小顺序不变。

(6)仔细查看地图内容,不要遗漏障碍物和需要偏移的物理点。

(7)不要在图纸上演算或涂画无关的内容。

项目四　抄录施工图纸

一、准备工作

(一)工具

2B 铅笔 1 支、橡皮 1 块、40cm 透明直尺 1 把。

(二)人员

1 人独立笔试,劳动用品穿戴齐全。

二、操作规程

(一)绘制网格

(1)观察图纸,根据测线线段所占区域的大小计算抄绘图纸方里网的数量,纵向方里网,即垂直方向线数量,是从原图测线左端左侧相邻的网格线起至测线右端右侧相邻的网格线的数量;横向方里网,即水平线数量,是从原图测线下端下面相邻的网格线起至测线上端上面相邻的网格线的数量。

(2)在抄图纸上沿水平方向和垂直方向绘制横、纵方里网线。

(3)在方里网线的一端标注方里网坐标值。坐标值的范围应与测线所占的区域对应。纵向方里网坐标从原图测线左端左侧相邻的网格线坐标起至测线右端右侧相邻的网格线坐标;横向方里网坐标从原图测线下端下面相邻的网格线坐标起至测线上端上面相邻的网格线坐标。

(二)绘制测线

(1)观察图纸,以方里网为主要参照物目测或计算测线端点在原图的坐标位置。

(2)在抄图纸相应位置绘制测线线段。

(3)在线段端点标注测线端点点号。

（三）绘制村镇

（1）观测图纸，在抄图纸相应位置抄绘测线覆盖矩形区域内主要村镇、房屋等。

（2）标注村镇名称。

（四）绘制交通设施

观测图纸，在抄图纸相应位置，使用相应的线型，抄绘测线覆盖矩形区域内的铁路、公路等主要交通设施。

（五）绘制地貌

观察图纸，在抄图纸相应位置，使用相应的线型，抄绘测线覆盖矩形区域内的河流、湖泊、陡坡等地形。

三、技术要求

（1）根据制图区域需要绘制制图边框。

（2）方里网是制图的基准线，所以绘制的方里网必须均匀，且相互平行。

（3）方里网坐标是辨识方里网的基础数据，为了抄绘，应按照原图测线覆盖区域方里网坐标进行标注。

（4）测线端点、村镇、交通设施、地形地貌等位置误差不大于方里网间距的1/2。

（5）测线覆盖的矩形区域，村镇、交通、地形地物等信息均需要绘制。

（6）村镇名称按照原图抄绘。

（7）制图文字工整，点线清晰。

四、注意事项

（1）使用铅笔时注意不要扎伤。

（2）塑料透明直尺不可弯曲，有可能折断伤人。

（3）使用铅笔绘图时用力得当，可用浅色绘制草图，然后加黑颜色，便于修饰。

（4）制图前仔细检查原图内容，制定整体规划，然后局部设计。

（5）仔细查看原图，不要遗漏地图内容，测线覆盖矩形区域范围之外的地形地物可以不抄绘。

（6）绘图时充分利用图纸预设的网格线绘制方里网和展绘地形地物。

（7）不要在图纸上涂画无关的内容。

项目五　展绘大地坐标点

一、准备工作

（一）工具

科学计算器1个、2B铅笔1支、橡皮1块、40cm透明直尺1把。

（二）人员

1人独立笔试，劳动用品穿戴齐全。

二、操作规程

(一)展点

(1)确定坐标点所在的格网区域,该区域上水平格网线大于点纬度,下格网线小于点纬度,左格网线小于点经度,右格网线大于点经度。

(2)计算格网间纬度差 ΔB 和经度差 ΔL,相邻纬度格网线纬度值相减取绝对值得 ΔB,相邻经度格网线经度值相减取绝对值得 ΔL。

(3)用直尺量测相邻格网图上间距,得纬度格网间距 V_B、经度格网间距 V_L。

(4)计算点坐标与相邻水平格网 B_1 和相邻垂直格网 L_1(尽量取小于点坐标的格网)的纬差 D_B 和经差 D_L。

(5)计算点至相邻格网的图上距离:

$$S_B = \frac{D_B}{V_B} \cdot \Delta B$$

$$S_L = \frac{D_L}{V_L} \cdot \Delta L$$

(6)使用直尺从水平格网 B_1 开始纵向量取$\pm S_B$ 距离,轻轻绘制浅色水平线。

(7)使用直尺从垂直格网 L_1 开始横向量取$\pm S_L$ 距离,轻轻绘制浅色垂直线。

(8)在两条直线交点处绘制点,该点就是需要展绘的大地坐标点。

(9)标注点号。

(10)重复以上步骤,展绘第二个坐标点。

(二)检验

(1)用铅笔和直尺绘制两点之间连线。

(2)用直尺量测两点间距离。

三、技术要求

(1)可以根据计算需要自由选择适当的单位计算网格间坐标差、图上网格间距、点与相邻网格坐标差及坐标点与相邻网格线图上距离。

(2)图上展点横向和纵向误差不大于 1mm。

(3)按照给定点名进行标注,标注文字端正、清晰。

(4)点间距离量测误差小于 1mm,单位为 mm,保留 1 位小数。

(5)按照计算表计算,使用给定的格网进行展点。

四、注意事项

(1)使用铅笔时注意不要扎伤。

(2)塑料透明直尺不可弯曲,有可能折断伤人。

(3)使用铅笔绘图时用力得当,制作距离量测标记时可用浅色绘制,便于更正和修饰。

(4)展点前仔细确认坐标值,了解坐标格式。

（5）坐标点相邻格网线尽量选择小于点纬度和点经度的格网线,这样计算过程中可避免出现负数。

（6）大地坐标格网的横向间距和纵向间距不同,所以必须分别量取。

（7）计算过程中注意大地坐标度分秒格式的使用,如果使用计算器,必须提前了解计算器的度分秒格式转换方法,必要时携带个人常用计算器进行计算。

（8）不要在图纸上涂画无关的内容。

项目六　展绘平面直角坐标点

一、准备工作

（一）工具
科学计算器 1 个、2B 铅笔 1 支、橡皮 1 块、40cm 透明直尺 1 把。

（二）人员
1 人独立笔试,劳动用品穿戴齐全。

二、操作规程

（一）展点
（1）读取第一个点坐标(X_1,Y_1),确定坐标点所在的格网区域,该区域上水平格网线大于点纵坐标 X 值,下格网线小于 X 值,左格网线小于点横坐标 Y 值,右格网线大于 Y 值。

（2）计算格网间纵坐标差 ΔX 和横坐标差 ΔY,坐标点相邻两条水平格网线纵坐标值相减取绝对值得 ΔX,坐标点相邻两条垂直格网线横坐标值相减取绝对值得 ΔY。

（3）用直尺量测相邻格网图上间距,得纵坐标格网间距 V_X、横坐标格网间距 V_Y,理论上 $V_X = V_Y$。

（4）计算点坐标与相邻水平格网 F_{X1} 和相邻垂直格网 F_{Y1}（尽量取小于点坐标的格网）的纵坐标差 D_X 和横坐标差 D_Y:

$$\pm D_X = X_1 - F_{X1}$$
$$\pm D_Y = Y_1 - F_{Y1}$$

（5）计算点至相邻格网的图上距离:

$$\pm S_X = (D_X/V_X) \times \Delta X$$
$$\pm S_Y = (D_Y/V_Y) \times \Delta Y$$

（6）使用直尺从水平格网 F_{X1} 开始纵向量取 $\pm S_X$ 距离,轻轻绘制浅色水平线。

（7）使用直尺从垂直格网 F_{Y1} 开始横向量取 $\pm S_Y$ 距离,轻轻绘制浅色垂直线。

（8）在两条直线交点处绘制点,该点就是需要展绘的平面直角坐标点。

（9）标注点号。

（10）重复以上步骤展绘第二个坐标点(X_2,Y_2)。

（二）检验

（1）用铅笔和直尺绘制两点之间连线。

（2）计算纵坐标差和横坐标差：

$$\Delta X = X_2 - X_1$$

$$\Delta Y = Y_2 - Y_1$$

（3）计算两点间理论实地距离：

$$S = \sqrt{(X_2 - X_1)^2 + (Y_2 - Y_1)^2}$$

（4）计算两点间图上距离：

$$S_M = S \times 比例尺$$

（5）用直尺量测两点间图上距离。

三、技术要求

（1）可以根据计算需要自由选择适当的单位计算网格间坐标差、图上网格间距、点与相邻网格坐标差及坐标点与相邻网格线图上距离。

（2）图上展点横向、纵向误差不大于 1mm。

（3）按照给定点名进行标注，标注文字端正、清晰。

（4）点间距离量测误差小于 1mm，单位为 mm，保留 1 位小数。

（5）填写计算表，使用给定的格网进行展点。

四、注意事项

（1）使用铅笔时注意不要扎伤。

（2）塑料透明直尺不可弯曲，有可能折断伤人。

（3）使用铅笔绘图时用力得当，制作距离量测标记时可用浅色绘制，便于更正和修饰。

（4）展点前仔细确认坐标值，了解坐标格式。

（5）坐标点相邻格网线尽量选择小于点纵坐标和点横坐标的格网线，这样计算过程中可避免出现负数。

（6）平面直角坐标格网的横向间距和纵向间距相同，可以通过横纵两次量测进行检核。

（7）计算过程中存在检核数据，发现检核误差过大，在时间允许情况下可以及时纠正。

（8）不要在图纸上涂画无关的内容。

项目七　量算地图点高程

一、准备工作

（一）工具

科学计算器 1 个、2B 铅笔 1 支、橡皮 1 块、40cm 透明直尺 1 把。

（二）人员

1 人独立笔试，劳动用品穿戴齐全。

二、操作规程

该方法为两点线性内插方法，经过特征点的直线相交于相邻两条等高线，量取点到相邻等高线的距离，利用线性关系计算点在两条等高线间的位置，计算特征点的高程。

（一）判读等高线

(1)在地形图上找到要计算的特征点。

(2)找到特征点相邻的两条等高线。

(3)沿等高线查看在等高线上标注的高程，如果该等高线没有标注，可通过相邻首曲线或其他有标注的等高线推算该等高线的高程值。

（二）计算等高距

根据判读的特征点相邻两条等高线高程，数值小的高程记为 H_a，数值大的高程记为 H_b，计算两条等高线之间的高差，即等高距：

$$H_{ab} = H_b - H_a$$

（三）量测平距

(1)使用塑料直尺，过特征点绘制一条线段，使线段交于两条相邻等高线，切两交点之间距离最短。

(2)用直尺量测两交点之间线段的长度，即得等高线平距 L。

(3)沿线段量测特征点至相邻等高线（低值等高线）H_a 的距离 L_a。

（四）计算高程

(1)计算特征点至相邻等高线的高差：

$$d_H = \frac{L_a}{L} H_{ab}$$

(2)计算特征点的高程：

$$H_p = H_a + d_H$$

三、技术要求

(1)根据地形图等高线系统准确判读等高线的高程。

(2)计算的等高距保留整数。

(3)等高线平距、特征点至等高线的距离量测误差不大于 1mm。

(4)计算高差、高程保留 1 位小数，误差不大于图上 1mm。

(5)保持图纸整洁。

四、注意事项

(1)使用铅笔时注意不要扎伤。

(2)塑料透明直尺不可弯曲，有可能折断伤人。

(3)使用铅笔绘图时用力得当，在地图上不要留下浓重的痕迹。

（4）利用线性关系计算特征点在两条相邻等高线间的位置时，特征点至等高线、等高线至等高线之间的距离必须在一条直线上量测，由于等高线是不规则曲线，量测依据的直线与两条等高线尽量垂直，使交点之间距离最短，最能体现特征点与等高线的位置关系。

（5）量取特征点至等高线距离时原则上可以选取任一条等高线，建议选择低高程值的等高线，这样计算过程中可避免出现负数。

（6）不要在图纸上涂画无关的内容。

模块二　使用仪器

项目一　相关知识

一、卫星定位的概念

ZBC001　卫星
定位方法概述

（一）卫星定位简介

卫星定位技术是一项通过仪器观测卫星而进行测量的技术,较早的卫星定位系统是美国的子午仪系统,通过观测卫星运行期间信号的多普勒偏移来确定观测仪器位置,1958 年研制,1964 年正式投入使用。由于该系统卫星数较少,卫星运行高度较低,从地面观测到卫星的时间间隔较长,因而它无法提供连续的实时三维导航,而且精度较低。为满足军事部门和民用部门对连续实时和三维导航的迫切要求,研发了第二代卫星导航定位系统,即以美国的 GPS 为主要代表的 GNSS 全球导航卫星系统,它具有在海、陆、空进行全方位、实时三维导航与定位能力。目前已遍及国民经济各部门,并开始逐步深入人们的日常生活。

GNSS 是 Global Navigation Satellite System 的缩写,译为“全球导航卫星系统”。全球导航是相对于陆基区域性导航而言,以此体现卫星导航的优越性,是可以为全球任何地点的拥有特定装备的用户提供连续导航定位服务的一个或多个导航卫星系统及其增强系统。

ZBC004 GNSS
的定义

GNSS 是所有在轨工作的卫星导航系统的总称呼,是一个综合星座系统。目前主要包括 GPS 全球定位系统、GLONASS 全球导航卫星系统、BDS 北斗卫星导航系统、GALILE-O 卫星导航定位系统、WAAS 广域增强系统、EGNOS 欧洲静地卫星导航重叠系统、DORIS 星载多普勒无线电定轨定位系统、PRARE 精确距离及其变率测量系统、QZSS 准天顶卫星系统、GAGAN GPS 静地卫星增强系统、IRNSS 印度区域导航卫星系统等。

GNSS 的定位实质是把卫星视为“动态”的控制点,在已知其瞬时坐标的条件下,进行空间距离后方交会,确定用户接收机天线所处的位置。

GNSS 的工作原理,简单说来,是利用几何与物理上一些基本原理。首先假定卫星的位置为已知,而且能准确测定用户所在地点 A 至卫星之间的距离,那么 A 点一定是位于以卫星为中心、所测得距离为半径的圆球上。同时,又测得点 A 至另一卫星的距离,则 A 点一定处在前后两个圆球相交的圆环上。同理,还可测得与第三个卫星的距离,就可以确定 A 点只能是在三个圆球相交的两个点上。也就是说,要实现精确定位,其一是要确知卫星的准确位置;其二是要准确测定卫星至地球上用户所在地点的距离。

ZBC002　卫星
定位方法的基
本原理

卫星定位方法具有以下特点:

（1）全球全天候定位:GNSS 卫星的数目较多,且分布均匀,保证了地球上任何地方任何时间至少可以同时观测到 4 颗 GPS 卫星,确保实现全球全天候连续的导航定位服务。

（2）定位精度高：应用实践已经证明，GNSS 相对定位精度在 50km 以内可达 10^{-6}m，100～500km 可达 10^{-7}m，1000km 可达 10^{-9}m。RTK 精度达 1～2cm。

（3）观测时间短：随着 GNSS 系统的不断完善，软件的不断更新，目前，20km 以内相对静态定位，仅需 15～20min；快速静态相对定位测量时，当每个流动站与基准站相距在 15km 以内时，流动站观测时间只需 1～2min；采取实时动态定位模式时，每站观测仅需几秒钟。因而使用 GPS 技术建立控制网，可以大大提高作业效率。

（4）测站间无须通视：GNSS 测量只要求测站上空开阔，不要求测站之间互相通视，因而不再需要建造觇标。这一优点既可大大减少测量工作的经费和时间，同时也使选点工作变得非常灵活，也可省去经典测量中的传算点、过渡点的测量工作。

（5）仪器操作简便：随着 GNSS 接收机的不断改进，GNSS 测量的自动化程度越来越高，有的已趋于"傻瓜化"。另外，现在的接收机体积也越来越小，相应的重量也越来越轻，极大地减轻了测量工作者的劳动强度。

ZBC003　卫星定位方法的特点

（6）可提供统一的三维地心坐标：GPS 定位是在全球统一的 WGS-1984 坐标系统中计算的，其他的定位系统也使用相关的坐标系统，因此全球不同地点的测量成果是相互关联的。

（二）全球导航卫星系统

ZBC005　GPS系统基本组成

1. GPS 全球定位系统

目前世界使用最多的全球定位系统是美国的 GPS 系统，GPS 是英文 Global Positioning System 的简称，中文为全球定位系统。GPS 是 20 世纪 70 年代由美国陆、海、空三军联合研制的新一代空间卫星导航定位系统，其主要目的是为陆、海、空三大领域提供实时、全天候和全球性的导航服务。可对地面车辆、海上船只、飞机、导弹、卫星和飞船等各种移动用户进行全天候的、实时的高精度三维定位测速和精确授时。

GPS 全球定位系统由空间部分、地面控制部分、用户设备部分三部分组成。

1）空间部分

发射入轨能正常工作的 GPS 卫星的集合称为 GPS 卫星星座。GPS 卫星设计星座包括 21 颗正式的工作卫星和 3 颗活动的备用卫星，6 个轨道面，平均轨道高度 20200km，轨道倾角 55°，运行周期为 12 恒星时，保证在 24 小时，高度角 15°以上，能够同时观测到至少 4 颗卫星。每颗 GPS 工作卫星都发出用于导航定位的信号。GPS 用户正是利用这些信号来进行工作的。

2）地面控制部分

地面控制部分又称为地面监控系统。每颗 GPS 卫星所播发的星历，是由地面监控系统提供的。卫星上的各种设备是否正常工作，以及卫星是否一直沿着预定轨道运行，都要由地面设备进行监测和控制。地面监控系统的另一重要作用是保持各颗卫星处于同一时间标准，即 GPS 时间系统。GPS 工作卫星的地面监控系统包括 1 个主控站、3 个注入站和 5 个跟踪站。主控站的作用是收集各检测站的数据，编制导航电文，监控卫星状态；通过注入站将卫星星历注入卫星，向卫星发送控制指令；卫星维护与异常情况的处理。注入站的作用是将导航电文注入 GPS 卫星。跟踪站的作用是监测卫星状态，收集卫星数据并将数据送到主控站，为主控站编算导航电文提供观测数据。

3）用户设备部分

用户设备部分是指 GPS 信号接收机及相关设备。用户设备多数采用石英钟，作用是捕获、跟踪卫星并接收卫星信号，对接收的卫星信号进行变换、放大、解译和处理，测量 GPS 信号从卫星到接收机天线的传播时间，解释 GPS 卫星所发送的导航电文，实时计算出测站的三维坐标和时间等。

2. GLONASS 全球导航卫星系统

格洛纳斯（GLONASS），是俄语全球导航卫星系统 Global Navigation Satellite System 的缩写，是由俄罗斯独立研制和控制的第二代军用卫星导航系统，与美国的 GPS 相似，该系统也开设民用窗口，对 GLONASS 系统采用了军民合用、不加密的开放政策。

俄罗斯 GLONASS 系统标准设计为 24 颗卫星，系统拥有工作卫星 21 颗，分布在 3 个轨道平面上，同时有 3 颗备份星。每颗卫星都在 1.91 万千米高的轨道上运行，周期为 11 小时 15 分。因 GLONASS 卫星星座一直处于降效运行状态，目前只有 8 颗卫星能够正常工作。GLONASS 的精度要比 GPS 系统的精度低。

GLONASS 卫星与 GPS 卫星有许多不同之处，一是卫星发射频率不同，由于卫星发射的载波频率不同，GLONASS 可以防止整个卫星导航系统同时被干扰，因而具有更强的抗干扰能力。二是坐标系不同，GPS 使用世界大地坐标系，而 GLONASS 使用前苏联地心坐标系。三是时间标准不同，GPS 系统时与世界协调时相关联，而 GLONASS 则与莫斯科标准时相关联。

3. 北斗卫星导航系统

北斗卫星导航系统是中国自行研制的全球卫星导航系统，是继美国 GPS 全球定位系统、俄罗斯 GLONASS 全球导航卫星系统之后第三个成熟的卫星导航系统。

北斗卫星导航系统由空间段、地面段和用户段三部分组成，可在全球范围内全天候、全天时为各类用户提供高精度、高可靠定位、导航、授时服务，并具短报文通信能力，已经初步具备区域导航、定位和授时能力，定位精度 10m，测速精度 0.2m/s，授时精度 10ns。

北斗卫星导航系统空间段由 5 颗静止轨道卫星和 30 颗非静止轨道卫星组成，5 颗 GEO 静止轨道卫星定点位置为东经 58.75°、80°、110.5°、140°、160°，27 颗 MEO 中地球轨道卫星和 3 颗 IGSO 地球同步轨道卫星。运行在 3 个倾角为 55°的轨道面上，轨道面之间为相隔 120°均匀分布。2020 年左右，将建成覆盖全球的北斗卫星导航系统。

北斗卫星定位系统的主要功能是：

（1）定位，快速确定目标或者用户所处地理位置，向用户及主管部门提供导航信息。

（2）通信，用户与用户、用户与中心控制系统间均可实现双向简短数字报文通信。

（3）授时，中心控制系统每天在一定时间用无线电信号报告最精确的时间，同时为用户提供时延修正值。

北斗卫星导航定位系统，不受通信信号和空间距离的影响，一台主指挥机进行卫星定位后，可连接多部类似手机的北斗终端机，终端机每次可编写 40 多字的短信发送到指定手机上，非常有利于震区的救援信息传递。

（三）卫星定位的方式

GNSS 定位的方法多种多样，用户可以根据不同的用途采用不同的定位方法。GNSS 定位方法依据不同的分类标准，做如下划分：依定位采用的观测值可以分为伪距定位、载波相位定位。依定位模式可以分为绝对定位(又称为单点定位)、相对定位(又称为差分定位)。依时效可以分为：实时定位、非实时定位。依定位时的状态可以分为：动态定位、静态定位。

1. 伪距测量

伪距是指由卫星发射的测距码信号到达 GNSS 接收机的传播时间乘以光速可以得出的量测距离。由于卫星钟、接收机钟的误差以及无线电通过电离层和对流层中的延迟，实际测出的距离 ρ' 与卫星到接收机的几何距离 ρ 有一定的差值，而非真实距离，因此一般称量测出的距离为伪距。通俗理解伪距就是不真实的距离。

伪距测量是在用全球导航定位系统进行导航和定位时，用卫星发播的伪随机码与接收机复制码的相关技术，测定测站到卫星之间的、含有时钟误差和大气层折射延迟的距离的技术和方法。伪距测量所采用的测距码称为伪距观测值，伪距观测值既可以是 C/A 码，也可以是 P 码，用 C/A 码进行测量的伪距为 C/A 码伪距，用 P 码测量的伪距为 P 码伪距。伪距定位观测方程是以接收机天线相位中心的三维坐标和卫星钟差为未知数的方程组，方程组含有 4 个未知数，必须有 4 个以上的伪距，即在某一瞬间利用 GNSS 接收机同时测定至少 4 颗卫星的伪距才可以得出结果。伪距测量定位速度快，但一次定位精度不高。

ZBD002　伪距的基本概念

ZBD003　伪距测量的基本原理
ZBD002　伪距的基本概念

ZBD004　载波相位测量的概念

2. 载波相位测量

载波相位测量是测定卫星发播的载波信号或副载波信号与由接收机产生的本振信号之间相位差的技术和方法。此种测量可用于较精密的绝对定位，尤适于高精度的相对定位。载波相位测量比伪距测量的精度高。载波信号是一种周期性的正弦信号，而相位测量又只能测定其不足一个波长的部分，因而存在整周数不确定性的问题，使解算过程变得比较复杂。如何准确确定整周未知数是运用载波相位观测量进行精密定位的关键。

在 GNSS 信号中，由于已用相位调整的方法在载波上调制了测距码和导航电文，因而接收到的载波相位已不再连续，所以在进行载波相位测量以前，首先要进行解调工作，设法将调制在载波上的测距码和卫星电文去掉，重新获取载波，这一工作称为重建载波。重建载波一般可采用两种方法，一种是码相关法，另一种是平方法。采用前者，用户可同时提取测距信号和卫星电文，但用户必须知道测距码的结构；采用后者，用户无须掌握测距码的结构，但只能获得载波信号而无法获得测距码和卫星电文。

3. 静态测量

静态测量是使用两台或两台以上的接收机，设置为静止状态，同时观测卫星，记录卫星信号观测值，然后利用静态数据处理软件，对各台仪器的观测数据进行差分计算，得到各仪器或测站之间的坐标向量。

同时进行静态测量的任意两个测站形成静态基线，经过软件处理，进行卫星之间、测站之间和历元之间的差分处理，得到精确的三维基线向量。当一个基线的其中一个点具有已知坐标时，可以计算出另一个点的坐标。静态测量的测量精度是所有测量模式中最高的。

ZBD024　RTK测量的概念

4. 实时动态差分测量

实时动态差分测量简称 RTK 测量，是实时处理两个测站载波相位观测量的差分方法，将参考站采集的载波相位发给用户接收机，进行求差解算坐标。

ZBD025　RTK
测量的意义

RTK 测量技术具有以下优点：

（1）作业效率高。在一般的地形条件下，高质量的 RTK 设站一次即可测完数十平方千米的测区，大大减少了传统测量所需的控制点数量和测量仪器的搬站次数，仅需一人操作，每个放样点只需要停留 1~2s，就可以完成作业，其精度和效率是常规测量所无法比拟的。

（2）定位精度高。没有误差积累，只要满足 RTK 的基本工作条件，在一定的作业半径范围内，RTK 的平面精度和高程精度都能达到厘米级，且不存在误差积累。

（3）全天候作业。RTK 技术不要求两点间满足光学通视，只需要满足电磁波通视和对空通视的要求，因此和传统测量相比，RTK 技术作业受限因素少，几乎可以全天候作业。

（4）自动化程度高。RTK 可胜任各种测绘外业，流动站配备高效手持操作手簿，内置专业软件可自动实现多种测绘功能，减少人为误差，保证作业精度。

ZBC017 GNSS
卫星信号的概念
ZBC018 GNSS
卫星信号的基本构成

二、GNSS 系统参数

（一）卫星信号

GNSS 卫星定位测量是通过用户接收机接收 GNSS 卫星发射的信号来测定测站坐标的，GNSS 信号是 GNSS 卫星向广大用户发送的用于导航定位的已调波，GNSS 卫星信号由三部分组成，包括：测距码信号、导航电文和载波信号。测距码包括 C/A 码和 P 码（Y 码），载波有 L1，L2 和 L5 三个民用频率，L1 载波频率为 1575.42MHz，它的波长 19.03cm。L2 载波频率为 1227.60MHz，它的波长 24.42cm，GNSS 卫星信号的产生、调制和解调都非常复杂，涉及现代数字通信理论和技术方面的若干高科技问题。作为 GNSS 信号用户，虽然可以不去深入钻研这些问题，但了解其基本知识和概念，将有助于理解 GNSS 卫星导航和定位测量。

测距码包括 C/A 码和 P 码（Y 码），测距码是方波、伪随机噪声码。

C/A 码的码长很短，易于捕获。由于 C/A 码易于捕获，而且通过捕获的 C/A 码所提供的信息，又可以方便地捕获 P 码，所以通常 C/A 码也称为捕获码。C/A 码的码元宽度较大。假设两个序列的码元对齐误差为码元宽度的 1/10~1/100，则这时相应的测距误差可达 29.3~2.9m。由于其精度较低，所以 C/A 码也称为粗码。

ZBC022 GNSS
测距码的概念

P 码由两组各由两个 12 级反馈移位寄存器的电路发生，其基本原理与 C/A 码相似，但其线路设计细节远比 C/A 码复杂并且严格保密。P 码的码元宽度为 C/A 码的 1/10，这时若取码元的相关精度仍为码元宽度的 1/100，则由此引起的相应距离误差约为 0.29m，仅为 C/A 码的 1/10。所以 P 码可用于较精密的导航和定位，称为精码。目前，美国政府对 P 码保密，不提供民用，因此 GNSS 信号一般用户实际只能接收到 C/A 码。

ZBC023 GNSS
导航电文的概念

GNSS 卫星的导航电文主要包括：卫星星历、时钟改正、电离层时延改正、卫星工作状态信息以及由 C/A 码转换到捕获 P 码的信息。导航电文同样以二进制码的形式播送给用户，因此又叫数据码，或称 D 码。导航电文为方波，码速是 50bps。

ZBC019　电磁波的概念

（二）电磁波的传播

电磁波是由同相且互相垂直的电场与磁场在空间中衍生发射的震荡粒子波，是以波动的形式传播的电磁场，具有波粒二象性。本质上，电磁波是一种客观存在的物质和能量传输形式，是交互变化的电磁场在空间传播的过程。电磁波伴随的电场方向、磁场方向、传播方向三者互相垂直,因此电磁波是横波。电磁波不依靠介质传播,在真空中的传播速度等同于光速。各种电磁波的本质几乎完全相同,只是各自的频率和波长不同而已。电磁辐射由低频率到高频率,主要分为无线电波、微波、红外线、可见光、紫外线、X射线和伽马射线。人眼可接收到的电磁波,波长380~780nm,称为可见光。

电磁波的传播主要有以下特性,这些特性与无线通信密切相关:

（1）自由空间损耗描述了电磁波在空气中传播时的能量损耗,电磁波在穿透任何介质的时候都会有损耗。自由空间的能量损耗是能量扩散损耗,与频率无关。

ZBC020　电磁波传播的特点

（2）除了自由空间损耗以外,射频信号在空间传播所遇到的任何东西都会使射频信号发生一定形式的变化。射频所遇到的很多物体都会使射频信号变得更小,这种现象称为吸收。射频信号穿过物体损失的能量变成了热量。

（3）不是所有的东西遇到电磁波后都要吸收射频能量。有的东西遇到射频后会改变射频信号的方向,这种方向的改变叫反射。反射与两个因素有关:射频频率和物体的材料。

电磁波测距是利用电磁波作为载波,经调制后由测线一端发射出去,由另一端反射或转送回来,测定发射波与回波相隔的时间,以测量距离的方法。

ZBC021　电磁波测距原理

电磁波测距的基本原理,是利用电磁波在空气中传播的速度为已知这一特性,通过测定电磁波在待测距离上往返传播的时间,来间接求得待测距离。电磁波测距有两种方法:脉冲测距法和相位测距法。

ZBD005　星历的概念

（三）卫星星历

卫星星历是指在GNSS测量中,天体运行随时间而变的精确位置或轨迹表,又称为两行轨道数据,是用于描述太空飞行体位置和速度的表达式,它是时间的函数。卫星星历以开普勒定律的6个轨道参数之间的数学关系确定飞行体的时间、坐标、方位、速度等各项参数,具有极高的精度。能将飞行体置于三维的空间;用时间立体描绘天体的过去、现在和将来。卫星星历的时间按世界标准时间计算。卫星星历定时更新。

ZBD006　精密星历的概念

精密星历又称为事后处理星历,是由若干卫星跟踪站的观测数据,经事后处理算得的供卫星精密定位等使用的卫星轨道信息。事后处理星历是不含外推误差的实测精密星历,它由地面跟踪站根据精密观测资料计算而得,可以向用户提供在用户观测时刻的卫星精密星历,该星历的精度可以达到分米级。精密星历一般不是通过卫星的无线电信号向用户传递,而是通过磁卡、网络、电传等通信媒体向用户传递。精密星历对导航和实时定位毫无价值,但对长基线、高精度的静态定位非常有意义。为改善和提高地面定位精度,许多国家和研究机构都在研制GNSS使用的精密星历。

ZBD007　广播星历的概念

预报星历是以电文方式由卫星直接播送给用户接收机,用户接收机在接收到卫星播发的导航电文后,通过解码即可直接获得预报星历,因此又称为广播星历。卫星的预报星历通常包括相对某一参考历元开普勒轨道参数,和必要的轨道摄动改正参数。某一参考历元瞬间的卫星星历,由GNSS系统的地面监控站根据大约1周的观测资料计算而得,为参考历元瞬间卫星的轨道参数。这种星历是主控站利用跟踪站收集的观测资料计算并外推出未来两周的星历,然后注入GNSS卫星,形成导航电文供用户使用。这种星历是预报性质的,可以实时使用,所以广播星历是指相对参考历元的外推星历。

ZBC026 恒星时的概念

（四）GNSS 时间系统

1. 恒星时

恒星时是天文学和大地测量学中所使用的一种计时单位。恒星时是根据地球自转计算的，它的基础是恒星日：即从某一恒星升起开始到这一恒星再次升起。考虑地球自转不均匀影响的为真恒星时，否则为平恒星时。

以春分点为参考点，由春分点的周日视运动所确定的时间，称为恒星时。春分点连续两次经过本地子午圈的时间间隔为一个恒星日，含 24 个恒星时。所以恒星时在数值上等于春分点相对于本地子午圈的时角。因为恒星时是以春分点通过本地子午圈时为原点计算的，同一瞬间对不同测站的恒星时各异，所以恒星时具有地方性，有时也称为地方恒星时。

ZBC027 协调世界时的概念

2. 协调世界时

在许多应用部门，如大地天文测量、天文导航和空间飞行器的跟踪定位等部门，需要以地球自转为基础的世界时。但是，由于地球自转速度长期变慢的趋势，世界时每年比原子时慢一秒，两者之差逐年累计。为了避免发播的原子时与世界时之间产生过大的偏差，所以，从 1972 年便采用一种以原子时秒长为基础，在时刻上尽量接近世界时的一种折中的时间系统，这种系统称为协调世界时，即 UTC，或简称为协调时又称世界统一时间、世界标准时间、国际协调时间。协调时的秒长严格等于原子时的秒长，采用闰秒的办法使协调时与世界时时时刻刻接近。

ZBC025 GNSS 时间系统的概念

3. 历元

天体和卫星都是高速运行的运动体，时间系统是精确描述天体和卫星运行位置及其相互关系的重要基准，也是利用卫星进行导航定位的重要基准。测量时间需要先定义时间基准，即定义时间的原点和单位尺度。

天文学上把观测资料所对应的时刻叫历元。

起始历元是指时间的原点。它可根据需要进行选择，不同时间系统可有不同的时间原点。原子时的初始历元规定为 1958 年 1 月 1 日世界时 0 时。

时间单位尺度是由时钟来确定的，不同时钟有不同的度量时间方式。从本质上讲，时间系统间的差异体现在时钟上。

ZBC024 GNSS 坐标系统的特点

（五）GNSS 坐标系统

GNSS 定位中，通常采用两种坐标系统：

（1）惯性坐标系：在空间固定的坐标系，坐标原点和坐标轴指向在空间保持不动，用来描述卫星或其他天体的位置和运动状态，如协议天球坐标系。

（2）非惯性坐标系：指与地球体相固联的坐标系统，又叫地固坐标系或地球坐标系。主要用于描述地表、水下或低空测点的空间位置和处理 GNSS 观测数据。地固坐标系可分为地心坐标系、参心坐标系和站心坐标系。天文坐标系、地心空间直角坐标系和地心大地坐标系皆属地心坐标系。

确定一个坐标系需要定义三要素：坐标原点位置、坐标轴指向、单位尺度。不同时期、不同国家和地区对坐标系三要素的定义不同。

（六）卫星定位精度因子

ZBC028　卫星定位精度因子分类
ZBC029　卫星定位平面精度因子概念
ZBC030　卫星定位高程精度因子概念
ZBC031　卫星定位空间位置精度因子概念

为了评价定位结果,一般采用有关精度因子 DOP 的概念。在实践中,根据不同的要求,可采用不同的精度评价模型和相应的精度因子。卫星精度因子包括 $HDOP$、$VDOP$、$TDOP$、$PDOP$、$GDOP$。

$HDOP$:水平分量精度因子,为纬度和经度等误差平方和的开根号值。

$VDOP$:垂直分量精度因子。

$PDOP$:三维位置精度因子,观测成果的好坏与被测量的人造卫星和接收仪间的几何形状有关且影响甚大,天空中卫星分布程度越好,定位精度越高,数值越小精度越高。

$TDOP$:接收机钟差精度因子,为接收仪内时表偏移误差值。

$GDOP$:几何精度因子,描述空间位置误差和时间误差综合影响的精度因子,是衡量定位精度的很重要的一个系数,它代表 GNSS 测距误差造成的接收机与空间卫星间的距离矢量放大因子。实际上,$GDOP$ 的数值越大,定位精度越差,$GDOP$ 的数值越小,定位精度越好。好的几何因子实际上是指卫星在空间分布不集中于一个区域,同时能在不同方位区域均匀分布。

它们之间的简单关系为:

$$HDOP^2 + VDOP^2 = PDOP^2$$

$$PDOP^2 + TDOP^2 = GDOP^2$$

三、GNSS 测量仪器

（一）接收机

ZBD011 GNSS 接收机的认识

GNSS 接收机是卫星定位用户部分的核心部件。GNSS 接收机的工作原理是对所跟踪的卫星信号进行测量和处理。野外测站测量作业时,GNSS 接收机接收来自天线的信号进行数据处理。GNSS 接收机主机主要由变频器及中频接收放大器、信号通道、存储器、微处理器、显示器几部分组成,其中微处理器是 GNSS 接收机工作的灵魂,GNSS 接收机工作都是在微处理器指令统一协同下进行的。

ZBC016 GNSS 接收机通道的概念

GNSS 接收机信号能同时接收多颗 GNSS 卫星的信号,为了分离接收到的不同卫星的信号,以实现对卫星信号的跟踪、处理和量测,具有这样功能的器件称为天线信号通道。信号通道是 GNSS 卫星信号经由天线进入接收机的路径,是软硬件的结合体。作用是搜索卫星,牵引并跟踪卫星,获取工作所需的数据和信息;对广播电文数据信号实行解扩,解调出广播电文;进行伪距测量、载波相位测量及多普勒频移测量。

根据观测能力,作为卫星定位系统用户部分的接收机可以分为码型接收机和载波相位式接收机。码型接收机是通过接收卫星信号中的测距码来计算接收机所在的位置,由于采用单机观测模式,观测的测距码的精度也较低,所以码型接收机一般用于导航,也称为导航型 GNSS 接收机。载波相位式接收机是通过观测来自卫星的载波信号来计算位置,相比于码型接收机测量精度较高,主要用于高精度的工程测量或大地测量。根据接收的载波频率,接收机可以分为单频接收机和双频接收机,单频接收机只接收 L1 载波信号,而双频接收机既可以接收 L1 载波信号,也可以接收 L2 载波信号。所以双频接收机相比于单频接收机具有更好的测量效果。按照其工作原理,接收机还可分为平方型接收机、混合型接收机、干涉型接收机，按照接收机的通道种类又可分为多通道接收机和序贯通道接收机。

GNSS 接收机一般由天线、主机、控制器等基本单元组成，天线用于接收卫星信号，主机用于处理和储存卫星信号，控制器用于控制观测方式方法等。

ZBD010 GNSS 天线的认识

天线由接收天线和前置放大器两部分组成。接收机天线的作用是将 GNSS 卫星信号的极微弱的电磁波能转化为相应的电流，而前置放大器则是将 GNSS 信号电流予以放大。总的来说天线有以下四种作用：接收来自卫星的信号；信号放大；进行频率变换；用于对信号进行跟踪、处理、量测。为便于接收机对信号进行跟踪、处理和量测，对天线部分有以下要求：天线与前置放大器应密封一体，以保障其正常工作，减少信号损失；能够接收来自任何方向的卫星信号，不产生死角；有防护与屏蔽多路径的措施；天线的相位中心保持高度的稳定，并与其几何中心一致。

GNSS 接收机天线有单板天线、四螺旋形天线、微带天线、锥形天线几种类型。

GNSS 天线接收来自 20000km 高空的卫星信号很弱，信号电平只有 $-50 \sim -180$dB；输入功率信噪比为 $S/N = -30$dB，即信号源淹没在噪声中。为了提高信号强度，一般在天线后端设有前置放大器，也控制外来信号干扰。大部分 GNSS 天线都与前置放大器结合在一起，但也有些导航型接收机为减少天线重量、便于安置、避免雷电事故，而将天线和前置放大器分开。

ZBD012 GNSS 接收机的维护方法

（二）接收机的维护

GNSS 全球导航卫星定位系统仪器一般具有防水、防潮、防震的物理性能，但是作为精密测量的设备，需要进行必要的维护，主要需做好以下几个方面：

（1）仪器运输时应远离检波器、发电机等尖锐、沉重的物品，防止受到刺伤和挤压。

（2）平稳安置 GNSS 天线，防止跌落。

（3）GNSS 接收机虽然具有全天候作业的特性，但不可以在雷雨天气条件下工作，避免雷电击伤仪器。

（4）GNSS 接收机具有防水的物理特性，但涉水时还是要使用塑料布、雨衣等加以保护，防止进水短路。

（5）在插拔数据电台天线电缆插头时，应确保电台处于关闭状态。

（6）当 GNSS 接收机长途搬运或长时间不使用时，应将电池从仪器中取出并定期对接收机通电保养。

（7）可以使用湿毛巾擦拭 GNSS 接收机机壳、电缆及接口，不可以使用酒精、强碱等溶剂擦拭仪器。

ZBD013 充电器及电池维护方法

（三）充电器及电池维护

GNSS 测量仪器运行时一般使用直流电源供电，直流电源分为接收机内置和外置两种。无论是哪种直流电源都必须使用充电器进行充电。

充电器的使用和保养，不仅影响充电器自身的可靠性和使用寿命，而且还会影响电池的寿命。充电器在使用和存放期间，应避免潮湿，充电器不可以作为电源连接测量仪器。使用充电器对蓄电池充电时，应先插上充电器的输出插头，后插输入插头。充电器在使用过程中，不允许水溅，以免发生短路。充电时，电源指示灯一般显示红色，充电指示灯也显示为红色。充满后，充电一般指示灯为绿色。停止充电时，应先拔下充电器的输入插头，后拔充电器的输出插头。

充电器在使用过程中需防潮、防湿,并放置在通风良好的地方。充电器工作时有一定的温升,要注意散热。充电器不可以作为电源连接测量仪器。充电器属于较精密的电子设备,因此,在使用中要注意防振动,应将充电器用减振材料包装好后放置于仪器箱内,并应注意防雨、防潮。

电池的使用寿命与其放电深度有很大关系,应根据电池的型号和性能进行定期充电,以补偿电池存放时自放电电量的损失,不能过度充电和放电。

日常电池充放电和使用应按使用说明书的要求执行。

ZBD008 GNSS
静态测量的意义

四、静态测量仪器安装和调试

ZBD009 GNSS
静态测量仪器
的基本组成

在 GNSS 卫星定位测量包括静态测量、动态测量、准动态测量等,在各种观测模式中,静态测量的精度最高。所以静态测量经常被应用于高精度的测量控制网等大地测量中。静态测量主要特点是静止和多机联测,利用长时间的观测,获得较多的卫星信号观测值,通过星际差分、站间差分和历元间差分等静态基线处理方法,取得较长测量基线的成果。在石油勘探测量工作中,静态测量方法经常用于工区控制网测量、发展 RTK 参考站等工作。

(一)静态测量仪器的组成

GNSS 接收机主要是由 GNSS 天线单元、主机单元和控制单元等组成。GNSS 接收机作为用户测量系统,按其构成部分的性质和功能,可分为硬件部分和软件部分。

硬件部分是指接收机的变频器、信号通道、微处理器、存储器及显示器等。

软件部分是指主机的信号跟踪、分析、处理系统和控制器的测量作业控制系统等。软件部分是构成现代 GNSS 测量系统的重要组成部分之一。一个功能齐全、品质良好的软件,不仅能方便用户使用,满足用户的各方面要求,而且对于改善定位精度,提高作业效率和开拓新的应用领域都具有重要意义。

目前测量仪器的品牌和型号千差万别,零部件的设计也不尽相同,一般进行静态测量的接收机主要由以下部分构成:

(1)GNSS 主机:是 GNSS 测量仪器主要的卫星信号接收和处理部件。

(2)控制器:也称手簿,是 GNSS 测量仪器的程序控制部件,用于程序计算和程序控制,为用户提供导航信息。

(3)天线:用于接收 GNSS 卫星信号。

(4)电缆:包括天线数据传输线、电源线。

(5)电源:直流电池,为主机或控制器提供电源。

(6)数据卡:用于记录静态观测记录。

ZBD023 GNSS
静态测量的作
业流程

(二)静态测量的作业流程

GNSS 静态测量的作业流程如下:

(1)仪器架设:利用三脚架、基座等部件对中整平天线并量测天线高度。三脚架必须踩实,防止观测时三脚架倾倒和架腿沉降。基座精平时确定长准气泡居中,对中严格控制在 5mm 的误差范围之内。观测前后分别量取天线高,测到仪器设定的位置,互差不应超过 5mm。

(2)仪器安装:安置主机、控制器、电池、数据卡等部件,并用电缆连接。要确保接收机端口的红点与电缆接头对齐,不要用力插电缆,以防损坏接头的插脚。

（3）开始观测：利用主机按钮或启动控制器软件程序开始观测和数据记录。观测期间注意接收机记录灯是否闪烁，以确保仪器的正常记录。同时注意手簿和接收机的电池情况，保证本时段的正常观测。对于接收机电池剩余 20%~30%时，下一时段必须更换电池，防止观测时段的中断。

（4）结束测量：通过主机按钮或控制器软件程序停止观测和记录，填写静态测量观测记录表，关机。

（5）拆卸仪器：拆卸天线、三脚架、电缆等并装箱。

静态测量仪器安装和操作都比较简单，安装的要求主要是将仪器天线相位中心对准测量标志，其次是使测量仪器各部件连接并保持稳定；操作的要求是为仪器提供观测参数，如采样间隔、卫星截止高度角等。

安装静态测量仪器时，除特殊地点使用强制对中的观测墩，一般使用三脚架架设仪器，利用基座对中器将卫星接收天线水平固定并与测量标志精确对中，使用专用电缆将接收机、天线、控制器和电源等部件进行连接。

ZBD021 GNSS 静态测量仪器连接方法

安装静态测量仪器要保证各部件安全稳定，三脚架伸缩杆紧固旋钮、对中螺旋要旋紧，使测量仪器测量时能够保持静止状态。由于静态测量各测站之间独立观测，不需要进行数据传递，所以仪器不需要连接电台设备。

ZBD022 静态测量仪器调试方法

（三）静态测量仪器的调试

在静态测量以前 GNSS 接收机应全面检验，包括：一般检视、通电检验、试测检验。

（1）一般检视应符合下列规定：GNSS 接收机及天线的外观良好，型号应正确；各种部件及其附件应匹配、齐全和完好；需紧固的部件不得松动和脱落；设备使用手册和后处理软件操作手册及磁盘应齐全。

（2）通电检验应符合下列规定：信号灯工作应正常；按键和显示系统工作应正常；利用自测试命令进行测试；检验接收机锁定卫星时间的快慢、接收信号强弱及信号失锁等情况。

同时应检测天线或基座圆水准器和光学对中器是正确；天线高量尺是否完好，尺长精度是否正确；数据传录设备及软件是否齐全，数据传输性能是否完好；通过实例计算，测试和评估数据后处理软件。

（3）GNSS 接收设备一般检视和通电检验完成后，应在不同长度的标准基线上进行以下测试检验。

选择观测条件好的环境，建立两个距离为 100~1000m 的观测点，按静态测量或快速静态观测要求作业，两台仪器一组，轮流观测，并填写 GNSS 外业观测记录。

检测结果的计算：采用静态测量数据处理软件解算基线，参数设置一般选择软件的缺省值，若数据质量较差可做适当精化处理，打印数据处理报告。取所有基线长度的平均值作为标准值，计算每条基线与标准值之差。

ZBD026 RTK 测量仪器的基本组成

五、参考站仪器安装和调试

（一）参考站仪器的组成

参考站仪器承担观测 GNSS 卫星并且发送卫星定位差分数据的工作，所以参考站的仪器一般由下列部件组成。

1. GNSS 接收机

GNSS 接收机的功能是接收、处理和存储卫星信号。

2. GNSS 天线

GNSS 接收机必须配用天线才能接收卫星信号,天线是卫星信号的实际采集点。传统的接收机与天线是分离的,称为分体机,接收机和天线集成在一起的称为一体机。

3. 控制器

RTK 系统中的控制器在功能上很像全站仪系统中的数据采集器,用于控制测量参数和作业程序。每个流动站只需一部控制器,控制器又称为电子手簿。

4. 电台

RTK 系统中基准站和流动站的接收机通过电台进行通信联系。基准站向流动站传输实时差分数据,流动站才能实时计算出基准站和流动站之间的基线向量。为了保证传输距离,基准站一般配备功率较大的电台,并架设较高的电台天线。

5. 电源

基准站和流动站都需要电源才能工作。在基准站中,为了给大功率发射电台提供足够的电源供应,一般选用较大容量的 12V 电池或电瓶,有条件的情况下可以使用交直流稳压电源。在流动站中,电台的电能消耗较小,一般与接收机使用同一电源,一般使用内置电池。

6. 电缆

RTK 的参考站和流动站各部件一般用电缆连接,如天线至接收机、电台至接收机、电台至电台天线、电台至电源等,是 RTK 作业的重要组成部分。一般电缆选择不同型号的插头与相应的部件接口连接,避免操作错误。

7. 数据卡

数据卡用于记录作业参数和记录测量观测记录,一般用 CF 卡或 SD 卡。

（二）RTK 基准站的作业流程

ZBD031 RTK 基准站的作业流程

1. 准备工作

（1）检查和确认接收机、控制手簿、电台等是否正常,电缆是否有损坏。

（2）确保电池充满电,包括接收机电池、手簿电池和蓄电池。

（3）检查仪器配件,如三脚架、天线杆等。

（4）确认基准站点位、点名、点坐标。

2. 架设仪器

基准站一定要架设在视野比较开阔、周围环境比较空旷、地势比较高的地方,避免架在高压输变电设备附近、无线电通信设备收发天线旁边、树荫下以及水边,这些都对 GNSS 信号的接收以及无线电信号的发射产生不同程度的影响。

架设基准站的具体步骤如下:

（1）架设三脚架,对中整平,安置卫星天线。

（2）安置发射电台,架设电台天线,连接电台电缆。

（3）安置接收机,连接接收机电缆。

（4）安装数据卡,连接仪器电源。

3. 启动作业

利用控制器设定参考站作业参数,启动参考站作业程序。

用手簿可以设定电台的发射功率和频率,如果作业距离比较远,一般选择高功率,如果作业距离较近,选择低功率。作业时要注意观察电源的电压。

基准站架好以后卫星天线不能被移动,一旦被移动,需要重新对中整平,并且测量仪器高,设置基准站参数。

4. 拆卸仪器

拆卸电台、接收机、卫星天线、电台天线等,装箱。

ZBC013　RTK
基准站仪器调
试方法

（三）基准站仪器调试方法

RTK 基准站的调试包括主机、天线、控制器、电台、电源、电缆等。参考站仪器调试需要做好以下几方面的工作:

(1)架设仪器,确认各部件是否齐全并且能正常连接。

(2)开机测试,确认仪器操作按钮灵敏、程序运行正常。

(3)观测作业,确认是否正常观测卫星和发射信号。

需要注意的是,在参考站电台天线没有连接之前,不能打开电台和启动参考站作业。电台的正极一般标示为红色或白色,必须与电源的正极相接,电台的负极一般标示为黑色,必须与电源的负极相接,如果接反会损坏电台。

参考站架设完成开机后,选定工作项目并确认电台频道。基准站的点位坐标可以手工输入,或从列表中选择。参考站作业前必须选择正确的天线型号和输入正确的天线高。当参考站采集到足够的卫星数据之后开始播发差分数据信息。

六、流动站仪器安装和调试

（一）流动站仪器的组成

流动站是实时施工作业的主要单元,流动站接收卫星信号和参考站发送的差分数据,得到实时的差分解算坐标,可以精确地根据设计点位进行导航、放样和测量点位。

1. GNSS 接收机

GNSS 接收机的功能是接收、处理和存储卫星信号。

2. GNSS 天线

GNSS 天线用来接收卫星信号,RTK 测量的相位中心位于天线的物理中心。

3. 控制器

控制器利用内置的测量程序,提供坐标变换、目标导航、测量记录等作业,完成 RTK 测量的各项功能。

4. 电台

流动站的电台一般使用零功率或低功率的小型电台,用于接收参考站发出的电台信号,为接收机提供差分数据。

5. 电源

流动站电能消耗较小,为了使设备轻便,一般配备较小型的内置锂电池作为供电电源。

6. 电缆

如果流动站是分体式接收机,各部件之间用电缆或蓝牙连接来传递信息。一般包括接收机至手簿电缆、接收机至 GNSS 天线电缆、电台至电台天线电缆等,根据测量仪器型号不同,电缆的设计也不同。

一体式接收机天线和主机、电台等部件集成,接收机和手簿之间由蓝牙系统连接,所以一体式接收机一般不需要电缆。

7. 数据卡

数据卡用于记录作业参数和记录测量观测记录,一般用 CF 卡或 SD 卡。

(二)RTK 流动站作业流程

RTK 流动站测量仪器一般用于移动状态中的测量作业,可以使用车辆设备承载,也可以通过人员把持或背负,所以流动站仪器需要规范地安装和保护才能进入作业状态。

ZBD027 RTK 测量仪器连接方法

1. 安装

RTK 施工作业前需要把 RTK 流动站各部件进行安装,安装时要充分考虑测量仪器,特别是仪器接收机和天线的稳固,避免行进过程中摔落、摔伤。通常分体式 RTK 流动站测量仪器主机和电台需安装在背包内,使用两芯同轴电缆与 GNSS 天线连接。为了保证对中精度,流动站 GNSS 天线安装在对中杆上,安装仪器时不需要对中整平,实际测量中根据对中杆上的水准器调整对中杆的对中和天线水平。主机与控制器的连接可以采用线缆或蓝牙无线连接。

ZBC015 RTK 作业参数设置的方法

2. 参数设置

在进行 RTK 测量作业之前要对 RTK 仪器进行必要的参数设置。通过控制器内置的测绘程序,根据程序指示分别输入卫星参数、基准参数、通信参数、测站参数等。一个流动站的主要参数在一个工程中一般只需要设置一次。当手簿和其他接收机进行配套的时候需要重新进行蓝牙配置。如果设置成功,尽量不要更改,以防止参数错误导致不能正常作业或加入系统误差。

3. 流动作业

RTK 作业应尽量在天气良好的状况下进行,要尽量避免雷雨天气。在基准站启动成功,并且差分数据也从电台正常发射以后启动流动站。流动站作业时,应先打开接收机电源开关,检查是否接收到基准站发射的数据信号。在较开阔地带使其跟踪较多的卫星,加快初始化得到整周模糊度固定解,提高放样和测量的精度。流动站初始化时间的长短主要取决于卫星数目、卫星分布图形、数据通信链的强弱等因素。测量人员可以根据控制器提供的导航信息到达设计点位,在记录测站位置信息时要保持卫星天线稳定,确保测量精度。在树林、房屋遮挡,卫星或无线电信号受影响的点位,导致初始化丢失,可将仪器移至开阔处或升高天线,待初始化完成后再移回待定点,一般可以完成测点工作。

ZBC014 RTK 流动站仪器调试方法

(三)RTK 流动站仪器调试方法

RTK 流动站主要由主机、天线、控制器、接收机电台、电台天线、电源、对中杆、仪器背包等组成。RTK 仪器的调试主要是为了保证 RTK 流动站能够正常工作,并保证作业精度。

流动站仪器调试需要做好以下几方面的工作:

(1)安装仪器,确认各部件是否齐全并且能正常连接。接收机及天线的外观应良好,型号应正确;各种部件及其附件应匹配、齐全和完好;需紧固的部件不得松动和脱落。控制器与主机的连接方式分为线缆连接和蓝牙连接。采用线缆连接的仪器要保证线缆接口无缺损、接触良好、接头部分无虚接。电台天线接口要保证无缺口,接触良好,能与接收机电台正常连接。对中杆或仪器背包要保证各部件无缺损,连接正常,能保证 RTK 流动站正常工作。

（2）开机测试,确认仪器工作正常。通电后有关信号灯、按键和显示系统工作正常,采用蓝牙连接的仪器要保证控制器和主机蓝牙能够正常连接。控制器各项功能及内置测量软件可以正常使用。RTK 接收机电台频率要调到与基准站电台频率一致。

（3）测量作业,确认能够接收卫星信号和差分信号。打开接收机电源开关,检查是否接收到基准站发射的数据信号,保证流动站在正常范围内能够接收基准站电台和卫星信号并能够快速初始化。流动站在整周模糊度确定后,精度指标满足放样要求时,表明固定成功,检查电池的可供电时间和定位坐标。

（四）RTK 数据

ZBD028 RTK
测量的作业参数

1. 作业参数

ZBC015 RTK
测量的作业参数
设置方法

RTK 作业的参数设置一般在作业前完成,其中基准参数包括椭球参数、投影参数、坐标转换参数等。采集参数包括采样率和截至高度角等,通信参数包括波特率、数据位、校检位、停止位等,数据记录参数包括记录历元、坐标类型、实时坐标质量等。其中基准参数直接影响 RTK 作业成果的质量。常用的 RTK 作业参数可以通过手工输入数据线导入/导出或通过数据卡等存储介质复制。

ZBD033 RTK
设计数据的概念

2. 设计数据

设计数据是 RTK 作业施工中为满足测量仪器放样的需要设定的目标数据。物探物理点的设计坐标应采用物探施工技术设计要求的坐标系,目前一般为 1954 北京坐标系下的平面直角坐标格式。一般包括桩号、北坐标、东坐标,或者是桩号、东坐标、北坐标,有时还需要概略高程。

RTK 设计数据必须满足施工需要和相关的规范和设计要求,物理点的设计坐标来自物探技术书。由测量人员推算的设计坐标经相关物探技术人员审核,在确保正确无误的情况下才可以使用。测量 RTK 设计数据一般取一位小数即可满足物探放样的精度要求。

ZBD029 RTK
数据上装的方法

物探测量工作中将设计数据传输到控制器的过程称为 RTK 数据的上装。上装的数据有控制点坐标、待放样点理论坐标等。上装数据可以通过微机和仪器厂商提供的商业软件转换成作业文件再上传到接收机的存储器中,或者直接以文本文件的格式拷贝到控制器内再利用控制器内置的软件转换成作业文件。装载上装数据的存储器可以是内存卡或者控制器内存,作业前上装到控制器或电子手簿中的数据必须进行检查。

ZBD034 RTK
实测数据的概念

3. 实测数据

RTK 实测数据是测量员使用 RTK 测量仪器,应用 RTK 方法对地面点的测量结果。采用 RTK 方法作业时,一般应取得固定解。在峡谷密林等困难地区不易获得固定解时,可取得浮点解,但应在最终成果中做出标注。一般实测数据要符合以下技术指标:

（1）有效观测卫星数要大于或等于 5。

（2）采样历元个数要大于或等于 2。

（3）平面收敛精度要小于或等于 ± 0.10m。

（4）高程收敛精度要小于或等于±0.15m。

（5）参考站与流动站距离小于或等于50km。

ZBD030　RTK数据下装的方法

物探测量工作中将控制器内实测数据传输到电脑的过程称为RTK数据的下装。根据所使用的仪器不同，野外数据以不同的文件格式存储在控制器内，如Trimble R8的数据是job文件。通过数据线连接控制器，有内存卡并且数据存储在内存卡上的数据可以将内存卡取出插入电脑，将原始数据拷贝并存入电脑相应的文件夹，成为RTK原始数据。原始数据要及时做好备份以防电脑意外损坏导致数据丢失。原始数据下载完成后，内业人员要及时对数据进行处理，通过软件将原始数据转换成处理所需要的数据格式，然后利用质量控制软件对数据进行检查，并将不合格的数据及时反馈给外业操作人员。不合格的数据包括不符合规范各项精度指标的数据和不符合施工设计要求的数据，对于不合格的点或空点要及时进行重测或补测处理。

ZBF009　复测的概念

（五）复测

复测就是在不同的观测条件下对已经定位测量的物理点再次定位测量的行为。野外复测，是检验GNSS测量或全站仪测量精度的主要方法。进行复测观测时，应严格将对中杆对准前期测量的点位标志。在每日施工前、参考站变更后或变更仪器观测参数后，应在已知点上检核或在测过的点上复测。在每连续实测不超过100个物理点、每连续取浮点解不超过20个物理点时均应强制重新初始化并在测过的点上复测。在一个点上连续测量2次不可以作为复测检核，连续在同一点上测量两次，对提高复测质量没有意义。检核或复测可采用静态测量、快速静态测量、RTK测量、RTD测量、PPK测量、PPP测量等方法。

复测误差是对同一个点进行重复观测所产生的误差值，用来衡量点位测量的精度。精确对准标志是降低复测误差的有效方法。

检验、复测的较差应满足如下要求：

ZBF010　复测误差的概念

静态测量或快速静态测量：$\Delta x \leq 0.3m, \Delta y \leq 0.3m, \Delta h \leq 0.6m$；

RTK测量或PPK测量：$\Delta x \leq 0.4m, \Delta y \leq 0.4m, \Delta h \leq 0.8m$；

RTD测量或PPP测量：$\Delta x \leq 1.0m, \Delta y \leq 1.0m, \Delta h \leq 2.0m$。

ZBD035　导航仪的概念

七、导航仪测点方法

ZBD036　导航仪的基准参数

（一）导航仪航线设计方法

导航是引导某一设备，从指定航线的一点运动到另一点的方法，导航仪是完成导航动作的设备。物探测量中常用的导航仪是手持GNSS接收机。

手持GNSS接收机一般具有防水、防尘、防震、连续使用时间长的特点，数据格式兼顾大地测量与导航应用，支持数据的导入和导出。

一般手持GNSS接收机可以实现定位、导航、记录航迹、移动GIS数据采集、野外制图、航点存储坐标、计算长度和面积角度、测量经纬度、测量海拔高度等各种野外数据测量，有些具有双坐标系一键转换功能，内置全国交通详图，配各地区地理详图，详细至乡镇村落，可升级细化。

ZBD037　导航仪的系统构造

手持导航仪中的定位系统可以跟踪卫星信号，获得导航仪器所在位置的坐标，导航软件为使用者提供方向和距离数据，电子地图可以直观展示使用者所在的地理位置及周边自然状况，通过操作可以保存导航仪的行进航迹及定位坐标，这些航迹和坐标可以下载到电脑，方便编辑和使用。

手持 GNSS 接收机定位的缺省坐标使用 WGS-1984 大地坐标系，如果使用自定义地方坐标，如 1954 年北京坐标系、1980 年西安坐标系或 2000 国家大地坐标系，必须在导航仪中设置各项参数。主要参数包括坐标基准参数和地图投影参数，坐标基准参数包括地方坐标与 WGS-1984 坐标系的转换参数，如 DX、DY、DZ 三个平移参数和 DA、DF 椭球长半轴差和扁率差等。地图投影参数包括假东坐标、投影比例和中央子午线等。在我国境内中央子午线经度应设置为东经 E，投影比例参数为 1，东西偏差为 500000m，南北偏差为 0m。

航线是指依次经过若干航点的行进路线。下面以物探常用的 MAP76 为例简要说明创建航线的方法。

在 MAP76 中，可以利用一系列航点来创建一条航线，并使用这条航线引导到达目的地。在仪器页面的上部指示出了目前机器还可以创建的航线数量，可以在航线页面创建和修改航线，也可以将航点加到航线中。

（1）在航线表的页面中，用方向键将光标移动到"新的"按钮上。

（2）按下输入键确认将进入航线页面。

（3）为航线命名，如果不输入名称的话，机器将会默认把航线首尾航点的名称作为航线的名称。

（4）用方向键将光标移动到"航点"下面的空格中。

（5）按下输入键后将打开航点列表的窗口，可以选择希望加入航线的航点。

（6）在输入完所有要使用的航点后，按退出键退出航线页面，刚刚新建的航线已经出现在航线表中了。

ZBD040 导航仪航线设计方法   在航线页面中按下菜单键，将出现航线页面的选项菜单。在航线表页面中按下菜单键，将出现航线表的选项菜单。选择"开始导航"，将使用当前光标所选择的航线进行导航；选择"复制航线"，在航线表中将会产生一个当前光标所选择的航线的副本，其名称与原航线相同，在名称后会增加一个序号来加以区别；选择"删除航线"，将会把当前光标所在的航线从机器中删除；选择"删除所有航线"，将会把航线表中的所有航线都删除。如果当前光标没有选中某条航线，那么"开始导航""复制航线"和"删除航线"将是不可选的；如果没有任何航线，那么"删除所有航线"也将是不可选的。

ZBD039 导航仪测点方法   **（二）导航仪测点方法**

手持 GNSS 接收机中所有的点，都可以成为航点，是在导航中记录的重要的地点和地标，它们可以是任何地面的显著标志。

导航仪测点时，需要跟踪足够的卫星。根据 GNSS 的工作原理，要想得到地面任一点的位置，至少需要跟踪和测量 4 颗以上的卫星，所以导航仪测点之前必须跟踪 4 颗或 4 颗以上的卫星。当导航仪上的测量精度指标满足用户要求时可以开始测量点位和进行导航。

导航时一般指定一个航线或一个航点作为参考或目标，导航仪软件会提供若干页面，提示行进速度、行进轨迹、到达目标航线或目标点的距离、方向和时间，有的仪器还会提供高差等。使用者可以按照导航仪的指示移动并接近目的地。当导航仪到达目标点，会发出指示文字或声音，提醒使用者已经接近目的地。

当导航仪记录测点坐标时应该保持卫星信号的稳定性，尽量在开阔的环境，减少人为遮挡。导航仪一般提供一个快捷方式,如 MAP76 导航仪,按住"输入"键 2s 以上,则弹出记录界面,提示将要记录的点位名称、标识、坐标及高程等。导航仪提供缺省点名和点位标识,用户可以根据自己的需要编辑修改。导航仪记录的测点坐标系统与基准设置有关,导航仪记录的测点坐标形式是与显示设置有关,使用者可以通过设置更改存储点的坐标系统和坐标形式。

ZBD038　导航仪电子地图的概念

(三)导航仪电子地图

电子地图即数字地图,是利用计算机技术,以数字方式存储,以矢量图形的方式在各种设备屏幕显示的地图。现代电子地图软件一般利用地理信息系统来储存和传送地图数据,在屏幕上可视化是电子地图的根本特征。地图比例可放大、缩小或旋转。

可以对电子地图进行任意比例尺、任意范围的绘图输出,非常容易编辑修改,缩短成图时间。可以很方便地与卫星影像、航空照片等其他信息源结合,生成新的图件。利用电子地图的等高线和高程点可以生成数字高程模型,将地表起伏以数字形式表现出来,可以直观立体地表现地貌形态,这是普通地形图不可能达到表现效果。

一般导航仪中均保存一定区域的电子地图,如世界地图、中国地图等,为了需要可以向导航仪导入新的更详尽的区域电子地图。电子地图作为导航仪导航作业的重要参考依据,可以及时向用户提供导航仪所在的位置和区域。

项目二　调试 GNSS 静态测量仪器

一、准备工作

(一)设备

GNSS 全球导航卫星定位仪 1 台、三脚架 1 个。

(二)人员

1 人独立操作,劳动用品穿戴齐全。

二、操作规程

操作人员独立操作,按照静态测量模式检查 GNSS 卫星定位仪部件型号及基本运行状态,填写仪器测试报告。下面以徕卡 VIVA 系列 GNSS 仪器为例叙述操作过程,其他型号仪器操作基本相同。

(一)调试天线

(1)拆卸天线。

(2)天线底部向上,检查天线标签。

(3)确认天线型号。

(4)确认天线序列号,即 S/N 编号。

(5)安装天线。

(二)调试手簿

(1)按住电源键,手簿开机。

(2)通过键盘功能键 Fn 组合对比度调整键调整屏幕对比度和亮度。

(3)点击屏幕测量软件的图标,启动手簿内预设的测量软件。

（4）观察手簿屏幕顶端状态条主机连接图标，检查手簿是否与主机连接：当手簿与主机未连接时，图标显示警告标示（黄色三角形惊叹号），连接后警告标示消失。

（三）调试主机

（1）检查主机背面标签，确认主机型号和序列号。

（2）查看控制手簿屏幕顶端状态条，点击卫星图标、观察主机接收卫星状态图标旁的数字，或进入仪器状态菜单，了解正在观测的卫星数量。

（3）点击控制手簿屏幕顶端的状态条定位图标，或通过手簿，打开测量状态菜单，记录定位坐标。

（四）检查电源

通过点击手簿顶端状态条"电池"图标，或通过点击手簿"仪器"图标，运行"仪器状态"菜单，通过"电池 & 内存"检查仪器主机和手簿电池剩余容量。

（五）检查内存

通过点击手簿"仪器"图标，运行"仪器状态"菜单，通过"电池 & 内存"检查仪器主机和手簿内存总容量及剩余容量。

三、技术要求

（1）调试的静态测量仪器安装在三脚架上，为了便于阅读仪器标签，可将仪器拆卸，阅读后必须恢复安装。

（2）控制器亮度调试到自然光线环境下显示清晰即可。

（3）观察和记录的部分数据为仪器瞬间状态，如卫星数量、电池容量、内存容量及定位坐标等，可以存在一定误差。卫星数量误差不大于 2 颗，电池容量误差不大于 10%，定位坐标误差不大于 50m。

四、注意事项

（1）按照仪器操作规程拆卸仪器部件，调试后必须恢复安装。

（2）拆卸仪器部件时要注意保护，防止损伤仪器部件和人员。

（3）调试时不需要进行对中整平操作和参数设置，只对仪器状态进行调试。

（4）触碰键盘按钮时要轻重适度，不可用力按压键盘，防止损坏。

（5）手簿控制器屏幕具有触摸交互功能，可以使用专用触屏笔或指尖触屏，切勿使用坚硬、尖锐的物品操作触摸屏。

（6）开机运行状态下，不可拔插电池、数据卡。

（7）调试过程中根据需要可以临时关机，但必须开机恢复到原来运行状态。

（8）调试报告填写文字端正、清晰。

项目三　调试 GNSS 基准站测量仪器

一、准备工作

（一）设备

GNSS 全球导航卫星定位仪 1 台、基准站电台 1 套、三脚架 1 个。

（二）人员

1 人独立操作，劳动用品穿戴齐全。

二、操作规程

操作人员独立操作，按照基准站测量模式检查 GNSS 卫星定位仪部件型号及基本运行状态，填写仪器测试报告。下面以徕卡 VIVA 系列 GNSS 仪器为例叙述操作过程，其他型号仪器操作大同小异。

（一）调试天线

（1）拆卸天线。

（2）天线底部向上，检查天线标签。

（3）确认天线型号。

（4）确认天线序列号，即 S/N 编号。

（5）安装天线。

（二）调试手簿

（1）按住电源键，手簿开机。

（2）通过键盘功能键 Fn 组合对比度调整键调整屏幕对比度和亮度。

（3）点击屏幕测量软件的图标，启动手簿内预设的测量软件。

（4）观察手簿屏幕顶端状态条主机连接图标，检查手簿是否与主机连接：当手簿与主机未连接时，图标显示警告标示（黄色三角形惊叹号），连接后警告标示消失。

（三）调试主机

（1）检查主机背面标签，确认主机型号和序列号。

（2）查看控制手簿屏幕顶端状态条，点击卫星图标、观察主机接收卫星状态图标旁的数字，或进入仪器状态菜单，了解正在观测的卫星数量。

（3）点击控制手簿屏幕顶端的状态条定位图标，或通过手簿，打开测量状态菜单，记录定位坐标。

（四）检查电源

通过点击手簿顶端状态条"电池"图标，或通过点击手簿"仪器"图标，运行"仪器状态"菜单，通过"电池 & 内存"检查仪器主机和手簿电池剩余容量。

（五）调试电台

（1）设置电台功率：按电台功能按钮，调整电台功率为最大功率。

（2）点按电台功能按钮，检查电台工作频率。

三、技术要求

（1）调试的静态测量仪器安装在三脚架上，为了便于阅读仪器标签，可将仪器拆卸，阅读后必须恢复安装。

（2）控制器亮度调试到自然光线环境下显示清晰即可。

（3）观察和记录的部分数据为仪器瞬间状态，如卫星数量、电池容量、内存容量及定位坐标等，可以存在一定误差。卫星数量误差不大于 2 颗，电池容量和内存容量误差不大于

10%,定位坐标误差不大于 50m。

(4)电台功率最大值以电台能够调整的极限值为准。

四、注意事项

(1)按照仪器操作规程拆卸仪器部件,调试后必须恢复安装。

(2)拆卸仪器部件时要注意保护,防止损伤仪器部件和人员。

(3)调试时不需要进行对中整平操作和参数设置,只对仪器状态进行调试。

(4)触碰键盘按钮时要轻重适度,不可用力按压键盘,防止损坏。

(5)手簿控制器屏幕具有触摸交互功能,可以使用专用触屏笔或指尖触屏,切勿使用坚硬、尖锐的物品操作触摸屏。

(6)开机运行状态下,不可以切断电台天线电缆、电源,不可拔插主机电池和数据卡。

(7)调试过程中根据需要可以临时关机,但必须开机恢复到原来运行状态。

(8)调试报告填写文字端正、清晰。

项目四　调试 GNSS 流动站测量仪器

一、准备工作

(一)设备
GNSS 全球导航卫星定位仪 1 台、对中杆 1 套。

(二)人员
1 人独立操作,劳动用品穿戴齐全。

二、操作规程

操作人员独立操作,按照基准站测量模式检查 GNSS 卫星定位仪部件型号及基本运行状态,填写仪器测试报告。下面以徕卡 VIVA 系列 GNSS 仪器为例叙述操作过程,其他型号仪器操作大同小异。

(一)调试天线
(1)拆卸天线。

(2)天线底部向上,检查天线标签。

(3)确认天线型号。

(4)确认天线序列号,即 S/N 编号。

(5)安装天线。

(二)调试手簿
(1)按住电源键,手簿开机。

(2)通过键盘功能键 Fn 组合对比度调整键调整屏幕对比度和亮度。

(3)点击屏幕测量软件的图标,启动手簿内预设的测量软件。

(4)观察手簿屏幕顶端状态条主机连接图标,检查手簿是否与主机连接:当手簿与主机未连接时,图标显示警告标示(黄色三角形惊叹号),连接后警告标示消失。

(三)调试主机

(1)检查主机背面标签,确认主机型号和序列号。

(2)查看控制手簿屏幕顶端状态条,点击卫星图标、观察主机接收卫星状态图标旁的数字,或进入仪器状态菜单,了解正在观测的卫星数量。

(3)点击控制手簿屏幕顶端的状态条定位图标,或通过手簿,打开测量状态菜单,记录定位坐标。

(四)检查电源

通过点击手簿顶端状态条"电池"图标,或通过点击手簿"仪器"图标,运行"仪器状态"菜单,通过"电池 & 内存"检查仪器主机和手簿电池剩余容量。

(五)调试电台

(1)点按电台功能按钮,或通过控制手簿"仪器配置"功能,检查电台工作频率。

(2)通过点击手簿顶端状态条"电池"图标,或运行仪器状态菜单,或根据电台指示灯显示状态,检查流动站电台是否接收到参考站信号。当接收到参考站信号时,顶端状态条会有电台信号图标闪动。

(六)检查内存

通过点击手簿"仪器"图标,运行"仪器状态"菜单,通过"电池 & 内存"检查仪器主机和手簿内存总容量及剩余容量。

三、技术要求

(1)调试的测量仪器安装在对中杆上,为了便于阅读仪器标签,可将仪器拆卸,阅读后必须恢复安装。

(2)控制器亮度调试到自然光线环境下显示清晰即可。

(3)观察和记录的部分数据为仪器瞬间状态,如卫星数量、电池容量、内存容量及定位坐标等,可以存在一定误差。卫星数量误差不大于 2 颗,电池容量和内存容量误差不大于 10%,定位坐标误差不大于 50m。

四、注意事项

(1)按照仪器操作规程拆卸仪器部件,调试后必须恢复安装。

(2)拆卸仪器部件时要注意保护,防止损伤仪器部件和人员。

(3)调试时不需要进行对中整平操作和参数设置,只对仪器状态进行调试。

(4)触碰键盘按钮时要轻重适度,不可用力按压键盘,防止损坏。

(5)手簿控制器屏幕具有触摸交互功能,可以使用专用触屏笔或指尖触屏,切勿使用坚硬、尖锐的物品操作触摸屏。

(6)在仪器开机运行状态下不可拔插电池、数据卡。

(7)调试过程中根据需要可以临时关机,但必须开机恢复到原来运行状态。

(8)调试报告填写文字端正、清晰。

项目五　配置 GNSS 仪器坐标系统参数

一、准备工作

（一）设备
GNSS 全球导航卫星定位仪 1 台。

（二）人员
1 人独立操作，劳动用品穿戴齐全。

二、操作规程

操作人员独立操作，接通手簿控制器电源，使控制器处于运行状态，然后操作手簿，配置手簿内的坐标系统参数。下面以徕卡 VIVA 系列 GNSS 仪器为例叙述操作过程，其他型号仪器操作大同小异。

（一）新建系统
(1)按住电源键，手簿开机。

(2)通过键盘功能键调整屏幕到最佳亮度。

(3)点击屏幕测量软件的图标，或按键盘上代表图标编号的数字快捷键，启动手簿内预设的测量软件。

(4)新建项目。

(5)在"新建项目"选项卡上新建"坐标系统"。

（二）配置转换参数
(1)在"新建坐标系统"选项卡上，选择"转换"选项。

(2)输入转换名称。

(3)输入转换参数。

(4)保存。

（三）配置椭球参数
(1)在"新建坐标系统"选项卡上，选择"椭球"选项。

(2)输入椭球名称。

(3)输入椭球参数。

(4)保存。

（四）配置投影参数
(1)在"新建坐标系统"选项卡上，选择"投影"选项。

(2)输入投影名称。

(3)输入投影参数。

(4)保存。

（五）保存坐标系统
点按屏幕下方"保存"按钮，保存已经编辑的坐标系统。

三、技术要求

(1)新建坐标系统及其参数必须是在控制手簿上新建和现场输入,不允许用导入或拷贝方式建立。

(2)坐标系统名称、坐标系统各项参数严格按照题目给定的数据执行,更改任何参数无效。

(3)配置坐标系统作业只需调试 GNSS 控制手簿,与其他设备无关,可不进行安装或调试,当手簿需要主机供电时,可提前用电缆接通主机。

四、注意事项

(1)触碰键盘按钮时要轻重适度,不可用力按压键盘,防止损坏。

(2)手簿控制器屏幕具有触摸交互功能,可以使用专用触屏笔或指尖触屏,切勿使用坚硬、尖锐的物品操作触摸屏。

(3)操作过程中手持好控制手簿,或将手簿放置于平稳位置,防止摔落。

项目六　GNSS 静态观测作业

一、准备工作

(一)设备
GNSS 全球导航卫星定位仪 1 台、三脚架 1 个。
(二)人员
1 人独立操作,劳动用品穿戴齐全。

二、操作规程

操作人员独立操作,按照静态测量模式操作 GNSS 卫星定位仪器。下面以徕卡 VIVA 系列 GNSS 仪器为例叙述操作过程,其他型号仪器操作基本相同。

(一)开机启动
(1)按控制器开机键开机。
(2)点击屏幕测量程序图标启动测量主程序。
(3)按主机电源键主机开机。
(二)新建项目
(1)点击屏幕"项目 & 数据"图标,新建项目。
(2)根据作业要求输入新建项目"名称"。
(3)保存。
(三)设置参数
(1)用量高尺量取天线高,并核实天线型号。
(2)在程序主菜单选择"仪器"设置。
(3)选择"天线高",选择天线型号和设置天线高度。

（4）选择"卫星跟踪"，对卫星进行基本选择的设置：主要选择跟踪卫星型号、卫星截止角等选项。

（5）选择"原始数据记录"，设置"记录数据用于后处理"：主要设置数据记录位置、数据采样率等选项。

（四）开始观测

（1）在程序主菜单选择点击"开始测量"图标。

（2）选择"测量"进入测量作业。

（3）根据作业要求输入"点号"。

（4）根据显示的数据验证天线高度，如果数据错误，重新输入。

（5）点击"观测"按钮开始观测。

（五）停止观测

（1）通过"仪器"选项中的"仪器状态"，检查"原始数据记录"记录情况，主要是卫星观测历元数量。

（2）当观测时间或观测历元满足作业要求时，选择"停止"观测。

（3）"保存"点及观测数据。

（六）关机

（1）退出观测程序。

（2）根据提示通过手簿关闭 GNSS 主机，或按压主机操作面板上的电源键关闭主机。

（3）按手簿电源键关闭手簿电源。

三、技术要求

（1）手簿屏幕亮起，系统软件运行，为控制手簿开机状态。

（2）电源灯亮起，为接收机开机启动。

（3）按照题目给定的作业名称、点号、卫星类型、高度角、采样率等参数作业，其他参数无效。

（4）仪器天线高以现场量测的天线高为准，量测和仪器设置误差小于 3mm。

（5）启动观测至少记录 5 个历元。

（6）必须通过按钮或控制器程序关闭主机、控制器。

四、注意事项

（1）操作过程中注意脚下和身后，不要踩踏电缆、三脚架、主机等仪器部件。

（2）触碰键盘或按钮时要轻重适度，不可强力按压，防止损坏。

（3）手簿控制器屏幕具有触摸交互功能，可以使用专用触屏笔或指尖触屏，切勿使用坚硬、尖锐的物品操作触摸屏。

（4）开机运行状态下，不可拔插电池、电缆及数据卡。

（5）必须通过按钮或控制器程序关闭主机、控制器，不可通过其他方式切断设备电源。

项目七　GNSS 基准站观测作业

一、准备工作

（一）设备

GNSS 全球导航卫星定位仪 1 台、基站电台 1 套、三脚架 1 个。

（二）人员

1 人独立操作，劳动用品穿戴齐全。

二、操作规程

操作人员独立操作，按照基准站测量模式操作 GNSS 卫星定位仪器。下面以徕卡 VIVA 系列 GNSS 仪器为例叙述操作过程，其他型号仪器操作基本相同。

（一）开机启动

（1）按控制器开机键开机。

（2）点击屏幕测量程序图标启动测量主程序。

（3）按主机电源键主机开机。

（二）新建项目

（1）点击屏幕"项目 & 数据"图标，新建项目。

（2）根据作业要求输入新建项目"名称"。

（3）在"坐标系统"选项卡上选择作业规定的坐标系统。

（4）保存项目。

（三）设置参数

（1）用量高尺量取天线高，并核实天线型号。

（2）在程序主菜单选择"仪器"设置。

（3）选择"天线高"，选择天线型号和设置天线高度。

（4）选择"卫星跟踪"，对卫星进行基本选择的设置：主要选择跟踪卫星型号、卫星截止角等选项。

（四）开始观测

（1）在程序主菜单选择从"开始测量"和"转到基站菜单"。

（2）选择"开始测量""启动基站"。

（3）选择"在已知点上"设置基站。

（4）输入天线高量测值。

（5）选择"RTK 基站天线"型号。

（6）通过点击"下一步"，进入基站坐标设置。

（7）输入基站点号和坐标。

（8）启动基站观测作业。

（五）停止观测

（1）关闭电台电源。

（2）关闭接收机电源。

（3）关闭手簿控制器电源。

三、技术要求

（1）手簿屏幕亮起，系统软件运行，为控制手簿开机状态。

（2）电源灯亮起，为接收机开机启动。

（3）按照题目给定的作业名称、点号、卫星类型、高度角、基站坐标等参数作业，其他参数无效。

（4）仪器天线高以现场量测的天线高为准，量测和仪器设置误差小于 3mm。

（5）必须通过按钮或控制器程序关闭主机、控制器。

四、注意事项

（1）操作过程中注意脚下和身后，不要踩踏电缆、三脚架、主机等仪器部件。

（2）触碰键盘或按钮时要轻重适度，不可强力按压，防止损坏。

（3）手簿控制器屏幕具有触摸交互功能，可以使用专用触屏笔或指尖触屏，切勿使用坚硬、尖锐的物品操作触摸屏。

（4）开机运行状态下，不可拔插电池、电缆及数据卡。

（5）基站设备运行中禁止断开电台发射天线，避免烧坏仪器电台。

（6）必须通过按钮或控制器程序关闭主机、控制器，不可通过其他方式切断设备电源。

项目八　GNSS 流动站观测作业

一、准备工作

（一）设备

GNSS 全球导航卫星定位仪 1 台、对中杆 1 套、背包 1 个。

（二）人员

1 人独立操作，劳动用品穿戴齐全。

二、操作规程

操作人员独立操作，按照流动站测量模式操作 GNSS 卫星定位仪器。下面以徕卡 VIVA 系列 GNSS 仪器为例叙述操作过程，其他型号仪器操作基本相同。

（一）开机启动

（1）按控制器开机键开机。

（2）点击屏幕测量程序图标启动测量主程序。

（3）按主机电源键主机开机，主机指示灯亮起。

(二)项目属性

(1)点击屏幕"项目 & 数据"图标,根据作业要求"选择测量项目"。

(2)编辑项目属性。

(3)在"坐标系统"选项卡上选择作业规定的坐标系统。

(4)保存项目。

(三)设置参数

(1)用量高尺量取天线高,并核实天线型号。

(2)在程序主菜单选择"仪器",进行"GNSS 设置"。

(3)选择"天线高",选择天线型号和设置天线高度,当使用流动站对中杆时,天线高度为 2m。

(4)选择"卫星跟踪",对卫星进行基本选择的设置:主要选择跟踪卫星型号、卫星截止角等选项。

(四)开始观测

(1)在程序主菜单选择从"开始测量"选择"放样"。

(2)选择放样"已知点项目"。

(3)选择作业指定需放样的"点号"。

(4)按照导航信息移动流动站仪器,直到到达目标点点位。

(5)测量记录点位坐标观测值。

(五)停止观测

(1)关闭接收机电源。

(2)关闭手簿控制器电源。

三、技术要求

(1)手簿屏幕亮起,系统软件运行,为控制手簿开机状态。

(2)电源灯亮起,为接收机开机启动。

(3)按照题目给定的作业项目名称、点号、卫星类型、高度角、坐标系统等参数作业,其他参数无效。

(4)导航放样位移误差不大于 0.5m。

(5)必须通过按钮或控制器程序关闭主机、控制器。

四、注意事项

(1)操作过程中注意脚下障碍物,避免摔伤。

(2)触碰键盘或按钮时要轻重适度,不可强力按压,防止损坏。

(3)手簿控制器屏幕具有触摸交互功能,可以使用专用触屏笔或指尖触屏,切勿使用坚硬、尖锐的物品操作触摸屏。

(4)开机运行状态下,不可拔插电池、电缆及数据卡。

(5)移动过程中注意仪器稳定,避免剧烈颠簸震动。

(6)必须通过按钮或控制器程序关闭主机、控制器,不可通过其他方式切断设备电源。

项目九　设置导航仪作业参数

一、准备工作

(一)设备

GNSS 全球定位导航仪 1 台。

(二)人员

1 人独立操作，劳动用品穿戴齐全。

二、操作规程

(一)开机启动

(1)按导航仪开机键开机。

(2)按【菜单】键 2 次进入主菜单。

(3)选择"设置"选项进行参数设置。

(二)位置格式

(1)选择"坐标"选项卡。

(2)在"位置格式"窗口选择自定义未知格式：User UTM Grid。

(3)按照作业指定的参数输入中央经线、投影比例、东西偏移、南北偏移等参数。

(4)储存。

(三)地图基准

(1)选择"坐标"选项卡。

(2)在"坐标系统"窗口选择自定义坐标系统：User。

(3)按照作业指定的参数输入 DX、DY、DZ、DA、DF 等参数。

(4)储存。

(四)北方向

(1)选择"坐标"选项卡。

(2)在"北基准"窗口选择作业规定的北方向作为导航基准。

(3)按【翻页】结束设置。

三、技术要求

(1)所有参数按照作业指定的数据执行，其他数据无效。

(2)参数设置完成情况以导航仪内储存数据为准。

四、注意事项

(1)触碰按钮时要轻重适度，不可强力按压，防止损坏。

(2)导航仪屏幕不一定具有触摸交互功能，不可以使用坚硬、尖锐的物品操作屏幕。

(3)导航仪一般没有配备数字键盘，数字输入使用光标上下键，上键增大，下键减小。

(4)导航仪一般没有配备符号键盘，正负符号输入使用光标上键或下键变换。

(5)导航仪开机运行状态下，不可取下电池。

模块三 处理数据

项目一 相关知识

一、平面直角坐标正反算

ZBE003 坐标正算的概念
ZBE004 坐标正算的方法

(一)平面直角坐标正算

平面直角坐标正算就是根据直线的边长、坐标方位角和一个端点的坐标,计算直线另一个端点的坐标。可以表示为有两个地面点 A、B,已知 A 点的坐标(X_A,Y_A),方位角 α_{AB} 和 AB 间的水平距离 D_{AB},求 B 点的坐标。

设直线 AB 的边长 D_{AB} 和一个端点 A 的坐标 X_A、Y_A 为已知,假设 A 点到 B 点在 X 轴上的坐标增量为 ΔX_{AB},在 Y 轴上的坐标增量为 ΔY_{AB},则可得:

$$\left.\begin{array}{l} \Delta X_{ab} = D_{AB} \times \cos(\alpha_{AB}) \\ \Delta Y_{ab} = D_{AB} \times \sin(\alpha_{AB}) \end{array}\right\} \tag{3-3-1}$$

故:

$$X_B = X_A + \Delta X_{AB} = X_A + D_{AB} \times \cos\alpha_{AB}$$

$$Y_B = Y_A + \Delta Y_{AB} = Y_A + D_{AB} \times \sin\alpha_{AB}$$

计算实例:已知直线 AB 的边长为 125.36m,坐标方位角为 $211°07'53''$,其中一个端点 A 的坐标为(1536.86,837.54),求直线另一个端点 B 的坐标(X,Y)。

解:先代入公式,求出 A 点到 B 点在 X 轴上的坐标增量:

$$\Delta X_{AB} = 125.36 \times \cos(211°07'53'') = -107.31(\text{m})$$

$$\Delta Y_{AB} = 125.36 \times \sin(211°07'53'') = -64.81(\text{m})$$

然后代入公式,求出直线另一端点 B 的坐标:

$$X_B = X_A + \Delta X_{AB} = 1536.86 - 107.31 = 1429.55(\text{m})$$

$$Y_B = Y_A + \Delta Y_{AB} = 837.54 - 64.81 = 772.73(\text{m})$$

ZBE005 坐标反算的概念
ZBE006 坐标反算的方法

(二)平面直角坐标反算

根据直线起点和终点的坐标,计算直线的水平距离和坐标方位角的过程叫平面直角坐标反算。

假如已知的 A、B 两点的坐标,现在要求两点间水平距离和方位角 α_{AB},这一过程称为坐标反算,方位角 α_{AB} 的求取可以用反三角函数。线 AB 的方位角,应根据 ΔY、ΔX 的符号来确定。坐标反算公式:

$$\alpha_{AB} = \tan^{-1} \frac{\Delta Y}{\Delta X} \tag{3-3-2}$$

$$S_{AB} = \sqrt{\Delta X^2 + \Delta Y^2} \tag{3-3-3}$$

式中　α_{AB}——A、B 两点间的方位角；

$\qquad S_{AB}$——A、B 两点间的水平距离；

$\qquad \Delta X$——A、B 两点间的 X 坐标差；

$\qquad \Delta Y$——A、B 两点间的 Y 坐标差。

由于反三角函数计算的结果有多值性，所以在计算坐标方位角 α_{AB} 之前，要先计算象限角 R_{AB}。

具体的计算步骤如下：

（1）通过已知两点坐标(X_c,Y_c)、(X_d,Y_d)，计算纵坐标增量和横坐标增量：

$$\Delta X = X_d - X_c$$

$$\Delta Y = Y_d - Y_c$$

（2）计算两点间方位角：

$$\alpha_{cd} = \tan^{-1}\frac{\Delta Y}{\Delta X}$$

当 $\Delta X < 0$ 时，方位角处于第二、三象限，计算结果加 180°，即：

$$\alpha_{cd} = \alpha_{cd} + 180°$$

当 $\Delta X > 0$ 时，方位角处于第一象限、第四象限，计算结果等于反算角度，即：

$$\alpha_{cd} = \alpha_{cd}$$

当 α_{cd} 或小于零时加 360°：

$$\alpha_{cd} = \alpha_{cd} + 360°$$

（3）计算两点间距离：

$$S_{cd} = \sqrt{DX^2 + DY^2}$$

注意，直线的方向是用方位角来表示的，其中以坐标北方向为基准方向，顺时针旋转到直线的水平角度，称为该直线的坐标方位角。

测绘工作使用的象限角的划分与数学中的象限角有所不同。测绘工作使用的象限角划分：

第一象限角：0°~90°；

第二象限角：90°~180°；

第三象限角：180°~270°；

第四象限角：270°~360°。

（三）坐标增量

两点平面直角坐标值之差称为坐标增量。求取坐标增量通过直角坐标正算方法计算横坐标增量和纵坐标增量。

点 A 的坐标 X_A、Y_A，点 B 的坐标 X_B、Y_B 则 A、B 两点的增量可用 ΔX_{AB}、ΔY_{AB} 表示。A、B 两点的坐标增量为：

$$\Delta X_{AB} = X_B - X_A$$

$$\Delta Y_{AB} = Y_B - Y_A$$

纵坐标增量是两点间距离乘以两点间方位角的余弦值，横坐标增量是两点间距离乘以两点间方位角的正弦值。如一条线段的方位角 A 和长度 L，那么线段的坐标增量为：

$$\Delta X = L \cdot cosA$$
$$\Delta Y = L \cdot sinA$$

二、测线设计方法

ZBE010　设计
坐标的计算方法

(一)二维测线设计坐标计算方法

物探测线的设计坐标是根据物探的实际工作需要按照一定规则推算出来的坐标。设计坐标由北坐标和东坐标构成,北坐标也称为纵坐标,东坐标也称为横坐标。设计坐标都是通过工区的测线坐标原点起算的。每个物探工区测线网只有 1 个原点和起算方位角。原点具有线号和桩号信息,利用设计点与原点的线号差和桩号差计算设计点与原点的相对位置关系,计算出横纵坐标变化量,即坐标增量,横坐标变化量加上原点横坐标即为测线点设计横坐标,同样纵坐标变化量加上原点横坐标即为测线设计点纵坐标。设计坐标的推导一般是通过三角函数实现的,纵坐标增量是两点间距离乘以两点间方位角的余弦,横坐标增量是两点间距离乘以两点间方位角的正弦。

二维地震勘探方法是在地面上布置地震资料采集测线,激发地震波信号的激发点和接收地震波信号的接收点分布在一条直线上,采集地下地层反射回地面的地震波信息,然后经过处理得出地震资料二维剖面图。

ZBE007　二维
测线设计坐标
计算方法

平坦地区的二维地震测线一般采取相互垂直的测线设计,二维地震测线的主测线一般是垂直于地质构造走向的测线。二维测线的桩号是按照一定规律进行编排的,线号以千米为单位,桩号以米为单位,南小北大,西小东大。二维测线两个物理点间的距离就是桩号的变化量。

ZBE008　三维
测线设计坐标
计算方法

(二)三维测线设计坐标的计算方法

三维地震测线一般采取测线束设计。道距是指沿接收线方向相邻接收道之间的距离,炮距是指沿接收线方向相邻炮点之间的距离。接收线距是相邻两条接收线之间的距离,激发线距是相邻两条激发线之间的距离。三维地震测线的道距和炮距不一定相等。测线的桩号可以按照施工的需要根据特定的规则使用自编号。

三维测线设计坐标计算方法与二维测线相似,物理点设计坐标是根据工区的坐标原点计算得出的,也是利用平面直角坐标正算的原理。不同的是二维测线线号和桩号是千米线号和米桩号,体现实地的距离,可以直接用来设计测线点间距离,而三维测线线号和桩号一般采用自编号,两个物理点间的实际距离等于两个物理点桩号的增量与桩号自编号间距的乘积,而测线之间的距离等于线号的增量乘以测线自编号间距。

ZBE009　物探
测量实测坐标
的概念

(三)物探测量实测坐标的概念

实测坐标顾名思义就是实际测量的坐标,物探测量实测坐标是测量员使用测量仪器,应用测绘方法对地面点实际测量的结果。实际工作中有些物理点不能实现实地测量,需要通过计算得出坐标,这些点称为内插点,内插的物理点不属于实测坐标。实测坐标必须根据测量施工设计为基准进行测量,实测坐标为物探施工和解释提供了空间位置。由于各种人为、仪器和自然引起的误差的存在,实测的坐标不可能是设计坐标的真值,一定存在差别,实测坐标与设计坐标的差别称为测量的放样误差,放样误差应控制在规定范围内。

ZBD008 GNSS
静态测量的意义

三、GNSS 误差来源

（一）观测误差的基本概念

观测值与真值之差称为误差，误差主要来源于以下几个方面：

（1）测量仪器：仪器本身的精度是有限的，不论精度多高的仪器，观测结果总是得不到真值。仪器在安装、使用的过程中，仪器部件老化、松动或装配不到位也会使仪器存在误差。

（2）观测者：由于观测者自身的因素所带来的误差，如观测者的视力、经验甚至观测者的责任心都会影响到测量的结果。

（3）外界条件：测量工作都是在一定的外界环境下进行的，例如温度、风力、大气折光、地球曲率、仪器下沉都会对观测结果带来影响。

ZBD019 测量
误差的概念

根据测量误差表现形式不同，误差可分为系统误差、偶然误差和粗差。

（1）系统误差：误差的符号和大小保持不变或者按一定规律变化，则称其为系统误差。

（2）偶然误差：偶然误差的符号和大小是无规律的，具有偶然性。虽然单个的偶然误差没有规律，但大量的偶然误差具有统计规律。

（3）粗差：也称错误，如目标瞄准误差、读错误差、数据误差、计算错误等。在严格意义上，粗差并不属于误差的范围。

在卫星定位中，影响观测精度的主要误差来源可以分为三类：与卫星有关的误差、与信号传播有关的误差、与接收设备有关的误差。

与卫星有关的误差如星历误差、卫星钟差、相对论效应等；与传播途径有关的误差如对流层折射、电离层折射、多路径效应等；与接收机有关的误差如接收机钟差、天线相位中心的偏差及变化、各通道间的信号延迟误差等，这些误差呈现系统误差的特性。消除、削弱这些系统误差影响的措施和方法包括引入参数、建立模型、同步观测值求差等。

ZBC032 卫星
定位误差的主
要来源

卫星信号多路径效应所引起的误差一般呈现偶然误差特性，尽量在选择测站时避开反射物体。

（二）卫星星历误差

ZBD015 卫星
星历误差

由星历计算得到的卫星的空间位置与实际位置之差称为卫星星历误差。

卫星星历是由地面监控站跟踪监测卫星求定的。由于卫星运行中要受到多种摄动力的复杂影响，而通过地面监控站又难以充分可靠地测定这些作用力或掌握其作用规律，因此在星历预报时会产生较大的误差。星历误差属于系统误差，是一种起算数据误差。

星历误差是当前 GNSS 测量的主要误差来源之一。测量的基线长度越长，此项误差的影响越大。星历误差可以近似地认为基线的相对精度近似地等于星历的相对精度。但严格而言，星历误差对基线的影响与卫星和基线的相对几何分布有关，很难具体估计其大小，当观测卫星数多于 4 颗时，星历误差的影响将大大地减小。

（三）卫星钟误差

ZBD014 卫星
钟误差的概念

卫星钟误差是指卫星时钟与标准时间的差别。GNSS 观测量均以精密测时为依据，GNSS定位中，无论码相位观测还是载波相位观测，都要求卫星时钟与接收机时钟保持严格同步。为了保证时钟的精度，GNSS 卫星均采用高精度的原子钟，但它们与 GNSS 标准时之间的偏差和漂移总量仍在 0.1~1ms 以内，由此引起的等效误差将达到 30~300km。这是一个系统误差必须加以修正。在相对定位中,卫星钟误差可通过观测量求差或差分的方法消除。

（四）电离层折射误差

ZBD016 电离层折射误差的概念

电磁波信号通过电离层时传播速度会产生变化,致使测量结果产生系统性的偏离,这种现象称为电离层折射又称为电离层延迟。电离层折射的大小取决于外界条件和信号频率。在伪距测量和载波相位测量中,它们各自的电离层折射的大小相同,符号相反。

GNSS 卫星信号和其他电磁波信号一样,当其通过电离层时,将受到这一介质弥散特性的影响,使其信号的传播路径发生变化。当 GNSS 卫星处于天顶方向时,电离层折射对信号传播路径的影响最小,而当卫星接近地平线时,则影响最大。

可通过三条途径削弱其影响:利用导航电文中提供的电离层模型加以改正,一般用于单频接收机,可将其影响减少 75%;使用双频接收机以减少电离层延迟,观测并经双频观测值改正后,伪距的残差可达厘米级;采用两个观测站的同步观测量求差。

（五）对流层折射误差

ZBD017 对流层折射误差的概念

对流层是地球大气层靠近地面的一层,是指从地球表面一直到 10km 左右高度之间的大气层。它同时是地球大气层里密度最高的一层,它蕴含了整个大气层约 75% 的质量,以及几乎所有的水蒸气及气溶胶。

对流层与地面接触并从地面得到辐射热能,其温度随高度的上升而降低,由于对流层对电磁波的折射效应,使得当 GNSS 信号通过对流层时传播路径发生弯曲,传播时间也会发生延迟,这种现象称为对流层折射延迟。

对流层折射延迟是 GNSS 定位的主要误差源之一,其对电磁波信号产生的影响是非色散的折射,即折射率与电磁波的频率或波长无关,只与传播速度有关。对流层折射的影响与电磁波传播途径上的温度、湿度和气压有关,也与电磁波传播的方向有关,在天顶方向最小,在地平方向最大。减弱对流层折射影响的主要措施有:利用模型改正、引入待估参数和利用站间求差等。对于小于 20km 的短基线来说,通过对两个测站的同步观测值求差,可以有效地减弱对流层折射的影响。

（六）接收机钟误差

ZBD020 接收机钟误差的概念

GNSS 接收机一般采用石英钟,接收机钟与理想的 GNSS 时间之间存在偏差和漂移,接收机的时钟与 GNSS 标准时之间的差异称为接收机钟误差。

在 GNSS 伪距测量中,解决接收机钟误差可采用以下方法:

（1）在单点定位时,将接收机钟误差作为独立未知数在数据处理中求解。

（2）在载波相位定位中,同步观测 5 颗以上卫星,采用对观测值的求差,如星间一次差分方法,可以有效消除接收机钟误差。

（3）在高精度定位时,可以采用外接频标的方法,为接收机提供高精度的时间标准,如外接铯钟、铷钟等。这种方法常用于固定基准站。

（七）多路径效应

ZBD018 多路径效应的概念

多路径效应是指 GNSS 接收机所收到 GNSS 信号经由建筑物、水面或其他反射物表面反射抵达接收机天线的干扰信号。经反射的信号路径增长了,其伪距存在系统偏差,致使定位结果不准。多路径效应类似于回声的现象,在接收机收到从卫星直接发射的信号的同时,它也接收到由其他物体反射的卫星信号。多路径效应主要由强反射大面积平坦光滑地面和建筑物引起,还与反射物的角度、反射物到天线的距离等有关。多路径效应是 GNSS 测量中干扰测量质量的主要原因之一。

可以通过以下方法减弱多路径效应的影响,但是多路径效应只能减弱,目前无法消除。

(1)选择测站:避开易发生多路径的环境,如建构筑物、山坡、成片水域等,需要离开有反射的地方。

(2)长时间观测。

(3)增加卫星截止高度角可以减弱多路径效应。

(4)采用抗多路径误差的仪器设备,如带抑径板或抑径圈的天线、极化天线等。

(5)在数据处理过程中采用加权、参数法、滤波法、信号分析法等。

四、GNSS 数据处理软件

ZBF001 GNSS
处理软件的概念

(一)GNSS 处理软件的概念

GNSS 数据处理是卫星定位生产的重要过程,经过 GNSS 接收机野外观测取得的数据,必须经过软件处理才能得到测量成果,选用一种好的数据处理方法和软件对 GNSS 数据结果影响很大。在 GNSS 静态定位领域中,几十千米以下的定位应用已经比较成熟,接收机的随机附带软件已经能够满足大多数的应用需要。国内外 GNSS 接收机和与之配套的处理软件产品很多,较为知名有美国天宝导航公司的 Trimble Business Center、瑞士徕卡公司的 Leica Geo Office、日本拓普康公司的 Pinnacle,国内生产厂商有南方测绘公司的 South Total Control 数据后处理软件等。但是在 GNSS 卫星定轨以及长距离、大面积的定位应用中,如洲际板块运动监测及会战联测中,这些随机附带软件就远远不能达到要求,需要更专业的高精度 GNSS 数据处理软件。

ZBF002 GNSS
处理软件的功能

(二)GNSS 处理软件的功能

GNSS 接收机产品种类繁多,但与之配套的处理软件功能大体相同,主要有以下几个功能模块:

(1)文件管理模块:主要功能是新建 GNSS 数据处理文件,也可以打开原有文件,并对文件进行编辑和保存等操作。

(2)项目属性模块:可以建立参考椭球,输入投影椭球参数、投影参数、观测精度、控制网精度等级等相关数据。

(3)数据转换及导入:从 GNSS 接收机下载观测数据,并将观测数据导入程序,准备进行下一步基线解算。一些处理软件自带数据转换模块,可将其他数据文件格式转换为该软件数据文件格式,再导入观测数据。

(4)基线解算模块:导入观测数据后,按照对应时段输入相应接收机的天线高及测点名称,进行基线解算参数设置,其中包括:选择解算基线、卫星高度截止角、采集历元间隔、参考卫星、方差比、观测时段长、合格解选择等内容。基线解算完成后可显示基线边、同步环、异步环相对精度,解算成果合格可进行下一步平差解算工作。若成果不合格通过调整基线解算参数,删减观测数据,删减不合格基线等方法,重新解算不合格基线直至解算合格。

(5)平差解算模块:该模块功能主要是进行三维自由网平差、二维约束平差、高程拟合平差,且显示出平差成果及各项平差精度。

（6）成果报告模块：平差成果报告内容，输出文件格式均可在该模块中进行编辑、预览和打印。

（三）GNSS 处理软件参数设置方法

GNSS 数据处理软件在进行计算时必须设置各种处理参数，如坐标系统参数、基线处理参数、网平差参数等。不同的处理软件参数设置的方法稍有不同，但过程和要求基本类似。

（1）新建坐标系，选择转换模型，如布尔沙模型等，编辑坐标基准转换参数；一般 GNSS 基线数据处理和网平差等首先要在 WGS-84 坐标系统下进行。当需要建立地方坐标系时，需要对软件进行坐标系统参数设置。当改变项目坐标系统属性将改变项目内点坐标数值；当输入高斯平面直角坐标时要预先设置投影参数；改变投影参数中的中央子午线将取得坐标换带的效果。

（2）新建椭球模型，输入椭球长半轴和扁率等参数。

（3）新建投影模型，选择投影方式，输入中央子午线、带宽、投影比例等参数。

（4）选择大地水准面模型。

五、静态数据处理的概念

（一）GNSS 静态测量的特点

1. 静态绝对定位

静态绝对定位是在接收机天线处于静止状态下，确定测站的三维地心坐标，定位所依据的观测量，是根据码相关测距原理测定的卫星至测站间的伪距。由于定位仅需使用一台接收机，速度快，灵活方便，且无多值性问题等优点，广泛用于低精度测量和导航。

2. 静态相对定位

静态相对定位的一般概念：用两台接收机分别安置在基线的两端点，其位置静止不动，同步观测相同的 4 颗以上 GNSS 卫星，确定基线两端点的相对位置，这种定位模式称为静态相对定位。在实际工作中，常常将接收机数目扩展到 3 台以上，同时测定若干条基线。这样做不仅提高了工作效率，而且增加了观测量，提高了观测成果的可靠性。

静态绝对定位，由于受到卫星轨道误差、接收机钟不同步误差，以及信号传播误差等多种因素的干扰，其定位精度较低，2 小时的 C/A 码伪距绝对定位精度约为±20m，远不能满足大地测量精密定位的要求。而静态相对定位，由于采用载波相位观测量以及相位观测量的线性组合技术，极大地削弱了上述各类定位误差的影响，其定位相对精度高达 $10^{-6} \sim 10^{-7}$，是目前 GNSS 定位测量中精度最高的一种方法，广泛应用于大地测量、精密工程测量以及地球动力学研究。

> ZBF006　观测时段的概念

（二）观测时段的概念

GNSS 观测时段是指 GNSS 测站从开始接收卫星信号到停止观测的时间段里连续工作的时间。

GNSS 静态测量观测时段预测必须充分考虑观测地点，不同的观测地点接收到的卫星数量是不同的。卫星的运行状态是有规律的，所以观测时段的确定是可以推算的。GNSS 卫星的几何分布状况，对观测精度有直接的影响，所以为了选择最佳的观测时段，应拟定观测计划。GNSS 静态测量观测时段选择的主要因素是观测卫星数，GNSS 绝对定位的误差与

DOP 的大小成正比,所以观测时段应选择卫星数较多,DOP 值较小的时段进行卫星定位测量以保证测量精度。

（三）静态观测数据管理方法

静态观测数据是通过 GNSS 接收机安置在野外已知点或未知点标志上观测 GNSS 卫星信号,记录在存储介质上的数据。这些数据用来计算静态基线、GNSS 控制网平差等,是卫星定位测量的第一手资料,需要进行妥善和规范的管理。

管理静态观测数据需要做到以下几点:

（1）静态观测数据必须进行原始备份,在编辑修改之前,保留野外观测的原始信息。

（2）依据施工设计书和野外观测记录卡管理静态观测数据的测站信息。

（3）使用专用测量软件管理静态观测数据。

（4）管理后的静态观测数据可进行储存和备份。

管理静态数据的主要流程如下:

（1）备份原始数据:分别将各测站的数据卡、U 盘等存储介质上的观测数据备份至计算机。

（2）新建管理项目:运行专用卫星定位测量软件,新建测量项目,为管理静态数据提供平台。

（3）输入静态数据:根据测量计划书,分别挑选各点观测数据,并将其输入管理项目。

（4）编辑测站信息:在管理项目中,根据测量计划书,编辑修改测站信息,主要包括测站名称、仪器天线高度等。

（5）关闭管理项目:分别编辑修改各观测点的测站信息后,关闭管理项目,观测数据将自动保存至管理项目。

（四）静态基线处理的流程

ZBF004 GNSS
静态基线处理
的流程

在进行基线解算时,最常用的格式是 RINEX 格式,对于按此种格式存储的数据,大部分的数据处理软件都能直接处理。不同的接收机生产厂家有不同的静态观测数据格式,按指定的数据类型录入 GNSS 观测数据后,软件会自动分析各点位采集到的数据内在的关系,并形成静态基线后,就可以进行基线处理了。

基线处理的过程可分为如下几个主要部分:

（1）设定基线解算的控制参数,用以确定数据处理软件采用何种处理方法来进行基线解算。设定基线解算的控制参数是基线解算时的一个非常重要的环节,通过控制参数的设定可以实现基线的优化处理。控制参数在"基线解算设置"中进行设置,主要包括"数据采样间隔""截止角""参考卫星"及其电离层和解算模型的设置等。

（2）外业输入数据的检查与修改,在录入外业观测数据后、基线解算之前,需要对观测数据进行必要的检查。检查的项目包括测站名点号、测站坐标、天线高等,对这些项目进行检查的目的是为了避免外业操作时的误操作。

（3）基线解算。基线解算的过程一般是自动进行的,无须人工干预。基线解算分为如下几步:基线解算自检、读入星历数据、读入观测数据、三差解算、周跳修复、进行双差浮点解算、整周模糊度分解、进行双差固定解算。

（4）基线质量的检验。基线解算完毕后,基线结果并不能马上用于后续的处理,还必须对基线的质量进行检验。只有质量合格的基线才能用于后续处理,如果不合格则需要对基线进行重新解算或重新测量。

ZBF005 GNSS 控制网的图形结构

六、GNSS 控制网的概念

(一)控制网的图形结构

根据测量的精度要求、工区地形特点、点位的分布情况等因素,GNSS 卫星定位控制网可以设计成为不同的形状。

1. 三角形网

GNSS 网中的三角形边由独立的观测边组成。根据经典测量的经验可知,这种图形的几何结构强,具有良好的自检能力,能够有效发现观测成果的粗差,以保障网的可靠性。同时,经平差后网中相邻点间基线向量的精度分布均匀。这种网形的缺点是观测工作量较大,尤其当接收机数量较少时,将使得观测工作的总时间大为延长。因此通常只有当网的精度和可靠性要求较高时,才单独采用这种图形。

2. 环形网

由若干含有多条独立观测边的闭合环所组成的网,称为环形网。这种网形与经典测量中的导线网相似,其图形的结构强度比三角网差。环形网的优点是观测工作量小,且具有较好的可靠性;其缺点主要是,非直接观测的基线边或间接边精度较直接观测边低,相邻点的基线精度分布不均匀。

3. 星形网

星形网是以一台接收机作为基准站,在某个测站上连续开机观测,其余的接收机在此基准站观测期间,在其周围流动,每到一点就进行观测,流动的接收机之间一般不要求同步,这样,流动的接收机每观测一个时段,就与基准站间测得一条同步观测基线,所有这样测得的同步基线就形成了一个以基准站为中心的星形。星形网的几何图形简单,但其直接观测边之间一般不构成闭合图形,所以其检验与发现粗差的能力差。这种图形的主要优点是,观测中通常只需要两台 GNSS 接收机,作业简单。因此在快速静态定位和准动态定位等快速作业模式中,大都采用这种网形。

ZBF007 GNSS 网三维无约束平差的方法

(二)GNSS 网三维无约束平差

无约束平差,即只固定网中某一点坐标的平差方法。

GNSS 网的无约束平差方法,原则上可以采用间接平差法,或条件平差法、序贯平差法和卡尔曼滤波等。但实践中,常采用间接平差法。

根据数据的利用方式不同,GNSS 网的无约束平差一般又分为两种:一种方法是将观测时段所确定的独立基线向量作为具有先验精度信息的相关观测进行网的平差,这种方法称为基线法;另一种方法是直接利用各观测时段的原始同步观测量进行网的平差。这两种方法,理论上是等价的。但后一种方法所处理的数据量较大,计算也比较复杂,所以实用上常采用第一种方法。

GNSS 网的无约束平差,是目前广泛采用的平差方法,主要有经典自由网平差和非经典自由网平差,即秩亏自由网平差。经典自由网平差,简称经典平差,是仅具有必要起算数据的平差方法。对于 GNSS 网来说,即仅具有一个起始点,其坐标值在平差中保持不变。这时网的位置基准,由该起点及其坐标值确定。

非经典自由网平差,也称为自由网平差或秩亏自由网平差,是一种没有必要起算数据的平差方法。这时在最小范数条件下,GNSS 网的位置基准由网点坐标近似值的平均数所决定。在非经典自由网平差中,有一种自由网拟稳平差法,该方法认为网中一部分点对于另一部分点来说是相对稳定的。这样,在秩亏自由网平差中,可以取一部分相对稳定点(称拟稳点),以其坐标改正数的最小范围为条件进行解算。这时网的位置基准,便由拟稳点坐标近似值的平均值所规定。

ZBF008 GNSS 网三维约束平差的方法

（三）GNSS 网三维约束平差

所谓三维约束平差,就是以国家大地坐标系或地方坐标系的某些固定点坐标、固定边长及固定方位为网的基准,并将其作为平差中的约束条件,在平差计算中考虑 GNSS 网与地面网之间的转换参数。

通常,GNSS 网的三维约束平差是在空间直角坐标系或空间大地坐标系下进行的,平差时引入了使得 GNSS 网产生变形的外部起算数据,即所采用的起算条件多于 3 个。

（1）利用已知参心坐标,计算参心系到地心系的转换关系,将已知的参心坐标转换到地心坐标系下;然后在地心系下进行约束平差;最后,将平差结果转换到参心坐标系。

（2）建立包含地心系到参心系的转换参数和参心系下坐标参数在内的统一函数模型,指定参心系下已知点坐标作为约束条件,平差后可直接得出待定点在参心系下的坐标。

GNSS 网平差结果的质量评定,主要采用基线向量改正数、相邻点间弦长的中误差和相对中误差等指标。

起算数据的检验可以采用检查点法或符合路线法。所谓检查点法,就是在平差时不是将所有的起算点坐标固定,而是保留某个点作为检查点。当有多个已知点时,可先仅固定其中部分点进行平差,然后将平差得到的点坐标与已知成果进行比较,以判定起算点成果的质量。在进行 GNSS 的平差时,为准确判断起算点的好坏,一般需要轮换地将各个起算点分别作为检查点。该方法实用性强,可用现有网平差软件进行,但需要有 3 个以上的已知点。符合路线法是从某个已知点,经过由若干基线向量所组成的导线,推算出另一已知点的坐标,对推算值与已知值进行比较,以判定起算点成果的质量。该方法实用性强,但无法利用现有的网平差软件进行。

项目二　坐标正反算

一、准备工作

（一）工具
科学计算器 1 个、签字笔 1 支。

（二）人员
1 人独立笔试,劳动用品穿戴齐全。

二、操作规程

(一)坐标正算

(1)通过已知方位角 α_{ab} 和距离 S_{ab},计算纵坐标增量和横坐标增量:

$$D_X = S_{ab} \cdot \cos\alpha_{ab}$$

$$D_Y = S_{ab} \cdot \sin\alpha_{ab}$$

(2)计算纵坐标和横坐标:

$$X_b = X_a + \Delta X_{ab}$$

$$Y_b = Y_a + \Delta Y_{ab}$$

(二)坐标反算

(1)通过已知两点坐标(X_c, Y_c)、(X_d, Y_d),计算纵坐标增量和横坐标增量:

$$D_X = X_d - X_c$$

$$D_Y = Y_d - Y_c$$

(2)计算两点间方位角:

$$\alpha_{cd} = \tan^{-1}\frac{D_Y}{D_X}$$

当 $D_X < 0$ 时,方位角处于第二、三象限,计算结果加 180°,即:

$$\alpha_{cd} = \alpha_{cd} + 180°$$

当 $D_X > 0$ 时,如果 α_{cd} 为负数,方位角处于第四象限,计算结果加 360°,即:

$$\alpha_{cd} = \alpha_{cd} + 360°$$

(3)计算两点间距离:

$$S_{cd} = \sqrt{D_X^2 + D_Y^2}$$

三、技术要求

(1)计算结果保留 3 位小数。

(2)计算数据书写端正、清晰。

四、注意事项

(1)计算 A 点至 B 点的坐标增量时,使用 A 点至 B 点方向的方位角。

(2)计算 A 点至 B 点方向的方位角,全部使用 A 点至 B 点的坐标增量,或全部使用 B 点至 A 点的坐标增量。

(3)当计算方位角时要注意方位角所在象限:

当 $D_X > 0$ 且 $D_Y > 0$ 时为第一象限方位角,计算结果就是方位角。

当 $D_X < 0$ 且 $D_Y > 0$ 时为第二象限方位角,计算结果为负值,加 180°结果为方位角。

当 $D_X < 0$ 且 $D_Y < 0$ 时为第三象限方位角,计算结果为正值,加 180°结果为方位角。

当 $D_X > 0$ 且 $D_Y < 0$ 时为第四象限方位角,计算结果为负值,加 360°结果为方位角。

(4)计算过程需要使用科学计算器计算三角函数,并且需要进行度分秒转换,需要事先熟练掌握计算器的操作方法。

项目三　计算二维测线设计坐标

一、准备工作

(一)工具
科学计算器 1 个、签字笔 1 支。

(二)人员
1 人独立笔试,劳动用品穿戴齐全。

二、操作规程

设:原点线号为 XH_0、原点桩号为 ZH_0、原点坐标为 (X_0, Y_0)、主测线方位角为 A_0、联络测线方位角为 A_1、设计点线号为 XH_1(单位为 km)、设计点桩号为 ZH_1(单位为 m)。

(一)计算主测线
(1)计算设计点与测线原点之间的线号增量和桩号增量:

$$d_{XH} = (XH_1 - XH_0) \times 1000$$

$$d_{ZH} = ZH_1 - ZH_0$$

(2)计算设计点纵坐标增量和横坐标增量:

$$\Delta X = d_{XH} \cdot \cos A_1 + d_{ZH} \cdot \cos A_0$$

$$\Delta Y = d_{XH} \cdot \sin A_1 + d_{ZH} \cdot \sin A_0$$

公式理解为:纵坐标增量是线号增量在联络测线方向引起的纵坐标变化与桩号增量在主测线方向引起的纵坐标变化之和;横坐标增量是线号增量在联络测线方向引起的横坐标变化与桩号增量在主测线方向引起的横坐标变化之和。

换句话说就是:纵坐标增量是线号变化量乘以联络测线方位角的余切,加桩号变化量乘以主测线方位角的余切;横坐标增量是线号变化量乘以联络测线方位角的正切,加桩号变化量乘以主测线方位角的正切。

(3)计算设计点坐标:

$$X = X_0 + \Delta X$$

$$Y = Y_0 + \Delta Y$$

(二)计算联络测线
(1)变换线号和桩号:为了方便计算,可将联络测线的线号转变为主测线桩号,将联络测线桩号转变为主测线线号。

(2)计算设计点与测线原点之间的线号增量和桩号增量:

$$d_{XH} = (ZH_1 \div 1000 - XH_0) \times 1000$$

$$d_{ZH} = XH_1 \cdot 1000 - ZH_0$$

因二维测线线号以 km 为单位,桩号以 m 为单位,所以当互相转换时需变换单位。

(3)计算设计点纵坐标增量和横坐标增量:

$$\Delta X = d_{XH} \cdot \cos A_1 + d_{ZH} \cdot \cos A_0$$

$$\Delta Y = d_{XH} \cdot \sin A_1 + d_{ZH} \cdot \sin A_0$$

(4)计算设计点坐标：

$$X = X_0 + \Delta X$$

$$Y = Y_0 + \Delta Y$$

三、技术要求

(1)计算结果保留 3 位小数。

(2)计算数据书写端正、清晰。

(3)计算结果单位为 m。

四、注意事项

(1)根据作业时使用的计算器的输入方式使用角度数据。

(2)注意二维测线线号和桩号使用的单位不同，对线号必须进行单位换算，将 km 换算为 m 再进行计算。

(3)计算联络测线时可以将线号看作桩号，将桩号看作线号，按照计算主测线点的方式进行计算，但需要进行单位换算。

项目四　　计算三维测线设计坐标

一、准备工作

(一)工具

科学计算器 1 个、签字笔 1 支。

(二)人员

1 人独立笔试，劳动用品穿戴齐全。

二、操作规程

设：原点线号为 XH_0、原点桩号为 ZH_0、原点坐标为(X_0, Y_0)、主测线方位角为 A_0、线号增加方向为 A_1、线号间距为 V_{XH}、桩号间距为 V_{ZH}、设计点线号为 XH_1,（无单位）、设计点桩号为 ZH_1,（无单位）。

(一)计算检波线

(1)计算设计点与测线原点之间的线号增量和桩号增量：

$$d_{XH} = XH_1 - XH_0$$

$$d_{ZH} = ZH_1 - ZH_0$$

(2)计算设计点纵坐标增量和横坐标增量：

$$\Delta X = d_{XH} \cdot V_{XH} \cdot \cos A_1 + d_{ZH} \cdot V_{ZH} \cdot \cos A_0$$

$$\Delta Y = d_{XH} \cdot V_{XH} \cdot \sin A_1 + d_{ZH} \cdot V_{ZH} \cdot \sin A_0$$

公式理解为:纵坐标增量是线号增量在测线线号增加方向引起的纵坐标变化与桩号增量在测线桩号增加方向引起的纵坐标变化之和;横坐标增量是线号增量在测线线号增加方向引起的横坐标变化与桩号增量在测线桩号增加方向引起的横坐标变化之和。

换句话说就是:纵坐标增量是线号变化量乘以联络测线方位角的余切,加桩号变化量乘以主测线方位角的余切;横坐标增量是线号变化量乘以联络测线方位角的正切,加桩号变化量乘以主测线方位角的正切。

（3）计算设计点坐标:

$$X = X_0 + \Delta X$$
$$Y = Y_0 + \Delta Y$$

（二）计算炮线

（1）计算设计点与测线原点之间的线号增量和桩号增量:

$$d_{XH} = XH_1 - XH_0$$
$$d_{ZH} = ZH_1 - ZH_0$$

（2）计算设计点纵坐标增量和横坐标增量:

$$\Delta X = d_{XH} \cdot V_{XH} \cdot \cos A_1 + d_{ZH} \cdot V_{ZH} \cdot \cos A_0$$
$$\Delta Y = d_{XH} \cdot V_{XH} \cdot \sin A_1 + d_{ZH} \cdot V_{ZH} \cdot \sin A_0$$

（3）计算设计点坐标:

$$X = X_0 + \Delta X$$
$$Y = Y_0 + \Delta Y$$

三、技术要求

（1）计算结果保留 3 位小数。

（2）计算数据书写端正、清晰。

（3）计算结果单位为 m。

四、注意事项

（1）根据作业时使用的计算器的输入方式使用角度数据。

（2）注意三维测线线号和桩号是自编号,没有单位,只有当线号增量和桩号增量乘以线号间距和桩号间距时才有长度单位。

（3）计算检波线方法与计算炮线方法相同,只是设计点的线号和桩号一般为非整数。

项目五　设置软件坐标系统参数

一、准备工作

（一）设备

计算机 1 台。

（二）人员

1 人独立笔试,劳动用品穿戴齐全。

二、操作规程

（一）新建投影参数

（1）启动"坐标系统"程序。

（2）选择"投影"选项。

（3）鼠标右键或其他方式"新建"投影。

（4）输入新建投影"名称"。

（5）选择投影"类型":TM 横轴墨卡托投影。

（6）输入假定东坐标、假定北坐标、纬度原点、中央子午线、带宽和原点比例系数等参数。

（7）"确定"保存新建投影。

（二）新建椭球参数

（1）选择"椭球"选项。

（2）鼠标右键或其他方式"新建"椭球。

（3）输入新建椭球"名称"。

（4）输入椭球长半轴、扁率倒数等参数。

（5）"确定"保存新建椭球。

（三）新建转换参数

（1）选择"坐标转换"选项。

（2）鼠标右键或其他方式"新建"转换参数。

（3）输入新建坐标转换"名称"。

（4）选择转换"类型":经典 3D 横型。

（5）选择"椭球 A"为 WGS-1984 椭球,选择"椭球 B"为自定义椭球,即上一步新建的椭球。

（6）选择转换"模型":选择 Bursa Wolf 转换模型。

（7）分别输入坐标系统转换参数:X 轴平移参数 d_x、Y 轴平移参数 d_y、Z 轴平移参数 d_z、X 轴旋转参数 R_x、Y 轴旋转参数 R_y、Z 轴旋转参数 R_z、尺度比例参数 S_F。

（8）"确定"保存新建坐标转换。

（四）新建坐标系统

（1）选择"坐标系统"选项。

（2）鼠标右键或其他方式"新建"坐标系统。

（3）输入新建坐标系统"名称"。

（4）选择"转换":自定义的转换参数,即上一步新建的转换。

（5）选择"地方椭球":自定义椭球,即上一步新建的椭球,如果在转换参数编辑时已经确定"椭球 A"和"椭球 B",则此步骤可以省略,当转换选择后,自动加载"地方椭球"。

（6）选择"投影":自定义投影,即上一步新建的投影。

(7)"确定"保存。

三、技术要求

(1)按照作业给定的参数进行编辑,其他参数无效。

(2)编辑后的坐标系统必须进行保存,作业结果以保存数据为准。

四、注意事项

(1)严格按照作业给定坐标系统参数进行编辑,其他任何参数无效。

(2)不允许在所操作的计算机上安装或使用与题目无关的软件。

(3)计算机使用220V电源,使用时不可触动电缆、主机等部件,防止触电。

(4)不可用尖锐物品触碰计算机屏幕。

(5)不可擦拭计算机任何部件。

(6)轻触计算机键盘。

(7)所有编辑的内容必须保存,作业结果判断以保存数据为准。

项目六　管理静态观测数据

一、准备工作

（一）设备

计算机1台、数据卡2个、读卡器1个。

（二）人员

1人独立笔试,劳动用品穿戴齐全。

二、操作规程

（一）备份数据

(1)将数据卡安插在读卡器上。

(2)读卡器连接到计算机USB接口。

(3)在计算机桌面建立新文件夹。

(4)利用资源管理器将数据卡中的观测数据分别拷贝到新建文件夹中。

（二）新建项目

(1)通过桌面快捷方式或开始程序菜单,启动测量软件。

(2)选择"项目"选项,按鼠标右键"新建"项目。

(3)输入项目名称。

（三）输入数据

(1)双击新建的项目,打开项目。

(2)通过程序菜单或快捷按钮启动输入原始数据。

(3)找到备份文件夹和观测数据文件,输入原始观测数据到项目。

(4)选择项目名称,并通过 GNSS 选项卡选择需要输入的观测点。

(5)通过"分配"按钮,将选择的观测点"分配"到新建项目。

(四)编辑数据

(1)点选需要编辑的观测点。

(2)鼠标右键选择观测点"重命名"。

(3)输入正确点名。

(4)鼠标右键选择"编辑时段"。

(5)输入正确天线高。

(五)关闭项目

通过程序"关闭"快捷按钮直接关闭数据项目。

三、技术要求

(1)必须将所有观测数据都进行备份。

(2)项目名称、点名称、天线读数使用现场给定数据,其他数据无效。

(3)对不同数据卡中的观测数据,必须建立不同的文件夹备份。

(4)根据作业要求分配观测点。

四、注意事项

(1)严格按照作业给定数据进行编辑,其他任何参数无效。

(2)不允许在所操作的计算机上安装或使用与题目无关的软件。

(3)计算机使用 220V 电源,使用时不可触动电缆、主机等部件,防止触电。

(4)不可用尖锐物品触碰计算机屏幕。

(5)不可擦拭计算机任何部件。

(6)轻触计算机键盘。

项目七　静态基线计算

一、准备工作

(一)设备

计算机 1 台。

(二)人员

1 人独立操作,劳动用品穿戴齐全。

二、操作规程

(一)编辑项目属性

(1)双击或使用菜单打开静态基线处理项目。

(2)通过"文件"菜单打开"项目属性"。

（3）通过"坐标"选项卡选择规定的"坐标系统"。

（二）编辑控制点

（1）点选控制点标示。

（2）通过鼠标右键或"GPS 处理"菜单进行"编辑点"。

（3）将控制点类别设定为"控制点"，使点坐标可编辑。

（4）将控制点"子类别"设定为"平面和高程固定"。

（5）将"坐标类型"设定为"地方""格网坐标"。

（6）输入控制点坐标。

（三）处理基线

（1）通过鼠标右键或"GPS 处理"菜单设置"处理参数"。

（2）在"常规"参数选项卡设定"卫星截止角"为作业要求的角度。

（3）通过鼠标左键和鼠标右键设定观测数据为"控制点"或"流动点"观测数据。

（4）通过鼠标右键或"GPS 处理"菜单选择数据"处理"。

（5）通过鼠标右键或菜单"储存"计算结果。

三、技术要求

（1）使用作业规定的数据项目进行基线处理，使用其他数据无效。

（2）使用作业规定的坐标系统设置项目属性，不需要重新建立新的坐标系统。

（3）使用作业规定的控制点坐标进行计算，其他数据无效。

（4）所有计算过程、结果需要存储，作业效果以存储数据为准。

（5）使用缺省处理参数进行基线计算，也可以设置其他处理参数。

（6）坐标、高程计算误差不大于 20mm。

四、注意事项

（1）严格按照作业给定数据进行编辑，其他任何参数无效。

（2）处理之前必须设置项目属性，选择规定的坐标系统，否则控制点坐标无法输入，并得到错误计算结果。

（3）不允许在所操作的计算机上安装或使用与题目无关的软件。

（4）计算机使用 220V 电源，使用时不可触动电缆、主机等部件，防止触电。

（5）不可用尖锐物品触碰计算机屏幕。

（6）不可擦拭计算机任何部件。

（7）轻触计算机键盘。

理论知识练习题

初级工理论知识练习题及答案

一、单项选择题(每题有 4 个选项,只有 1 个是正确的,将正确的选项填入括号内)

1. AA001　人类所需要的油气资源,多深埋在地下(　　)。
　　A. 几米　　　　　　B. 几十米　　　　　　C. 几百米　　　　　　D. 几千米

2. AA001　所谓石油勘探,就是为了寻找和查明(　　)资源,而利用各种勘探手段了解地下的地质状况。
　　A. 矿石　　　　　　B. 煤炭　　　　　　C. 油气　　　　　　D. 水

3. AA001　所谓石油勘探,就是认识生油、储油、油气运移、聚集、保存等条件,综合评价含油气的(　　),确定油气聚集的有利地区。
　　A. 过去　　　　　　B. 现在　　　　　　C. 近况　　　　　　D. 远景

4. AA002　石油勘探最初的普查工作主要是由(　　)完成并绘制出区域构造地质图。
　　A. 测绘技术人员　　　　　　　　B. 物探技术人员
　　C. 地质技术人员　　　　　　　　D. 统计技术人员

5. AA002　地区石油赋存多少,主要决定于石油成矿后的(　　)构造的作用和含油地层的出露。
　　A. 前期　　　　　　B. 中期　　　　　　C. 后期　　　　　　D. 全过程

6. AA002　目前石油勘探的主要手段是(　　)。
　　A. 地质物探　　　　B. 地震勘探　　　　C. 地理勘探　　　　D. 地心勘探

7. AA003　地质法石油勘探的研究对象是(　　)。
　　A. 地表水　　　　　　　　　　　B. 地下水
　　C. 地表的土壤　　　　　　　　　D. 出露在地表的地层岩石

8. AA003　地质法石油勘探的需要对(　　)进行综合分析来得出区域含油气远景评价。
　　A. 地理资料　　　　B. 地质资料　　　　C. 地震资料　　　　D. 地心资料

9. AA003　地质法石油勘探是以(　　)、构造地质学、沉积岩石学等理论为基础进行研究。
　　A. 石油化学　　　　B. 石油物理学　　　C. 石油地质学　　　D. 石油化工学

10. AA004　钻探法勘测的井位是由(　　)提供的。
　　A. 地质法　　　　　B. 物探法　　　　　C. 化探法　　　　　D. 遥感法

11. AA004　钻探法是用来确定(　　)特点及含油气情况。
　　A. 地下水质　　　　B. 地下土壤　　　　C. 地下构造　　　　D. 地下温度

12. AA004　钻探法通过(　　)来勘察地下地质情况。
　　A. 钻井　　　　　　B. 爆炸　　　　　　C. 化验　　　　　　D. 放射

13. AA005　所谓物探,是指用(　　)原理和方法来研究地质构造情况和寻找地下矿藏。
　　A. 物理学　　　　　B. 地质学　　　　　C. 矿物学　　　　　D. 石油矿物学

14. AA005　石油地球物理勘探,就是利用一定的物理方法和观测仪器,对某个区域的地球物理场,例如磁场、电场、引力场、(　　)等,进行观测和分析,推断出地下石油或天然气的分布情况和储量大小。
　　A. 大气场　　　　B. 辐射场　　　　C. 弹性波场　　　　D. 地球重力场

15. AA005　把以岩石间(　　)为基础,以物理方法为手段的油气勘探,称为地球物理勘探,简称物探。
　　A. 物理性质差异　　B. 化学性质差异　　C. 高度差异　　D. 方位差异

16. AA006　总体来说,我国的石油物探技术水平处在(　　)。
　　A. 国际一流水平　　　　　　　　B. 国际二流水平
　　C. 国际三流水平　　　　　　　　D. 国际领先水平

17. AA006　在石油勘探行业,没有充分可靠的物探资料,就不能定(　　)。
　　A. GNSS 点　　　B. 工区原点　　　C. 测线端点　　　D. 探井井位

18. AA006　目前(　　)方法是应用最为广泛的石油物探方法。
　　A. 地震勘探　　　B. 重力勘探　　　C. 磁法勘探　　　D. 电法勘探

19. AA007　地球物理勘探通常是利用一定的物理方法和特定的观测仪器,对某个区域的地球物理场进行观测和分析,然后结合(　　)理论,推断出地下的地质构造和矿体分布情况。
　　A. 物理学　　　B. 石油地质学　　　C. 测量学　　　D. 大地测量学

20. AA007　石油地球物理勘探,就是利用一定的物理方法和观测仪器,对目标区域的物理场进行观测和分析,并结合石油地质学理论,推断出石油或(　　)的分布情况和储量大小。
　　A. 煤炭　　　B. 煤气　　　C. 天然气　　　D. 液化石油气

21. AA007　石油物探一般分为电法勘探、磁法勘探、重力勘探、(　　)和放射性勘探等几种。
　　A. 陆地勘探　　　B. 海洋勘探　　　C. 地震勘探　　　D. 非地震勘探

22. AA008　在我国现有的油气田中,大部分都是用(　　)方法发现的。
　　A. 物探　　　B. 化探　　　C. 地表调查　　　D. 地质钻探

23. AA008　渤海湾地区的胜利、辽河、大港、华北、中原等一大批油田,主要是依靠(　　)方法查明地下情况后才得以取得勘探突破的。
　　A. 地表调查　　　B. 地质钻探　　　C. 地震勘探　　　D. 重力勘探

24. AA008　应用(　　)方法选准钻井的地方,能够精确地找到油气储层及储量。
　　A. 化探　　　B. 物探　　　C. 放射　　　D. 遥感

25. AA009　电法勘探是以地壳中的岩石和矿石具有某些电学性质并在地表上形成一定特征的(　　)原理作为研究基础的。
　　A. 电场　　　B. 电辐射　　　C. 电离层　　　D. 电离现象

26. AA009　借助于地表的岩石具有(　　)的特征,当在地面上两点供入直流电,地下立即会形成一个电场。
　　A. 导热性　　　B. 透水性　　　C. 导电性　　　D. 放射性

27. AA009　砂岩是很好的储层,当电阻率很高的石油侵入后,就会形成高阻层或高阻异常体,这就为寻找油气提供了(　　)以及有关的地质信息。

    A. 电性异常　　　　B. 深度异常　　　　C. 湿度异常　　　　D. 温度异常

28. AA010　科技人员可以用高低不平的地下(　　)并结合其他物探资料来分析研究地下的地质结构,并推断出哪些地方可能会存在油气藏,这就叫重力勘探。

    A. 高程异常图　　　B. 潜水面图　　　　C. 重力构造图　　　D. 地形图

29. AA010　重力勘探是以地面重力场随着地下岩石和矿体(　　)的不同而变化的原理作为研究基础的。

    A. 密度　　　　　　B. 重力　　　　　　C. 震动特性　　　　D. 放射性质

30. AA010　重力勘探是利用特定仪器,对特定区域的(　　)进行观测,结合地质学理论进行分析,间接地获得地下地质构造和矿体分布的情况。

    A. 大气场　　　　　B. 重力场　　　　　C. 辐射场　　　　　D. 电磁场

31. AA011　磁法勘探是以地下岩石或矿体具有不同的磁性并产生不同的(　　)作为研究基础的。

    A. 磁极　　　　　　B. 磁暴　　　　　　C. 磁场　　　　　　D. 磁偏角

32. AA011　在地磁场的作用下,由不同地层所形成的地质构造就会呈现出不同的(　　),并产生磁力作用。

    A. 重力　　　　　　B. 磁性　　　　　　C. 电场　　　　　　D. 重力异常

33. AA011　用(　　)测出不同地点的磁力值数据可绘成各种图件,同重力图配合使用,对寻找油气藏就能起到相辅相成的作用。

    A. 重力仪　　　　　B. 磁力仪　　　　　C. 经纬仪　　　　　D. 测距仪

34. AA012　地震勘探是利用(　　)产生的地震波作为研究基础的。

    A. 天然　　　　　　B. 自然　　　　　　C. 人工激发　　　　D. 地壳运动

35. AA012　在地震勘探中,利用地震探测仪器接收地震波遇到地下各岩层所产生的(　　)来研究地下地质构造。

    A. 律动波和扰动波　B. 反射波和透射波　C. 折射波和透射波　D. 反射波和折射波

36. AA012　根据目前的科技水平,(　　)技术能像"CT"一样对地下各切面做成像解剖,因而成为当前最精密的石油地球物理勘探手段之一。

    A. 一维地震勘探　　B. 二维地震勘探　　C. 三维地震勘探　　D. 非地震勘探

37. AA013　根据勘探原理的不同,地震勘探分为(　　)地震勘探。

    A. 二维和三维　　　B. 陆地和海洋　　　C. 平原和山地　　　D. 常规法和 RTK 法

38. AA013　一般来说,新探区的普查大多采用(　　)地震勘探。

    A. 零维　　　　　　B. 一维　　　　　　C. 二维　　　　　　D. 三维

39. AA013　一般来说,重点探区的详查和细测大多采用(　　)地震勘探。

    A. 零维　　　　　　B. 一维　　　　　　C. 二维　　　　　　D. 三维

40. AA014　"高分辨率三维地震"及"随时间推移的(　　)"等新技术能够在地下储层描述及油田开采方面提供更多的信息。

    A. 二维地震　　　　B. 四维地震　　　　C. 航天遥感　　　　D. GNSS 导航

41. AA014 根据勘探目的和程度的不同，地震勘探一般分为（　　　）、详查、细测和精测等几个阶段。
   A. 调查　　　　　B. 勘查　　　　　C. 普查　　　　　D. 粗测

42. AA014 地震勘探的（　　　）阶段，一般是在重力、磁法或电法勘探已经获得初步地质资料的基础上，对地质构造的形状和大小进行初步落实。
   A. 普查　　　　　B. 详查　　　　　C. 细测　　　　　D. 精测

43. AA015 根据地震测线部署的一般原则，地震测线应尽量保持（　　　）。
   A. 曲线　　　　　B. 折线　　　　　C. 弯线　　　　　D. 直线

44. AA015 在遇到特殊地形条件时，二维地震测线也允许布设成（　　　）。
   A. 断线　　　　　B. 折线　　　　　C. 蛛网状　　　　　D. 蜂窝状

45. AA015 一般来说，二维地震测线的（　　　）相互之间保持平行并垂直于地质构造走向。
   A. 主测线　　　　　B. 联络测线　　　　　C. 辅助测线　　　　　D. 相邻测线

46. AA016 地震勘探资料采集后进入（　　　）阶段。
   A. 资料销毁　　　　　B. 资料储藏　　　　　C. 资料处理　　　　　D. 资料解释

47. AA016 地震勘探资料处理后进入（　　　）阶段。
   A. 资料销毁　　　　　B. 资料储藏　　　　　C. 资料处理　　　　　D. 资料解释

48. AA016 地震勘探过程中（　　　）是在野外完成的。
   A. 资料采集　　　　　B. 资料处理　　　　　C. 资料解释　　　　　D. 资料储藏

49. AA017 地震资料采集在机械震源之前一般是通过（　　　）激发地震波。
   A. 炸药　　　　　B. 钻机　　　　　C. 检波器　　　　　D. 仪器车

50. AA017 地震资料采集是通过（　　　）接收地震波。
   A. 测量仪　　　　　B. 钻机　　　　　C. 检波器　　　　　D. 爆炸机

51. AA017 地震资料采集是通过（　　　）控制地震波数据采集过程。
   A. 测量仪　　　　　B. 钻机　　　　　C. 检波器　　　　　D. 地震仪

52. AA018 地震资料处理过程中，（　　　）是为了消除地表起伏对地震资料的影响。
   A. 置道头　　　　　B. 静校正　　　　　C. 噪声压制　　　　　D. 振幅补偿

53. AA018 地震资料处理过程中，（　　　）是为消除因各接收点与激发点距离不同引起的正常时差的影响。
   A. 动校正　　　　　B. 静校正　　　　　C. 噪声压制　　　　　D. 振幅补偿

54. AA018 地震资料处理的成果是（　　　）。
   A. 测线位置图　　　　　B. 地质构造图　　　　　C. 地震剖面图　　　　　D. 测量成果图

55. AA019 地震资料解释能够根据地震信息推测地层的（　　　）。
   A. 温度　　　　　B. 厚度　　　　　C. 湿度　　　　　D. 干度

56. AA019 地震资料解释的基础工作是（　　　）解释。
   A. 激发点　　　　　B. 接收点　　　　　C. 剖面　　　　　D. 面元

57. AA019 通过（　　　）可以提供地震勘探工区含油气远景评价。
   A. 地震资料采集　　　　　　　　　B. 地震资料处理
   C. 地震资料解释　　　　　　　　　D. 地震资料储存

58. AB001　第一台电子计算机于1946年在(　　)诞生。

　　A. 德国　　　　　　　B. 日本　　　　　　　C. 美国　　　　　　　D. 英国

59. AB001　关于个人计算机的叙述错误的是(　　)。

　　A. 个人计算机的英文缩写是PC

　　B. 个人计算机又称为微机

　　C. 世界上第一台计算机是个人计算机

　　D. 个人计算机是以微处理器为核心的计算机

60. AB001　计算机系统由低到高分层顺序中,正确的是(　　)。

　　A. 硬件–应用软件–操作系统–其他系统软件

　　B. 硬件–操作系统–其他系统软件–应用软件

　　C. 硬件–其他系统软件–操作系统–应用软件

　　D. 硬件–应用软件–其他系统软件–操作系统

61. AB002　计算机最主要的工作特点是(　　)。

　　A. 存储程序与自动控制　　　　　　　　B. 高速度与高精度

　　C. 可靠性与可用性　　　　　　　　　　D. 有记忆能力

62. AB002　计算机是由程序来控制其操作过程的(　　)装置。

　　A. 自动　　　　　　　B. 半自动　　　　　　C. 机械　　　　　　　D. 半机械

63. AB002　计算机是由(　　)来控制其操作过程的自动电子装置。

　　A. 人工　　　　　　　B. 程序　　　　　　　C. 数据　　　　　　　D. 自动化装置

64. AB003　电子计算机除了应用于科学计算、数据处理、过程控制、计算机辅助设计、制造外,还应用于(　　)。

　　A. 逻辑判断　　　　　B. 办公自动化　　　　C. 大容量存储　　　　D. 高速存取

65. AB003　计算机辅助制造简称(　　)。

　　A. CAM　　　　　　　B. CAD　　　　　　　C. CIMS　　　　　　　D. CAI

66. AB003　人工智能的两个研究领域是(　　)。

　　A. 自动控制和网络化　　　　　　　　　B. 计算机技术和传感技术

　　C. 模式识别和自然语言理解　　　　　　D. 分类识别和语义分析

67. AB004　属于计算机的内设是(　　)。

　　A. 主板　　　　　　　B. 打印机　　　　　　C. 扫描仪　　　　　　D. 键盘

68. AB004　微型计算机硬件系统中最核心的部件是(　　)。

　　A. 主板　　　　　　　B. CPU　　　　　　　C. 内存储器　　　　　D. I/O 设备

69. AB004　冯·诺依曼计算机的体系结构主要由(　　)五大部分组成。

　　A. 外部存储器、内部存储器、CPU、显示、打印

　　B. 输入、输出、运算器、控制器、存储器

　　C. 输入、输出、控制、存储、外设

　　D. 主板、内存、CPU、显卡、硬盘

70. AB005　在计算机中,一个字节是由(　　)个二进制位组成的。

　　A. 4　　　　　　　　　B. 8　　　　　　　　　C. 16　　　　　　　　　D. 24

71. AB005　在计算机内部，一切信息存取、处理和传送的形式是(　　)。

　　A. ASC Ⅱ码　　　　　B. BCD 码　　　　　　C. 二进制　　　　　　D. 十六进制

72. AB005　冯·诺依曼结构计算机的工作原理是存储程序和(　　)。

　　A. 采用二进制　　　　B. 程序控制　　　　　C. 高速运算　　　　　D. 网络通信

73. AB006　可使计算机从外部获取信息的是(　　)。

　　A. 存储器　　　　　　B. 运算器　　　　　　C. 输入设备　　　　　D. 输出设备

74. AB006　属于计算机输入设备的是(　　)。

　　A. 打印机　　　　　　B. 绘图仪　　　　　　C. 键盘　　　　　　　D. 显示器

75. AB006　只能作为输入设备的是(　　)。

　　A. 磁盘驱动器　　　　B. 鼠标器　　　　　　C. 存储器　　　　　　D. 显示器

76. AB007　属于计算机的输出设备的是(　　)。

　　A. 视频卡　　　　　　B. 绘图仪　　　　　　C. 光盘、声像磁带　　D. 视盘

77. AB007　不属于计算机输出设备的是(　　)。

　　A. 打印机　　　　　　B. 绘图仪　　　　　　C. 键盘　　　　　　　D. 显示器

78. AB007　打印机是使用较多的输出设备之一，它的作用是(　　)。

　　A. 把计算机中的数据输出到纸张上的设备

　　B. 把纸张上的图片输入到计算机中的设备

　　C. 把计算机中的数据保存到软盘上的设备

　　D. 读取光盘上的信息的设备

79. AB008　CPU 由(　　)和运算器组成。

　　A. 内存储器　　　　　B. 外存储器　　　　　C. 主板　　　　　　　D. 控制器

80. AB008　称为计算机的大脑的是(　　)。

　　A. 控制器　　　　　　B. 中央处理器　　　　C. 运算器　　　　　　D. 主机

81. AB008　CPU 中的控制器，其功能是(　　)。

　　A. 指挥、协调计算机各部件工作　　　　　　B. 进行算术运算和逻辑运算

　　C. 存储数据和程序　　　　　　　　　　　　D. 控制数据的输入和输出

82. AB009　计算机的硬盘属于(　　)。

　　A. 内存储器　　　　　B. 外存储器　　　　　C. 只读存储器　　　D. 控制器

83. AB009　存储器中存取速度最快的是(　　)。

　　A. 内存　　　　　　　B. 硬盘　　　　　　　C. 光盘　　　　　　　D. 软盘

84. AB009　计算机的主存储器指的是(　　)。

　　A. ROM 和 RAM　　　B. 硬盘和软盘　　　　C. 硬盘和光盘　　　　D. 光盘和软盘

85. AB010　关于液晶显示器特点的叙述中错误的是(　　)。

　　A. 功耗低　　　　　　B. 辐射低　　　　　　C. 厚度薄　　　　　　D. 闪烁严重

86. AB010　液晶显示器开若干次才能显示，原因是(　　)。

　　A. 液晶屏坏　　　　　B. 屏线接触不好　　　C. 电源板故障　　　　D. 信号线问题

87. AB010　关于显示器的叙述正确的说法是(　　)。

  A. 显示器是处理设备　 B. 显示器是输入设备

  C. 显示器是存储设备　 D. 显示器是输出设备

88. AB011　计算机网络按覆盖范围来分可分为(　　)。

  A. 以太网和令牌网　 B. 局域网和以太网

  C. 局域网和广域网　 D. 广域网和以太网

89. AB011　计算机网络的一个突出优点是(　　)。

  A. 资源共享　 B. 运算速度快　 C. 费用低廉　 D. 数据传输速度快

90. AB011　计算机网络的主要功能是(　　)、资源共享、分布式处理。

  A. 数据安全　 B. 数据存储　 C. 数据通信　 D. 数据备份

91. AB012　在网上使用搜索引擎查找信息时,必须输入(　　)。

  A. 网址　 B. 名称　 C. 类型　 D. 关键字

92. AB012　吴丽给朋友留下了地址 wuli@ 263. net,这是(　　)。

  A. 吴丽上网的用户名　 B. 吴丽的网页的 IP 地址

  C. 吴丽电子邮件的地址　 D. 吴丽家的住址

93. AB012　电子邮件地址书写正确的是(　　)。

  A. 263. net@ DXG　 B. DXG@ 263. Net

  C. DXG. 263. net　 D. 263. net. DXG

94. AB013　属于 PC 机中的光盘驱动器的是(　　)。

  A. 磁盘　 B. HARD DISK　 C. DVD-ROM　 D. FLOOY DISK

95. AB013　硬盘分区的目的之一是(　　)。

  A. 对硬盘进行格式化　 B. 便于安装操作系统

  C. 便于清除硬盘上的数据和程序　 D. 清除硬盘上的所有病毒

96. AB013　Windows XP 中加密操作的磁盘分区必须是(　　)。

  A. FAT16 格式　 B. FAT32 格式　 C. NTFS 格式　 D. 都可以

97. AB014　下列选项中,错误的是(　　)。

  A. 免费软件是指那些供他人无偿使用的软件

  B. 商业软件是指那些需要付费才能使用的软件

  C. 共享软件通常提供一定的免费试用期限或部分免费试用功能

  D. 共享软件一般都是很专业的软件

98. AB014　购买了一款商业软件后,就拥有了它的(　　)。

  A. 复制销售权　 B. 使用权　 C. 修改权　 D. 署名权

99. AB014　计算机的软件系统一般分为(　　)。

  A. 系统软件、应用软件与各种字处理软件　 B. 操作系统、用户软件与管理软件

  C. 系统软件与应用软件　 D. 操作系统、实时系统与分时系统

100. AB015　粗略地分,计算机软件有(　　)两大类。

  A. 操作系统和应用软件　 B. 通用软件和应用软件

  C. 系统软件和应用软件　 D. 通用软件和工具软件

101. AB015 计算机病毒是一种（　　），它好像微生物病毒一样，能进行繁殖和扩散，并产生危害。

A. 计算机命令　　　　B. 人体病毒　　　　C. 计算机程序　　　　D. 外部设备

102. AB015 应用软件是指（　　）。

A. 所有能够使用的软件　　　　　　　　B. 能被各应用单位共同使用的某种软件

C. 所有微机上都应使用的基本软件　　　D. 专门为某一应用目的而编制的软件

103. AB016 属于系统软件的一组是（　　）。

A. DOS 和 MIS　　　　　　　　　　　B. WPS 和 Windows XP

C. DOS 和 Windows XP　　　　　　　　D. Windows XP 和 Word

104. AB016 操作系统的作用是（　　）。

A. 软硬件的接口　　　　　　　　　　　B. 进行编码转换

C. 把源程序翻译成机器语言程序　　　　D. 控制和管理系统资源的使用

105. AB016 操作系统的主要功能是针对计算机系统的四类资源进行有效的管理，该四类资源是（　　）。

A. 处理器、存储器、打印机　　　　　　B. 处理器、硬盘、键盘和显示器

C. 处理器、网络设备　　　　　　　　　D. 处理器、存储器、I/O 设备和文件系统

106. AB017 为解决某一特定问题而设计的指令序列称为（　　）。

A. 文档　　　　　　B. 语言　　　　　　C. 程序　　　　　　D. 系统

107. AB017 某学校的工资管理程序属于（　　）。

A. 系统程序　　　　B. 应用程序　　　　C. 工具软件　　　　D. 文字处理软件

108. AB017 对计算机软件正确的态度是（　　）。

A. 计算机软件不需要维护

B. 计算机软件只要能复制得到就不必购买

C. 受法律保护的计算机软件不能随便复制

D. 计算机软件不必有备份

109. AB018 一位芬兰大学生在 Internet 上公开发布了一种免费操作系统（　　），经过许多人的努力，该操作系统不断完善，并被推广应用。

A. Windows XP　　　　B. Novell　　　　C. UNIX　　　　D. Linux

110. AB018 1969 年在贝尔实验室诞生的（　　）操作系统具有短小精干、系统开销小、运行速度快的特点。

A. Windows　　　　　B. UNIX　　　　　C. MAC　　　　　D. Linux

111. AB018 美国苹果计算机公司为它的 Macintosh 计算机设计了（　　）操作系统。

A. Windows　　　　　B. UNIX　　　　　C. MAC　　　　　D. Linux

112. AB019 在 Windows 操作系统中双击鼠标左键的作用是（　　）。

A. 选择对象　　　　　B. 拖拽对象　　　　C. 复制对象　　　　D. 运行对象

113. AB019 设 Windows 桌面上已经有某应用程序的图标，要运行该程序，可以（　　）。

A. 用鼠标左键单击该图标　　　　　　　B. 用鼠标右键单击该图标

C. 用鼠标左键双击该图标　　　　　　　D. 用鼠标右键双击该图标

114. AB019　在 Windows 操作系统中可以通过(　　)启动程序运行。
　　A. 鼠标左键功能菜单打开　　　　　　　B. 鼠标右键功能菜单打开
　　C. 鼠标左键单击　　　　　　　　　　　D. 鼠标右键单击

115. AB020　在 Windows 中欲关闭应用程序,下列操作中,不正确的是(　　)。
　　A. 使用文件菜单中的退出　　　　　　　B. 单击窗口的关闭按钮
　　C. 单击窗口的最小化按钮　　　　　　　D. 在窗口中使用 Alt+F4 组合键

116. AB020　不能退出 Excel 的操作是(　　)。
　　A. 执行"文件→关闭"菜单命令
　　B. 执行"文件→退出"菜单命令
　　C. 单击标题栏左端 Excel 窗口的控制菜单按钮,选择"关闭"命令
　　D. 按快捷键 Alt+F4

117. AB020　Windows 窗口右上角的×按钮是(　　)。
　　A. 最小化按钮　　　B. 最大化按钮　　　C. 关闭按钮　　　D. 选择按钮

118. AC001　我国法定计量单位是以(　　)为基础扩充而形成的。
　　A. 国际单位制　　　　　　　　　　　　B. 非国际单位制
　　C. 米制和英制　　　　　　　　　　　　D. 英制和国际单位制

119. AC001　我国的法定计量单位由(　　)国际单位制单位以及另外选定的 15 个非国际
　　　　　　单位制单位组成。
　　A. 全部　　　　　　　B. 部分　　　　　C. 3 个　　　　　D. 7 个

120. AC001　我国法定计量单位是(　　)的。
　　A. 建议　　　　　　　B. 推荐　　　　　C. 强制　　　　　D. 争议

121. AC002　国际单位制单位是以弧度、球面度为(　　)。
　　A. 基本单位　　　　　B. 辅助单位　　　C. 导出单位　　　D. 自由单位

122. AC002　国际单位制单位是以赫兹、牛顿等为(　　)。
　　A. 基本单位　　　　　B. 辅助单位　　　C. 导出单位　　　D. 自由单位

123. AC002　国际单位制的符号是(　　)。
　　A. AI　　　　　　　　B. GI　　　　　　C. KI　　　　　　D. SI

124. AC003　一组基本单位、辅助单位和导出单位的总体称为(　　)。
　　A. 基本量　　　　　　B. 物理量　　　　C. 单位制　　　　D. 计量单位

125. AC003　为了度量同类量的大小和确定不同类量之间的关系,就必须首先选定若干彼
　　　　　　此独立的量,称为(　　)。
　　A. 基本量　　　　　　B. 单位量　　　　C. 标准量　　　　D. 固定量

126. AC003　国际单位制是 1960 年第 11 届国际(　　)大会通过的。
　　A. 计量　　　　　　　B. 质量　　　　　C. 测量　　　　　D. 科学

127. AC004　计量单位是令其数值为(　　)的一个固定量。
　　A. 0　　　　　　　　　B. 1　　　　　　C. 1000　　　　　D. 无穷小

128. AC004　计量单位是用于表示与其相比较的同种量的大小的约定定义和采用的(　　)。
　　A. 特定量　　　　　　B. 近似量　　　　C. 不定量　　　　D. 比较量

129. AC004　计量单位是用以度量同类量大小的（　　　）。

    A. 常用量　　　　　B. 标准量　　　　　C. 异常量　　　　　D. 非标量

130. AC005　长度是（　　　），而 m 是长度的计量单位。

    A. 物理量　　　　　B. 非物理量　　　　C. 数量　　　　　　D. 质量

131. AC005　千米的也称为（　　　），符号为 km。

    A. 里　　　　　　　B. 公里　　　　　　C. 尺　　　　　　　D. 市尺

132. AC005　国际单位制中，长度的基本单位为米，用符号（　　　）表示。

    A. km　　　　　　　B. in　　　　　　　C. inch　　　　　　D. m

133. AD001　工频交流电的变化规律是随时间按（　　　）函数规律变化。

    A. 正弦　　　　　　B. 余弦　　　　　　C. 正切　　　　　　D. 余切

134. AD001　频率为 50Hz 的交流电其周期为（　　　）。

    A. 50s　　　　　　B. 0s　　　　　　　C. ∞　　　　　　　D. 1/50s

135. AD001　220V 单项交流电的电压最大值为（　　　）。

    A. 220V　　　　　　B. 311. 127V　　　　C. 381. 051V　　　D. 230V

136. AD002　正弦交流电的三要素是（　　　）。

    A. 电压、电流、频率　　　　　　　　　　B. 最大值、周期、初相位

    C. 周期、频率、角频率　　　　　　　　　D. 瞬时值、最大值、有效值

137. AD002　220V 单相交流电的电压最大值为（　　　）。

    A. 380V　　　　　　B. 220V　　　　　　C. 110V　　　　　　D. 22V

138. AD002　380V/220V 低压供电系统是指（　　　）。

    A. 线电压 220V，相电压 380V　　　　　B. 线电压 380V，相电压 220V

    C. 线电压 380V，相电压 380V　　　　　D. 线电压 220V，相电压 220V

139. AD003　电气设备用来表示交流电源的标识是（　　　）。

    A. AC　　　　　　　B. DC　　　　　　　C. AM　　　　　　　D. IO

140. AD003　我国（　　　）交流电作为生活用电。

    A. 12V　　　　　　B. 110V　　　　　　C. 220V　　　　　　D. 380V

141. AD003　我国民用交流电的频率是（　　　）。

    A. 10Hz　　　　　　B. 50Hz　　　　　　C. 100Hz　　　　　D. 220Hz

142. AD004　直流电的频率是（　　　）。

    A. 1Hz　　　　　　B. 0Hz　　　　　　C. 50Hz　　　　　　D. 无穷大

143. AD004　直流电的功率因数为（　　　）。

    A. 感性小于 1　　　B. 容性小于 1　　　C. 0　　　　　　　　D. 1

144. AD004　在直流电路中（　　　）的作用是提供不随时间变化的恒定电动势。

    A. 电容　　　　　　B. 电感　　　　　　C. 电源　　　　　　D. 电阻

145. AD005　电流是指（　　　）的定向移动。

    A. 电容　　　　　　B. 电感　　　　　　C. 电荷　　　　　　D. 电阻

146. AD005　电流方向规定为与（　　　）运动方向相反。

    A. 正离子　　　　　B. 自由离子　　　　C. 正电荷　　　　　D. 电子

147. AD005　要使闭合回路存在持续电流,必须要具有(　　)。

　　A. 电容　　　　　　　B. 电阻　　　　　　　C. 电缆　　　　　　　D. 电源

148. AD006　电压的单位是(　　)。

　　A. 欧姆　　　　　　　B. 安培　　　　　　　C. 伏特　　　　　　　D. 瓦

149. AD006　电路处于开路状态时,电路中电源各处的电位(　　)。

　　A. 相等　　　　　　　B. 不等　　　　　　　C. 为零　　　　　　　D. 为无穷大

150. AD006　直流电路中,假定电源正极的点位为 0 电位,电源电压为 6V,则负极电位为
　　　　　　(　　)。

　　A. 6V　　　　　　　　B. 0V　　　　　　　　C. −6V　　　　　　　D. 3V

151. AD007　导体的电阻率是指温度为(　　)时,长 1m,截面积为 $1mm^2$ 的导体的电阻值。

　　A. 0℃　　　　　　　　B. 10℃　　　　　　　C. 20℃　　　　　　　D. 100℃

152. AD007　同一温度下,相同规格的等长导线,(　　)导线的电阻值最小。

　　A. 银　　　　　　　　B. 铜　　　　　　　　C. 铝　　　　　　　　D. 铁

153. AD007　金属导体的电阻是由于导体内部的(　　)引起的。

　　A. 自由电子运动　　　　　　　　　　　B. 原子运动

　　C. 正离子运动　　　　　　　　　　　　D. 自由电子和正离子碰撞

154. AD008　与平板电容器电容量大小关系最小的因素是(　　)。

　　A. 极板间距离　　　B. 两极板的面积　　　C. 极板材料　　　　　D. 介质材料

155. AD008　电容器的容抗与电容器的容量(　　)。

　　A. 无关　　　　　　　B. 成正比　　　　　　C. 成反比　　　　　　D. 大小相等

156. AD008　电容为基本物理量,其符号为(　　)。

　　A. V　　　　　　　　B. C　　　　　　　　C. R　　　　　　　　D. L

157. AD009　自感应电动势的方向应由(　　)来确定。

　　A. 楞次定律　　　　　　　　　　　　　B. 欧姆定律

　　C. 基尔霍夫定律　　　　　　　　　　　D. 基尔霍夫第二定律

158. AD009　磁场中产生感应电动势的条件是(　　)。

　　A. 磁通量不变　　　B. 磁通量变化　　　　C. 电流恒定　　　　　D. 磁通量为零

159. AD009　纯电感电器中,电感的感抗大小(　　)。

　　A. 与通过线圈的电流成正比

　　B. 与线圈两端的电压成正比

　　C. 与交流电的频率和线圈本身的电感成正比

　　D. 与交流电的频率和线圈本身的电感成反比

160. AD010　电功率可以用(　　)为单位。

　　A. 千瓦时　　　　　　B. 千瓦　　　　　　　C. 度　　　　　　　　D. 伏

161. AD010　能够测量电功率的仪表是(　　)。

　　A. 万用表　　　　　　B. 电度表　　　　　　C. 功率因数表　　　　D. 功率表

162. AD010　电功率用符号(　　)表示。

　　A. W　　　　　　　　B. V　　　　　　　　C. A　　　　　　　　D. F

163. AD011　电动势是(　　)的运动趋势。

　　A. 导体　　　　　　B. 磁力线　　　　　　C. 电子　　　　　　D. 电源

164. AD011　电动势是描述(　　)性质的物理量。

　　A. 导体　　　　　　B. 磁力线　　　　　　C. 电子　　　　　　D. 电源

165. AD011　电动势是反映电源把其他形式的能转换成(　　)的本领的物理量。

　　A. 电能　　　　　　B. 动能　　　　　　C. 热能　　　　　　D. 势能

166. AD012　欧姆定律的内容是(　　)。

　　A. 流过电阻的电流与电源两端的电压成正比

　　B. 流过电阻的电流与电源两端的电压成反比

　　C. 流过电阻的电流与电阻两端的电压成正比

　　D. 流过电阻的电流与电源两端的电压成反比

167. AD012　欧姆定律的数学表达式为(　　)。

　　A. $I=U/R$　　　　B. $I=R/U$　　　　C. $I=U/(R-r)$　　　D. $I=U/(R+r)$

168. AD012　根据欧姆定律,以导体两端电压为横坐标,导体中电流为纵坐标绘制的曲线称为(　　)。

　　A. 时距曲线　　　　B. 伏安特性曲线　　　C. 贝塞尔曲线　　　D. 阿基米德螺旋曲线

169. AD013　电池充电是将电能转化为(　　)。

　　A. 动能　　　　　　B. 电能　　　　　　C. 化学能　　　　　D. 热能

170. AD013　恒流充电法是通过调整充电装置的(　　)或改变与充电电池串联的电阻,保持充电电流恒定不变的充电方法。

　　A. 电压　　　　　　B. 电流　　　　　　C. 电容　　　　　　D. 电阻

171. AD013　恒压充电法是充电装置的输出电压在全部的充电过程中保持不变,随着电池端电压的增高,充电电路(　　)逐渐减小。

　　A. 电压　　　　　　B. 电流　　　　　　C. 电容　　　　　　D. 电阻

172. AD014　充电时电池会发热,所以正在充电的充电器和电池要远离(　　)。

　　A. 水　　　　　　　B. 金属　　　　　　C. 易燃品　　　　　D. 瓷器

173. AD014　充电过程中,电池的电压会随着时间(　　)。

　　A. 变小　　　　　　B. 增大　　　　　　C. 为0　　　　　　D. 不变

174. AD014　对电池(　　)会使电池电解液产生电解,对电池产生破坏。

　　A. 过度放电　　　　B. 正常使用　　　　C. 正常充电　　　　D. 过度闲置

175. AD015　电池闲置时,电池容量会(　　)。

　　A. 增大　　　　　　B. 不变　　　　　　C. 减小　　　　　　D. 为零

176. AD015　充电电池的(　　)放电,会造成电池容量的永久丢失。

　　A. 适当　　　　　　B. 过度　　　　　　C. 快速　　　　　　D. 慢速

177. AD015　充电电池的放电,一般使用具有放电功能的充电器或(　　)进行放电。

　　A. 经纬仪　　　　　B. 电压表　　　　　C. 电流表　　　　　D. 放电仪

178. AD016　锂电池是一类由(　　)金属或合金作为负极,使用非水电解质溶液的电池。

　　A. 铝　　　　　　　B. 铜　　　　　　　C. 锂　　　　　　　D. 镍

179. AD016　锂电池相比其他的电池具有很高(　　)和体积能量比。

A. 重量能量比　　　　B. 电阻能量比　　　　C. 电容能量比　　　　D. 电压能量比

180. AD016　锂电池不存在(　　),所以充电时无须放电。

A. 光电效应　　　　B. 记忆效应　　　　C. 放射效应　　　　D. 温度效应

181. AD017　镍氢电池是由氢离子和金属(　　)合成,电量储备比镍镉电池多30%。

A. 铝　　　　B. 铜　　　　C. 锂　　　　D. 镍

182. AD017　镍氢电池的标识符号是(　　)。

A. ALKALINE　　　　B. NI-MH　　　　C. Li　　　　D. Ni-cd

183. AD017　镍氢电池具有(　　),所有需要适当放电。

A. 记忆效应　　　　B. 光电效应　　　　C. 温控效应　　　　D. 放射效应

184. AD018　用万用表量测电压或电流时,不能在测量时(　　)。

A. 断开表笔　　　　B. 短路表笔　　　　C. 旋动转换开关　　　D. 读数

185. AD018　用万用表量测电压时,万用表与被量测电路(　　)。

A. 串联　　　　B. 并联　　　　C. 串并联　　　　D. 开路

186. AD018　在预先不知道被测电压大小的时候,为保护电压表,应使用电压表的(　　)。

A. 最大量程　　　　B. 最小量程　　　　C.1/3 量程　　　　D.1/2 量程

187. AD019　测量电流时,首先将万用表调到(　　)挡。

A. 电压　　　　B. 电流　　　　C. 电阻　　　　D. 电容

188. AD019　万用表量程中的 mA 表示(　　)。

A. 千安　　　　B. 安培　　　　C. 毫安　　　　D. 微安

189. AD019　万用表量程中的 DC 表示(　　)。

A. 高压电　　　　B. 低压电　　　　C. 交流电　　　　D. 直流电

190. AD020　测量电阻时,万用表与被测电阻(　　)。

A. 串联　　　　B. 并联　　　　C. 串并联　　　　D. 开路

191. AD020　兆欧表是专门用来量测(　　)的仪表。

A. 电压　　　　B. 电流　　　　C. 电容器　　　　D. 绝缘电阻

192. AD020　能用万用表测量的电阻是(　　)。

A. 电动机绝缘电阻　　　　　　　　B. 导线电阻

C. 人体电阻　　　　　　　　　　　D. 开关触头接触电阻

193. BA001　地球物理勘探作业中按一定规则所布置的一系列线状排列的相关物理点称为(　　)。

A. 测线　　　　B. 测线束　　　　C. 控制网　　　　D. 导线点

194. BA001　地球物理勘探作业中按一定规则所布置的一系列成束状排列的相关物理点称为(　　)。

A. 测线　　　　B. 测线束　　　　C. 控制网　　　　D. 导线点

195. BA001　一般石油地震勘探中的物理点是指(　　)。

A. 三角点和水准点　　　　　　　　B. 导线点和 GNSS 点

C. 控制网点和基准站点　　　　　　D. 激发点和接收点

196. BA002 炮点是地震勘探作业中人工激发地震波震源的(　　)。
　　A. 地面位置　　　　B. 三维位置　　　　C. 高度位置　　　　D. 深度位置

197. BA002 炮点的位置是提供地震勘探作业中(　　)的位置。
　　A. 检波器　　　　B. 钻井　　　　C. 大线　　　　D. 仪器车

198. BA002 二维地震勘探的炮线方向与检波线方向(　　)。
　　A. 相同　　　　B. 正交　　　　C. 斜交　　　　D. 任意角度

199. BA003 接收点的位置是提供地震勘探作业中(　　)的位置。
　　A. 检波器　　　　B. 钻井　　　　C. 大线　　　　D. 仪器车

200. BA003 同一测线相邻检波点之间的距离称为(　　)。
　　A. 线距　　　　B. 道距　　　　C. 炮距　　　　D. 井距

201. BA003 接收点是指地震勘探中通过(　　)接收地震波的点。
　　A. 检波器　　　　B. 测量仪　　　　C. 对讲机　　　　D. 测距仪

202. BA004 地震勘探工作要求使用经过培训合格的(　　)进行放样和测量施工。
　　A. 测量人员　　　　B. 钻井人员　　　　C. 放线人员　　　　D. 爆炸人员

203. BA004 通常,(　　)工序是地震勘探野外采集的第一道工序,必须高效和准确。
　　A. 测量　　　　B. 放线　　　　C. 钻井　　　　D. 爆炸

204. BA004 地震勘探工作要求测量人员使用专业的(　　)进行施工。
　　A. 地震仪器　　　　B. 重力仪器　　　　C. 磁力仪器　　　　D. 测量仪器

205. BA005 地震勘探中,采集的地震波是来自(　　)。
　　A. 人工震源　　　　B. 板块活动　　　　C. 空气振动　　　　D. 水流振动

206. BA005 地震勘探震源激发的地震波必须有足够的能量和(　　)信号。
　　A. 电磁　　　　B. 脉冲　　　　C. 通信　　　　D. 数字

207. BA005 炸药震源在(　　)激发能够产生最好的效果。
　　A. 井中　　　　B. 水中　　　　C. 空中　　　　D. 冰上

208. BA006 可控震源产生的(　　)可以实现人为控制。
　　A. 震动频率　　　　B. 震动角度　　　　C. 震动折射　　　　D. 震动反射

209. BA006 可控震源产生的信号特点是(　　)。
　　A. 作用时间长,振幅不均衡　　　　　　B. 作用时间短,振幅均衡
　　C. 作用时间长,振幅均衡　　　　　　　D. 作用时间短,振幅不均衡

210. BA006 在野外地震采集中,可控震源需要在(　　)进行作业。
　　A. 三角点　　　　B. 激发点　　　　C. 接收点　　　　D. 水准点

211. BA007 为了产生良好的效果,炸药震源一般在(　　)激发。
　　A. 地面上　　　　B. 潜水面上　　　　C. 潜水面下　　　　D. 目的层

212. BA007 为了采集施工安全,炸药震源不能设置在(　　)附近。
　　A. 草地　　　　B. 河流　　　　C. 堤坝　　　　D. 树木

213. BA007 炸药震源激发时产生(　　)信号。
　　A. 持续时间短的窄脉冲　　　　　　　B. 持续时间长的窄脉冲
　　C. 持续时间短的宽脉冲　　　　　　　D. 持续时间长的宽脉冲

214. BA008 地震勘探检波器的主要功能是将地震信号的( )转换为电能信号。

A. 化学能　　　　B. 核能　　　　C. 动能　　　　D. 热能

215. BA008 动圈式检波器是通过线圈切割永磁体的磁力线产生( )形成电信号。

A. 感应电阻　　　B. 感应电动势　　C. 感应电容　　　D. 感应电波

216. BA008 物探施工使用的( )式检波器是通过运动的导体圆筒切割永磁体的磁力线产生感应电流,即涡流电信号。

A. 涡流　　　　B. 压电　　　　C. 动圈　　　　D. 电容

217. BA009 检波器接收道埋置最大偏移半径不能超过道距的( )。

A. 1/2　　　　B. 1/5　　　　C. 1/10　　　　D. 1/20

218. BA009 检波器放置要做到平、稳、( )、直、紧。

A. 正　　　　B. 快　　　　C. 深　　　　D. 高

219. BA009 地震施工前排必须设专人检查每道检波器的( )。

A. 电压值　　　B. 电阻值　　　C. 电容值　　　D. 电感值

220. BA010 检波器技术指标的主要参数有( )、自然频率、灵敏度、非线性、绝缘电阻等。

A. 电压　　　　B. 阻尼　　　　C. 电容　　　　D. 电阻

221. BA010 检波器阻尼系数可分为开路阻尼和线圈( )两部分。

A. 电压阻尼　　B. 电流阻尼　　C. 电容阻尼　　D. 电阻阻尼

222. BA010 检波器芯体必须与外界绝缘,防止工频电网和天磁电对( )的干扰。

A. 通话信号　　B. 卫星信号　　C. 测距信号　　D. 地震信号

223. BA011 一般来说,较平坦地区二维地震测线的联络线方向与主测线方向( ),并按照一定的间距排列。

A. 平行　　　　B. 连接　　　　C. 正交　　　　D. 无关

224. BA011 详查阶段地震勘探的二维测线线距通常为( )。

A. 几万米　　　B. 几千米　　　C. 几百米　　　D. 几十米

225. BA011 细测和精测阶段的地震勘探,一般是在油田开发阶段,主要是对地质构造的形状和大小进行更详细的落实,其测线线距可为( )。

A. 十几到几十米　B. 十几千米　　C. 几十千米　　D. 十几到几十千米

226. BA012 二维测线的桩号是以( )为单位。

A. 毫米　　　　B. 厘米　　　　C. 米　　　　D. 千米

227. BA012 两个同一二维测线物理点间的纵坐标增量是桩号之差乘以测线方位角的( )。

A. 正弦　　　　B. 余弦　　　　C. 正切　　　　D. 余切

228. BA012 两个同一二维测线物理点间的横坐标增量是桩号之差乘以测线方位角的( )。

A. 正弦　　　　B. 余弦　　　　C. 正切　　　　D. 余切

229. BA013 激发线距是相邻两条( )之间的距离。

A. 炮线　　　　B. 检波线　　　C. 控制导线　　　D. 测量导线

230. BA013　道距是指沿(　　)方向相邻接收道之间的距离。

A. 激发线　　　　　B. 接收线　　　　　C. 真北　　　　　D. 磁北

231. BA013　三维地震测线的桩号可以按照施工的需要根据特定的规则使用(　　)。

A. 米桩号　　　　　B. 千米桩号　　　　C. 随即桩号　　　D. 自编号

232. BA014　地震勘探观测系统是指地震波的激发点与(　　)的相对位置关系。

A. 三角点　　　　　B. 接收点　　　　　C. 水准点　　　　D. 小折射点

233. BA014　所谓一次覆盖是指地下界面被连续跟踪(　　)。

A. 一次　　　　　　B. 二次　　　　　　C. 三次　　　　　D. 多次

234. BA014　接收线距是指两条相邻(　　)之间的距离。

A. 炮线　　　　　　B. 检波线　　　　　C. 附合导线　　　D. 支导线

235. BA015　三维地震勘探是把地震勘探方法扩展到(　　)的技术。

A. 一维空间　　　　B. 二维空间　　　　C. 三维空间　　　D. 四维空间

236. BA015　观测系统是指地震波的激发点与接收点的相互(　　)关系。

A. 位置　　　　　　B. 距离　　　　　　C. 角度　　　　　D. 深度

237. BA015　三维观测系统是在一个面积上布设接收点,每次放炮时(　　)平面接收地震信息。

A. 一维　　　　　　B. 二维　　　　　　C. 三维　　　　　D. 四维

238. BA016　三维排列片是指一个特定的炮点激发时,由参与接收的全部(　　)所构成的区域。

A. 炮点　　　　　　B. 检波点　　　　　C. 测量点　　　　D. 控制点

239. BA016　三维观测系统中,IN-LINE 方向是平行于(　　)的方向。

A. 真北　　　　　　B. 正东　　　　　　C. 检波线　　　　D. 炮线

240. BA016　在观测系统中,同一炮点激发,不同检波点接收的所有道形成的道集为这一炮点的(　　)道集。

A. 共检波点　　　　B. 共炮点　　　　　C. 共中心点　　　D. 共反射点

241. BA017　物探测线点的设计坐标都是通过工区的(　　)起算的。

A. 三角点　　　　　B. 水准点　　　　　C. 测线原点　　　D. 导线点

242. BA017　纵坐标增量是两点间距离乘以两点间方位角的(　　)。

A. 正弦　　　　　　B. 余弦　　　　　　C. 正切　　　　　D. 余切

243. BA017　横坐标增量是两点间距离乘以两点间方位角的(　　)。

A. 正弦　　　　　　B. 余弦　　　　　　C. 正切　　　　　D. 余切

244. BA018　物探测量实测坐标是测量员使用(　　)对地面物理点的测量结果。

A. 测量仪器　　　　B. 检波器　　　　　C. 地震仪　　　　D. 钻机

245. BA018　物探测量实测坐标必须从(　　)得到。

A. 施工设计　　　　B. 数据推算　　　　C. 实地观测　　　D. 成果内插

246. BA018　物探测量实测坐标与设计坐标的差别称为测量的(　　)。

A. 复测误差　　　　　　　　　　　　　　B. 控制误差

C. 放样误差　　　　　　　　　　　　　　D. 展绘误差

247. BA019　物理点标志是根据物探生产要求而设计的,主要为后续的( )指示和标志点位。

A. 工区踏勘　　　　B. 物探施工　　　　C. 测量施工　　　　D. 物探资料解释

248. BA019　物理点标志主要为后续的物探生产指示和标志点位,不需要长期保存,一般采用( )标志。

A. 长期性　　　　B. 即时性　　　　C. 临时性　　　　D. 永久性

249. BA019　根据工区的具体情况和物探施工的具体要求,物理点标志通常采用不同颜色的纸、布或塑料等做成( )。

A. 小旗　　　　B. 大旗　　　　C. 觇板　　　　D. 觇牌

250. BA020　在平原地区,物探测线通常按自西向东、自南向北( )顺序编号。

A. 递增　　　　B. 递减　　　　C. 成正比　　　　D. 成反比

251. BA020　在石油物探中,人们规定方位角在($135° \pm 180°$)~($225° \pm 180°$)之间(不含 $135° \pm 180°$, $225° \pm 180°$)的测线为( )测线。

A. 东西方向　　　　B. 南北方向　　　　C. 第一象限测线　　　　D. 第二象限测线

252. BA020　物理点编号经常写成分数形式,分母为测线编号,分子则为( )。

A. 物理点纵坐标　　　　　　　　　B. 物理点横坐标

C. 物理点高程　　　　　　　　　　D. 物理点编号

253. BA021　测量标志旗是( )设立的。

A. 为炮点和检波点　　　　　　　　B. 只为炮点

C. 只为检波点　　　　　　　　　　D. 只为偏移点

254. BA021　野外采集要求测量标志旗与环境颜色( )。

A. 对比相同　　　　B. 对比相近　　　　C. 对比强烈　　　　D. 不用考虑

255. BA021　野外采集要求整个工区标示炮点的测量标志旗( )一致。

A. 颜色和形状　　　　　　　　　　B. 颜色和高度

C. 形状和高度　　　　　　　　　　D. 颜色高度和形状

256. BA022　夏季沼泽区域的点号一般用( ),较利于保存和使用。

A. 普通纸张　　　　B. 塑封纸张　　　　C. 金属板　　　　D. 木板

257. BA022　野外采集使用点号材料主要注重其( )。

A. 艺术性　　　　B. 美观性　　　　C. 耐久性　　　　D. 简洁性

258. BA022　野外采集地面标识点号主要内容是( )。

A. 时间和日期　　　　　　　　　　B. 施工单位和班组

C. 仪器号　　　　　　　　　　　　D. 线号和点号

259. BA023　在物探测量作业中,通常由( )负责物理点标志的埋置工作。

A. 测量组长　　　　B. 标志员　　　　C. 记录员　　　　D. 草图员

260. BA023　标志员的主要职责是制作和安置( )。

A. 测量标志　　　　B. 检波器　　　　C. 测量仪器　　　　D. 炸药包

261. BA023　标志员在测量施工作业前应制做好桩号和( )。

A. 炸药包　　　　B. 土堆　　　　C. 炮线　　　　D. 小旗

262. BA024 根据工作的职责,标志员应熟悉测线的(　　　)。
A. 点号编排规则 　　　 B. 长度 　　　 C. 间距 　　　 D. 方位角

263. BA024 标志员应将点号布按照点号(　　)装订或捆扎,便于野外使用。
A. 随机顺序 　　　 B. 书写顺序 　　　 C. 奇偶顺序 　　　 D. 大小顺序

264. BA024 点号书写必须用(　　),便于字迹长久保存。
A. 钢笔 　　　 B. 签字笔 　　　 C. 油性点号笔 　　　 D. 水性点号笔

265. BB001 在使用炸药震源情况下,激发点的位置必须能够进行(　　)作业。
A. 测量 　　　 B. 钻井 　　　 C. 放线 　　　 D. 接收

266. BB001 激发点的位置不能设置在(　　)下。
A. 耕地 　　　 B. 河流 　　　 C. 高压线 　　　 D. 草原

267. BB001 激发点的位置选择尽量做到(　　)。
A. 避高就低 　　　 B. 避低就高 　　　 C. 避实就虚 　　　 D. 避干就湿

268. BB002 接收点的位置必须能够安放(　　)。
A. 测量仪 　　　 B. 检波器 　　　 C. 仪器车 　　　 D. 爆炸机

269. BB002 接收点遇到(　　)时可以根据规则进行偏移。
A. 农田 　　　 B. 草原 　　　 C. 沼泽 　　　 D. 房屋

270. BB002 接收点的位置尽量不设置在(　　)。
A. 农田里 　　　 B. 草原上 　　　 C. 公路上 　　　 D. 树林里

271. BB003 地震勘探观测系统特观设计的原因是由于(　　)造成的。
A. 地下地质结构 　　 B. 社会环境 　　 C. 地表障碍物 　　 D. 仪器因素

272. BB003 特观设计是以(　　)资料品质为代价,换取低成本投入的一种选择。
A. 提高 　　　 B. 降低 　　　 C. 保持 　　　 D. 忽略

273. BB003 测量员可以将(　　)描绘到图纸上,提供特观设计。
A. 障碍物范围 　　 B. 人文情况 　　 C. 社会情况 　　 D. 经济情况

274. BB004 透射线位于入射面内,入射角的正弦和透射角的正弦之比等于上下两种介质的波速比,称为波的(　　)。
A. 折射定律 　　　 B. 反射定律 　　　 C. 透射定律 　　　 D. 衍射定律

275. BB004 多次覆盖是对同一反射点的(　　)观测。
A. 一次 　　　 B. 两次 　　　 C. 三次 　　　 D. 多次

276. BB004 特观设计是通过改变观测系统,设计新的方式增加新的地震波(　　),保证地震资料的覆盖次数。
A. 反射路径 　　　 B. 折射路径 　　　 C. 透射路径 　　　 D. 直射路径

277. BB005 地震资料采集过程中,测量物理点相对于设计位置偏移距离应不大于(　　)。
A. 0.2m 　　　 B. 0.4m 　　　 C. 0.5m 　　　 D. 1.0m

278. BB005 根据地震波的叠加原理,三维物理点测量放样最大横向偏移距离应为同向面元边长的(　　)。
A. 1/2 　　　 B. 1/4 　　　 C. 1/8 　　　 D. 1/10

279. BB005 根据地震波的叠加原理,三维物理点测量放样最大纵向偏移距离应为道距的( )。

A. 1/2　　　　B. 1/4　　　　C. 1/8　　　　D. 1/10

280. BB006 接收点在横向上和纵向上偏移的距离为该方向上激发点距的( ),这样能够获得共反射点的另一路径信息。

A. 1/10　　　　B. 1/5　　　　C. 一半　　　　D. 整倍数

281. BB006 特观设计的炮检点位置必须满足原观测系统的( )大小和位置要求。

A. 炮点面积　　B. 检波点面积　　C. 覆盖面积　　D. 面元

282. BB006 特观设计网格纵横向长度一般为响应面元边长的( ),多为1个道距。

A. 0.5倍　　　B. 1倍　　　C. 2倍　　　D. 4倍

283. BB007 在特观设计前查阅工区( )等资料对于预计影响地震资料连续性的障碍物具有重要意义。

A. 构造图　　　B. 地形图　　　C. 湿度图　　　D. 潜水面图

284. BB007 对偏移、加密的炮检点的桩号编写进行规定,做到每个物理点的桩号在( )是唯一的。

A. 每条测线　　B. 每束测线　　C. 整个工区　　D. 整个偏移区域

285. BB007 特观设计工作必须在( )施工之前完成。

A. 测量　　　B. 钻井　　　C. 放线　　　D. 采集

286. BB008 二维测线施工遇到大型障碍物时,首先考虑测线( )或进行折线设计。

A. 取消　　　B. 平移　　　C. 正常布线　　D. 开口

287. BB008 在地震勘探中( )炮检点,有利于地震资料的后处理。

A. 均匀分布　　B. 随机分布　　C. 区域性分布　　D. 交错分布

288. BB008 二维测线遇到障碍物时检波点的横向偏移距离不能大于( )。

A. 0.5m　　　B. 5m　　　C. 1/2道距　　　D. 1个道距

289. BB009 一般障碍物的正常偏移变观,( )目的层易造成覆盖次数降低,连续性差。

A. 较浅的　　　B. 中浅层的　　C. 较深的　　　D. 最深的

290. BB009 障碍物内部深井小药量激发,可以有效保证( )目的层的覆盖次数和连续性。

A. 较浅的　　　B. 中浅层的　　C. 较深的　　　D. 最深的

291. BB009 当三维测线遇到鱼池、堤坝等狭长形的障碍物,纵向偏移过大时,在进行论证情况下,可以考虑进行( )。

A. 取消物理点　　B. 非纵偏移　　C. 纵向偏移　　D. 增加井深

292. BB010 在进行经纬仪野外测线放样工作中,( )是重要的长度测量工具。

A. 铅锤　　　B. 链尺　　　C. 锤子　　　D. 铁钉

293. BB010 在物探测量施工中,( )是常用的角度测量仪器。

A. GNSS　　　B. 链尺　　　C. 经纬仪　　　D. 测距仪

294. BB010 物探测量作业的主要仪器是电子全站仪和( )。

A. 卫星定位仪　　　　　　　B. 电子经纬仪

C. 电子水准仪　　　　　　　D. 光电测距仪

295. BB011　一般根据（　　）的长度确定链尺的长度。

　　A. 测线　　　　　　B. 道距　　　　　　C. 线距　　　　　　D. 炮距

296. BB011　制作链尺的线绳不能带有较大的（　　）。

　　A. 韧性　　　　　　B. 柔性　　　　　　C. 弹性　　　　　　D. 刚性

297. BB011　制作链尺前必须选择（　　）的地方作为基线场地。

　　A. 生长树林　　　　B. 生长水草　　　　C. 地势起伏　　　　D. 地势平坦

298. BB012　链尺检校时必须保持（　　）。

　　A. 没有拉力　　　　B. 加重拉力　　　　C. 正常拉力　　　　D. 减轻拉力

299. BB012　检校链尺时可以通过（　　），确定链尺的准确性。

　　A. 反复折叠链尺　　　　　　　　　　B. 反复量测链尺重量

　　C. 反复观察　　　　　　　　　　　　D. 反复比较基线

300. BB012　可以利用（　　）的测距功能检校链尺。

　　A. 经纬仪　　　　　B. 全站仪　　　　　C. 导航仪　　　　　D. 水准仪

301. BB013　钢卷尺是用来测量（　　）的工具。

　　A. 角度　　　　　　B. 长度　　　　　　C. 弯度　　　　　　D. 坡度

302. BB013　钢卷尺携带和使用过程中应避免（　　），损伤钢尺尺身。

　　A. 弯曲　　　　　　B. 打结　　　　　　C. 拉直　　　　　　D. 垂降

303. BB013　钢卷尺野外使用过程中应禁止（　　），避免损伤钢尺尺身和刻度。

　　A. 拉伸　　　　　　B. 卷曲　　　　　　C. 拖拽　　　　　　D. 低垂

304. BB014　利用（　　）可以确定直线的方向。

　　A. 测距仪　　　　　B. 测绳　　　　　　C. 水平仪　　　　　D. 罗盘仪

305. BB014　利用天文观测的方法可以直接确定某地面点至地面目标方向的（　　）。

　　A. 真方位角　　　　B. 磁方位角　　　　C. 坐标方位角　　　　D. 坐标象限角

306. BB014　已知某直线的真方位角和该直线起点的子午线收敛角，则可以确定该直线的
　　　　　　（　　）。

　　A. 磁偏角　　　　　B. 磁方位角　　　　C. 坐标方位角　　　　D. 子午线方位角

307. BB015　在测量工作中，通常以（　　）作为基本方向。

　　A. 南方向　　　　　B. 北方向　　　　　C. 西方向　　　　　D. 东方向

308. BB015　通过地面某点及地球北极、南极的平面与地球表面的交线称为该点的（　　）。

　　A. 轴子午线　　　　B. 真子午线　　　　C. 磁子午线　　　　D. 中央子午线

309. BB015　所谓（　　）方向，是指地面上某点的真子午线北端所指的方向。

　　A. 基本　　　　　　B. 极北　　　　　　C. 真北　　　　　　D. 坐标北

310. BB016　从通过某直线段起点的基本方向的（　　）顺时针到该直线的水平角度，称为
　　　　　　该直线的方位角。

　　A. 东端　　　　　　B. 西端　　　　　　C. 南端　　　　　　D. 北端

311. BB016　坐标方位角是以（　　）作为基本方向的方位角。

　　A. 真北方向　　　　B. 正北方向　　　　C. 坐标纵线　　　　D. 磁北方向

312. BB016　磁方位角是以(　　)作为基本方向的方位角。
　　A. 真北方向　　　　B. 正北方向　　　　C. 坐标纵线　　　　D. 磁北方向

313. BB017　当位于第二象限时,坐标方位角 α 与坐标象限角 R 的关系为(　　)。
　　A. R=α　　　　B. R=180°-α　　　　C. R=α-180°　　　　D. R=360°-α

314. BB017　当位于第三象限时,坐标方位角 α 与坐标象限角 R 的关系为(　　)。
　　A. R=α　　　　B. R=180°-α　　　　C. R=α-180°　　　　D. R=360°-α

315. BB017　当位于第四象限时,坐标方位角 α 与坐标象限角 R 的关系为(　　)。
　　A. R=α　　　　B. R=180°-α　　　　C. R=α-180°　　　　D. R=360°-α

316. BB018　罗盘仪是用来判断(　　)的工具。
　　A. 直线距离　　　　B. 直线方向　　　　C. 直线深度　　　　D. 直线高度

317. BB018　罗盘仪测量的数据是(　　)。
　　A. 磁方向　　　　B. 真方向　　　　C. 坐标方向　　　　D. 重力方向

318. BB018　罗盘仪的磁针指向是(　　)。
　　A. 重力方向　　　　B. 真北方向　　　　C. 坐标北方向　　　　D. 磁北极或磁南极

319. BB019　磁偏角是指磁北方向与(　　)之间的夹角,一般用 δ 表示。
　　A. 真北方向　　　　B. 正北方向　　　　C. 磁极方向　　　　D. 坐标纵线

320. BB019　子午线收敛角是指(　　)与坐标纵线北方向之间的夹角,一般用 γ 表示。
　　A. 真北方向　　　　B. 磁北方向　　　　C. 轴子午线方向　　　　D. 带边子午线方向

321. BB019　在基本方向中,(　　)一般用 γ 表示。
　　A. 磁偏角　　　　B. 磁坐偏角　　　　C. 子午线收敛角　　　　D. 磁方位角

322. BB020　物探测线方位角是指测线方向与(　　)的夹角。
　　A. 磁北方向　　　　B. 真北方向　　　　C. 坐标北方向　　　　D. 北极方向

323. BB020　二维测网的方位角是指(　　)的方位角。
　　A. 主测线　　　　B. 联络测线　　　　C. 接收线　　　　D. 激发线

324. BB020　物探测线的方位角是指测线物理点(　　)从小到大方向的方位角。
　　A. 线号　　　　B. 桩号　　　　C. 高程　　　　D. 坐标

325. BB021　在导线法物探测量作业中,通常由(　　)负责竖立前视花杆或棱镜。
　　A. 前链尺员　　　　B. 后链尺员　　　　C. 前司尺员　　　　D. 后司尺员

326. BB021　在导线法物探测量作业中,通常由(　　)负责竖立后视花杆或棱镜。
　　A. 前链尺员　　　　B. 后链尺员　　　　C. 前司尺员　　　　D. 后司尺员

327. BB021　在导线法物探测量作业中,通常由(　　)负责测站后视方向。
　　A. 前链尺员　　　　B. 后链尺员　　　　C. 前司尺员　　　　D. 后司尺员

328. BB022　在导线法物探测量作业中,测站一般选择在(　　)位置,保证仪器视野开阔。
　　A. 高岗　　　　B. 水域　　　　C. 树林　　　　D. 草垛

329. BB022　在导线法物探测量作业中,测站一般选择在(　　)位置,保证仪器架设稳固。
　　A. 冰上　　　　B. 硬土　　　　C. 泥沼　　　　D. 草垛

330. BB022　在导线法物探测量观测时,花杆或棱镜杆一定要保持(　　)。
　　A. 倒立　　　　B. 水平　　　　C. 倾斜　　　　D. 竖直

331. BC001　测绘科学是(　　)的一个部分。
　　A. 自然科学　　　　B. 社会科学　　　　　C. 思维科学　　　　D. 行为科学

332. BC001　测绘学研究的对象是(　　)。
　　A. 地球质量　　　　B. 地球体积　　　　　C. 地球位置　　　　D. 地球表面

333. BC001　测绘学是研究地球的形状、大小和(　　)，以及如何确定和表示地球表面上的点的空间位置和各种固定物体的几何形状的科学。
　　A. 引力场　　　　　B. 磁场　　　　　　　C. 重力场　　　　　D. 电场

334. BC002　传统意义上的测绘学包括大地测量学、(　　)、工程测量学、海道测量学、摄影测量学、地图制图学等。
　　A. 地形测量学　　　B. 控制测量学　　　　C. 天体测量学　　　D. 电子测量学

335. BC002　物探测量属于(　　)中的一门技术。
　　A. 大地测量学　　　B. 遥感测量学　　　　C. 工程测量学　　　D. 摄影测量学

336. BC002　物探测量施工所使用的三角点标志和成果来源于(　　)技术。
　　A. 大地测量　　　　B. 天体测量　　　　　C. 工程测量　　　　D. 摄影测量

337. BC003　研究地球的形状、大小和地球重力场，以及在全球或广域范围内建立(　　)的理论、方法与技术的学科，称为"大地测量学"。
　　A. 测量控制网　　　B. 平面控制网　　　　C. 高程控制网　　　D. GNSS 控制网

338. BC003　大地测量学通常分为常规大地测量学和(　　)等分支学科。
　　A. 卫星大地测量学　　　　　　　　　　　B. 天文大地测量学
　　C. 天体测量学　　　　　　　　　　　　　D. 电子测量学

339. BC003　国家三角点控制网是基于(　　)理论建立的。
　　A. 大地测量学　　　B. 摄影测量学　　　　C. 工程测量学　　　D. 制图学

340. BC004　研究地球表面(　　)内测绘地形图的基本理论、方法和技术的学科，称为地形测量学。
　　A. 局部范围　　　　B. 广域范围　　　　　C. 一个国家　　　　D. 整个陆地范围

341. BC004　地形测量的具体内容主要包括图根控制测量和(　　)等。
　　A. 地物测量　　　　B. 地貌测量　　　　　C. 碎部测量　　　　D. 基本控制测量

342. BC004　地形测量的主要成果是(　　)。
　　A. 资源分布图　　　B. 地质图　　　　　　C. 高程异常图　　　D. 地形图

343. BC005　为工程建设的设计、施工和管理所进行的测量工作的理论、方法和技术，称为(　　)。
　　A. 工程测量学　　　B. 建设测量学　　　　C. 工业测量学　　　D. 施工测量学

344. BC005　按所服务的建设阶段划分，工程测量可分为(　　)阶段的测量、施工安装阶段的测量和运营管理阶段的测量。
　　A. 规划设计　　　　B. 维修养护　　　　　C. 变形监测　　　　D. 竣工验收

345. BC005　石油物探测量是(　　)的一个分支。
　　A. 大地测量　　　　B. 地形测量　　　　　C. 工程测量　　　　D. 矿山测量

346. BC006　现代测量学包括全球定位系统、(　　　)和地理信息系统等主要内容。

　　A. 遥感　　　　　　B. 3S 技术　　　　　C. 4D 技术　　　　　D. 通信技术

347. BC006　现代测绘学中的 3S 技术是指包括(　　　)全球定位技术、RS 遥感技术和 GIS
　　地理信息系统技术。

　　A. GNSS　　　　　　B. ABS　　　　　　C. TDS　　　　　　D. INS

348. BC006　现代测绘学中的(　　　)所得到的图片大量应用于防灾减灾工作。

　　A. GIS 地理信息系统　　　　　　　　　B. RS 遥感技术

　　C. GNSS 全球定位技术　　　　　　　　D. CAD 制图技术

349. BC007　我国国家基本地形图的比例尺包括(　　　)等。

　　A. 1：100、1：1000、1：10000、1：100000

　　B. 1：200、1：2000、1：20000、1：20000

　　C. 1：300、1：3000、1：30000、1：300000

　　D. 1：10000、1：25000、1：50000、1：100000

350. BC007　我国国家基本比例尺不包括(　　　)等。

　　A. 1：1000　　　　　B. 1：2000　　　　　C. 1：3000　　　　　D. 1：5000

351. BC007　我国的国家基本比例尺地形图是指根据需要由(　　　)统一规定测制的。

　　A. 个人　　　　　　B. 企业　　　　　　C. 各级政府　　　　　D. 国家

352. BC008　比例尺就是图上距离与实地对应(　　　)之比。

　　A. 距离　　　　　　B. 水平距离　　　　　C. 斜距　　　　　　D. 垂直距离

353. BC008　如十万分之一为(　　　)比例尺的表示形式。

　　A. 数字式　　　　　B. 文字式　　　　　C. 图解式　　　　　D. 方程式

354. BC008　直线比例尺为(　　　)比例尺的表示形式。

　　A. 数字式　　　　　B. 文字式　　　　　C. 图解式　　　　　D. 方程式

355. BC009　通常,人们把与图上 0.1mm 相应的实地水平距离称为(　　　)。

　　A. 比例尺误差　　　　　　　　　　　　B. 比例尺精度

　　C. 地形图的误差　　　　　　　　　　　D. 地形图的精度

356. BC009　人们把与图上(　　　)相应的实地水平距离称为比例尺的精度。

　　A. 0.1mm　　　　　　B. 0.2mm　　　　　C. 1mm　　　　　　D. 0.01mm

357. BC009　正常人的眼睛只能分辨出图上(　　　)以上的间隔。

　　A. 0.1mm　　　　　　B. 1mm　　　　　　C. 10mm　　　　　　D. 100mm

358. BC010　在物探测量作业中,通常由(　　　)负责物理点测线草图的记录工作。

　　A. 测量组长　　　　　B. 标志员　　　　　C. 测量员　　　　　D. 记录员

359. BC010　草图记录员必须在(　　　)实时记录物理点周围状况。

　　A. 办公室　　　　　B. 驻地　　　　　　C. 基准站　　　　　D. 测线上

360. BC010　草图记录员野外记录完成后,及时上交原始记录给(　　　)。

　　A. 仪器操作员　　　　B. 队长　　　　　　C. 施工员　　　　　D. 测量内业员

361. BC011　草图记录员记录质量关系到钻井施工的(　　　)。

　　A. 质量　　　　　　B. 安全　　　　　　C. 社会影响　　　　　D. 环境影响

362. BC011 草图记录员不但要记录地面信息,还要记录(   )状况。

    A. 地下水　　　　　B. 地下地质　　　　　C. 地下生物　　　　　D. 地下电缆

363. BC011 记录过程中草图记录员要经常与测量仪器操作员、标志员核对(   )。

    A. 点桩号　　　　　B. 卫星号　　　　　C. 卫星数量　　　　　D. 测线号

364. BD001 地图是以特有的数学基础、地图语言、抽象概括法则表现(   )自然表面的时空现象。

    A. 建筑物　　　　　B. 测量仪器　　　　　C. 地球　　　　　D. 村庄

365. BD001 地图符号系统称为(   ),它是表达地理事物的工具,利用地图可以直观准确地获得地理空间信息。

    A. 地图语言　　　　　B. 地图尺寸　　　　　C. 地图比例　　　　　D. 地图颜色

366. BD001 地图是缩小了的(   )表象。

    A. 人物　　　　　B. 机械　　　　　C. 地面　　　　　D. 天空

367. BD002 地图的三要素包括数学要素、(   )和辅助要素构成。

    A. 人物要素　　　　　B. 社会要素　　　　　C. 地理要素　　　　　D. 天文要素

368. BD002 地图的数学要素包括(   )、控制点、比例尺、定向等内容。

    A. 坐标网　　　　　B. 地貌　　　　　C. 交通网　　　　　D. 接图表

369. BD002 地图的辅助要素是指为方便使用地图而提供的具有一定意义的说明性内容或工具性内容,主要包括图名、图号、(   )、图廓及成图说明等。

    A. 坐标网　　　　　B. 独立地物　　　　　C. 交通网　　　　　D. 接图表

370. BD003 普通地图是反映地表(   )要素的一般特征的地图。

    A. 数学要素　　　　　B. 地形要素　　　　　C. 基本要素　　　　　D. 社会要素

371. BD003 专题地图是根据(   )需要反映自然或社会现象中的某一或几种专业要素的地图。

    A. 社会　　　　　B. 政府　　　　　C. 专业　　　　　D. 团体

372. BD003 一般大比例尺地图是指比例尺大于等于(   )的地图。

    A. 1∶1000000　　B. 1∶100000　　C. 1∶10000　　D. 1∶2.5000

373. BD004 制图综合就是对(   )的取舍和概括。

    A. 社会现象　　　　　B. 制图现象　　　　　C. 数学现象　　　　　D. 比例现象

374. BD004 概括就是对制图物体的(   )、数量、质量特征进行化简。

    A. 内容　　　　　B. 重量　　　　　C. 形状　　　　　D. 方位

375. BD004 绘制测线草图就是根据(   )的需要,进行制图综合的过程。

    A. 测量室内设计　　　　　　　　　　B. 测量野外施工

    C. 物探资料处理　　　　　　　　　　D. 物探野外施工

376. BD005 在制图中,对于按比例缩小的物体无法清晰表示时可以进行概括(   )。

    A. 删除　　　　　B. 合并　　　　　C. 夸大　　　　　D. 移位

377. BD005 为了显示和强调制图物体的形状特征,可以(   )一些本来按比例应当删除的碎部。

    A. 删除　　　　　B. 合并　　　　　C. 夸大　　　　　D. 移位

378. BD005　对于性质上有重要差异的制图物体的概括方法是进行(　　)
　　A. 删除　　　　　　B. 合并　　　　　　C. 分级　　　　　　D. 分类

379. BD006　图名是一幅地形图的名称,一般以(　　)等命名。
　　A. 本图幅内的重要地名　　　　　　　B. 图幅中央的地理坐标
　　C. 图幅中央的平面坐标　　　　　　　D. 图幅左下角的地理坐标

380. BD006　图廓是一幅地形图四周的范围线,一般由(　　)组成。
　　A. 上图廓和下图廓　　　　　　　　　B. 内图廓和外图廓
　　C. 图廓和经纬线　　　　　　　　　　D. 图廓和坐标格网

381. BD006　坐标格网是用来确定地形图上点位的坐标标志线,分为(　　)。
　　A. 纵坐标格网和横坐标格网　　　　　B. 地理坐标格网和直角坐标格网
　　C. 地理坐标格网和天文坐标格网　　　D. 地理坐标格网和大地坐标格网

382. BD007　在进行测量草图绘制时可以对(　　)、草垛等与物探施工没有影响的地物进行舍弃。
　　A. 小路　　　　　　B. 河流　　　　　　C. 高压线　　　　　D. 鱼池

383. BD007　在进行测量草图绘制时根据安全的要求,要对(　　)、鱼池、堤坝等重要制图内容进行选取和绘制。
　　A. 高压线　　　　　B. 独立树木　　　　C. 猪圈　　　　　　D. 荒草地

384. BD007　在进行测量草图时重点描绘物理点所在位置的(　　)。
　　A. 行政边界　　　　B. 地物属性　　　　C. 地形趋势　　　　D. 地物权属

385. BD008　测站位置图最主要的内容是(　　)。
　　A. 测站高程情况　　B. 测站地形情况　　C. 测站位置情况　　D. 测站标志情况

386. BD008　绘制测站位置图一般以(　　)为主要参照物。
　　A. 树木　　　　　　B. 房屋　　　　　　C. 羊群　　　　　　D. 庄稼

387. BD008　绘制测站位置图必须标注(　　)。
　　A. 观测仪器型号　　　　　　　　　　B. 测站概略高程
　　C. 观测仪器高度　　　　　　　　　　D. 测站点到参照物的距离和方位

388. BD009　一个具有确定参数,并且按照一定条件固定其与大地体相关位置的地球椭球,称为(　　)。
　　A. 水准椭球　　　　B. 平均椭球　　　　C. 固定椭球　　　　D. 参考椭球

389. BD009　在大地测量学中,参考椭球的形状、大小通常用长半轴和(　　)来表示。
　　A. 扁率　　　　　　B. 短半轴　　　　　C. 第一偏心率　　　D. 第二偏心率

390. BD009　在物探测量数据计算中,(　　)是一个国家大地统一基准面。
　　A. 参考椭球面　　　B. 大地水准面　　　C. 高斯椭球面　　　D. 高斯投影平面

391. BD010　一个与大地体十分接近,用以代表地球形状和大小的旋转椭球,称为(　　)。
　　A. 水准体　　　　　B. 地球椭球　　　　C. 总椭球　　　　　D. 参考椭球

392. BD010　测绘工作者用一个能用数学公式和参数描述的(　　)来代表地球,方便进行测量和计算。
　　A. 水准体　　　　　B. 旋转椭球　　　　C. 大地体　　　　　D. 大地水准面

393. BD010　将(　　)上的点投影到平面上的过程称为地图投影。

　　A. 地面　　　　　　B. 地球椭球面　　　　C. 水准面　　　　D. 地球面

394. BD011　以(　　)及其法线为依据而建立起来的坐标系,称为大地坐标系。

　　A. 大地水准面　　　B. 参考椭球面　　　　C. 椭球赤道面　　D. 起始子午面

395. BD011　在大地坐标系中,地面点的位置用大地经度、大地纬度和(　　)表示。

　　A. 海拔　　　　　　B. 正高　　　　　　　C. 正常高　　　　D. 大地高

396. BD011　大地坐标系中,通过参考椭球旋转轴的平面为(　　)。

　　A. 赤道面　　　　　B. 铅垂面　　　　　　C. 参轴面　　　　D. 子午面

397. BD012　在测量上的平面直角坐标系中,其角度量度的方向通常为(　　)方向。

　　A. 向北递增　　　　B. 向东递增　　　　　C. 顺时针　　　　D. 逆时针

398. BD012　测量上的平面直角坐标系以横坐标轴代表东西方向,一般用(　　)表示,向东为正。

　　A. x 或 E　　　　　B. y 或 E　　　　　C. x 或 N　　　　D. y 或 N

399. BD012　测量上和数学上的平面直角坐标系,由于坐标轴的次序和角度量度的方向均正好相反,因而测量上和数学上的所有三角公式(　　)。

　　A. 完全相同　　　　B. 完全不同　　　　　C. 大部分相同　　D. 大部分不同

400. BD013　地图上平面直角坐标格网的特点是各格网间(　　)。

　　A. 图上距离相等,实地距离相等　　　　　　B. 图上距离相等,实地距离不等

　　C. 图上距离不等,实地距离相等　　　　　　D. 图上距离不等,实地距离不等

401. BD013　一般地图上平面直角坐标格网标注数字的单位是(　　)。

　　A. 千米　　　　　　B. 海里　　　　　　　C. 度　　　　　　D. 度分秒

402. BD013　地图上两点之间的实地距离等于两点平面直角坐标(　　)。

　　A. 横坐标差平方与纵坐标差平方和的平方根

　　B. 横坐标差平方与纵坐标差平方差的平方根

　　C. 横坐标平方与纵坐标平方和的平方根

　　D. 横坐标平方与纵坐标平方差的平方根

403. BD014　地图上每个大地坐标格网是(　　)。

　　A. 正方形　　　　　B. 长方形　　　　　　C. 矩形　　　　　D. 三角形

404. BD014　地图上水平横向大地坐标格网标注的数字是(　　)。

　　A. 经度　　　　　　B. 纬度　　　　　　　C. 高度　　　　　D. 坡度

405. BD014　地图上纵向大地坐标格网标注的数字是(　　)。

　　A. 经度　　　　　　B. 纬度　　　　　　　C. 高度　　　　　D. 坡度

406. BE001　物探测量的基本任务之一是将(　　)采用一定的测量方法放样到实地。

　　A. 测线物理点　　　B. 道路起点　　　　　C. 铁路端点　　　D. 管线拐点

407. BE001　物探测量任务必须依据(　　)来完成。

　　A. 操作规程　　　　B. 国际惯例　　　　　C. 物探设计　　　D. 施工经验

408. BE001　提供准确清晰的(　　)是物探测量的主要任务之一。

　　A. 观测记录　　　　B. 仪器编号　　　　　C. 作业轨迹　　　D. 测量标志

409. BE002 习惯上,人们根据物探分类方法将地震勘探测量分为(　　)。

　　A. 地震勘探测量和非地震勘探测量

　　B. 一维地震勘探测量和二维地震勘探测量

　　C. 二维地震勘探测量和三维地震勘探测量

　　D. 三维地震勘探测量和四维地震勘探测量

410. BE002 物探测量的主要内容之一是(　　)。

　　A. 水准测量　　　　　　　　　　　　　B. 物理点放样

　　C. 保护测线环境　　　　　　　　　　　D. 维修测量仪器

411. BE002 物探测量的主要内容之一是(　　)。

　　A. 编制地形图　　　　　　　　　　　　B. 绘制测量草图

　　C. 绘制高程异常图　　　　　　　　　　D. 绘制行政区划图

412. BE003 目前,物探测量的作业方法主要采用(　　)方法。

　　A. GNSS 实时动态差分测量　　　　　　B. GNSS 静态差分测量

　　C. GNSS 绝对定位测量　　　　　　　　D. GNSS 伪距导航测量

413. BE003 在物探测量过程中,首先要利用三角点进行(　　),以便发展足够的参考站。

　　A. 水准测量　　　　　　　　　　　　　B. 三角高程测量

　　C. 控制测量　　　　　　　　　　　　　D. RTK 放样测量

414. BE003 目前的物探测量生产中,RTK 测量的卫星测量改正值来源于(　　)。

　　A. 卫星　　　　　B. 参考站　　　　　C. 三角点　　　　　D. 水准点

415. BE004 物探测量的作业流程中,接收任务后首先要对工区进行实地(　　)。

　　A. 测量　　　　　B. 踏勘　　　　　C. 旅行　　　　　D. 测图

416. BE004 物探测量的作业流程中,完成(　　)之后才能进行野外施工。

　　A. 采集工程合同　　　　　　　　　　　B. 测量技术设计

　　C. 测量技术报告　　　　　　　　　　　D. 控制网平差报告

417. BE004 物探测量的野外作业成果,经过(　　)流程之后才能上交其他班组。

　　A. 数据处理　　　　B. 野外复测　　　　C. 领导审查　　　　D. 修改编辑

418. BE005 目前物探测量野外常用的测量仪器是(　　)。

　　A. 经纬仪　　　　　　　　　　　　　　B. 测距仪

　　C. 水准仪　　　　　　　　　　　　　　D. 全球导航卫星定位仪

419. BE005 在物探测量仪器中,(　　)是通过测角进行工作的。

　　A. 经纬仪　　　　　　　　　　　　　　B. 测距仪

　　C. 水准仪　　　　　　　　　　　　　　D. 全球卫星定位测量仪

420. BE005 在物探测量仪器中,(　　)同时具有测角和测距功能。

　　A. 经纬仪　　　　B. 测距仪　　　　C. 水准仪　　　　D. 全站仪

421. BE006 经纬仪主要具有(　　)功能。

　　A. 测角　　　　　B. 测距　　　　　C. 卫星定位　　　　D. 水准测量

422. BE006 经纬仪主要用于测量(　　)和垂直角。

　　A. 高度角　　　　B. 水平角　　　　C. 收敛角　　　　D. 方位角

423. BE006 经纬仪（　　）的主要作用是放大目标和精确照准目标。
    A. 基座　　　　　　B. 目镜　　　　　　C. 望远镜　　　　　D. 水准器

424. BE007 测距仪的作用是测量仪器至目标点的（　　）。
    A. 距离　　　　　　B. 高差　　　　　　C. 垂直角　　　　　D. 水平角

425. BE007 测距仪是通过测量（　　）信号在仪器和目标之间往返的时间来确定两点之间的距离。
    A. 电磁波　　　　　B. RTK 信号　　　　C. 交流电信号　　　D. 声波信号

426. BE007 通常测距仪和（　　）组合进行物探测线的常规测量。
    A. GNSS 接收机　　B. 全站仪　　　　　C. 经纬仪　　　　　D. 导航仪

427. BE008 水准测量是测量地面点之间（　　）的方法之一。
    A. 坐标差　　　　　B. 高差　　　　　　C. 角度　　　　　　D. 距离

428. BE008 用来为水准仪提供照准和读数的设备称为（　　）。
    A. 量高尺　　　　　B. 测绳　　　　　　C. 棱镜　　　　　　D. 水准尺

429. BE008 自动安平水准仪的（　　）可以使视线自动水平。
    A. 控制器　　　　　B. 水准器　　　　　C. 测微器　　　　　D. 补偿器

430. BE009 全站仪是既能测角又能（　　）的常规测量仪器。
    A. 测高　　　　　　B. 测长　　　　　　C. 测距　　　　　　D. 测深

431. BE009 全站仪通过（　　）度盘自动读取角度读数并在仪器上显示出来。
    A. 光学　　　　　　B. 电子　　　　　　C. 机械　　　　　　D. 化学

432. BE009 可以使用全站仪进行（　　）。
    A. 坐标放样　　　　B. RTK 放样　　　　C. 链尺放样　　　　D. 水准放样

433. BE010 GNSS 全球卫星定位仪天线用来接收来自（　　）的测量信号。
    A. 卫星　　　　　　B. 基准站　　　　　C. 连续运行参考站　D. 单基站

434. BE010 GNSS 天线接收到的信号经前置放大器放大后送入（　　）进行处理,得到基本观测数据。
    A. 接收机　　　　　B. 控制器　　　　　C. 电台　　　　　　D. 电池

435. BE010 野外测站测量作业时 GNSS 天线安装必须进行（　　）。
    A. 卫生处理　　　　B. 信号检测　　　　C. 拆装维护　　　　D. 对中整平

436. BE011 野外测站测量作业时 GNSS 接收机接收来自（　　）的卫星信号进行数据处理。
    A. 天线　　　　　　B. 控制器　　　　　C. 基座　　　　　　D. 三脚架

437. BE011 导航型 GNSS 接收机主要用于（　　）测量。
    A. 物理点放样　　　B. 控制　　　　　　C. 踏勘　　　　　　D. 质量检测

438. BE011 GNSS 接收机的主要工作是（　　）。
    A. 对中整平　　　　B. 跟踪卫星　　　　C. 发射数据　　　　D. 接收数据

439. BE012 控制器是 GNSS 卫星定位仪的主要（　　）单元。
    A. 控制　　　　　　B. 信号　　　　　　C. 通信　　　　　　D. 稳定

440. BE012 GNSS 控制器与主机之间一般通过电缆或（　　）连接。
    A. 红外线　　　　　B. 蓝牙　　　　　　C. 短波　　　　　　D. 无线电

441. BE012　可以通过 GNSS 控制器的键盘或(　　)进行人机交互操作。

　　A. 数据卡　　　　　B. 电池　　　　　　C. 触摸屏　　　　　D. 托架

442. BE013　若乘汽车运送仪器,则应将仪器放入(　　),并由专人负责看护。

　　A. 纸壳箱　　　　　B. 仪器箱　　　　　C. 旅行箱　　　　　D. 集装箱

443. BE013　迁站涉水时,可以使用(　　)对仪器进行防水处理。

　　A. 工服　　　　　　B. 塑料布　　　　　C. 沙土　　　　　　D. 干草

444. BE013　测量仪器进行长途运输时,包装箱之间要用(　　)等物品进行必要的必须间隔,确保仪器之间不发生磕碰。

　　A. 沙土　　　　　　B. 铁板　　　　　　C. 海绵　　　　　　D. 铁丝

445. BE014　从仪器箱内取出经纬仪或全站仪前,应松开(　　)。

　　A. 连接螺丝　　　　B. 调焦螺旋　　　　C. 制动螺旋　　　　D. 微动螺旋

446. BE014　操作经纬仪或全站仪时,不可用手触摸(　　)部位。

　　A. 基座　　　　　　B. 望远镜支架　　　C. 对中螺旋　　　　D. 望远镜物镜

447. BE014　在 GNSS 测量仪器使用中,可以使用(　　)材质触摸笔操作控制器。

　　A. 铁质　　　　　　B. 玻璃　　　　　　C. 塑料　　　　　　D. 棉质

448. BE015　保管测量仪器的地方应(　　)。

　　A. 禁止吸烟　　　　B. 禁止用电　　　　C. 禁止进入　　　　D. 禁止透光

449. BE015　对长期不用的电子仪器,应定期(　　)。

　　A. 通电运行　　　　B. 分解晾晒　　　　C. 移动位置　　　　D. 更换电池

450. BE015　仪器保管过程中,应远离(　　),避免导致外壳和结构变形。

　　A. 电源　　　　　　B. 光源　　　　　　C. 发热源　　　　　D. 人群

451. BE016　当全站仪长途搬运或长时间不使用时,应将(　　)从仪器上取下并进行保养。

　　A. 电池　　　　　　B. 基座　　　　　　C. 镜头　　　　　　D. 镜头盖

452. BE016　严禁在未加盖滤光镜的情况下用全站仪的望远镜直接照准(　　),以免损伤仪器和操作员。

　　A. 金属　　　　　　B. 白色　　　　　　C. 太阳　　　　　　D. 灯光

453. BE016　当全站仪镜头沾染灰尘时,可用(　　)或柔软的拭镜纸清理。

　　A. 软毛刷　　　　　B. 卫生棉　　　　　C. 无水酒精　　　　D. 有机溶液

454. BE017　在插拔电台天线电缆插头时,应确保电台处于(　　)状态。

　　A. 开机　　　　　　B. 运行　　　　　　C. 关闭　　　　　　D. 主菜单

455. BE017　当 GNSS 接收机长途搬运或长时间不使用时,应将(　　)从仪器中取出并进行保养。

　　A. 电池　　　　　　B. 基座　　　　　　C. 量高尺　　　　　D. 传输线

456. BE017　GNSS 接收机入库保存或长时间不使用时,应定期(　　)。

　　A. 通电　　　　　　B. 通风　　　　　　C. 烘干　　　　　　D. 晾晒

457. BE018　不能用金属物品触碰充电器(　　)。

　　A. 触点　　　　　　B. 电缆　　　　　　C. 壳体　　　　　　D. 标签

458. BE018　充电器在使用过程中,不允许(　　　)。

　　A. 插电　　　　　　B. 溅水　　　　　　C. 平放　　　　　　D. 移动

459. BE018　充电器在充电过程中,不允许用任何物体(　　　),避免发热引起故障。

　　A. 挡风　　　　　　B. 挡光　　　　　　C. 铺垫　　　　　　D. 覆盖

460. BE019　电池在保管过程中,应根据电池的型号和性能进行定期(　　　)。

　　A. 充电　　　　　　B. 摆放　　　　　　C. 编号　　　　　　D. 使用

461. BE019　在安装和拆卸电池时,一定要确认用电设备处于(　　　)状态。

　　A. 关机　　　　　　B. 开机　　　　　　C. 运行　　　　　　D. 作业

462. BE019　电池在运输和使用过程中,一定要避免(　　　)。

　　A. 擦拭　　　　　　B. 干燥　　　　　　C. 摔落　　　　　　D. 风吹

463. BE020　电缆在保管和使用过程中,一定要避免(　　　)。

　　A. 插电　　　　　　B. 干燥　　　　　　C. 碾压　　　　　　D. 风吹

464. BE020　电缆在保管和使用过程中,一定要避免(　　　)。

　　A. 打结　　　　　　B. 日晒　　　　　　C. 风吹　　　　　　D. 雨淋

465. BE020　电缆在保管和使用过程中,一定要远离(　　　)物品。

　　A. 光滑　　　　　　B. 锐利　　　　　　C. 发光　　　　　　D. 坚硬

466. BE021　三脚架具有(　　　)的功能。

　　A. 精密对中和精密整平　　　　　　　　B. 精密对中和辅助整平

　　C. 辅助对中和辅助整平　　　　　　　　D. 辅助对中和精确整平

467. BE021　测量仪器需要在三脚架(　　　)上移动实现精确对中。

　　A. 角锥　　　　　　B. 伸缩架　　　　　　C. 平台　　　　　　D. 背带

468. BE021　测量仪器与三脚架用(　　　)连接。

　　A. 角锥　　　　　　B. 伸缩架　　　　　　C. 平台　　　　　　D. 对中螺丝

469. BE022　在测量作业过程中,三脚架严禁(　　　)。

　　A. 日晒　　　　　　B. 风吹　　　　　　C. 触动　　　　　　D. 观察

470. BE022　三脚架在存放过程中,应尽量远离(　　　)环境,避免变形。

　　A. 干燥　　　　　　B. 潮湿　　　　　　C. 大风　　　　　　D. 寒冷

471. BE022　三脚架在迁站过程中需要(　　　),确保三脚架受到保护和避免损伤其他物体。

　　A. 胶带捆绑　　　　B. 包装入箱　　　　C. 放松固定螺栓　　D. 旋紧固定螺栓

472. BE023　基座具有连接测量仪器和(　　　)的功能。

　　A. 三脚架　　　　　B. 三角点　　　　　C. 电源　　　　　　D. 标石

473. BE023　基座通过(　　　)显示整平效果。

　　A. 目镜　　　　　　B. 平台　　　　　　C. 脚螺旋　　　　　D. 水准气泡

474. BE023　基座通过(　　　)实现测量仪器与标石的对中。

　　A. 电子系统　　　　B. 光学系统　　　　C. 机械系统　　　　D. 放射系统

475. BE024　对中器在测量作业中起到(　　　)的作用。

　　A. 对中　　　　　　B. 平衡　　　　　　C. 加高　　　　　　D. 旋转

476. BE024　非专业维修人员不能调整对中器（　　　）。

　　A. 水准器　　　　　　B. 脚螺旋　　　　　　　C. 目镜　　　　　　　　D. 任何部位

477. BE024　作业前和作业完成后,应将基座对中器的脚螺旋调至（　　　）位置。

　　A. 上端　　　　　　　B. 中间　　　　　　　　C. 下端　　　　　　　　D. 任何

478. BE025　对中通常是使用测量仪器的（　　　）完成。

　　A. 对中器　　　　　　B. 三脚架　　　　　　　C. 天线　　　　　　　　D. 控制器

479. BE025　全站仪的对中是使全站仪的（　　　）对准地面测量标志。

　　A. 横轴　　　　　　　B. 视准轴　　　　　　　C. 竖轴　　　　　　　　D. 水准轴

480. BE025　GNSS 全球定位测量仪的对中是使（　　　）对准地面测量标志。

　　A. 天线相位中心　　　B. 接收机　　　　　　　C. 控制器　　　　　　　D. 三脚架

481. BE026　测量仪器对中设置能够（　　　）。

　　A. 保证作业效率　　　　　　　　　　　　　　　B. 保证测量精度

　　C. 保证仪器安全　　　　　　　　　　　　　　　D. 保证人员安全

482. BE026　对中质量主要影响全站仪的（　　　）测量精度。

　　A. 水平角　　　　　　B. 垂直角　　　　　　　C. 高度角　　　　　　　D. 天顶距

483. BE026　对中过程使仪器测量中心在（　　　）方向上接近地面标志。

　　A. 水平　　　　　　　B. 竖直　　　　　　　　C. 切向　　　　　　　　D. 坡向

484. BE027　在特定的条件下可以使用（　　　）进行对中。

　　A. 量高尺　　　　　　B. 铅锤　　　　　　　　C. 钢卷尺　　　　　　　D. 链尺

485. BE027　一般情况下测量仪器使用（　　　）进行对中。

　　A. 光学对中器　　　　B. 光学望远镜　　　　　C. 光学显微镜　　　　　D. 光学测微器

486. BE027　对中时测量作业人员通过对中器（　　　）观察对中情况。

　　A. 物镜　　　　　　　B. 目镜　　　　　　　　C. 望远镜　　　　　　　D. 反光镜

487. BE028　整平是使仪器测量基准面与（　　　）保持相对平衡状态的过程。

　　A. 椭球面　　　　　　B. 大地水准面　　　　　C. 地面　　　　　　　　D. 操作平台

488. BE028　全站仪整平是使仪器（　　　）保持水平状态的过程。

　　A. 竖直度盘　　　　　B. 水平度盘　　　　　　C. 望远镜　　　　　　　D. 视准轴

489. BE028　测量仪器必须在（　　　）时完成整平。

　　A. 仪器保存　　　　　B. 仪器运输　　　　　　C. 仪器安置　　　　　　D. 仪器观测

490. BE029　全站仪整平后使（　　　）处于铅垂线位置。

　　A. 仪器横轴　　　　　B. 仪器竖轴　　　　　　C. 仪器视准轴　　　　　D. 仪器水准轴

491. BE029　GNSS 卫星定位测量仪天线未整平会增加（　　　）误差的影响。

　　A. 电离层延迟　　　　B. 多路径干扰　　　　　C. 卫星钟误差　　　　　D. 仪器钟误差

492. BE029　三角高程测量时整平质量影响（　　　）测量精度。

　　A. 纵坐标　　　　　　B. 横坐标　　　　　　　C. 高差　　　　　　　　D. 距离

493. BE030　使用带有圆水准器的三脚基座整平时,操作者与两脚螺旋平行站立,两手拇指
　　　　　　同时向外转动两脚螺旋,则圆水准器气泡（　　　）移动。

　　A. 向上　　　　　　　B. 向下　　　　　　　　C. 向左　　　　　　　　D. 向右

494. BE030　使用带有圆水准器的三脚基座整平时,单手顺时针转动某一脚螺旋,则圆水准器气泡(　　)移动。

A. 向该脚螺旋方向　　　　　　　　　　B. 向该脚螺旋相反方向

C. 向其他两个脚螺旋平行方向　　　　　D. 不动

495. BE030　使用带有圆水准器的三脚基座整平时,单手逆时针转动某一脚螺旋,则圆水准器气泡(　　)移动。

A. 向该脚螺旋方向　　　　　　　　　　B. 向该脚螺旋相反方向

C. 向其他两个脚螺旋平行方向　　　　　D. 不动

496. BF001　传统上,测量控制点分为(　　),两者分别按各自方法布设。

A. 平面控制点和高程控制点　　　　　　B. 首级控制点和加密控制点

C. 等级控制点和等外控制点　　　　　　D. 基本控制点和独立控制点

497. BF001　一般来说,控制测量应遵循(　　)的原则。

A. "由整体到局部""从高级向低级"

B. "由局部到整体""从高级向低级"

C. "由整体到局部""从低级向高级"

D. "由局部到整体""从低级向高级"

498. BF001　目前阶段,测量控制点主要采用(　　)布设。

A. GNSS 技术　　　　B. 三角测量　　　　C. 天文测量　　　　D. 重力测量

499. BF002　碎部测量主要是测定地物和地貌的(　　)。

A. 独立点　　　　　　B. 特征点　　　　　C. 普通点　　　　　D. 个别点

500. BF002　地形测图的作业方法主要有经纬仪模拟测绘法、(　　)、RTK 测绘法等。

A. 全站仪数字测绘法　　　　　　　　　B. 经纬仪数字测绘法

C. 水准仪模拟测绘法　　　　　　　　　D. 水准仪与平板仪联合测绘法

501. BF002　地形测量碎部点的选择应该充分体现(　　)的主要特征。

A. 地物　　　　　　　B. 地形　　　　　　C. 地质　　　　　　D. 构造

502. BF003　一般来说,在常规测量工作中,从范围方面考虑,应遵循(　　)的原则。

A. 由具体到抽象　　　　　　　　　　　B. 由细节到综合

C. 由整体到局部　　　　　　　　　　　D. 由控制到碎部

503. BF003　一般来说,在常规测量工作中,从精度方面考虑,应遵循(　　)的原则。

A. 由具体到抽象　　　B. 由细节到综合　　C. 由整体到局部　　D. 由高级到低级

504. BF003　在实际测量过程中,为了确保所产生的误差在可接受的范围内,必须(　　)。

A. 重复观测　　　　　　　　　　　　　B. 步步有检核

C. 采用最精密的仪器　　　　　　　　　D. 选择最佳观测条件

505. BF004　常规测量工作的实质是确定地面点的位置,即地面点的(　　)和高程。

A. 平面坐标　　　　　B. 大地坐标　　　　C. 天文坐标　　　　D. 空间直角坐标

506. BF004　在常规测量中,水平角、水平距离和(　　)是确定地面点间相对关系的三个基本要素。

A. 高差　　　　　　　B. 高程　　　　　　C. 垂直角　　　　　D. 天顶距

507. BF004　在常规测量中,两点之间的高差可以通过水平距离和(　　)来确定。

A. 水平角　　　　　B. 子午线收敛角　　　C. 垂直角　　　　　D. 太阳方位角

508. BF005　当在一个特定的区域内进行普通测量工作时,其一般过程大致是起算数据的

准备、(　　)和碎部测量。

A. 控制测量　　　　B. 大地测量　　　　　C. 地形测量　　　　D. 工程测量

509. BF005　要在一个测区内开展测量工作,首先要获取必要的起算数据,这些起算数据通

常为各个等级的(　　)。

A. 控制点　　　　　B. 碎部点　　　　　　C. 细部点　　　　　D. 物理点

510. BF005　传统上,高程控制点主要采用(　　)确定。

A. 三角测量、导线测量　　　　　　　　　B. 三角测量、水准测量

C. 导线测量、水准测量　　　　　　　　　D. 水准测量、三角高程测量

511. BF006　测量上常用的坐标系主要有球面坐标、平面直角坐标和(　　)等表达形式。

A. 大地坐标　　　　B. 天文坐标　　　　　C. 地理坐标　　　　D. 空间直角坐标

512. BF006　以相互垂直的 x 轴、y 轴、z 轴长度表示的坐标是(　　)。

A. 大地坐标　　　　B. 天文坐标　　　　　C. 地理坐标　　　　D. 空间直角坐标

513. BF006　经过投影分带,以相互垂直的 x 轴、y 轴长度表示的坐标为(　　)。

A. 平面直角坐标　　B. 天文坐标　　　　　C. 地理坐标　　　　D. 空间直角坐标

514. BF007　全球导航卫星系统是指可以为全球任何地点的拥有特定装备的用户提供

(　　)服务的一个或多个导航卫星系统及其增强系统。

A. 连续数据处理　　　　　　　　　　　　B. 连续导航定位

C. 连续运行参考　　　　　　　　　　　　D. 连续数据传输

515. BF007　全球导航卫星系统的英文缩写是(　　)。

A. GPS　　　　　　B. GNSS　　　　　　C. RTK　　　　　　D. RTD

516. BF007　全球导航卫星系统的概念包含了(　　)、GLONASS、GALILEO 和北斗导航系

统等。

A. GPS　　　　　　B. GNSS　　　　　　C. RTK　　　　　　D. RTD

517. BF008　GNSS 测量技术具有(　　)的特点。

A. 全天候　　　　　B. 全球通　　　　　　C. 无遮挡　　　　　D. 无死角

518. BF008　GNSS 测量技术具有(　　),不需要通视的特点。

A. 大角度　　　　　B. 小角度　　　　　　C. 长距离　　　　　D. 短距离

519. BF008　GNSS 测量技术在社会生活中(　　)。

A. 受到限制　　　　B. 价格昂贵　　　　　C. 用途较少　　　　D. 用途广泛

520. BF009　静态测量在 GNSS 技术的各种测量模式中精度(　　)。

A. 最低　　　　　　B. 一般　　　　　　　C. 最高　　　　　　D. 适中

521. BF009　静态测量模式主要用于(　　)测量。

A. 控制　　　　　　B. 放样　　　　　　　C. 导航　　　　　　D. 导线

522. BF009　静态测量仪器的主要部件包括(　　)、天线、电缆和三脚架等。

A. 对中杆　　　　　B. 主机　　　　　　　C. 电台　　　　　　D. 背包

523. BF010 决定快速静态质量的主要参数是( )。

 A. 卫星高度角 B. 最小卫星数

 C. 采样间隔 D. 天线高

524. BF010 快速静态测量模式主要用于( )测量。

 A. 建立控制网 B. 发展参考站 C. 放样物理点 D. 导航

525. BF010 快速静态测量模式局限于( )测量。

 A. 长基线 B. 短基线 C. 平原 D. 山区

526. BF011 实时动态差分测量是 GNSS 接收机安设在运动的载体上,通过接收( ),实时地确定仪器位置的测量方法。

 A. 测距信号 B. 差分信号 C. 坐标数据 D. 高程数据

527. BF011 实时动态差分模式中用于播发卫星观测值和已知点坐标的仪器称为( )。

 A. 参考站 B. 流动站 C. 中继站 D. 控制站

528. BF011 实时动态差分模式中用于接收差分数据,提供精确导航信息的仪器称为( )。

 A. 参考站 B. 流动站 C. 中继站 D. 控制站

529. BF012 在 GNSS 全球定位测量技术中,常用的测量模式主要有伪距导航测量、静态差分测量和( )。

 A. 动态差分测量 B. 伪距测量 C. 相位测量 D. 单点定位测量

530. BF012 动态差分的参考站是指在测量作业中向其他仪器发布( )的仪器。

 A. 点位数据 B. 点位坐标 C. 差分改正数据 D. 高程改正数据

531. BF012 动态差分的参考站与流动站必须使用相同的( )。

 A. 测量主机 B. 测量天线 C. 通信电台 D. 通信协议

532. BF013 动态差分流动站是指接收差分信号实施测量的( )。

 A. 人员 B. 仪器 C. 车辆 D. 信号

533. BF013 动态差分流动站在观测过程中必须同时接收差分信号和( )。

 A. 网络信号 B. 电视信号 C. 电话信号 D. 卫星信号

534. BF013 动态差分流动站距离( )越近,测量精度越高。

 A. 中继站 B. 参考站 C. 三角点 D. 水准点

535. BF014 静态测量时测量仪器天线保持( )状态。

 A. 静止 B. 移动 C. 转动 D. 滑动

536. BF014 安装静态测量时( )与地面测量标志需要精确对中。

 A. 主机 B. 控制器 C. 天线 D. 电台

537. BF014 安装静态测量时( )需要整平。

 A. 主机 B. 控制器 C. 天线 D. 电台

538. BF015 架设 RTK 动态测量基准站时要远离( )。

 A. 堤坝 B. 高压线 C. 公路 D. 铁路

539. BF015 安装 RTK 动态测量基准站时发射电台必须连接( )。

 A. 主机 B. 控制器 C. 天线 D. 磁卡

540. BF015　RTK 动态测量基准站发射电台电源电缆红色标志表示(　　　)。

　　A. 电源正极　　　　　B. 电源负极　　　　　C. 电源接地　　　　　D. 无意义

541. BF016　为了保证对中精度,RTK 动态测量流动站 GNSS 天线需安装在(　　　)上。

　　A. 基座　　　　　　　B. 三脚架　　　　　　C. 对中杆　　　　　　D. 天线适配器

542. BF016　分体式 RTK 动态测量流动站测量仪器主机需安装在(　　　)。

　　A. 三脚架上　　　　　B. 对中杆上　　　　　C. 运输车内　　　　　D. 背包内

543. BF016　分体式 RTK 动态测量流动站测量仪器主机与 GNSS 天线用(　　　)连接。

　　A. 两芯电缆　　　　　B. 五芯电缆　　　　　C. 七芯电缆　　　　　D. 八芯电缆

544. BF017　导航仪必须接收(　　　)以上卫星才能得到三维坐标。

　　A. 1 颗　　　　　　　B. 2 颗　　　　　　　C. 3 颗　　　　　　　D. 4 颗

545. BF017　进行导航前必须向导航仪输入目标点的(　　　)。

　　A. 纵坐标和高程　　　B. 横坐标和高程　　　C. 纵坐标和横坐标　　D. 高程

546. BF017　使用地方坐标系进行导航时必须设置导航仪的(　　　)。

　　A. 卫星参数　　　　　B. 记录参数　　　　　C. 时区参数　　　　　D. 基准参数

547. BF018　单点定位是通过(　　　)独立观测卫星信号,通过软件计算其点位位置的一种测量模式。

　　A. 卫星定位仪　　　　B. 经纬仪　　　　　　C. 全站仪　　　　　　D. 水准仪

548. BF018　单点定位的测量精度与(　　　)密切相关。

　　A. 仪器型号　　　　　B. 卫星数量　　　　　C. 观测位置　　　　　D. 观测角度

549. BF018　取得较好的单点定位结果,必须有足够多的(　　　)。

　　A. 观测历元　　　　　B. 观测测站　　　　　C. 观测人员　　　　　D. 观测角度

550. BF019　根据石油物探测量规范的要求,在进行 RTK 测量施工中,连续发展参考站不允许超过(　　　)。

　　A. 2 次　　　　　　　B. 3 次　　　　　　　C. 5 次　　　　　　　D. 10 次

551. BF019　根据石油物探测量规范的要求,在进行 RTK 测量施工中,采用静态测量方式发展参考站的基线长度不允许超过(　　　)。

　　A. 20km　　　　　　　B. 30km　　　　　　　C. 50km　　　　　　　D. 100km

552. BF019　一般可以通过(　　　)、快速静态测量、RTK 测量等方法发展参考站。

　　A. 导航方式　　　　　B. 单点定位方式　　　C. 静态测量　　　　　D. 支导线测量

553. BF020　野外(　　　),是检验 GNSS 测量或全站仪放样测量精度的主要方法。

　　A. 复测　　　　　　　B. 补测　　　　　　　C. 重测　　　　　　　D. 观测

554. BF020　复测是方法用来检验(　　　)测量精度。

　　A. 三角点　　　　　　B. 水准点　　　　　　C. 已经测过的点　　　D. 没有测过的点

555. BF020　陆上石油物探测量规范规定,每连续施测达到(　　　)物理点时,应强制重新初始化并在已测过的点上复测。

　　A. 50 个　　　　　　　B. 100 个　　　　　　C. 200 个　　　　　　D. 300 个

556. BF021　放样是工程测量中应用测量仪器,将设计坐标在地面(　　　)出来的过程。

　　A. 观察　　　　　　　B. 标定　　　　　　　C. 计算　　　　　　　D. 查询

557. BF021　物探测线放样是根据施工设计的要求,将(　　　)在地面上标示出位置。

　　A. 三角点　　　　　　B. 水准点　　　　　　C. 物理点　　　　　　D. 高程异常点

558. BF021　目前物探测线放样方法主要包括(　　　)测量方法和全站仪坐标放样法。

　　A. GNSS RTK　　　　　　　　　　B. GNSS 静态

　　C. GNSS 控制网平差　　　　　　　D. GNSS 快速静态

559. BF022　测量控制点是用来为实施测量控制用的,所以应选择在距离(　　　)较近的地方。

　　A. 测线　　　　　　　B. 三角点　　　　　　C. 村镇　　　　　　D. 道路

560. BF022　作为全站仪或经纬仪的控制点尽量选在(　　　)处。

　　A. 低洼　　　　　　　B. 高岗　　　　　　　C. 公路上　　　　　D. 树下

561. BF022　为了保证标志保护长久和稳定,控制点应选择在基础(　　　)的区域。

　　A. 柔软　　　　　　　B. 流动　　　　　　　C. 坚硬　　　　　　D. 龟裂

562. BF023　在(　　　)需要在已知点或已测过的点上进行复测。

　　A. 每日施工后　　　　　　　　　　B. 每日施工前

　　C. 更换操作手前　　　　　　　　　D. 更换操作手后

563. BF023　在(　　　)需要在已知点或已测过的点上进行复测。

　　A. 更换操作手前　　　　　　　　　B. 更换操作手后

　　C. 变更参考站前　　　　　　　　　D. 变更参考站后

564. BF023　在(　　　)需要在已知点或已测过的点上进行复测。

　　A. 更换操作手前　　　　　　　　　B. 更换操作手后

　　C. 变更仪器参数前　　　　　　　　D. 变更仪器参数后

565. BF024　整周未知数是在 GNSS 测量中,以载波相位为观测量,载波信号从(　　　)到仪器接收天线的完整的波长的数量。

　　A. GNSS 卫星　　　　B. 参考站　　　　　　C. 地面控制站　　　D. 流动站

566. BF024　知道了卫星观测信号的整周未知数,并且通过仪器检测出不足一个波长的相位,即可测算出卫星到接收机的(　　　)。

　　A. 角度　　　　　　　B. 距离　　　　　　　C. 时间　　　　　　D. 频率

567. BF024　GNSS 测量仪器初始化的过程就是确定观测值中(　　　)的过程。

　　A. 卫星数　　　　　　B. *PDOP* 值　　　　　C. 卫星高度　　　　D. 整周未知数

568. BF025　在进行相对定位时,观测的(　　　)越多,获得固定解的速度越快。

　　A. 波长　　　　　　　B. 频率　　　　　　　C. 卫星数　　　　　D. 时间

569. BF025　在 GNSS 观测值的各种解中,(　　　)的精度最高。

　　A. 固定解　　　　　　B. 双点浮动解　　　　C. 三差浮点解　　　D. 导航解

570. BF025　用于 RTK 参考站的坐标,必须是(　　　),以确保测量精度。

　　A. 固定解　　　　　　B. 双点浮动解　　　　C. 三差浮点解　　　D. 导航解

571. BF026　进行 GNSS 相对定位差分解算时,不考虑整周未知数的整数性质,得到的整周未知数是非整数,所以得到的测量结果是(　　　)。

　　A. 导航解　　　　　　B. 浮点解　　　　　　C. 固定解　　　　　D. 双差固定解

572. BF026　在进行 RTK 测量时,得到参考站信号,却没有完成(　　　)过程的测量结果是浮点解。

　　A. 初始化　　　　　B. 格式化　　　　　C. 矢量化　　　　　D. 栅格化

573. BF026　浮点解相对于(　　)的精度较低。

　　A. 导航解　　　　　B. 固定解　　　　　C. 单点定位　　　　　D. 伪距定位

574. BF027　静态测量的观测历元多少,可以表达(　　)指标。

　　A. 卫星数量　　　　B. 卫星质量　　　　C. 观测次数　　　　D. 观测质量

575. BF027　历元间隔通常被描述为(　　)。

　　A. 观测间隔　　　　B. 记录间隔　　　　C. 采样间隔　　　　D. 计算间隔

576. BF027　静态测量取得更多的观测历元,可以(　　)静态差分测量精度。

　　A. 提高　　　　　B. 降低　　　　　C. 平衡　　　　　D. 影响

577. BF028　在 GNSS 差分测量中,参与(　　)的卫星称为有效卫星。

　　A. 观测　　　　　B. 记录　　　　　C. 储存　　　　　D. 计算

578. BF028　降低卫星观测(　　),可以提高有效卫星的数量。

　　A. 采样间隔　　　　B. 高度角　　　　C. 最小卫星数　　　　D. 天线高

579. BF028　合理选择测站点,避开(　　)和楼房的影响,可以提高有效卫星的数量。

　　A. 树木　　　　　B. 水域　　　　　C. 高压线　　　　　D. 公路

580. BF029　放样误差是实测坐标与(　　)之间的偏差。

　　A. 基站坐标　　　　B. 理论坐标　　　　C. 复测坐标　　　　D. 导航坐标

581. BF029　放样误差一般指(　　)放样测量的精度。

　　A. 一维　　　　　B. 平面　　　　　C. 三维　　　　　D. 多维

582. BF029　在相同环境条件下,放样误差的大小主要与(　　)有关。

　　A. 卫星数量　　　　B. 设备状况　　　　C. 通信距离　　　　D. 人员操作

583. BF030　在 GNSS 测量中,DOP 值表达的是受(　　)影响的精度因子。

　　A. 卫星图形　　　　B. 控制点分布　　　　C. 接收机　　　　D. 记录介质

584. BF030　在 GNSS 测量中,水平精度因子用(　　)表达。

　　A. $PDOP$　　　　B. $VDOP$　　　　C. $HDOP$　　　　D. $GDOP$

585. BF030　在 GNSS 测量中,垂直精度因子用(　　)表达。

　　A. $PDOP$　　　　B. $VDOP$　　　　C. $HDOP$　　　　D. $GDOP$

586. BF031　在 GNSS 测量的不同模式中,(　　)作业模式必须设置采样间隔。

　　A. 导航　　　　　B. 静态　　　　　C. RTK　　　　　D. RTD

587. BF031　在 GNSS 测量的不同模式中,(　　)作业模式无须设置采样间隔。

　　A. 导航　　　　　B. 静态　　　　　C. 快速静态　　　　D. 准动态

588. BF031　采样间隔设置就是相邻两个(　　)之间的时间长度。

　　A. 观测测站　　　　B. 观测历元　　　　C. 观测基线　　　　D. 观测卫星

589. BF032　GNSS 静态测量观测时段选择的主要因素是(　　)。

　　A. 可观测卫星数量　　　　　　　B. 可观测卫星角度

　　C. 可观测卫星信号强度　　　　　D. 可观测卫星高度

590. BF032　GNSS 静态测量观测时段预测必须考虑(　　　)。
　　A. 仪器型号　　　　　B. 仪器数量　　　　　C. 观测人员　　　　　D. 观测地点

591. BF032　GNSS 静态测量观测时段长度的选择与(　　　)密切相关。
　　A. 仪器型号　　　　　B. 仪器高度　　　　　C. 基线长度　　　　　D. 基线数量

592. BF033　精密单点定位观测数据经过卫星(　　　)来获得高精度结果。
　　A. 广播星历　　　　　B. 精密星历　　　　　C. 差分数据　　　　　D. 差分改正

593. BF033　精密单点定位一般通过(　　　)来计算结果。
　　A. 单点计算　　　　　B. 基线结算　　　　　C. 平差计算　　　　　D. IGS 数据

594. BF033　取得较好的精密单点定位结果,一般必须有足够多的(　　　)。
　　A. 观测历元　　　　　B. 观测测站　　　　　C. 观测人员　　　　　D. 观测角度

595. BF034　由若干个连续运行的(　　　)、数据处理中心、数据传输系统、数据发播系统、用户应用系统等组成连续运行参考站系统。
　　A. GNSS 参考站　　　B. GNSS 流动站　　　C. GNSS 接收机　　　D. GNSS 导航仪

596. BF034　连续运行参考站系统通常简称(　　　)。
　　A. GNSS　　　　　　B. CORS　　　　　　C. GIS　　　　　　　D. GPS

597. BF034　当连续运行参考站系统只有一个参考站时通常称为(　　　)。
　　A. 单点导航系统　　　　　　　　　　B. 单点定位系统
　　C. 单基站系统　　　　　　　　　　　D. 单移动站系统

598. BF035　信标差分全球定位系统是利用航海(　　　)发播台向用户发播 DGPS 修正信息以提供高精度导航定位服务的沿海实时导航定位系统。
　　A. 无线电指向标　　　　　　　　　　B. 无线电风向标
　　C. 连续运行参考站　　　　　　　　　D. 单基站系统

599. BF035　信标差分全球定位系统主要用于(　　　)石油勘探和导航。
　　A. 海上　　　　　　　B. 陆上　　　　　　　C. 森林　　　　　　　D. 沙漠

600. BF035　信标差分全球定位系统相对于连续运行参考站系统作业(　　　)。
　　A. 精度较高　　　　　B. 速度较快　　　　　C. 距离较长　　　　　D. 误差较小

二、判断题(对的画"√",错的画"×")

(　　　)1. AA001　石油勘探是通过物理或化学的方法探测油气储藏资源。
(　　　)2. AA002　石油勘探的方法与其他矿物勘探方法截然不同。
(　　　)3. AA003　地质法石油勘探主要工作是观察并研究土壤成分。
(　　　)4. AA004　钻探法是确定油气资源最直接的石油勘探方法。
(　　　)5. AA005　地球物理勘探是以地下各种岩石或矿体具有不同的地学性质作为研究基础的。
(　　　)6. AA006　石油物理勘探在海洋和沙漠等复杂地区比钻探法勘探成本低。
(　　　)7. AA007　石油物探的基本方法主要有一维地震勘探、二维地震勘探和三维地震勘探等。
(　　　)8. AA008　在我国油气勘探中,石油物探的作用仅次于石油化学勘探。

(　)9. AA009　电法勘探,是以地下岩石或矿体具有的某些化学性质为研究对象。

(　)10. AA010　重力勘探是使用水准仪作为主要重力勘探仪器的。

(　)11. AA011　磁法勘探通过对地表高程异常的研究,间接地获得地下地质构造和矿体分布的情况。

(　)12. AA012　地震勘探所使用的最重要仪器是地震仪和检波器。

(　)13. AA013　一般来说,重点探区的详查和细测,大多采用二维地震勘探方法。

(　)14. AA014　普查阶段的地震勘探,一般是落实地质构造的形状和大小,其测线线距通常为几十米。

(　)15. AA015　二维地震测线在遇到特殊地形条件时,可布设成弯线。

(　)16. AA016　地震资料解释属于地震勘探的主要流程之一。

(　)17. AA017　地震资料采集就是利用人工地震方法在勘探目的区域采集地震波数据。

(　)18. AA018　高质量的野外地震勘探原始资料可以直接用于地质解释。

(　)19. AA019　地震资料解释不能够直接为钻探提供井位。

(　)20. AB001　现代计算机之所以能自动的连续进行数据处理,主要是因为具有存储程序的功能。

(　)21. AB002　微机又被称为个人机或 PC 机。

(　)22. AB003　计算机辅助制造是利用计算机系统进行生产设备的管理、控制和操作的过程。

(　)23. AB004　一个完整的计算机系统通常应包括硬件系统和软件系统。

(　)24. AB005　一个文件是一组信息的集合。这些信息最初是在内存中建立的,然后以用户给予的相应的文件名存储到磁盘上。

(　)25. AB006　操作者向计算机中输入信息最常用的方法是用键盘。

(　)26. AB007　激光打印机是非击打式打印机。

(　)27. AB008　微型机中经常用 CPU 表示控制器。

(　)28. AB009　在计算机的储存品种中,读取速度最快的是硬盘。

(　)29. AB010　现在最常用的显示器是 CRT 显示器。

(　)30. AB011　因特网是 Internet 的中文名。

(　)31. AB012　因特网使人们可以在 Internet 各站点之间漫游,浏览从文本、图形到声音,乃至动态图像等不同形式的信息。

(　)32. AB013　驱动器就是能将数据读出来或者写进去的硬件设施,比如硬盘、软驱、光驱等。

(　)33. AB014　计算机病毒是一种特殊的计算机部件。

(　)34. AB015　系统软件中最重要的是操作系统。

(　)35. AB016　操作系统的作用是控制和管理计算机系统的各种硬件和软件资源的使用。

(　)36. AB017　操作系统和各种程序设计语言的处理程序都是系统软件。

(　)37. AB018　Windows XP 是一个桌面操作系统。

(　)38. AB019　单击"开始"菜单"程序"组中的 Microsoft Word 可以启动 Word 软件。

（　）39. AB020　在"记事本"或"写字板"窗口中,对当前编辑的文档进行关闭,可以用 Alt+F4 快捷键。

（　）40. AC001　我国的法定计量单位是在英制的基础上扩充而形成的。

（　）41. AC002　国际单位制是以 7 个基本单位、2 个辅助单位和 19 个导出单位而形成的单位制。

（　）42. AC003　所谓单位制,是一组基本单位的总体。

（　）43. AC004　计量单位没有确定的名称和定义。

（　）44. AC005　时间是物理量,而 s 是时间的计量单位。

（　）45. AD001　通常把三相电源的三相绕组接成星形或三角形向外供电。

（　）46. AD002　频率是表示交流电随时间变化快慢的物理量。

（　）47. AD003　正弦交流电可用相量图来表示。

（　）48. AD004　直流电的大小和方向都是恒定不变的。

（　）49. AD005　在电路中流动的多数是带负电荷的自由电子,但自由流动的电子并不是电流的方向。

（　）50. AD006　电路中两点之间的电位差叫电压。

（　）51. AD007　多个电阻串联时,每个电阻的电流是相等的。

（　）52. AD008　电容是在给定电位差下储存电荷的能力。

（　）53. AD009　在一个铁芯的线圈两端加一个电压就形成了电感电路。

（　）54. AD010　电功率是度量电能转换快慢的物理量,用电时间越长,电功率越大。

（　）55. AD011　当导体与磁力线之间有相对切割运动时,这个导体中就会产生感应电动势。

（　）56. AD012　阻值大的电阻一定比阻值小的电阻流过的电流小。

（　）57. AD013　电池充电是将化学能转化为电能的过程。

（　）58. AD014　由于电池充电时电池和充电器都会发热,所以要有专人进行值守。

（　）59. AD015　所有类型的电池充电前都要将剩余电量全部放掉。

（　）60. AD016　锂电池没有记忆效应。

（　）61. AD017　镍氢电池在充电前需要进行适度放电。

（　）62. AD018　电压表的内阻要求尽可能地大。

（　）63. AD019　用万用表可以测量电流。

（　）64. AD020　导体的电阻与导体的温度有关。

（　）65. BA001　检波点属于地震勘探中的物理点。

（　）66. BA002　在激发点进行炸药激发能够产生人工地震波。

（　）67. BA003　检波器安置在接收点上。

（　）68. BA004　地震勘探工作要求测量精度满足施工要求。

（　）69. BA005　陆上炸药震源主要有三类:硝酸甘油、TNT 和硝铵。

（　）70. BA006　相比炸药震源,可控震源的环保优势比较高。

（　）71. BA007　炸药产生的巨大能量全部用于产生地震波。

（　）72. BA008　地震勘探检波器的主要功能是将电能转化为动能。

( )73. BA009　排列员要严格做到"量、观、排、报",监控检波器埋置质量。

( )74. BA010　检波器的非线性畸变越大越好。

( )75. BA011　一般来说,新的探区多以普查为主,通常采用二维地震勘探,重点探区多为详查或细测阶段,通常采用三维地震勘探。

( )76. BA012　平坦地区的二维地震测线一般采取相互垂直的测线设计。

( )77. BA013　三维地震测线的道距和炮距必须相等。

( )78. BA014　物探观测系统是指检波点与检波点之间的位置关系。

( )79. BA015　三维地震勘探可以从三维空间了解地下地质构造。

( )80. BA016　三维观测系统中 IN-LINE 方向是垂直于接收线的方向。

( )81. BA017　纵坐标增量是两点间距离乘以两点间方位角的余切值。

( )82. BA018　内插的物理点属于测量实测坐标。

( )83. BA019　物探物理点标志的颜色选择忌与环境颜色一致。

( )84. BA020　物探检波点和炮点的编号由线号和点号共同组成。

( )85. BA021　可以根据施工环境不同制作和使用不同的测量标志旗。

( )86. BA022　测量标志点号只有测量人员使用。

( )87. BA023　标志员的主要职责是进行测量仪器操作。

( )88. BA024　标志员可以根据环境颜色变换随时更改炮点的标志颜色。

( )89. BB001　激发点可以布设在输电高压线的正下方。

( )90. BB002　接收点可以布设在村庄附近。

( )91. BB003　特观设计是在合理避开地表障碍物时的观测系统设计。

( )92. BB004　地震勘探只利用地震波的透射定律处理和分析地下目的层连续反射点的信息。

( )93. BB005　道距为 40m 的三维观测系统,激发点的纵向偏移应不大于 2m。

( )94. BB006　只有在物理点偏移的最大距离内加密炮检点,才能达到增加覆盖次数的目的。

( )95. BB007　设计点位实在难以布设时,可以按照原则将物理点布设在其他的替代位置。

( )96. BB008　二维测线遇到大型障碍物时可以考虑进行 8°角折线设计。

( )97. BB009　当遇到大型村镇时,障碍物内部尽量不能布设物理点。

( )98. BB010　全站仪、经纬仪不属于测量仪器。

( )99. BB011　制作链尺之前必须建立好基线。

( )100. BB012　可以用其他链尺相互检校。

( )101. BB013　钢卷尺是野外常用的便携量角工具。

( )102. BB014　利用测距仪可以测定直线的方位角。

( )103. BB015　坐标纵轴方向是坐标方位角的基本方向。

( )104. BB016　磁方位角可以用罗盘仪进行测定。

( )105. BB017　当坐标方位角为 135°时,其象限角为 45°。

( )106. BB018　罗盘仪的方位是逆时针注记的。

（　　）107. BB019　用天文观测法确定的子午线为真子午线。

（　　）108. BB020　物探测线方向是指测线线号增加的方向。

（　　）109. BB021　司尺员的工作内容主要是制作链尺。

（　　）110. BB022　在测量时棱镜杆或视尺倾斜应不少于8°。

（　　）111. BC001　测绘是观测和描绘的总称。

（　　）112. BC002　物探测量属于大地测量学的范畴。

（　　）113. BC003　大地测量学是以较小地区为研究对象的测绘科学。

（　　）114. BC004　地形测量学的研究对象不是整个地球,而是局域范围的地球表面。

（　　）115. BC005　工程测量是为工程建设服务的。

（　　）116. BC006　以大地测量、摄影测量和地图制图为主要内容的传统测绘学已经逐渐
　　　　　　　　　　发展为以全球定位系统(GNSS)、遥感(RS)和地理信息系统(GIS)及其
　　　　　　　　　　集成为主要特征的现代测绘学。

（　　）117. BC007　1:25000 比例尺的地形图不属于国家基本比例尺地形图。

（　　）118. BC008　地图比例尺通常有数字式、文字式、图解式等形式。

（　　）119. BC009　在物探施工中尽量使用大比例尺地图。

（　　）120. BC010　GNSS 静态测量的记录员必须如实记录卫星观测数据。

（　　）121. BC011　记录员记录的所有数据必须真实、准确。

（　　）122. BD001　地图可以表达该区域的所有地理事物。

（　　）123. BD002　地图上的坐标网属于地图的辅助要素。

（　　）124. BD003　按照地图的比例尺,地图可以分为大、中、小比例尺地图。

（　　）125. BD004　地图必须概括和抽象地反映地图对象的带有规律性的类型特征。

（　　）126. BD005　制图物体的形状概括通过删除、合并和夸大来实现。

（　　）127. BD006　国家基本比例尺地形图的编号一般由该图幅所在省级代码、县级代码
　　　　　　　　　　等组成。

（　　）128. BD007　物探测线草图必须在施工现场进行记录。

（　　）129. BD008　绘制测站位置图必须使用统一的比例尺。

（　　）130. BD009　一个具有确定参数,并且按照一定条件固定其与大地体相关位置的地
　　　　　　　　　　球椭球称为参考椭球。

（　　）131. BD010　地球椭球在几何形状和物理性质上与大地水准面(大地体)接近,并能
　　　　　　　　　　用数学表达式描述。

（　　）132. BD011　在大地坐标系中,地面点的空间位置用大地经度、大地纬度和大地高表示。

（　　）133. BD012　平面直角坐标可以转换为大地坐标。

（　　）134. BD013　平面直角坐标点展绘一般采用内插法。

（　　）135. BD014　地图上每个大地坐标格网纵横间距相等。

（　　）136. BE001　物探测量的基本任务是为公路建设工程提供服务。

（　　）137. BE002　物探测量的主要内容是测量物理点的潜水面深度。

（　　）138. BE003　物探测量的作业方法按物理点放样所采用测量方法的不同分为常规导
　　　　　　　　　　线极坐标放样方法和卫星定位静态定位测量方法。

(   )139. BE004   发展基准站点是物探作业的重要流程之一。

(   )140. BE005   物探测量仪器能够准确地将设计坐标放样到地面,并实测地面点坐标和高程。

(   )141. BE006   经纬仪只能用来测量垂直角。

(   )142. BE007   测距仪通过测距配合经纬仪测角可以进行水准测量。

(   )143. BE008   水准仪测量的主要设备是水准仪、水准尺和三脚架。

(   )144. BE009   全站仪预装了操作和计算程序,实现了高度的自动化。

(   )145. BE010   所谓 GNSS 仪器高是指接收机的高度。

(   )146. BE011   GNSS 接收机是卫星定位用户部分的辅助部件。

(   )147. BE012   GNSS 控制器内置了卫星定位导航和放样软件,可以为用户提供测量技术服务。

(   )148. BE013   测量仪器在迁站过程中,可不进行拆卸,尽量整体搬迁。

(   )149. BE014   插拔 GNSS 测量仪器电缆时,应仔细检查电缆型号,按照电缆的正确连接要求进行插拔。

(   )150. BE015   GNSS 测量仪器具有防水防寒等能力,对储存环境没有特殊要求。

(   )151. BE016   全站仪可以任何状态下取出供电电池。

(   )152. BE017   GNSS 接收机具有防水的物理特性,所以可以涉水时可以不加保护。

(   )153. BE018   充电器在使用和存放期间,应避免潮湿。

(   )154. BE019   不同型号的电池必须用相对应的充电器进行充电。

(   )155. BE020   寒冷区域使用电缆应避免打结和强行曲折。

(   )156. BE021   三脚架的主要功能是将仪器支撑安置在平坦地形上。

(   )157. BE022   运输过程中,不可以踩踏三脚架。

(   )158. BE023   基座的主要功能是实现测量仪器平衡稳定。

(   )159. BE024   对中设备可以连接在三脚架上一起运输和储存。

(   )160. BE025   测量仪器对中是使仪器平稳的过程。

(   )161. BE026   仪器对中可以在完成测量作业后进行。

(   )162. BE027   一般 RTK 测量作业使用基座进行精确对中。

(   )163. BE028   整平操作能使测量仪器绝对水平。

(   )164. BE029   全站仪只有整平安置后才能进入观测过程。

(   )165. BE030   测量仪器整平脚螺旋是无限位的,可以单方向无限旋转。

(   )166. BF001   控制测量一般是指通过建立控制网来确定地面点的精确位置所进行的测量工作。

(   )167. BF002   地形测量施工过程中选择测区内的任意点进行碎部测量。

(   )168. BF003   在常规测量工作中,从范围方面考虑,应遵循由整体到局部的原则。

(   )169. BF004   传统上,常规测量的基本内容包括角度测量、距离测量和高差测量。

(   )170. BF005   传统上,常规测量一般包括起算数据的准备、控制测量和碎部测量等过程。

(   )171. BF006   平面直角坐标系坐标是以纬度和经度的形式表示。

(　　)172. BF007　全球导航定位系统简称 GPS。

(　　)173. BF008　GNSS 定位技术只有在石油物探测量中使用。

(　　)174. BF009　静态测量是两台或两台以上接收机相对静止,共同观测同步卫星的测量模式。

(　　)175. BF010　快速静态测量方法适合较短的基线测量。

(　　)176. BF011　实时动态差分测量简称 RTK 测量。

(　　)177. BF012　动态差分参考站向其他流动站播放差分改正数据,以提高流动站测量精度。

(　　)178. BF013　动态差分流动站是播发差分改正数据的测站。

(　　)179. BF014　安装静态测量仪器时一般使用对中杆架设仪器。

(　　)180. BF015　安装 RTK 动态测量基准站测量仪器时电台不需要对中整平。

(　　)181. BF016　安装 RTK 动态测量流动站仪器时需要对中整平。

(　　)182. BF017　导航仪在正常观测条件下能够提供目标点的方位和距离。

(　　)183. BF018　单点定位需要多台接收机同步观测。

(　　)184. BF019　实时动态 RTK 方法可以用来发展参考站。

(　　)185. BF020　复测的主要目的是检查测量仪器技术参数。

(　　)186. BF021　物探放样就是使用测量仪器将施工设计坐标在野外地面标定出来。

(　　)187. BF022　物探测量控制点时应选择在靠近三角点的位置。

(　　)188. BF023　复测率越高表示测量质量越好。

(　　)189. BF024　整周未知数是全站仪仪器的性能指标。

(　　)190. BF025　在 GNSS 测量中,长距离基线容易获得固定解。

(　　)191. BF026　在 RTK 测量中,求得的整周未知数的值是整数的时候,观测结果是浮点解。

(　　)192. BF027　观测历元是指观测一项数据所用的时间。

(　　)193. BF028　降低天线高度可以提高有效卫星数。

(　　)194. BF029　放样误差的大小不会影响物探工程质量。

(　　)195. BF030　*PDOP* 值是用来表示水平精度的因子。

(　　)196. BF031　采样间隔越小,单位时间获得的观测量越多。

(　　)197. BF032　卫星的运行状态是没有规律的,所以观测时段的确定是随机的。

(　　)198. BF033　精密单点定位不会得到实时定位测量结果。

(　　)199. BF034　连续运行参考站简称 GPRS 站。

(　　)200. BF035　信标差分定位的作业距离比较短。

答　案

一、单项选择题

1. D	2. C	3. D	4. C	5. C	6. B	7. D	8. B	9. C	10. B
11. C	12. A	13. A	14. C	15. A	16. A	17. D	18. A	19. B	20. C
21. C	22. A	23. C	24. B	25. A	26. B	27. A	28. C	29. A	30. B
31. C	32. B	33. B	34. C	35. D	36. C	37. A	38. C	39. D	40. C
41. C	42. A	43. D	44. B	45. A	46. C	47. D	48. A	49. A	50. C
51. D	52. B	53. A	54. C	55. B	56. C	57. C	58. C	59. C	60. C
61. A	62. A	63. B	64. B	65. A	66. C	67. A	68. B	69. B	70. B
71. C	72. B	73. C	74. C	75. B	76. B	77. C	78. A	79. D	80. B
81. A	82. B	83. A	84. A	85. D	86. C	87. D	88. C	89. A	90. C
91. D	92. C	93. B	94. C	95. B	96. C	97. D	98. B	99. C	100. C
101. C	102. D	103. C	104. D	105. D	106. C	107. B	108. C	109. D	110. B
111. C	112. D	113. C	114. B	115. C	116. A	117. C	118. A	119. A	120. C
121. B	122. C	123. D	124. C	125. A	126. A	127. B	128. A	129. B	130. A
131. B	132. D	133. A	134. D	135. B	136. B	137. B	138. B	139. A	140. C
141. B	142. B	143. C	144. C	145. C	146. D	147. D	148. C	149. C	150. C
151. C	152. A	153. D	154. C	155. C	156. B	157. A	158. C	159. C	160. B
161. D	162. A	163. C	164. D	165. A	166. C	167. A	168. B	169. C	170. A
171. B	172. C	173. B	174. A	175. C	176. B	177. D	178. C	179. A	180. B
181. D	182. B	183. A	184. C	185. B	186. A	187. D	188. C	189. D	190. A
191. D	192. B	193. A	194. B	195. D	196. A	197. B	198. A	199. A	200. B
201. A	202. A	203. A	204. D	205. A	206. B	207. A	208. A	209. C	210. B
211. C	212. C	213. A	214. C	215. B	216. A	217. C	218. A	219. B	220. B
221. B	222. D	223. C	224. B	225. A	226. C	227. B	228. A	229. A	230. B
231. D	232. B	233. A	234. B	235. C	236. C	237. B	238. B	239. C	240. C
241. C	242. B	243. A	244. A	245. C	246. C	247. B	248. C	249. A	250. A
251. B	252. D	253. A	254. C	255. D	256. B	257. C	258. D	259. B	260. A
261. D	262. A	263. D	264. C	265. B	266. C	267. A	268. B	269. D	270. C
271. C	272. B	273. A	274. C	275. D	276. A	277. C	278. B	279. C	280. B
281. D	282. C	283. B	284. C	285. A	286. C	287. A	288. B	289. A	290. A
291. B	292. B	293. C	294. A	295. B	296. C	297. D	298. C	299. D	300. B
301. B	302. B	303. C	304. D	305. A	306. C	307. B	308. B	309. C	310. D

311. C	312. D	313. B	314. C	315. D	316. B	317. A	318. D	319. A	320. A
321. C	322. C	323. A	324. B	325. C	326. D	327. D	328. A	329. B	330. D
331. A	332. D	333. C	334. A	335. C	336. A	337. A	338. D	339. A	340. A
341. C	342. D	343. A	344. A	345. C	346. A	347. A	348. B	349. D	350. C
351. D	352. B	353. B	354. C	355. B	356. A	357. A	358. D	359. D	360. D
361. B	362. D	363. A	364. C	365. A	366. C	367. C	368. A	369. D	370. C
371. C	372. C	373. B	374. C	375. D	376. B	377. C	378. D	379. A	380. B
381. B	382. A	383. A	384. B	385. C	386. B	387. D	388. D	389. A	390. A
391. B	392. B	393. B	394. B	395. D	396. D	397. C	398. B	399. A	400. A
401. A	402. A	403. C	404. B	405. A	406. A	407. C	408. D	409. C	410. B
411. B	412. A	413. C	414. B	415. B	416. B	417. A	418. D	419. A	420. D
421. A	422. B	423. C	424. A	425. A	426. C	427. B	428. C	429. A	430. C
431. B	432. A	433. C	434. A	435. D	436. C	437. C	438. B	439. A	440. B
441. C	442. B	443. B	444. C	445. C	446. D	447. C	448. A	449. A	450. C
451. A	452. C	453. A	454. C	455. C	456. A	457. A	458. C	459. D	460. A
461. A	462. C	463. C	464. C	465. D	466. C	467. C	468. D	469. C	470. B
471. D	472. A	473. D	474. B	475. A	476. A	477. B	478. A	479. C	480. A
481. B	482. C	483. A	484. B	485. B	486. B	487. C	488. D	489. C	490. B
491. B	492. C	493. C	494. A	495. B	496. A	497. A	498. C	499. B	500. A
501. B	502. C	503. D	504. B	505. A	506. A	507. C	508. A	509. A	510. D
511. D	512. D	513. A	514. B	515. B	516. B	517. A	518. C	519. D	520. C
521. A	522. B	523. C	524. A	525. B	526. B	527. A	528. B	529. A	530. C
531. D	532. B	533. D	534. B	535. A	536. C	537. C	538. D	539. A	540. A
541. C	542. D	543. A	544. B	545. C	546. D	547. A	548. B	549. A	550. A
551. C	552. C	553. A	554. C	555. C	556. B	557. C	558. A	559. A	560. B
561. C	562. B	563. B	564. C	565. B	566. B	567. D	568. C	569. A	570. A
571. B	572. A	573. B	574. C	575. C	576. A	577. B	578. B	579. A	580. B
581. B	582. D	583. A	584. A	585. B	586. B	587. A	588. B	589. A	590. D
591. C	592. B	593. D	594. A	595. A	596. B	597. C	598. A	599. A	600. C

二、判断题

1. √　2. ×　正确答案：石油勘探的方法与其他矿物勘探方法基本相同。　3. ×　正确答案：地质法石油勘探主要工作是观察并研究出露在地表的地层岩石。　4. √　5. ×　正确答案：地球物理勘探是以地下各种岩石或矿体具有不同的物理学性质作为研究基础的。

6. √　7. ×　正确答案：石油物探的基本方法主要有地震勘探、重力勘探、磁法勘探、电法勘探和放射性勘探等几种。　8. ×　正确答案：在我国油气勘探中，石油物探的作用大于石油化学勘探。　9. ×　正确答案：电法勘探，是以地下岩石或矿体具有的某些电学性质为研究对象。   10.×   正确答案:重力勘探是使用重力仪作为主要重力勘探仪器的。   11.×   正确答案:磁法勘探通过对地表磁力异常的研究,间接地获得地下地质构造和矿体分布的情况。   12.√   13.×   正确答案:一般来说,重点探区的详查和细测,大多采用三维地震勘探方法。   14.×   正确答案:普查阶段的地震勘探,一般是落实地质构造的形状和大小,其测线线距通常为几十千米。   15.√   16.√   17.√   18.×   正确答案:野外地震勘探原始资料含有大量干扰信息,不能直接用于地质解释。   19.×   正确答案:地震资料解释能够直接为钻探提供井位。   20.√   21.√   22.√   23.√   24.√   25.√   26.√   27.正确答案:微型机中经常用 CPU 表示中央处理器。   28.×   正确答案:在计算机的储存品种中,读取速度最快的是内存。   29.×   正确答案:现在最常用的显示器是液晶显示器。   30.√   31.√   32.√   33.×   正确答案:计算机病毒是一种人为编制的特殊程序。   34.√   35.√   36.√   37.√   38.√   39.√   40.×   正确答案:我国的法定计量单位是在国际单位制的基础上扩充而形成的。   41.√   42.×   正确答案:所谓单位制,是一组基本单位、辅助单位和导出单位的总体。   43.×   正确答案:计量单位具有确定的名称和定义。   44.√   45.√   46.√   47.√   48.√   49.√   50.√   51.√   52.√   53.√   54.×   正确答案:电功率是度量电能转换快慢的物理量,与用电时间长短没有关系。   55.√   56.×   正确答案:在外加电压相同的情况下,阻值大的电阻一定比阻值小的电阻流过的电流小。   57.×   正确答案:电池充电是将电能转化为化学能的过程。   58.√   59.×   正确答案:个别类型的电池充电前都要将剩余电量全部放掉。   60.√   61.√   62.√   63.√   64.√   65.√   66.√   67.√   68.√   69.√   70.√   71.×   正确答案:炸药产生的巨大能量只有一部分用于产生地震波。   72.×   正确答案:地震勘探检波器的主要功能是将动能转化为电能。   73.√   74.×   正确答案:检波器的非线性畸变越小越好。   75.√   76.√   77.×   正确答案:三维地震测线的道距和炮距不一定相等。   78.×   正确答案:物探观测系统是指检波点与炮点之间的位置关系。   79.√   80.×   正确答案:三维观测系统中 IN-LINE 方向是平行于接收线的方向。   81.×   正确答案:纵坐标增量是两点间距离乘以两点间方位角的余弦值。   82.×   正确答案:内插的物理点不属于测量实测坐标。   83.√   84.√   85.√   86.×   正确答案:野外地震资料采集人员都会使用测量标志点号。   87.×   正确答案:标志员的主要职责是制作和安置测量标志。   88.×   正确答案:标志员不可以随时更改炮点的标志颜色。   89.×   正确答案:激发点不可以布设在输电高压线的正下方。   90.√   91.√   92.×   正确答案:地震勘探利用地震波的透射、反射和折射定律来处理和分析地下目的层连续反射点的信息。   93.×   正确答案:道距为 40m 的三维观测系统,激发点的纵向偏移应不大于 5m。   94.√   95.√   96.√   97.×   正确答案:当遇到大型村镇时,障碍物内部尽量布设物理点。   98.×   正确答案:全站仪、经纬仪属于测量仪器。   99.√   100.×   正确答案:必须用基线或其他精密测距仪器检校链尺。   101.×   正确答案:钢卷尺是野外常用的便携量距工具。   102.×   正确答案:利用经纬仪或全站仪可以测定直线的方位角。   103.√   104.√   105.√   106.√   107.√   108.×   正确答案:物探测线方向是指测线桩号增加的方向。   109.×   正确答案:司尺员的工作内容主要是选择测站和设立前后视尺。   110.×   正确答案:在测量时棱镜杆或视尺不准倾斜。   111.×   正确答案:测绘是测量和绘图的总称。   112.×   正确答案:物探测量属于工程测量学的范畴。   113.×   正确答

案:大地测量学是以广大地区为研究对象的测绘科学。 114.√ 115.√ 116.√ 117.×
正确答案:1∶25000 比例尺的地形图属于国家基本比例尺地形图。 118.√ 119.× 正
确答案:在物探施工中应根据工作要求选择合适比例尺的地图。 120.× 正确答案:GNSS
静态测量的记录员必须如实记录测站数据。 121.√ 122.× 正确答案:地图是通过制
图综合,按照制图目的取舍和概括该区域的地理事物。 123.× 正确答案:地图上的坐标
网属于地图的数学要素。 124.√ 125.√ 126.√ 127.× 正确答案:国家基本比例尺
地形图在 1∶1000000 比例尺地形图的基础上根据纬度和经度计算的行列号进行编号。
128.√ 129.× 正确答案:绘制测站位置图可以根据测站周围地形地物情况使用不同的
比例尺。 130.√ 131.√ 132.√ 133.√ 134.√ 135.× 正确答案:地图上每个大
地坐标格网纵横间距不一定相等。 136.× 正确答案:物探测量的基本任务是为物探采
集工程提供服务。 137.× 正确答案:物探测量的主要内容是测量物理点的坐标和高程。
138.× 正确答案:物探测量的作业方法按物理点放样所采用测量方法的不同分为常规导
线极坐标放样方法和卫星定位实时动态放样方法。 139.√ 140.√ 141.× 正确答案:
经纬仪既能测量水平角又能测量垂直角。 142.× 正确答案:测距仪通过测距配合经纬
仪测角可以进行导线测量。 143.√ 144.√ 145.× 正确答案:所谓 GNSS 仪器高是指
GNSS 天线的高度。 146.× 正确答案:GNSS 接收机是卫星定位用户部分的核心部件。
147.√ 148.× 正确答案:测量仪器在迁站过程中,应进行拆卸装箱。 149.√ 150.×
正确答案:GNSS 测量仪器具有防水防寒等能力,但是要求储存环境通风干燥、卫生整洁、防
火防爆等。 151.× 正确答案:全站仪必须在关机状态下取出供电电池。 152.× 正确
答案:GNSS 接收机具有防水的物理特性,但是涉水时还是要加以保护,防止进水短路。
153.√ 154.√ 155.√ 156.× 正确答案:三脚架的主要功能是将仪器支撑安置在任何
地形上。 157.√ 158.√ 159.× 正确答案:对中设备不可以连接在三脚架上一起运输
和储存。 160.× 正确答案:测量仪器对中是使仪器对准地面标志的过程。 161.× 正确
答案:仪器对中必须在测量作业前完成。 162.× 正确答案:一般 RTK 测量作业使用对中杆
进行精确对中。 163.× 正确答案:整平操作能使测量仪器相对水平。 164.√ 165.×
正确答案:测量仪器整平脚螺旋是有高低限位的,不可以单方向无限旋转。 166.√ 167.×
正确答案:地形测量施工过程中选择测区内的特征点进行碎部测量。 168.√ 169.√
170.√ 171.× 正确答案:平面直角坐标系坐标是以投影坐标轴长度 x 和 y 的形式表示。
172.× 正确答案:全球导航定位系统简称 GNSS。 173.× 正确答案:GNSS 定位技术已经
在社会生活中广泛普及。 174.√ 175.√ 176.√ 177.√ 178.× 正确答案:动态差
分流动站是接收差分改正数据的测站。 179.× 正确答案:安装静态测量仪器时一般使
用三脚架架设仪器。 180.√ 181.× 正确答案:安装 RTK 动态测量流动站仪器时不需要
对中整平。 182.√ 183.× 正确答案:单点定位只需 1 台接收机进行观测。 184.√
185.√ 186.√ 187.× 正确答案:物探测量控制点时应选择在靠近测线的位置。 188.×
正确答案:复测率大小和测量质量无关。 189.× 正确答案:整周未知数是 GNSS 测量的精
度指标。 190.× 正确答案:在 GNSS 测量中,短距离基线容易获得固定解。 191.× 正
确答案:在 RTK 测量中,求得的整周未知数的值是非整数的时候,观测结果是浮点解。
192.× 正确答案:观测历元是指一项数据的观测时刻。 193.× 正确答案:降低卫星截

至高度角可以提高有效卫星数。　194.×　正确答案:放样误差的大小会影响物探工程质量。　195.×　正确答案:*PDOP*值是用来表示位置精度的因子。　196.√　197.×　正确答案:卫星的运行状态是有规律的,所以观测时段的确定是可以推算的。　198.√　199.×正确答案:连续运行参考站简称 CORS 站。　200.×　正确答案:信标差分定位的作业距离比较长。

中级工理论知识练习题及答案

一、单项选择题(每题有 4 个选项,只有 1 个是正确的,将正确的选项填入括号内)

1. AA001 弹性理论指出:波实质上是弹性振动在弹性介质中的传播(　　)。
   　A. 过程　　　　　　B. 时间　　　　　　C. 距离　　　　　　D. 速度

2. AA001 在地震勘探中,在震源瞬间激发产生的冲击力作用下,岩石(　　)产生振动,形成地震波。
   　A. 支点　　　　　　B. 位置　　　　　　C. 大小　　　　　　D. 质点

3. AA001 地震波的形成必须具备两个条件,一个是(　　),产生冲击力和振动能量,一个是存在能够传播弹性振动的弹性介质。
   　A. 电源　　　　　　B. 震源　　　　　　C. 水源　　　　　　D. 光源

4. AA002 在震源作用下弹性介质发生切应变时所产生的波称为(　　)。
   　A. 横波　　　　　　B. 纵波　　　　　　C. 光波　　　　　　D. 电波

5. AA002 只存在于不同介质分界面附近,并沿着分界面传播的波称为(　　)。
   　A. 体波　　　　　　B. 透射波　　　　　　C. 面波　　　　　　D. 折射波

6. AA002 地震波在两个以上波阻抗分界面之间多次反射形成的波称为(　　)。
   　A. 反射波　　　　　　B. 多次波　　　　　　C. 折射波　　　　　　D. 直达波

7. AA003 能提供与勘探方法和勘探目标相适应的地震地质信息的地震波称为(　　)波。
   　A. 反干扰　　　　　　B. 干扰　　　　　　C. 无效　　　　　　D. 有效

8. AA003 对于反射波地震勘探来说,(　　)是有效波。
   　A. 直达波　　　　　　B. 反射波　　　　　　C. 折射波　　　　　　D. 面波

9. AA003 对于折射波地震勘探来说,(　　)是有效波。
   　A. 直达波　　　　　　B. 反射波　　　　　　C. 折射波　　　　　　D. 面波

10. AA004 干扰波发生在(　　)时间段。
   　A. 测量作业　　　　B. 钻井作业　　　　C. 放线作业　　　　D. 采集作业

11. AA004 在(　　)时观测系统内的人员和车辆移动会产生干扰波。
   　A. 测量　　　　　　B. 钻井　　　　　　C. 放线　　　　　　D. 放炮

12. AA004 在自然环境中(　　)对地震资料能够产生干扰波。
   　A. 风速变化　　　　B. 温度变化　　　　C. 气压变化　　　　D. 湿度变化

13. AA005 测量人员的基本任务是,利用一定的测量仪器和方法将地质和物探人员所设计的(　　)合理地布设在实地上并做出明显的标志。
   　A. 监测站　　　　　B. 控制点　　　　　C. 物理点　　　　　D. 地质点

14. AA005 地震采集人员必须根据测量人员所布设的(　　)位置进行钻井。
   　A. 接收点　　　　　B. 激发点　　　　　C. 地质点　　　　　D. 监测站

15. AA005　地震采集人员必须根据测量人员所布设的(　　)位置按照一定的规则在测线的排列上埋置检波器。

　　A. 接收点　　　　　B. 激发点　　　　　C. 地质点　　　　　D. 监测站

16. AA006　在物探测量过程中,首先要利用控制点进行(　　),以便发展足够的参考站。

　　A. 水准测量　　　　　　　　　　　B. 三角高程测量

　　C. 控制测量　　　　　　　　　　　D. RTK 放样测量

17. AA006　目前的物探测量生产中,RTK 测量的卫星测量改正值来源于(　　)。

　　A. 卫星　　　　　B. 参考站　　　　　C. 三角点　　　　　D. 水准点

18. AA006　目前的物探测量野外生产中,通过(　　)的方法到达设计点位。

　　A. 测绳量距　　　　　B. 激光制导　　　　　C. 光电测距　　　　　D. 卫星导航

19. AA007　表层调查是利用仪器设备和技术方法,对近地表层地质结构的厚度和(　　)进行的调查过程。

　　A. 速度　　　　　B. 深度　　　　　C. 高度　　　　　D. 坡度

20. AA007　存在于地表面的低速介质称为(　　)。

　　A. 降速带　　　　　B. 低速带　　　　　C. 高速层　　　　　D. 基准面

21. AA007　表层调查为确定合理的(　　)提供了依据。

　　A. 激发因素　　　　　B. 排列因素　　　　　C. 环境因素　　　　　D. 处理因素

22. AA008　微测井法和(　　)是目前地震勘探最常用的两种表层调查方法。

　　A. 探地雷达法　　　　　B. 重磁　　　　　C. 电法　　　　　D. 折射法

23. AA008　目前石油物探中主要采用(　　)表层调查方法。

　　A. 化学类　　　　　B. 地震类　　　　　C. 放射类　　　　　D. 地质类

24. AA008　表层调查工作必须在该区域(　　)完成的。

　　A. 地形踏勘之前　　　　　B. 物理点测量之前

　　C. 激发点钻井之前　　　　　D. 地震资料采集之前

25. AA009　地面微测井法采用井中激发,可以有效地保证较深激发点的地震波的(　　)。

　　A. 方向　　　　　B. 频率　　　　　C. 速度　　　　　D. 能量

26. AA009　双井微测井法是在一定的距离内钻两口打穿(　　)的井,分别布置激发点和接收点进行勘测的方法。

　　A. 潜水面　　　　　B. 高速层　　　　　C. 低降速带　　　　　D. 基准面

27. AA009　微测井法解释时经常使用(　　)进行低降速带速度分析。

　　A. 时深曲线　　　　　B. 时距曲线　　　　　C. 高程曲线　　　　　D. 高程异常曲线

28. AA010　折射法是利用直达波和近地表界面传播的(　　)初至测定低降速带速度和厚度及高速层速度的方法。

　　A. 透射波　　　　　B. 反射波　　　　　C. 折射波　　　　　D. 面波

29. AA010　小折射方法比较适合(　　)地区。

　　A. 地形平坦　　　　　B. 地形陡峭　　　　　C. 水域　　　　　D. 海洋

30. AA010　由于地表(　　)变化,所以产生静校正量。

　　A. 地物　　　　　B. 坐标　　　　　C. 高程　　　　　D. 走向

31. AA011　物探钻井的目的是(　　　)。
　　A. 埋置测量点号　　　B. 埋置检波器　　　　C. 埋置钻具　　　　D. 埋置炸药

32. AA011　物探钻井的钻进深度一般是(　　　)。
　　A. 200m 以内　　　B. 200～500m　　　　C. 500～1000m　　　D. 1000m 以上

33. AA011　物探钻井的位置不能设置在(　　　)。
　　A. 草原上　　　　　B. 树林里　　　　　　C. 耕地里　　　　　D. 堤坝上

34. AA012　一般平原地区地震勘探钻井使用(　　　)作为钻井液。
　　A. 清水　　　　　　B. 水基泥浆　　　　　C. 油基泥浆　　　　D. 机油

35. AA012　物探钻井泥浆的主要作用是(　　　)。
　　A. 携带岩屑　　　　B. 防止井喷　　　　　C. 减少污染　　　　D. 降低噪音

36. AA012　物探钻井钻杆的主要作用不是(　　　)。
　　A. 切削岩层　　　　B. 传递动力　　　　　C. 输送泥浆　　　　D. 塑造井壁

37. AA013　野外物探放线作业必须将接收设备通过数据线连接到(　　　)上。
　　A. 测量车　　　　　B. 仪器车　　　　　　C. 指挥车　　　　　D. 餐车

38. AA013　野外物探放线作业必须保证接收设备采集的信号能够通过数据线传递到(　　　)上。
　　A. 测量车　　　　　B. 仪器车　　　　　　C. 指挥车　　　　　D. 餐车

39. AA013　完成野外物探放线作业后,接收设备与(　　　)形成一套的地震观测系统。
　　A. 激发点　　　　　B. 基准点　　　　　　C. 指挥车　　　　　D. 仪器车

40. AA014　安置后的检波器应该与大地(　　　)。
　　A. 相互隔绝　　　　B. 保持距离　　　　　C. 轻松接触　　　　D. 紧密耦合

41. AA014　不能安置检波器的检波点在采集观测系统中称为(　　　)。
　　A. 空道　　　　　　B. 懒道　　　　　　　C. 并道　　　　　　D. 开道

42. AA014　垂直经过高速公路的数据线一般采取(　　　)方法铺设。
　　A. 断开　　　　　　B. 绕过　　　　　　　C. 高架　　　　　　D. 凿洞

43. AB001　在网上传输音乐文件,以下格式中最高效简洁的是(　　　)。
　　A. MP3 格式　　　　B. MID 格式　　　　　C. MPEG 格式　　　　D. AVI 格式

44. AB001　在 Windows 中,文件的属性包括只读、隐藏、系统和(　　　)四种。
　　A. 只读　　　　　　B. 存档　　　　　　　C. 保密　　　　　　D. 防删

45. AB001　不属于图形图像的存储格式是(　　　)。
　　A..doc　　　　　　B..jpg　　　　　　　C..gif　　　　　　　D..bmp

46. AB002　在一个文件夹内(　　　)。
　　A. 只能包含文件　　　　　　　　　　　　B. 只能包含文件夹
　　C. 可以包含文件或文件夹　　　　　　　　D. 必须包含文件或文件夹

47. AB002　在 Windows XP 的窗口文件夹列表框中,有些文件夹的图标前有"−"表示此文件夹(　　　)。
　　A. 有子文件夹,但子文件夹已展开　　　　　B. 没有子文件夹
　　C. 有子文件夹,但子文件夹没有展开　　　　D. 是空文件夹

48. AB002 文件夹的共享可在( )中通过设置网络属性中"文件及打印共享"来实现的。

A. 桌面　　　　　B. 资源管理器　　　　C. 我的电脑　　　　D. 控制面板

49. AB003 在一个空白目录下新建一个文件夹则该文件夹的名称是( )。

A. 新建文件夹　　　　　　　　B. 新建文件夹(1)

C. 新建文件夹(0)　　　　　　D. 新建

50. AB003 在 Windows 中,关于文件夹哪个说法是错误的( )。

A. 各级目录称为文件夹

B. 不同文件夹中的文件不能有相同的文件名

C. 文件夹中可以存放文件和其他文件夹

D. 对文件夹的复制操作和文件是相同的

51. AB003 在 My Documents 文件夹中的文件夹 My Picture 已被选中,此时想新建文件夹 JSJ,则点菜单新建后,JSJ 将建在( )。

A. 在 My Documents 文件夹中　　　　B. 根目录上

C. My Picture 文件夹中　　　　　　　D. 无法创建

52. AB004 选中要删除的项目,然后同时按住( )键可以将所选的项目永久删除。

A. Ctrl+Delete　　　　　　　B. Shift+Delete

C. Alt+Delete　　　　　　　　D. Ctrl+Shift+Delete

53. AB004 在"我的电脑"各级文件夹窗口中,如果需要选择多个不连续排列的文件,正确的操作是( )。

A. 按 Alt+单击要选定的文件对象　　　B. 按 Ctrl+单击要选定的文件对象

C. 按 Shift+单击要选定的文件对象　　D. 按 Ctrl+双击要选定的文件对象

54. AB004 当选定文件或文件夹后,不将文件或文件夹放到"回收站"中,而直接删除的操作是( )。

A. 按 Delete 键

B. 用鼠标直接将文件或文件夹拖放到"回收站"中

C. 按 Shift+Delete 键

D. 用"我的电脑"或"资源管理器"窗口中"文件"菜单中的删除命令

55. AB005 Windows 中( )删除后,可以放到回收站中。

A. U 盘上的文件　　　　　　　B. 收件箱里的邮件

C. 我的文档中的图形文件　　　D. 网上邻居中其他用户的完全共享文件

56. AB005 有关回收站的说法中,正确的是( )。

A. 回收站中的文件和文件夹都是可以还原的

B. 回收站中的文件和文件夹都是不可以还原的

C. 回收站中的文件是可以还原的,但文件夹是不可以还原的

D. 回收站中的文件夹是可以还原的,但文件是不可以还原的

57. AB005 在 Windows 中,回收站是( )的一块区域。

A. 内存　　　　B. 硬盘　　　　C. 软盘　　　　D. 高速缓存

58. AB006　在 Windows"资源管理器"窗口右部选定所有文件,如果要取消其中几个文件的选定,应进行的操作是(　　)。

A. 用鼠标左键依次单击各个要取消选定的文件

B. 按住 Ctrl 键,再用鼠标左键依次单击各个要取消选定的文件

C. 按住 Shift 键,再用鼠标左键依次单击各个要取消选定的文件

D. 用鼠标右键依次单击各个要取消选定的文件

59. AB006　Windows 7 中,在组内的第一个文件名上单击鼠标左键,同时按住(　　)键,在组内的最后一个文件名再单击,可选择连续的文件名。

A. Enter　　　　　　B. Ctrl　　　　　　C. Delete　　　　　　D. Shift

60. AB006　Windows 7 中,在同盘下用鼠标左键拖动文件或文件夹的过程是(　　)。

A. 移动　　　　　　B. 粘贴　　　　　　C. 复制　　　　　　D. 创建快捷方式

61. AB007　在 Windows 的资源管理器中,复制文件的快捷键是(　　)。

A. Ctrl+D　　　　　B. Ctrl+X　　　　　C. Ctrl+V　　　　　D. Ctrl+C

62. AB007　在 Windows 中,若已选定某个文件,不能将该文件复制到同一文件夹下的操作是(　　)。

A. 用鼠标右键将该文件拖动到同一文件夹下

B. 先执行"编辑"菜单中的复制命令,再执行粘贴命令

C. 用鼠标左键将该文件拖动到同一文件夹下

D. 按住 Ctrl 键,再用鼠标右键将该文件拖动到同一文件夹下

63. AB007　"我的电脑"是用来管理用户计算机资源的,下面的说法正确的是(　　)。

A. 可对文件进行复制、删除、移动等操作且可对文件夹进行复制、删除、移动等操作

B. 可对文件进行复制、删除、移动等操作但不可对文件夹进行复制、删除、移动等操作

C. 不可对文件进行复制、删除、移动等操作但可对文件夹进行复制、删除、移动等操作

D. 不可对文件进行复制、删除、移动等操作也不可对文件夹进行复制、删除、移动等操作

64. AB008　不允许两个文件同名的情况有(　　)。

A. 同一张磁盘同一文件夹　　　　　　B. 不同磁盘不同文件夹

C. 同一张磁盘不同文件夹　　　　　　D. 不同磁盘且都为根目录

65. AB008　关于 Windows 文件名的叙述,错误的是(　　)。

A. 文件名中允许使用汉字　　　　　　B. 文件名中允许使用多个圆点分隔符

C. 文件名中允许使用空格　　　　　　D. 文件名中允许使用竖线(|)

66. AB008　一个文件的扩展名通常表示(　　)。

A. 文件大小　　　　B. 常见文件的日期　　C. 文件类型　　　　D. 文件版本

67. AB009　在 DOS 操作系统中,重命名文件名的命令是(　　)。

A. name　　　　　　B. rename　　　　　　C. edit　　　　　　D. reedit

68. AB009　在 DOS 操作系统中,可以用(　　)命令重命名文件名。

A. cls　　　　　　　B. sys　　　　　　　C. ren　　　　　　　D. ran

69. AB009　在 Windows 操作系统中,可以在窗口使用鼠标(　　)文件名来编辑重命名文件名。

A. 单击　　　　　　　B. 单击两次　　　　　　C. 双击　　　　　　　D. 双击两次

70. AB010　使用"开始"菜单中的查找命令,要查找的文件名中可以使用(　　)。

A. 通配符?　　　　　B. 通配符 *　　　　　　C. 两者都可以　　　　D. 两者都不可以

71. AB010　在搜索电脑硬盘上的文件时,如果输入的搜索内容为:A *. *,这是指(　　)。

A. 搜索当前盘当前文件夹中的所有文件

B. 搜索整块硬盘中的所有文件

C. 搜索整块硬盘中的某一个文件名首字母为 A 的文件

D. 搜索当前盘当前文件夹中的某一个文件名首字母为 A 的文件

72. AB010　在资源管理器中查找文件时,可以按指定条件进行。下列选项中,不能充当查找条件的一项是(　　)。

A. 文件类型　　　　　B. 文件页码　　　　　　C. 文件日期　　　　　D. 文件名

73. AB011　不属于传播病毒的载体是(　　)。

A. 显示器　　　　　　B. 软盘　　　　　　　　C. 硬盘　　　　　　　D. 网络

74. AB011　根据统计,当前计算机病毒扩散最快的途径是(　　)。

A. 软件复制　　　　　B. 网络传播　　　　　　C. 磁盘复制　　　　　D. 运行游戏软件

75. AB011　计算机病毒是一个在计算机内部或系统之间进行自我繁殖和扩散的(　　)。

A. 文档文件　　　　　B. 机器部件　　　　　　C. 微生物病毒　　　　D. 程序

76. AB012　切换输入语言的快捷键为(　　)。

A. Ctrl+Alt　　　　　B. Ctrl+F4　　　　　　C. Alt+Shift　　　　　D. Ctrl+Shift

77. AB012　利用键盘,按(　　)可以实现中西文输入方式的切换。

A. Alt+空格键　　　　B. Ctrl+空格键　　　　C. Alt+Esc　　　　　D. Shift+空格键

78. AB012　关于 Windows 汉字输入法的叙述中,错误的是(　　)。

A. Ctrl+Shift 键可用于在各种输入法之间切换

B. Ctrl+空格键可用于中英文切换

C. Shift+空格键用于全角/半角切换

D. Ctrl+Shift+空格键用于中西文标点切换

79. AB013　计算机网络至少需要(　　)计算机互联。

A. 1 台　　　　　　　B. 2 台　　　　　　　　C. 3 台　　　　　　　D. 4 台

80. AB013　计算机网络系统中(　　)设备是必不可少的。

A. 打印　　　　　　　B. 图形　　　　　　　　C. 交通　　　　　　　D. 通信

81. AB013　将较小地理区域内的计算机或终端设备连接在一起的通信网络称为(　　),具有范围小、距离近、传输速度高的特点。

A. 局域网　　　　　　B. 广义网　　　　　　　C. 以太网　　　　　　D. 城域网

82. AB014　在描述信息传输中 bps 表示的是(　　)。

A. 每秒传输的字节数　　　　　　　　　　　B. 每秒传输的指令数

C. 每秒传输的字数　　　　　　　　　　　　D. 每秒传输的位数

83. AB014　数字化信息指的是(　　)。

A. 数学中的信息

B. 用数字 0 和 1 来表示的信息

C. 用数字表示的字符信息

D. 用数学表示的字符信息

84. AB014　下列叙述正确的是(　　)。

A. 信息技术就是现代通信技术

B. 信息技术是有关信息的获取、传递、存储、处理、交流和表达的技术

C. 微电子技术与信息技术是互不关联的两个技术领域

D. 信息技术是处理信息的技术。

85. AB015　关于 IP 的说法错误的是(　　)。

A. IP 地址在 Internet 上是唯一的

B. IP 地址由 32 位十进制数组成

C. IP 地址是 Internet 上主机的数字标识

D. IP 地址指出了该计算机连接到哪个网络上

86. AB015　因特网上每台计算机有一个规定的"地址"，这个地址被称为(　　)地址。

A. TCP　　　　　　B. IP　　　　　　C. Web　　　　　　D. HTML

87. AB015　每台计算机必须知道对方的(　　)才能在 Internet 上与之通信。

A. 电话号码　　　B. 主机号　　　　C. IP 地址　　　　D. 邮编与通信地址

88. AB016　使用文字处理软件可更快捷和有效地对文本信息进行加工表达,(　　)属于文本编辑软件。

A. Photoshop　　B. AutoCAD　　　C. Word　　　　　D. QQ

89. AB016　打开 Word 文档是指(　　)。

A. 把文档中的内容从内存中读入并显示

B. 启动 Word 软件

C. 为指定文件开设一个空文档

D. 把文档中的内容从磁盘调入内存并显示

90. AB016　属于金山公司国产的文字处理软件是(　　)。

A. Word　　　　　B. Office　　　　C. WPS　　　　　D. Lotus

91. AB017　Word 2010 是(　　)。

A. 电子表格　　　B. 幻灯制作软件　　C. 文字处理软件　　D. 财务软件

92. AB017　Excel 2010 是(　　)。

A. 电子表格　　　B. 幻灯制作软件　　C. 文字处理软件　　D. 财务软件

93. AB017　PowerPoint 2010 是(　　)。

A. 电子表格　　　B. 幻灯片制作软件　C. 文字处理软件　　D. 财务软件

94. AB018　Word 2010 编辑状态下,对于选定的文字(　　)。

A. 可以移动,不可以复制

B. 可以复制,不可以移动

C. 可以进行移动或复制

D. 可以同时进行移动和复制

95. AB018　没有修改的 Word 2010 文档关闭时会出现(　　)。

A. 没有提示　　　B. 页面设置对话框　C."另存为"对话框　D. 保存消息框

96. AB018　在 Word 2003 中,选取全部文本的快捷键是(　　)。

A. Ctrl+A　　　　　　B. Ctrl+V　　　　　　C. Ctrl+B　　　　　　D. Ctrl+C

97. AB019　计算工作表一串数值的总和的函数是(　　)。

A. SUM(A1：A10)　　　　　　　　　　B. AVG(A1…A10)

C. MIN(A1…A10)　　　　　　　　　　D. COUNT(A1…A10)

98. AB019　图表是工作表数据的一种视觉表示形式,图表是动态的,改变图表的(　　)后,系统就会自动更新图像。

A. X 轴　　　　　　B. Y 轴　　　　　　C. 标题　　　　　　D. 所依赖的数据

99. AB019　用预置小数点位数的方法输入数据时,当设定小数点为 2 时,输入 12345 表示(　　)。

A. 12345.00　　　B. 123.45　　　C. 12345　　　D. 12.345

100. AB020　在 PowerPoint 中,可以改变单个幻灯片背景的(　　)。

A. 颜色和字体　　B. 颜色和填充效果　　C. 纹理和字体　　D. 图案和字体

101. AB020　在 PowerPoint 中的幻灯片视图窗体中,在状态栏中出现了"幻灯片 2/7"的文字,则表示(　　)。

A. 共有 7 张幻灯片,目前只编辑了 2 张

B. 共有 7 张幻灯片,目前显示的是第 2 张

C. 共编辑了七分之二张的幻灯片

D. 共有 9 张幻灯片,目前显示的是第 2 张

102. AB020　在 PowerPoint 中,当向幻灯片中添加电子表格中的数据表时,首先从电子表格中复制数据,然后选择 PowerPoint 中"编辑"菜单下的(　　)命令。

A. 全选　　　　　　B. 清除　　　　　　C. 粘贴　　　　　　D. 替换

103. AC001　1 米等于(　　)。

A. 10 分米　　　　B. 100 分米　　　　C. 1000 分米　　　　D. 10000 分米

104. AC001　1 米等于(　　)。

A. 10 毫米　　　　B. 100 毫米　　　　C. 1000 毫米　　　　D. 10000 毫米

105. AC001　1 千米等于(　　)。

A. 10 米　　　　　B. 100 米　　　　　C. 1000 米　　　　　D. 10000 米

106. AC002　弧度是国际单位制的(　　),是平面角的计量单位。

A. 辅助单位　　　B. 基本单位　　　C. 导出单位　　　D. 倍数单位

107. AC002　圆周上等于(　　)的弧长所对的圆心角,就是 1 弧度。

A. 直径　　　　　　B. 半径　　　　　　C. 半周　　　　　　D. 周长

108. AC002　将一圆周分为(　　)等份,每一等份所对应的圆心角称为 1 度。

A. 60　　　　　　　B. 100　　　　　　　C. 180　　　　　　　D. 360

109. AC003　以 360 度为 1 个圆周单位的 1 度等于(　　)。

A. 30 分　　　　　B. 45 分　　　　　C. 60 分　　　　　D. 90 分

110. AC003　以 360 度为 1 个圆周单位的 1 分等于(　　)。

A. 30 秒　　　　　B. 45 秒　　　　　C. 60 秒　　　　　D. 90 秒

111. AC003　以 360 度为 1 个圆周单位的 1 度等于(　　)。

　　A. 30 秒　　　　　B. 4500 秒　　　　　C. 60 秒　　　　　D. 3600 秒

112. AC004　我国领土面积大约是 960 万(　　)。

　　A. 公顷　　　　　B. 平方千米　　　　　C. 平方米　　　　　D. 亩

113. AC004　耕地的面积一般使用(　　)为计量单位。

　　A. 平方米　　　　　B. 平方厘米　　　　　C. 平方毫米　　　　　D. 平方分米

114. AC004　我国的法定面积计量单位有平方米、(　　)、平方千米等。

　　A. 公顷　　　　　B. 公亩　　　　　C. 公尺　　　　　D. 亩

115. AC005　1 公顷等于(　　)。

　　A. 10 平方米　　　　　B. 100 平方米　　　　　C. 1000 平方米　　　　　D. 10000 平方米

116. AC005　1 平方千米等于(　　)。

　　A. 10 公顷　　　　　B. 100 公顷　　　　　C. 1000 公顷　　　　　D. 10000 公顷

117. AC005　1 平方米等于(　　)。

　　A. 10 平方厘米　　　　　B. 100 平方厘米　　　　　C. 1000 平方厘米　　　　　D. 10000 平方厘米

118. AC006　秒的定义是(　　)原子基态两个超精细能级之间的跃迁所对应辐射的
　　　　　　9192631700 个周期的持续时间。

　　A. 铯　　　　　B. 铷　　　　　C. 氢　　　　　D. 氦

119. AC006　时是国际单位制时间的(　　)。

　　A. 基础单位　　　　　B. 辅助单位　　　　　C. 导出单位　　　　　D. 附加单位

120. AC006　分是国际单位制时间的(　　)。

　　A. 基础单位　　　　　B. 辅助单位　　　　　C. 导出单位　　　　　D. 附加单位

121. AC007　一日是(　　)。

　　A. 8 小时　　　　　B. 12 小时　　　　　C. 24 小时　　　　　D. 48 小时

122. AC007　一小时是(　　)。

　　A. 24 秒　　　　　B. 48 秒　　　　　C. 360 秒　　　　　D. 3600 秒

123. AC007　一分是(　　)。

　　A. 10 秒　　　　　B. 12 秒　　　　　C. 60 秒　　　　　D. 100 秒

124. AC008　我国目前常用的温度单位是(　　)。

　　A. 兰氏度　　　　　B. 摄氏度　　　　　C. 华氏度　　　　　D. 开尔文

125. AC008　国际单位制的温度单位是(　　)温度单位。

　　A. 摄氏　　　　　B. 华氏　　　　　C. 开氏　　　　　D. 兰氏

126. AC008　我国的常用温度单位用(　　)表示。

　　A. ℃　　　　　B. ℉　　　　　C. C　　　　　D. F

127. AC009　0℃时的华氏温度是(　　)。

　　A. 1.8 ℉　　　　　B. 10 ℉　　　　　C. 32 ℉　　　　　D. 273.15 ℉

128. AC009　开氏温度 0K 时的摄氏温度是(　　)。

　　A. −273.15℃　　　　　　　　　　　　B. −373.15℃

　　C. −473.15℃　　　　　　　　　　　　D. −573.15℃

129. AC009　绝对零度时的开氏温度是(　　)。

　　A. −273.15K　　　　B. 0K　　　　　　　C. 273.15K　　　　　D. 32K

130. AC010　国际单位制的压强单位是(　　)。

　　A. 帕斯卡　　　　　B. 毫米汞柱　　　　C. 波义耳　　　　　D. 标准大气压

131. AC010　大气压强是地球某个位置(　　)产生的压强。

　　A. 水　　　　　　　B. 汞柱　　　　　　C. 大气　　　　　　D. 固体

132. AC010　压强是表示(　　)作用效果的物理量。

　　A. 拉力　　　　　　B. 弹力　　　　　　C. 压力　　　　　　D. 扭力

133. AC011　1兆帕等于(　　)帕。

　　A. 10^3　　　　　　B. 10^6　　　　　　C. 10^5　　　　　　D. 10^{10}

134. AC011　1帕斯卡等于1(　　)。

　　A. 牛顿/平方米　　B. 牛顿/平方分米　C. 牛顿/平方厘米　D. 牛顿/平方毫米

135. AC011　1个标准大气压等于(　　)。

　　A. 1毫米汞柱　　　B. 101毫米汞柱　　C. 750毫米汞柱　　D. 760毫米汞柱

136. AC012　频率是描述周期运动(　　)的量。

　　A. 变化幅度　　　　B. 变化强度　　　　C. 频繁程度　　　　D. 振动幅度

137. AC012　频率是(　　)的倒数。

　　A. 振幅　　　　　　B. 周期　　　　　　C. 波长　　　　　　D. 速度

138. AC012　1MHz=(　　)。

　　A. 10kHz　　　　　B. 100kHz　　　　　C. 1000kHz　　　　D. 10000kHz

139. AC013　无线电传播的速度(　　)光速。

　　A. 大于　　　　　　B. 等于　　　　　　C. 小于　　　　　　D. 大于等于

140. AC013　平均速度是指物体通过的位移和(　　)的比值。

　　A. 所用力量　　　　B. 所用能量　　　　C. 所用时间　　　　D. 所用质量

141. AC013　瞬时速度是指运动物体在某一时刻或某一位置时的(　　)。

　　A. 速度　　　　　　B. 质量　　　　　　C. 频率　　　　　　D. 周期

142. AC014　质量在国际单位制的最基本单位是(　　)。

　　A. 吨　　　　　　　B. 千克　　　　　　C. 克　　　　　　　D. 斤

143. AC014　质量单位中1kg等于(　　)。

　　A. 10g　　　　　　B. 100g　　　　　　C. 1000g　　　　　D. 10000g

144. AC014　质量单位中1克等于(　　)。

　　A. 10毫克　　　　　B. 100毫克　　　　C. 1000毫克　　　D. 10000毫克

145. AD001　误差是指观测过程产生的(　　)。

　　A. 数值　　　　　　B. 结果　　　　　　C. 偏差　　　　　　D. 结论

146. AD001　某量的观测值与其真值之差,称为(　　)。

　　A. 残差　　　　　　B. 中误差　　　　　C. 真误差　　　　　D. 标准差

147. AD001　在测量过程中误差是(　　)的。

　　A. 普遍存在　　　　B. 经常出现　　　　C. 偶尔出现　　　　D. 不会出现

148. AD002　在误差理论中,观测者、测量仪器和观测环境,统称为(　　　)。

　　A. 理论条件　　　　　B. 统计条件　　　　　C. 传播条件　　　　　D. 观测条件

149. AD002　在测量过程中(　　　)直接决定着观测结果的优劣。

　　A. 观测时间　　　　　B. 观测速度　　　　　C. 观测条件　　　　　D. 观测原因

150. AD002　测量误差的产生和大小与(　　　)有关。

　　A. 观测条件　　　　　B. 观测数量　　　　　C. 观测速度　　　　　D. 观测原因

151. AD003　在相同的条件下,做多次观测,如果观测误差在符号及大小上表现出一致的倾
　　　　　　向,如按一定的规律变化着,或保持为常数,这种误差称为(　　　)。

　　A. 偶然误差　　　　　B. 系统误差　　　　　C. 固有误差　　　　　D. 随机误差

152. AD003　在相同的观测条件下进行一系列观测,如果每个误差从表面上看,不论其符号
　　　　　　或数值都没有任何规律性,这种误差称为(　　　)。

　　A. 偶然误差　　　　　B. 系统误差　　　　　C. 固有误差　　　　　D. 随机误差

153. AD003　在距离测量中(　　　)引起的误差属于系统误差。

　　A. 链尺长度　　　　　B. 读数误差　　　　　C. 棱镜杆倾斜　　　　　D. 对中

154. AD004　当观测次数无限增多时偶然误差的算术平均值(　　　)。

　　A. 趋近于零　　　　　　　　　　　　　　B. 趋近于 1

　　C. 趋近于 100　　　　　　　　　　　　　D. 趋近于无穷大

155. AD004　偶然误差中,绝对值越小的误差出现的机会(　　　)。

　　A. 为零　　　　　　　B. 越多　　　　　　　C. 越少　　　　　　　D. 没有规律

156. AD004　偶然误差的绝对值(　　　)。

　　A. 不会超过一定限度　　　　　　　　　　B. 没有限度

　　C. 越大的误差出现的机越大　　　　　　　D. 越小的误差出现的机会越小

157. AD005　在相同观测条件下的各组观测误差其出现的总趋势是(　　　)。

　　A. 减少　　　　　　　B. 增加　　　　　　　C. 相同　　　　　　　D. 不同

158. AD005　在精度评定中,(　　　)反映了该组观测值质量的优劣。

　　A. 一组误差的最小值　　　　　　　　　　B. 一组误差的数量

　　C. 一组误差的平均大小　　　　　　　　　D. 一组误差的最大值

159. AD005　常用来衡量精度的指标有(　　　)。

　　A. 中误差　　　　　　B. 误差数量　　　　　C. 最大值　　　　　D. 最小值

160. AE001　中华人民共和国测绘法自(　　　)起首次施行。

　　A. 2002 年 8 月 29 日　　　　　　　　　　B. 2002 年 12 月 1 日

　　C. 2009 年 5 月 1 日　　　　　　　　　　　D. 2010 年 10 月 1 日

161. AE001　中华人民共和国测绘法由(　　　)通过修订。

　　A. 全国人民代表大会常务委员会　　　　　B. 国务院

　　C. 国家测绘局　　　　　　　　　　　　　D. 国土资源部

162. AE001　测绘法规定(　　　)测绘行政主管部门负责全国测绘工作的统一监督管理。

　　A. 全国人民代表大会常务委员会　　　　　B. 国务院

　　C. 国家测绘局　　　　　　　　　　　　　D. 国土资源部

163. AE002 基础测绘是(　　)事业。
     A. 经济性　　　　　　B. 公益性　　　　　　　C. 利己性　　　　　　D. 私利性

164. AE002 基础测绘,是指建立(　　)的测绘基准和测绘系统,进行基础航空摄影,获取
     基础地理信息的遥感资料,测制和更新国家基本比例尺地图、影像图和数字化
     产品,建立、更新基础地理信息系统。
     A. 企业统一　　　　　B. 全省统一　　　　　　C. 全国统一　　　　　D. 世界统一

165. AE002 水利、能源、交通、通信、资源开发和其他领域的工程测量活动,应当按照国家
     有关的(　　)技术规范进行。
     A. 大地测量　　　　　B. 摄影测量　　　　　　C. 界限测量　　　　　D. 工程测量

166. AE003 建立相对独立的平面坐标系统,应当与(　　)相联系。
     A. 卫星定位系统　　　B. 世界坐标系统　　　　C. 地方坐标系统　　　D. 国家坐标系统

167. AE003 从事测绘活动,应当使用(　　)的测绘基准和测绘系统。
     A. 国际流行　　　　　B. 国际领先　　　　　　C. 国家规定　　　　　D. 企业规定

168. AE003 国家设立和采用(　　)的大地基准、高程基准、深度基准和重力基准。
     A. 全球统一　　　　　B. 世界统一　　　　　　C. 国家统一　　　　　D. 行业统一

169. AE004 永久性测量标志包括(　　)的觇标和标石标志。
     A. 三角点　　　　　　B. 炮点　　　　　　　　C. 检波点　　　　　　D. 试验点

170. AE004 永久性测量标志不包括(　　)的标志。
     A. 三角点　　　　　　B. 水准点　　　　　　　C. 重力点　　　　　　D. 激发点

171. AE004 一般永久性测量标志使用(　　)作为地面明显标志。
     A. 觇标　　　　　　　B. 三角石柱　　　　　　C. 木桩　　　　　　　D. 土堆

172. AE005 对涉密测绘成果的使用、传递、复制、保存等情况实行(　　)。
     A. 销毁管理制度　　　B. 责任管理制度　　　　C. 安全管理制度　　　D. 登记管理制度

173. AE005 涉密计算机及信息系统应采取(　　)隔离措施。
     A. 自然　　　　　　　B. 软件　　　　　　　　C. 生物　　　　　　　D. 物理

174. AE005 涉密计算机和载体介质未经批准不得带出(　　)。
     A. 保密档案室　　　　B. 企业办公室　　　　　C. 生产场地　　　　　D. 国境

175. BA001 地球是一个(　　)形状。
     A. 南极和北极凹进的椭球　　　　　　　　　　B. 两极凸起,中间扁平的椭球
     C. 南极凹进,北极凸出的椭球　　　　　　　　D. 两极扁平,中间膨大的椭球

176. BA001 由(　　)包围的形体为大地体。
     A. 海水面　　　　　　B. 水准面　　　　　　　C. 大地水准面　　　D. 海平面

177. BA001 地球表面最高处和最低处相差约(　　)。
     A. 2km　　　　　　　B. 20km　　　　　　　　C. 200km　　　　　　D. 2000km

178. BA002 地球平均半径约为(　　)。
     A. 6300km　　　　　　B. 6371km　　　　　　　C. 6378km　　　　　　D. 6478km

179. BA002 椭球的(　　)是参考椭球基本要素之一。
     A. 平均半径　　　　　B. 半径　　　　　　　　C. 长半轴　　　　　D. 平均半轴

180. BA002　椭球的（　　）是参考椭球基本要素之一。

A. 扁率　　　　　　B. 离心率　　　　　　C. 自转周期　　　　D. 密度

181. BA003　子午线是（　　）与地球参考椭球面的交线。

A. 海水面　　　　　B. 水准面　　　　　　C. 子午面　　　　　D. 赤道面

182. BA003　参考椭球上有（　　）条子午线。

A. 1　　　　　　　B. 180　　　　　　　C. 360　　　　　　D. 无数

183. BA003　参考椭球上有（　　）条起始子午线。

A. 1　　　　　　　B. 180　　　　　　　C. 360　　　　　　D. 无数

184. BA004　某点的经度是通过该点的子午面与起始子午面的（　　）。

A. 距离　　　　　　B. 夹角　　　　　　C. 高差　　　　　D. 时间

185. BA004　起始子午面以东的经度是（　　）。

A. 东经　　　　　　B. 西经　　　　　　C. 南纬　　　　　D. 北纬

186. BA004　起始子午面以西的经度是（　　）。

A. 东经　　　　　　B. 西经　　　　　　C. 南纬　　　　　D. 北纬

187. BA005　赤道的纬度是（　　）。

A. 0°　　　　　　　B. 90°　　　　　　C. 180°　　　　　D. 360°

188. BA005　纬度的数值范围为（　　）。

A. 0°~45°　　　　　B. 0°~90°　　　　　C. 0°~180°　　　　D. 0°~360°

189. BA005　不经过球心，与椭球旋转轴正交的平面与（　　）相截所得的曲线称纬圈。

A. 赤道面　　　　　B. 水准面　　　　　C. 椭球面　　　　　D. 子午面

190. BA006　椭球的长半轴是（　　）的基本元素之一。

A. 参考椭球　　　　B. 地球　　　　　　C. 大地水准面　　　D. 水准面

191. BA006　参考椭球的长半轴是（　　）的长半轴。

A. 平行圈　　　　　B. 子午圈　　　　　C. 纬圈　　　　　D. 岩石圈

192. BA006　我国长期使用的 1954 北京坐标系采用的是克拉索夫斯基椭球长半轴为（　　）。

A. $a = 6378137m$　　B. $a = 6378140m$　　C. $a = 6378245m$　　D. $a = 6378283m$

193. BA007　椭球的扁率的大小与椭球的长轴和（　　）长度有关。

A. 纬圈　　　　　　B. 短轴　　　　　　C. 赤道　　　　　D. 平行圈

194. BA007　1954 北京坐标系椭球的扁率为（　　）

A. 1/298.257　　　B. 1/298.3　　　　C. 1/298.25722　　D. 1/298.0

195. BA007　WGS-1984 世界坐标系椭球的扁率为（　　）

A. 0.00335232986945　　　　　　　B. 0.00335570469812

C. 0.00335281066474　　　　　　　D. 0.00335770469876

196. BA008　一个点的空间位置需要（　　）量来确定。

A. 2 个　　　　　　B. 3 个　　　　　　C. 4 个　　　　　D. 5 个

197. BA008　大地坐标系统是以（　　）为基准面建立的坐标系统。

A. 地球自然表面　　B. 大地水准面　　　C. 平均海水面　　　D. 地球参考椭球面

198. BA008　大地坐标系中球面位置用(　　)表示。
　　A. 北坐标和东坐标　　　　　　　　　　　B. 经度和高度
　　C. 经度和纬度　　　　　　　　　　　　　D. 纬度和高度

199. BA009　大地坐标的经度是用(　　)表示的。
　　A. 距离　　　　　　B. 角度　　　　　　C. 高度　　　　　　D. 密度

200. BA009　大地坐标系中东经用字母(　　)表示。
　　A. E　　　　　　　B. W　　　　　　　C. S　　　　　　　D. N

201. BA009　大地坐标系中北纬用字母(　　)表示。
　　A. E　　　　　　　B. W　　　　　　　C. S　　　　　　　D. N

202. BA010　图纸上的大地坐标水平格网线表示(　　)。
　　A. 纬度　　　　　　B. 经度　　　　　　C. 纵坐标　　　　　D. 横坐标

203. BA010　图纸上的大地坐标竖直格网线表示(　　)。
　　A. 纬度　　　　　　B. 经度　　　　　　C. 纵坐标　　　　　D. 横坐标

204. BA010　用度分秒表示的大地纬度是(　　)进制。
　　A. 二　　　　　　　B. 十　　　　　　　C. 十六　　　　　　D. 六十

205. BA011　地面一点的地理坐标纬度是该点椭球面的(　　)与赤道面所成的角度。
　　A. 切线　　　　　　B. 法线　　　　　　C. 铅垂线　　　　　D. 子午线

206. BA011　地理坐标的起始子午面经过(　　)。
　　A. 英国格林尼治天文台　　　　　　　　　B. 中国南京紫金山天文台
　　C. 澳大利亚悉尼天文台　　　　　　　　　D. 美国格瑞菲斯天文台

207. BA011　地理坐标纬度的起算面是(　　)。
　　A. 黄道　　　　　　B. 赤道　　　　　　C. 起始子午面　　　D. 本初子午线

208. BA012　空间直角坐标系中与椭球旋转轴重合的坐标轴为(　　)。
　　A. H 轴　　　　　　B. X 轴　　　　　　C. Y 轴　　　　　　D. Z 轴

209. BA012　空间直角坐标系中 y 轴指向(　　)方。
　　A. 东　　　　　　　B. 西　　　　　　　C. 南　　　　　　　D. 北

210. BA012　由于空间直角坐标系的空间结构特点,被广泛地应用于(　　)中。
　　A. 水准测量　　　　B. 导线测量　　　　C. 全球定位测量　　D. 测距测量

211. BA013　大地高程以(　　)为基准面。
　　A. 水准面　　　　　B. 似大地水准面　　C. 参考椭球面　　　D. 水平面

212. BA013　某点沿铅垂线方向到某假定水准基面的距离,称(　　)。
　　A. 相对高程　　　　B. 绝对高程　　　　C. 假定高程　　　　D. 差距

213. BA013　正高是以(　　)为基准的高程。
　　A. 水平面　　　　　B. 大地水准面　　　C. 旋转椭球面　　　D. 圆球面

214. BA014　所谓海拔高,是指一点沿(　　)到大地水准面的距离,一般用 H 表示。
　　A. 法线　　　　　　B. 铅垂线　　　　　C. 坐标纵线　　　　D. 纵坐标线

215. BA014　地面点的海拔高是指地面点沿铅垂线到(　　)的距离。
　　A. 大地水准面　　　B. 地球椭球面　　　C. 参考椭球面　　　D. 起始水准面

216. BA014　海拔高一般通过（　　）方法测得。

A. 水准测量　　　　B. 三角测量　　　　C. 导线测量　　　　D. GNSS 测量

217. BA015　大地高主要被用于（　　）测量。

A. 水准　　　　B. 导线　　　　C. 土地　　　　D. 卫星

218. BA015　大地高从参考椭球面起算，（　　）。

A. 向外为负，向内为正　　　　　　　　B. 向外为负，向内为负

C. 向外为正，向内为正　　　　　　　　D. 向外为正，向内为负

219. BA015　大地高常应用于（　　）。

A. 经纬仪测量　　　　B. 全站仪测量　　　　C. 卫星定位测量　　　　D. 水准测量

220. BA016　我们把静止的水面称为（　　）。

A. 水平面　　　　B. 地平面　　　　C. 水准面　　　　D. 椭球面

221. BA016　水准面的基本特性是处处与（　　）相垂直。

A. 法线　　　　B. 水准线　　　　C. 铅垂线　　　　D. 水准路线

222. BA016　水准面是（　　）的等位面。

A. 磁场　　　　B. 电场　　　　C. 重力场　　　　D. 引力场

223. BA017　大地水准面所包围的形体称为（　　）。

A. 大地体　　　　　　　　　　　　　　B. 水准体

C. 大地椭圆体　　　　　　　　　　　　D. 大地水准面模型

224. BA017　大地水准面的基本特性之一是处处与（　　）正交。

A. 子午线　　　　B. 铅垂线　　　　C. 经纬线　　　　D. 坐标纵线

225. BA017　大地水准面是一个连续的、封闭的、（　　）的曲面。

A. 规则的　　　　　　　　　　　　　　B. 不规则的

C. 能用数学公式描述　　　　　　　　　D. 能用数学参数描述

226. BA018　大地水准面与参考椭球面之间的距离称为（　　）。

A. 高程异常　　　　B. 参考椭球面高程　　　　C. 参考椭球面差距　　　　D. 大地水准面差距

227. BA018　高程异常是由于地球质量分布不均匀而导致的（　　）的起伏变化。

A. 地球表面　　　　B. 地球椭球　　　　C. 大地水准面　　　　D. 似大地水准面

228. BA018　1954 年北京坐标系的参考椭球面与大地水准面存在着明显差距，全国平均值为+29m，并呈（　　）的系统性倾斜。

A. 东高西低　　　　B. 西高东低　　　　C. 南高北低　　　　D. 北高南低

229. BA019　激发点在横向上和纵向上偏移的距离为该方向上检波点距的（　　），这样能够获得共反射点的另一路径信息。

A. 1/10　　　　B. 1/5　　　　C. 一半　　　　D. 整倍数

230. BA019　接收点在横向上和纵向上偏移的距离为该方向上激发点距的（　　），这样能够获得共反射点的另一路径信息。

A. 1/10　　　　B. 1/5　　　　C. 一半　　　　D. 整倍数

231. BA019　特观设计的炮检点位置必须满足原观测系统的（　　）大小和位置要求。

A. 炮点面积　　　　B. 检波点面积　　　　C. 覆盖面积　　　　D. 面元

232. BA020　重力作用的方向线称为(　　)。

A. 铅垂线　　　　　　B. 法线　　　　　　　　C. 向心线　　　　　　D. 地轴

233. BA020　某点的铅垂线方向总是(　　)。

A. 指向地球中心　　　　　　　　　　　B. 指向地球质心

C. 指向地球自转轴　　　　　　　　　　D. 与水准面正交

234. BA020　铅垂线方向和地面质点受到的(　　)的方向一致。

A. 重力　　　　　　　B. 离心力　　　　　　　C. 拉力　　　　　　　D. 张力

235. BA021　垂直于曲线上一点的(　　)的直线称为曲线该点的法线。

A. 切线　　　　　　　B. 垂线　　　　　　　　C. 斜线　　　　　　　D. 射线

236. BA021　曲线的法线是垂直于曲线上一点的(　　)的直线。

A. 垂线　　　　　　　B. 切线　　　　　　　　C. 水平线　　　　　　D. 射线

237. BA021　椭球面的法线与过该点(　　)的切面垂直。

A. 赤道面　　　　　　B. 大地水准面　　　　　C. 椭球面　　　　　　D. 水准面

238. BA022　制图综合的程度受(　　)、地图比例尺、制图区域的地理特点三种基本因素的影响。

A. 地图的大小　　　　　　　　　　　　B. 地图的形状

C. 地图的用途　　　　　　　　　　　　D. 地图的表现形式

239. BA022　在制图中,对于按比例缩小的物体无法清晰表示时可以进行概括(　　)。

A. 删除　　　　　　　B. 合并　　　　　　　　C. 夸大　　　　　　　D. 移位

240. BA022　当制图图形及其间隔小到不能详细区分时,可以采用(　　)同类物体细部的办法来反映物体的主要特征。

A. 删除　　　　　　　B. 合并　　　　　　　　C. 夸大　　　　　　　D. 移位

241. BB001　地图投影就是将(　　)上的点、线和图形,按一定的数学法则变换为可展面上的点、线和图形。

A. 椭球面　　　　　　B. 圆锥面　　　　　　　C. 圆柱面　　　　　　D. 高斯平面

242. BB001　地图投影就是将椭球面上的点、线和图形,按一定的数学法则变换为(　　)上的点、线和图形。

A. 可展面　　　　　　B. 圆柱面　　　　　　　C. 圆锥面　　　　　　D. 椭球面

243. BB001　地图投影的实质就是将地球椭球面上的(　　)转化为平面直角坐标。

A. 高程　　　　　　　B. 地理坐标　　　　　　C. 平面坐标　　　　　D. 空间直角坐标

244. BB002　在地图投影过程中,(　　)使投影前后的图形保持完全一致。

A. 能够　　　　　　　　　　　　　　　B. 无法

C. 可以设法　　　　　　　　　　　　　D. 可以借助数学方法

245. BB002　没有变形的投影是(　　)。

A. 可以通过变形实现的　　　　　　　　B. 可以通过几何方法实现的

C. 可以通过数学方法实现　　　　　　　D. 不存在的

246. BB002　正形投影就是使投影前后的(　　)为零,即投影前后的图形保持相似。

A. 长度变形　　　　　B. 角度变形　　　　　　C. 高度变形　　　　　D. 面积变形

247. BB003　投影面上任意两方向的夹角与地面上对应的角度相等的投影为(　　)。

  A. 等距投影　　　　B. 等角投影　　　　C. 等高投影　　　　D. 等积投影

248. BB003　地图上任何图形面积经主比例尺放大以后与实地上相应图形面积保持大小不变的一种投影方法是(　　)。

  A. 等距投影　　　　B. 等角投影　　　　C. 等高投影　　　　D. 等积投影

249. BB003　用一圆柱筒套在地球上,圆柱轴通过球心,并与地球表面相切或相割,将地面上的经线、纬线均匀地投影到圆柱筒上,然后沿着圆柱母线切开展平的投影方法是(　　)。

  A. 平面投影　　　　B. 圆锥投影　　　　C. 圆柱投影　　　　D. 多圆锥投影

250. BB004　当制图区域沿东西方向延伸且处于中纬地区时,则宜采用(　　)投影,如中国、美国等。

  A. 正轴圆柱　　　　B. 正轴圆锥　　　　C. 横轴圆柱　　　　D. 斜轴圆柱

251. BB004　如果制图区域在投影中的长度变形大于(　　)时,就为"大区域"。

  A. 1%　　　　　　B. 2%　　　　　　C. 3%　　　　　　D. 4%

252. BB004　除了制图区域的大小对投影的选择有影响以外,制图区域的(　　)、地理位置也决定了某一区域适用的投影方案。

  A. 地形　　　　　　B. 海拔　　　　　　C. 高差　　　　　　D. 形状

253. BB005　在高斯投影中,赤道投影后(　　)。

  A. 长度有所增大　　　　　　　　　　B. 长度保持不变

  C. 长度有所减小　　　　　　　　　　D. 没有长度变形

254. BB005　在高斯投影平面上除中央子午线和赤道为相互垂直的直线,其他经线与纬线为(　　)。

  A. 相互正交的直线　　　　　　　　　B. 相互斜交的直线

  C. 相互正交的曲线　　　　　　　　　D. 相互斜交的曲线

255. BB005　高斯投影后将这个横圆柱面沿母线展开成的平面即为(　　)。

  A. 高斯投影平面　　　　　　　　　　B. 墨卡托投影平面

  C. 吕—萨克投影　　　　　　　　　　D. 白塞尔投影

256. BB006　在高斯·克吕格投影中,离中央子午线越远,则长度变形(　　)。

  A. 越大　　　　　　　　　　　　　　B. 越小

  C. 不变　　　　　　　　　　　　　　D. 北半球越大,南半球越小

257. BB006　在高斯·克吕格投影中,(　　)上的长度变形等于0。

  A. 赤道　　　　B. 北回归线　　　　C. 45°纬线　　　　D. 中央子午线

258. BB006　中央子午线是(　　)与椭球面的交线。

  A. 大地水准面　　　　B. 水准面　　　　C. 地球自然表面　　　　D. 高斯投影面

259. BB007　高斯投影分带的目的是减少(　　)变形。

  A. 角度　　　　B. 长度　　　　C. 密度　　　　D. 弧度

260. BB007　高斯分带投影中不会发生变形的直线是(　　)。

  A. 赤道　　　　B. 子午线　　　　C. 中央子午线　　　　D. 纬线

261. BB007 石油勘探常用的高斯投影为( )分带。

    A. 1.5°   B. 3°   C. 5°   D. 6°

262. BB008 在水准测量中可以采用( )的方式消除地球曲率的影响。

    A. 黑红面读数相等   B. 前后尺读数相等

    C. 前后视距相等   D. 仪器高相等

263. BB008 用水平面代替水准面所产生的高差误差,与水准测量所产生的高差误差相比( )。

    A. 几乎相等   B. 可以忽略   C. 要小得多   D. 要大得多

264. BB008 即使在小范围内进行普通测量工作,也不能忽略用水平面代替水准面所产生的( )。

    A. 角度误差   B. 距离误差   C. 高差误差   D. 方位误差

265. BB009 根据数学原理,一个球面三角形的内角和( )。

    A. 等于180°   B. 比180°稍大   C. 比180°稍小   D. 180°×π/3

266. BB009 一个三角形的球面角超与球面三角形的( )成正比。

    A. 积分   B. 面积   C. 内角和   D. 总边长

267. BB009 当面积小于( )时,进行水平角测量时,可以用水平面代替水准面,而不必考虑地球曲率对距离的影响。

    A. $100km^2$ B. $200km^2$ C. $300km^2$ D. $400km^2$

268. BB010 地球曲率对距离的影响( )。

    A. 与距离成正比   B. 与距离的平方成正比

    C. 与距离成反比   D. 与距离的平方成反比

269. BB010 在( )范围内进行普通测量时,完全不必考虑用水平面代替水准面对距离的影响。

    A. 全国   B. 一个省

    C. 一万平方千米   D. 在半径为10km

270. BB010 当地面距离为5km时,用水平面代替水准面所产生的距离误差,与目前最精密的光电测距仪所产生的测距误差相比( )。

    A. 要小得多   B. 要大得多   C. 几乎相等   D. 不能忽略

271. BB011 真子午线北方向是( )。

    A. 磁针在地面某点自由静止后磁针所指的方向

    B. 高斯平面直角坐标系的坐标纵轴线方向

    C. 沿地面某点真子午线的切线方向

    D. 高斯投影时投影带的中央子午线的方向

272. BB011 坐标纵线北方向是( )。

    A. 是磁针在地面某点自由静止后磁针所指的方向

    B. 是高斯平面直角坐标系的坐标横轴线方向

    C. 沿地面某点真子午线的切线方向

    D. 高斯投影时投影带的中央子午线的方向

273. BB011 磁子午线北方向是(   )。

    A. 是磁针在地面某点自由静止后磁针所指的方向

    B. 是高斯平面直角坐标系的坐标纵轴线方向

    C. 沿地面某点真子午线的切线方向

    D. 高斯投影时投影带的中央子午线的方向

274. BB012 磁坐偏角是指磁北方向与(   )之间的夹角。

    A. 真北方向   B. 正北方向   C. 磁极方向   D. 坐标纵线北方向

275. BB012 子午线收敛角是指(   )与坐标纵线北方向之间的夹角,一般用 γ 表示。

    A. 真北方向   B. 磁北方向   C. 轴子午线方向   D. 带边子午线方向

276. BB012 当某点纬度为 0° 时,该点的子午线收敛角与经差(   )。

    A. 相等   B. 无关   C. 成正比   D. 成反比

277. BB013 所谓地形图,通常是指以一定的比例尺和特定的符号系统表示地面上各种固定物体和(   )的平面位置和高程的正射投影图。

    A. 移动物体   B. 特定物体   C. 起伏形态   D. 特定现象

278. BB013 所谓地形图,通常是指以一定的比例尺和特定的符号系统表示地面上各种固定物体和起伏形态的平面位置和高程的(   )投影图。

    A. 正射   B. 中心   C. 专题   D. 高斯

279. BB013 所谓地形图,通常是指以一定的比例尺和特定的符号系统表示地面上各种固定物体和起伏形态的平面位置和(   )的正射投影图。

    A. 高程   B. 距离   C. 方位   D. 方向

280. BB014 地图的数学要素包括(   )、控制点、比例尺、定向等内容。

    A. 坐标网   B. 地貌   C. 交通网   D. 接图表

281. BB014 地理要素是地图内容的主体,据其性质可分为自然要素、社会经济要素、(   )。

    A. 天气要素   B. 环境要素   C. 气候要素   D. 人文要素

282. BB014 图名是地图的(   )。

    A. 人文要素   B. 地理要素   C. 数学要素   D. 辅助要素

283. BB015 地图上的地物泛指地球表面上(   )的物体。

    A. 相对固定   B. 相对移动   C. 有一定高度   D. 有一定形状

284. BB015 地图上的地物是指的是地面上各种(   )的总称。

    A. 有形的   B. 无形的

    C. 有形物和无形物   D. 都不对

285. BB015 地图上的地物中的无形物是(   )。

    A. 山川   B. 森林   C. 县界   D. 建筑物

286. BB016 山坡倾斜度在(   )以上叫陡坎(陡坡)。

    A. 50°   B. 60°   C. 70°   D. 80°

287. BB016 四周高中间低的地形叫(   )。

    A. 山谷   B. 盆地   C. 丘陵   D. 悬崖

288. BB016　两山脊之间的凹部称为(　　)。
   A. 山谷　　　　　　B. 盆地　　　　　　C. 丘陵　　　　　　D. 悬崖

289. BB017　地面上高程相等的各相邻点所连成的曲线,称为(　　)。
   A. 等高线　　　　　B. 等深线　　　　　C. 等位线　　　　　D. 等坡线

290. BB017　地形图上两相邻等高线之间的(　　),称为等高距。
   A. 高程　　　　　　B. 高差　　　　　　C. 距离　　　　　　D. 水平距离

291. BB017　等高线上各点的(　　)相等。
   A. 高程　　　　　　B. 重力　　　　　　C. 高度　　　　　　D. 长度

292. BB018　加粗等高线称为(　　)。
   A. 首曲线　　　　　B. 计曲线　　　　　C. 间曲线　　　　　D. 辅助等高线

293. BB018　在地形图中(　　)是为了显示首曲线不能显示的地貌特征,按1/2基本等高距描绘的等高线。
   A. 首曲线　　　　　B. 计曲线　　　　　C. 间曲线　　　　　D. 辅助等高线

294. BB018　加粗等高线称为计曲线,每隔(　　)条首曲线加粗描绘一根等高线。
   A. 1　　　　　　　B. 2　　　　　　　C. 3　　　　　　　D. 4

295. BB019　等高线是(　　)的曲线。
   A. 闭合　　　　　　B. 不闭合　　　　　C. 无限延伸　　　　D. 半闭合

296. BB019　沿等高线方向的地面坡度为(　　)。
   A. 负　　　　　　　B. 零　　　　　　　C. 正　　　　　　　D. 最大

297. BB019　等高线应与山脊线、(　　)方向正交。
   A. 房屋线　　　　　B. 山谷线　　　　　C. 田埂线　　　　　D. 陡坎线

298. BB020　在地图上是通过(　　)量测地形点高程。
   A. 内插法　　　　　B. 三角高程法　　　C. 仪器高法　　　　D. 估值法

299. BB020　在地图上量测地形点高程时需要使用直尺过地形点量测(　　)。
   A. 等高线高差　　　　　　　　　　　B. 等高线平距
   C. 等高距　　　　　　　　　　　　　D. 坡度

300. BB020　测量地形点高程时量测方向尽量(　　)两条等高线。
   A. 平行　　　　　　B. 垂直　　　　　　C. 相切　　　　　　D. 重合

301. BB021　比例尺就是图上距离与实地对应(　　)之比。
   A. 距离　　　　　　B. 水平距离　　　　C. 斜距　　　　　　D. 垂直距离

302. BB021　为了使比例尺的意义更直观、明确,通常将其表达为(　　)形式。
   A. 分子为1的分数　　　　　　　　　B. 分子为10
   C. 分母为1　　　　　　　　　　　　D. 分母为10

303. BB021　地形图为大比例尺地形图的是(　　)。
   A. 1∶500　　　B. 1∶10000　　　C. 1∶25000　　　D. 1∶50000

304. BB022　据有关资料显示,用标称精度为(5mm+5ppm)的全站仪进行各两测回对向观测,三角高程的精度与(　　)等水准的精度相当。
   A. 四　　　　　　　B. 三　　　　　　　C. 二　　　　　　　D. 一

305. BB022　在石油物探测量中,导线测量一般是指导线测量和(　　)综合在一起而进行的测量工作。

A. 水准测量　　　　　　　　　　　　B. 三角测量

C. 三角高程测量　　　　　　　　　　D. GNSS 控制测量

306. BB022　三角高程测量就是根据所测得的两点间的(　　)、水平距离以及所量取的仪器高和觇标高,应用三角学公式计算出两点间的高差,然后依据其中一个点的已知高程,求得另一个点的高程。

A. 高度角　　　　　B. 方位角　　　　　C. 水平夹角　　　　　D. 标增量

307. BB023　高斯投影 6° 分带是从(　　)子午线开始。

A. 0°　　　　　　　B. 1.5°　　　　　　C. 3°　　　　　　　D. 6°

308. BB023　高斯投影 6° 分带是每隔经差(　　)为一个投影带。

A. 0°　　　　　　　B. 1.5°　　　　　　C. 3°　　　　　　　D. 6°

309. BB023　高斯投影 6° 分带是(　　)区分投影带。

A. 自南向北　　　　B. 自北向南　　　　C. 自东向西　　　　D. 自西向东

310. BB024　高斯投影 3° 分带是每隔经差(　　)为一个投影带。

A. 0°　　　　　　　B. 1.5°　　　　　　C. 3°　　　　　　　D. 6°

311. BB024　高斯投影 3° 分带是(　　)区分投影带。

A. 自南向北　　　　B. 自北向南　　　　C. 自东向西　　　　D. 自西向东

312. BB024　3° 高斯投影分带第 1 带的中央子午线经度是(　　)。

A. 0°　　　　　　　B. 1.5°　　　　　　C. 3°　　　　　　　D. 6°

313. BB025　在同一个平面上互相垂直且有公共原点的两条数轴构成(　　)。

A. 地理坐标系　　　B. 大地坐标系　　　C. 空间直角坐标系　D. 平面直角坐标系

314. BB025　在测绘工作中,(　　)坐标系简称平面直角坐标系。

A. 高斯平面直角　　B. 空间直角　　　　C. 大地　　　　　　D. 地理

315. BB025　平面直角坐标系以(　　)投影后的直线为纵坐标轴。

A. 子午线　　　　　B. 起始子午线　　　C. 中央子午线　　　D. 赤道

316. BB026　测量上的平面直角坐标系以纵坐标轴代表南北方向,一般用(　　)表示,向北为正。

A. x 或 N　　　　　B. y 或 N　　　　　C. x 或 E　　　　　D. y 或 E

317. BB026　测量上的平面直角坐标系以横坐标轴代表东西方向,一般用(　　)表示,向东为正。

A. x 或 E　　　　　B. y 或 E　　　　　C. x 或 N　　　　　D. y 或 N

318. BB026　测量上和数学上的平面直角坐标系,由于坐标轴的次序和角度量度的方向均正好相反,因而测量上和数学上的所有三角公式(　　)。

A. 完全相同　　　　B. 完全不同　　　　C. 大部分相同　　　D. 大部分不同

319. BB027　同一个平面两个不同的直角坐标系的坐标轴平行时,可以通过(　　)方法变换坐标。

A. 平移　　　　　　B. 旋转　　　　　　C. 平移加旋转　　　D. 平差

320. BB027 同一个平面两个不同的直角坐标系的坐标轴不平行且原点重合时,可以通过( )方法变换坐标。

    A. 平移   B. 旋转   C. 平移加旋转 D. 平差

321. BB027 同一个平面两个不同的直角坐标系的坐标轴不平行且原点不重合时,可以通过( )方法变换坐标。

    A. 平移   B. 旋转   C. 平移加旋转 D. 平差

322. BB028 我国采用的基本比例尺不是( )。

    A. 1∶500   B. 1∶2500   C. 1∶25000 D. 1∶250000

323. BB028 目前中国采用的基本比例尺系统有( )种比例尺。

    A. 8   B. 9   C. 10   D. 11

324. BB028 我国不采用的基本比例尺的是( )。

    A. 1∶500   B. 1∶2000   C. 1∶20000 D. 1∶25000

325. BC001 GPS 系统是由( )构建的卫星定位系统。

    A. 美国   B. 俄罗斯   C. 欧洲   D. 中国

326. BC001 最早的卫星定位系统是( )。

    A. 美国的子午卫星定位系统   B. 美国的 GPS 系统

    C. 俄罗斯的格洛纳斯系统   D. 欧共体的伽利略系统

327. BC001 卫星定位是通过仪器接收( )信号来计算位置。

    A. 宇宙射线   B. 太阳频谱   C. 人造地球卫星 D. 地壳震动

328. BC002 GNSS 的定位实质是把卫星视为"动态"的控制点,在已知其瞬时坐标的条件下,进行( ),确定用户接收机天线所处的位置。

    A. 空间距离前方交会   B. 空间距离后方交会

    C. 平面距离后方交会   D. 平面距离前方交会

329. BC002 GNSS 的定位实质是把卫星视为"动态"的控制点,在已知其瞬时坐标的条件下,进行空间距离后方交会,确定用户( )所处的位置。

    A. 接收机天线 B. 接收机   C. 接收机电台 D. 地面点

330. BC002 GNSS 的定位实质是把卫星视为"动态"的控制点,在已知其( )的条件下,进行空间距离后方交会,确定用户接收机天线所处的位置。

    A. 瞬时坐标   B. 小时平均坐标 C. 日平均坐标 D. 年平均坐标

331. BC003 可以通过( )提高卫星定位测量精度。

    A. 差分方法   B. 屏蔽方法   C. 发散方法   D. 差异方法

332. BC003 卫星定位方法具有以下特点,除了( )。

    A. 全球全天候定位   B. 定位精度高

    C. 测站间无需通视   D. 价格昂贵

333. BC003 卫星定位方法具有以下特点,除了( )。

    A. 全球全天候定位 B. 定位精度高 C. 测站间无须通视 D. 操作复杂

334. BC004 全球导航卫星系统的英文缩写是( )。

    A. GPS   B. GNSS   C. RTK   D. RTD

335. BC004 全球导航卫星系统的概念包含了（　　　）、GLONASS、GALILEO 和北斗导航系统等。

A. GPS　　　　　　B. GNSS　　　　　　C. RTK　　　　　　D. RTD

336. BC004 GNSS 是（　　　）。

A. GPS 卫星导航系统

B. GLONASS 卫星导航系统

C. 所有在轨工作的卫星导航系统的总称呼

D. CNSS 导航定位系统

337. BC005 GPS 系统由空间部分、地面控制部分和（　　　）共三大部分所组成。

A. 卫星星座　　　　B. 卫星跟踪站　　　　C. 用户部分　　　　D. 信号发射部分

338. BC005 GPS 系统由空间部分、（　　　）和用户部分共三大部分所组成。

A. 卫星星座　　　　　　　　　　B. 卫星跟踪站

C. 地面控制部分　　　　　　　　D. 信号发射部分

339. BC005 GPS 系统由（　　　）、地面控制部分和用户部分共三大部分所组成。

A. 卫星星座　　　　B. 卫星跟踪站　　　　C. 空间部分　　　　D. 信号发射部分

340. BC006 GPS 系统的卫星运行周期为（　　　）。

A. 24 恒星时　　　　B. 18 恒星时　　　　C. 12 恒星时　　　　D. 6 恒星时

341. BC006 GPS 系统的卫星星座由均匀分布在（　　　）轨道上的 24 颗卫星组成。

A. 4 个　　　　　　B. 5 个　　　　　　C. 6 个　　　　　　D. 7 个

342. BC006 GPS 系统保证在（　　　）能够同时观测到至少 4 卫星。

A. 8h　　　　　　　B. 12h　　　　　　C. 18h　　　　　　D. 24h

343. BC007 GLONASS 使用（　　　）。

A. 前苏联地心坐标系（PE-1990）　　　　B. 世界大地坐标系（WGS-1984）

C. UTM 坐标系　　　　　　　　　　　　D. 北京 1954 坐标系

344. BC007 俄罗斯对 GLONASS 系统采用了（　　　）政策。

A. 军民分开、不加密的开放　　　　　　B. 军民合用、不加密的开放

C. 军民分开、军用加密　　　　　　　　D. 军民合用、军用加密

345. BC007 GLONASS，是由（　　　）独立研制和控制的第二代军用卫星导航系统。

A. 俄罗斯　　　　　　B. 美国　　　　　　C. 欧洲　　　　　　D. 日本

346. BC008 北斗卫星导航系统是（　　　）自行研制的全球卫星导航系统。

A. 中国　　　　　　B. 美国　　　　　　C. 俄罗斯　　　　　　D. 欧洲

347. BC008 中国自行研制的全球卫星导航系统是（　　　）。

A. GPS 系统　　　　　　　　　　B. 格洛纳斯系统

C. 北斗卫星导航系统　　　　　　D. 伽利略系统

348. BC008 北斗卫星导航系统授时精度是（　　　）纳秒。

A. 2　　　　　　　　B. 5　　　　　　　　C. 8　　　　　　　　D. 10

349. BC009 美国的 GPS 系统卫星分布在（　　　）不同的轨道上运行。

A. 2　　　　　　　　B. 4　　　　　　　　C. 6　　　　　　　　D. 8

350. BC009 美国的 GPS 系统卫星轨道倾角为( )。

   A. 12°　　　　　　　B. 36°　　　　　　　C. 55°　　　　　　　D. 66°

351. BC009 中国的北斗系统空间段由若干( )、倾斜地球同步轨道卫星和中圆地球轨道卫星三种轨道卫星组成混合导航星座。

   A. 地球旋转轨道卫星　　　　　　　B. 地球静止轨道卫星

   C. 太阳旋转轨道卫星　　　　　　　D. 太阳静止轨道卫星

352. BC010 在大地测量学中,把卫星作为一个( ),通过测定用户接收机与卫星之间的距离,或距离差来完成定位任务。

   A. 中继站　　　　　　　　　　　B. 一个频率发射机

   C. 一个传感器　　　　　　　　　D. 高空观测目标

353. BC010 用户与用户、用户与中心控制系统间均可实现双向简短数字报文通信。这项功能是北斗卫星的( )功能。

   A. 测速　　　　　　B. 定位　　　　　　C. 授时　　　　　　D. 通信

354. BC010 快速确定目标或者用户所处地理位置,向用户及主管部门提供导航信息。这项功能是北斗卫星的( )功能。

   A. 测速　　　　　　B. 定位　　　　　　C. 授时　　　　　　D. 通信

355. BC011 接收卫星数据,采集气象信息,并将所收集到的数据传送给主控站是 GNSS 监控系统( )的作用。

   A. GNSS 卫星　　　B. 主控站　　　　　C. 注入站　　　　　D. 跟踪站

356. BC011 GNSS 监控系统之( )的主要作用是:收集各检测站的数据,编制导航电文,监控卫星状态;通过注入站将卫星星历注入卫星,向卫星发送控制指令;卫星维护与异常情况的处理。

   A. 主控站　　　　　B. 监控站　　　　　C. 注入站　　　　　D. 地面跟踪站

357. BC011 GNSS 监控系统之( )的主要作用是:将导航电文注入 GNSS 卫星。

   A. 主控站　　　　　B. 监控站　　　　　C. 注入站　　　　　D. 地面跟踪站

358. BC012 用户设备部分按( )可分为单频接收机、双频接收机。

   A. 工作原理　　　　B. 用途　　　　　　C. 载波频率　　　　D. 通道种类

359. BC012 按( )可分为平方型接收机、混合型接收机、干涉型接收机。

   A. 工作原理　　　　B. 用途　　　　　　C. 载波频率　　　　D. 通道种类

360. BC012 按( )可分为:多通道接收机、序贯通道接收机。

   A. 工作原理　　　　B. 用途　　　　　　C. 载波频率　　　　D. 通道种类

361. BC013 基准站架设完成后,开机后,需要确认( ),进入任务项并选定工作项目。

   A. 转换参数　　　　B. 电台频道　　　　C. 是否初始化　　　D. 坐标系统

362. BC013 进入基准站模式后,基准站的点位坐标可以( )。

   A. 任意假定　　　　B. 手工输入　　　　C. 不输入　　　　　D. 保持不变

363. BC013 进入基准站模式,获得基准站的点位信息后,还需要输入( )。

   A. 天线高　　　　　　　　　　　B. 方位角

   C. 后视信息　　　　　　　　　　D. 前视信息

364. BC014 接收机电池要选择(　　　)。

A. 新的　　　　　　　　　　　　　　B. 旧的

C. 供电时间符合使用要求的　　　　　D. 破损的

365. BC014 流动站作业时,应先打开(　　　)电源开关,检查是否接收到基准站发射的数据信号。

A. 控制器　　　B. 接收机　　　C. 电台　　　D. 手簿

366. BC014 流动站接收机在整周模糊度确定后,当精度指标满足放样要求时,表明(　　　)成功。

A. 初始化　　　B. 定位　　　C. 卫星锁定　　　D. 通信连接

367. BC015 RTK 作业的参数设置一般在作业前完成,其中基准参数包括椭球参数、(　　　)、坐标转换参数等。

A. 采样率　　　B. 波特率　　　C. 投影参数　　　D. 坐标类型

368. BC015 RTK 作业的参数设置中的数据记录参数包括:(　　　)、大地模型等。

A. 坐标类型　　　　　　　　　　　B. 高程异常值

C. 中央子午线　　　　　　　　　　D. 实时坐标质量

369. BC015 RTK 作业的参数设置中的通信参数包括:(　　　)、数据位、校检位、停止位等。

A. 波特率　　　B. 投影带　　　C. 参考线　　　D. 编码

370. BC016 (　　　)是 GNSS 卫星信号经由天线进入接收机的路径,是软硬件的结合体。

A. 天线　　　B. 信号通道　　　C. 主机　　　D. 手簿

371. BC016 分离接收到的不同卫星的信号,以实现对卫星信号的跟踪、处理和量测,具有这样功能的器件称为(　　　)。

A. 天线　　　B. 信号通道　　　C. 主机　　　D. 手簿

372. BC016 信号通道是 GNSS 卫星信号经由天线进入接收机的路径,是(　　　)。

A. 软件　　　B. 硬件　　　C. 软硬件的结合体　　　D. 都不是

373. BC017 GNSS 信号是 GNSS 卫星向广大用户发送的用于导航定位的(　　　)。

A. 已调波　　　B. 明码　　　C. 暗码　　　D. 无序电磁波

374. BC017 GNSS 信号是 GNSS 卫星向广大用户发送的用于(　　　)的已调波。

A. 测速　　　B. 测时　　　C. 导航定位　　　D. 矫正坐标

375. BC017 GNSS 信号是(　　　)向广大用户发送的用于导航定位的已调波。

A. 电台　　　B. 基准站　　　C. GNSS 卫星　　　D. 流动站

376. BC018 卫星星历包含在(　　　)信号中。

A. 测距码　　　B. 导航电文　　　C. 载波信号　　　D. 时间系统

377. BC018 GPS 卫星信号的基本频率为(　　　)MHz。

A. 1575.42　　　B. 1227.60　　　C. 10.23　　　D. 1.023

378. BC018 GPS 卫星信号包括(　　　)、导航电文和载波信号。

A. 测速码　　　B. 授时码　　　C. 测距码信号　　　D. 精密星历

379. BC019 电磁波不依靠介质传播,在真空中的传播速度(　　　)。

A. 小于光速　　　B. 等同于光速　　　C. 大于光速　　　D. 无法测定

380. BC019　电磁波,是由同相且互相垂直的电场与磁场在空间中衍生发射的震荡粒子波,是以波动的形式传播的电磁场,具有(　　)。

　　A. 速度特性　　　B. 波的特性　　　C. 粒子特性　　　D. 波粒二象性

381. BC019　本质上,电磁波是一种客观存在的物质和能量传输形式,是交互变化的(　　)在空间传播的过程。

　　A. 电磁场　　　B. 电场　　　C. 磁场　　　D. 电场和气场

382. BC020　射频信号在空间传播所遇到某些东西都会使射频信号变得更小的现象称为(　　)。

　　A. 趋肤效应　　　B. 自由空间损耗　　　C. 反射　　　D. 吸收

383. BC020　射频信号在空间传播所遇到某些东西都会使射频信号改变方向的现象称为(　　)。

　　A. 趋肤效应　　　B. 自由空间损耗　　　C. 反射　　　D. 吸收

384. BC020　反射与(　　)和物体的材料因素有关。

　　A. 时间　　　B. 射频功率　　　C. 射频频率　　　D. 物体的面积

385. BC021　电磁波测距的基本原理,是利用电磁波在空气中传播的(　　)为已知这一特性,通过测定电磁波在待测距离上往返传播的时间,来间接求得待测距离。

　　A. 频率　　　B. 速度　　　C. 功率　　　D. 时间

386. BC021　电磁波测距的基本原理是利用电磁波在空气中传播的(　　)为已知这一特性,通过测定电磁波在待测距离上往返传播的(　　)来间接求得待测距离。

　　A. 频率,周期　　　　　　B. 速度,时间
　　C. 频率,相位　　　　　　D. 速度,相位

387. BC021　电磁波测距的基本原理,是利用电磁波在空气中传播的速度为已知这一特性,通过测定电磁波在待测距离上(　　),来间接求得待测距离。

　　A. 单程传播的时间　　　　B. 传播的时间的 1/2
　　C. 传播的时间的 1/4　　　D. 往返传播的时间

388. BC022　也称为粗码的是(　　)。

　　A. D 码　　　B. P 码　　　C. Y 码　　　D. C/A 码

389. BC022　称为精码的是(　　)。

　　A. D 码　　　B. P 码　　　C. C/A 码　　　D. A/C 码

390. BC022　GPS 信号一般用户实际只能接收到(　　)。

　　A. D 码　　　B. P 码　　　C. Y 码　　　D. C/A 码

391. BC023　GPS 卫星导航电文码速是(　　)bps。

　　A. 50　　　B. 100　　　C. 150　　　D. 200

392. BC023　导航电文同样以二进制码的形式播送给用户,因此又叫数据码,或称(　　)。

　　A. D 码　　　B. C 码　　　C. D 码　　　D. A 码

393. BC023　导航电文同样以(　　)的形式播送给用户,因此又叫数据码,或称 D 码。

　　A. 二进制码　　　　　　B. 八进制码
　　C. 十进制码　　　　　　D. 十六进制码

394. BC024　与地球体相固联的坐标系统,又叫地固坐标系或地球坐标系的坐标系统是(　　)。

　　A. 空间直角坐标系　　　　　　　　　　B. 惯性坐标系

　　C. 非惯性坐标系　　　　　　　　　　　D. 球心坐标系

395. BC024　协议天球坐标系的坐标系统是(　　)。

　　A. 空间直角坐标系　　　　　　　　　　B. 惯性坐标系

　　C. 非惯性坐标系　　　　　　　　　　　D. 球心坐标系

396. BC024　在空间大地测量中,(　　)可分为地心坐标系、参心坐标系和站心坐标系。

　　A. 地固坐标系　　　　　　　　　　　　B. 天球坐标系

　　C. 天文坐标系　　　　　　　　　　　　D. 地心大地坐标系

397. BC025　GPS 时间的原点是(　　)。

　　A. 初始时刻　　　　B. 初始历元　　　　C. 历元　　　　D. 时间基准

398. BC025　从本质上讲,时间系统间的差异体现在(　　)上。

　　A. 时钟　　　　　　B. 初始历元　　　　C. 历元　　　　D. 时间基准

399. BC025　测量时间需要先定义时间基准,即定义时间的(　　)和单位尺度。

　　A. 时钟　　　　　　B. 初始历元　　　　C. 历元　　　　D. 原点

400. BC026　考虑(　　)影响的为真恒星时。

　　A. 月球自转不均匀　　　　　　　　　　B. 月球公转不均匀

　　C. 地球公转不均匀　　　　　　　　　　D. 地球自转不均匀

401. BC026　以春分点为参考点,由春分点的周日视运动所确定的时间,称为(　　)。

　　A. 太阳时　　　　　B. 恒星时　　　　　C. 世界时　　　　D. 协调时

402. BC026　恒星时是根据(　　)来计算的。

　　A. 地球公转　　　　B. 地球自转　　　　C. 月球自转　　　　D. 月球公转

403. BC027　协调世界时采用(　　)的办法使协调时与世界时时时刻刻接近。

　　A. 加秒　　　　　　B. 减秒　　　　　　C. 闰秒　　　　D. 调整世界时

404. BC027　协调世界时是为了避免发播的原子时与(　　)之间产生过大的偏差而产生的时间系统。

　　A. 恒星时　　　　　B. 太阳时　　　　　C. 世界时　　　　D. 石英时

405. BC027　协调世界时是为了避免发播的(　　)与世界时之间产生过大的偏差而产生的时间系统。

　　A. 太阳时　　　　　B. 分子时　　　　　C. 石英钟　　　　D. 原子时

406. BC028　TDOP 是(　　)。

　　A. 精度衰减因子　　B. 几何精度因子　　C. 位置精度因子　　D. 钟差精度因子

407. BC028　GDOP 是(　　)。

　　A. 精度衰减因子　　B. 几何精度因子　　C. 位置精度因子　　D. 钟差精度因子

408. BC028　PDOP 是(　　)。

　　A. 精度衰减因子　　B. 几何精度因子　　C. 位置精度因子　　D. 钟差精度因子

409. BC029　HDOP 是(　　)。

　　A. 水平分量精度因子　　　　　　　　B. 垂直分量精度因子

　　C. 几何精度因子　　　　　　　　　　D. 位置精度因子

410. BC029　(　　)为纬度和经度等误差平方和的开根号值。

　　A. 水平分量精度因子　　　　　　　　B. 垂直分量精度因子

　　C. 几何精度因子　　　　　　　　　　D. 位置精度因子

411. BC029　$PDOP^2=($　　$)^2+VDOP^2$。

　　A. $TDOP$　　　　B. $VDOP$　　　　C. $PDOP$　　　　D. $HDOP$

412. BC030　垂直分量精度因子用(　　)表示。

　　A. $TDOP$　　　　B. $VDOP$　　　　C. $PDOP$　　　　D. $HDOP$

413. BC030　$PDOP^2=HDOP^2+($　　$)^2$。

　　A. $TDOP$　　　　B. $VDOP$　　　　C. $PDOP$　　　　D. $HDOP$

414. BC030　$HDOP^2+VDOP^2=($　　)。

　　A. $TDOP^2$　　　　B. $GDOP^2$　　　　C. DOP^2　　　　D. $PDOP^2$

415. BC031　天空中(　　)定位精度越高。

　　A. 卫星越集中　　　　　　　　　　　B. 卫星越多

　　C. 卫星越少　　　　　　　　　　　　D. 卫星分布程度越好

416. BC031　平面分量精度因子用(　　)表示。

　　A. $VDOP$　　　　B. $PDOP$　　　　C. $HDOP$　　　　D. $TDOP$

417. BC031　在卫星定位中, $PDOP$ 代表(　　)。

　　A. 垂直分量精度因子　　　　　　　　B. 几何精度因子

　　C. 平面分量精度因子　　　　　　　　D. 钟差精度因子

418. BC032　在卫星定位中(　　)是与卫星有关的误差。

　　A. 多路径效应所引起的误差和观测误差　　B. 星历误差

　　C. 对流层折射　　　　　　　　　　　D. 接收机钟差

419. BC032　在卫星定位中(　　)是与接收机有关的误差。

　　A. 多路径效应所引起的误差和观测误差　　B. 星历误差

　　C. 对流层折射　　　　　　　　　　　D. 接收机钟差

420. BC032　在卫星定位中根据误差的性质可分为(　　)两类。

　　A. 粗差和偶然误差　　　　　　　　　B. 系统误差和粗差

　　C. 系统误差和偶然误差　　　　　　　D. 系统误差和观测误差

421. BD001　GNSS 定位方法可依据不同的分类标准, 依定位采用的观测值定位方法可分为
　　　　　　(　　)。

　　A. 伪距定位和载波相位定位　　　　　B. 绝对定位和相对定位

　　C. 实时定位和非实时定位　　　　　　D. 动态定位和静态定位

422. BD001　GNSS 定位方法可依据不同的分类标准, 依定位模式可分为(　　)。

　　A. 伪距定位和载波相位定位　　　　　B. 绝对定位和相对定位

　　C. 实时定位和非实时定位　　　　　　D. 动态定位和静态定位

423. BD001　GNSS 定位方法可依据不同的分类标准,依定位时的状态可分为( )。
　　A. 伪距定位和载波相位定位　　　　B. 绝对定位和相对定位
　　C. 实时定位和非实时定位　　　　　D. 动态定位和静态定位

424. BD002　由于( )以及无线电通过电离层和对流层中的延迟,实际测出的距离与卫星到接收机的几何距离有一定的差值,而非真实距离,因此一般称量测出的距离为伪距。
　　A. 天气原因　　　　　　　　　　　B. 观测粗差
　　C. 对中误差　　　　　　　　　　　D. 卫星钟、接收机钟的误差

425. BD002　由于卫星钟、接收机钟的误差以及( ),实际测出的距离与卫星到接收机的几何距离有一定的差值,而非真实距离,因此一般称量测出的距离为伪距。
　　A. 天气原因　　　　　　　　　　　B. 观测粗差
　　C. 对中误差　　　　　　　　　　　D. 无线电信号经过电离层和对流层中的延迟

426. BD002　用 P 码进行测量的伪距为( )伪距。
　　A. 相位　　　　　B. 粗码　　　　　C. P 码　　　　　D. C/A 码

427. BD003　伪距定位观测方程必须有( )以上的伪距才可以得出结果。
　　A. 2 个　　　　　B. 3 个　　　　　C. 4 个　　　　　D. 5 个

428. BD003　伪距测量定位速度快,但一次定位( )不高。
　　A. 时间　　　　　B. 高度　　　　　C. 精度　　　　　D. 纯度

429. BD003　伪距测量所采用的测距码称为( )。
　　A. 伪距观测值　　B. 伪距　　　　　C. 测量值　　　　D. 观测值

430. BD004　载波相位测量是测定卫星发播的载波信号或副载波信号与由接收机产生的( )之间相位差的技术和方法。
　　A. 谐振信号　　　B. 本振信号　　　C. 电磁波　　　　D. 电信号

431. BD004　载波相位测量比伪距测量的精度( )。
　　A. 高　　　　　　B. 低　　　　　　C. 相等　　　　　D. 无法确定

432. BD004　如何准确确定( )是运用载波相位观测量进行精密定位的关键。
　　A. 电离层高度　　B. 钟差　　　　　C. 整周未知数　　D. 星历预报

433. BD005　卫星星历是用于描述太空飞行体位置和( )的表达式。
　　A. 速度　　　　　B. 时间　　　　　C. 高度　　　　　D. 方向

434. BD005　星历是指在 GPS 测量中,天体运行随时间而变的精确位置或轨迹表,它是( )的函数。
　　A. 速度　　　　　B. 时间　　　　　C. 方位　　　　　D. 星座

435. BD005　卫星星历的时间按( )计算。
　　A. 原子时　　　　B. 世界标准时间　C. 世界协调世界　D. 国际时

436. BD006　精密星历又称为( )。
　　A. 事前处理星历　B. 事中处理星历　C. 事后处理星历　D. 实时处理星历

437. BD006　后处理星历是不含( )的实测精密星历。
　　A. 观测误差　　　B. 外推误差　　　C. 钟差　　　　　D. 大气折射误差

438. BD006　后处理星历,其精度目前可以达到(　　　)。

    A. 厘米级　　　　　　B. 分米级　　　　　　C. 米级　　　　　　D. 十米级

439. BD007　广播星历这种星历是(　　　),可以实时使用。

    A. 非报性质的　　　　　　　　　　　　B. 非预报性质的

    C. 实际情况的　　　　　　　　　　　　D. 预报性质的

440. BD007　广播是指相对(　　　)的外推星历。

    A. 参考历元　　　　　B. 实时历元　　　　　C. 精密星历　　　　　D. 预报历元

441. BD007　预报星历又称为(　　　)。

    A. 后处理星历　　　　B. 预处理星历　　　　C. 广播星历　　　　D. 精密星历

442. BD008　用两台接收机分别安置在基线的两端点,其位置(　　　),同步观测相同的 4 颗
以上 GNSS 卫星,确定基线两端点的相对位置,这种定位模式称为静态相对
定位。

    A. 静止不动　　　　　B. 相对运动　　　　　C. 保持距离　　　　D. 保持通视

443. BD008　静态相对定位在 GNSS 技术的各种定位测量中精度(　　　)。

    A. 最低　　　　　　　B. 一般　　　　　　　C. 最高　　　　　　D. 适中

444. BD008　静态相对定位广泛应用于(　　　)。

    A. 大地测量　　　　　B. 放样　　　　　　　C. 导航　　　　　　D. 导线

445. BD009　GNSS 测量仪器的(　　　)用于观测和处理卫星信号。

    A. 主机　　　　　　　B. 天线　　　　　　　C. 控制手簿　　　　D. 磁卡

446. BD009　GNSS 测量仪器的(　　　)用于接收 GPS 信号。

    A. 主机　　　　　　　B. 天线　　　　　　　C. 控制手簿　　　　D. 磁卡

447. BD009　GNSS 测量仪器的(　　　)用于程序计算和程序控制,为用户提供导航信息。

    A. 主机　　　　　　　B. 天线　　　　　　　C. 手簿　　　　　　D. 磁卡

448. BD010　GNSS 天线中的前置放大器作用是(　　　)。

    A. 接收来自卫星的测量信号

    B. GNSS 卫星信号的极微弱的电磁波能转化为相应的电流

    C. 将 GNSS 卫星信号电流予以放大

    D. 进行频率变换

449. BD010　GNSS 天线的功能不包括(　　　)。

    A. 发射信号　　　　　　　　　　　　　B. 接收来自卫星的信号

    C. 进行频率变换　　　　　　　　　　　D. 信号放大

450. BD010　GNSS 天线的功能不包括(　　　)。

    A. 接收电台信号　　　　　　　　　　　B. 用于对信号进行跟踪、处理、量测

    C. 进行频率变换　　　　　　　　　　　D. 信号放大

451. BD011　野外测站测量作业时 GNSS 接收机接收来自(　　　)的信号进行数据处理。

    A. 天线　　　　　　　B. 控制器　　　　　　C. 基座　　　　　　D. 三脚架

452. BD011　GNSS 接收机是卫星定位(　　　)的核心部件。

    A. 地面控制部分　　　B. 空间部分　　　　　C. 用户部分　　　　D. 监控部分

453. BD011　GNSS 接收机工作的灵魂是(　　)。

　　A. 天线　　　　　　B. 微处理器　　　　　C. 存储器　　　　　D. 变频器

454. BD012　在插、拔 GNSS 接收机的电源电缆插头时,应确保主机处于(　　)状态。

　　A. 打开　　　　　　B. 关闭　　　　　　　C. 工作　　　　　　D. 主菜单

455. BD012　可以使用(　　)擦拭 GNSS 接收机机壳、电缆及接口。

　　A. 湿毛巾　　　　　B. 汽油　　　　　　　C. 硫酸　　　　　　D. 强碱

456. BD012　当 GNSS 接收机长途搬运或长时间不使用时,应将(　　)从仪器中取出并进行保养。

　　A. 电池　　　　　　B. 基座　　　　　　　C. 量高尺　　　　　D. 传输线

457. BD013　充电器在使用过程中,不允许(　　)。

　　A. 插电　　　　　　B. 水溅　　　　　　　C. 平放　　　　　　D. 移动

458. BD013　电池在保管过程中,应根据电池的型号和性能进行定期(　　)。

　　A. 充电　　　　　　B. 摆放　　　　　　　C. 编号　　　　　　D. 使用

459. BD013　电池的使用寿命与其(　　)有很大关系。

　　A. 使用时间　　　　B. 容量　　　　　　　C. 放电深度　　　　D. 电压

460. BD014　在相对定位中,卫星钟差可通过(　　)的方法消除。

　　A. 观测量求差或差分　　　　　　　　　　B. 电离层解算

　　C. 增加观测时间　　　　　　　　　　　　D. 后处理计算

461. BD014　卫星钟差是(　　)。

　　A. 随机误差　　　　B. 粗差　　　　　　　C. 系统误差　　　　D. 偶然误差

462. BD014　卫星钟差是指(　　)与 GPS 标准时间的差别。

　　A. 世界时　　　　　B. GPS 卫星时钟　　　C. 接收机时钟　　　D. 国际时间

463. BD015　当观测卫星数多于(　　)时,星历误差的影响将大大地减小。

　　A. 4 颗　　　　　　B. 3 颗　　　　　　　C. 2 颗　　　　　　D. 1 颗

464. BD015　星历误差属于(　　)。

　　A. 随机误差　　　　B. 粗差　　　　　　　C. 系统误差　　　　D. 偶然误差

465. BD015　星历误差属于(　　),是一种起算数据误差。

　　A. 随机误差　　　　B. 偶然误差　　　　　C. 数据误差　　　　D. 系统误差

466. BD016　电离层折射又称为(　　)。

　　A. 大气延迟　　　　B. 电离层延迟　　　　C. 电离层干扰　　　D. 太阳黑子干扰

467. BD016　减弱电离层折射影响的主要措施不包括(　　)。

　　A. 远离水面高压线　　　　　　　　　　　B. 利用双频观测

　　C. 利用模型加改正　　　　　　　　　　　D. 利用同步观测值求差

468. BD016　电离层折射的大小取决于外界条件和(　　)。

　　A. 天气　　　　　　B. 时间　　　　　　　C. 信号强度　　　　D. 信号频率

469. BD017　由于对流层对电磁波的(　　)效应,使得当 GPS 信号通过对流层时传播路径发生弯曲,传播时间也会发生延迟,这种现象称为对流层折射延迟。

　　A. 折射　　　　　　B. 衍射　　　　　　　C. 多路径　　　　　D. 多普勒

470. BD017 对流层折射在( )方向最小,在地平方向最大。

    A. 南北   B. 天顶   C. 东西   D. 上下

471. BD017 减弱对流层折射影响的主要措施有:( )、引入待估参数和利用站间求差等。

    A. 延长基线长度   B. 延长观测时间   C. 利用模型改正   D. 利用双频观测

472. BD018 ( )是在接收机收到从卫星直接发射的信号的同时,也接收到由其他物体反射的卫星信号。

    A. 多路径效应   B. 多普勒效应   C. 对流层折射   D. 电离层折射

473. BD018 减弱多路径效应的方法不包括( )。

    A. 远离建筑物   B. 远离水面

    C. 缩短长观测时间   D. 增加卫星截至高度角

474. BD018 多路径效应的产生与下面哪项有关( )。

    A. 强反射大面积平坦光滑地面和建筑物   B. 多普勒效应

    C. 对流层折射   D. 电离层折射

475. BD019 误差的符号和大小保持不变或者按一定规律变化,则称其为( )。

    A. 观测误差   B. 偶然误差   C. 系统误差   D. 粗差

476. BD019 误差的符号和大小是无规律的,具有偶然性,则称其为( )。

    A. 观测误差   B. 偶然误差   C. 系统误差   D. 粗差

477. BD019 ( )也称错误,如瞄错目标、读错、记错数据、算错结果等错误。

    A. 观测误差   B. 偶然误差   C. 系统误差   D. 粗差

478. BD020 接收机钟差是指( )。

    A. 接收机钟的钟面时与世界协调时之间的偏差

    B. 卫星时钟与卫星标准时间的差别

    C. 接收机钟的钟面时与卫星原子钟的钟面时之间的偏差

    D. 接收机钟的钟面时与世界时之间的偏差

479. BD020 在伪距测量高精度定位中,解决接收机的钟差,可以采用( )的方法,为接收机提供高精度的时间标准。

    A. 延长观测时间   B. 授时   C. 外接频标   D. 双基线测量

480. BD020 在载波相位相对定位中,采用( ),可以有效地消除接收机钟差的影响。

    A. 延长观测时间   B. 短长观测时间

    C. 星间一次差分   D. 增加卫星截至高度角

481. BD021 静态仪器安装的要求主要是将( )对准测量标志。

    A. 电台   B. 三脚架   C. 仪器天线相位中心   D. 主机

482. BD021 静态测量时测量仪器不需要连接的设备是( )。

    A. 天线   B. 电台   C. 主机   D. 电源

483. BD021 安装静态测量仪器时利用( )将卫星接收天线水平固定并与测量标志精确对中。

    A. 基座对中器   B. 三脚架   C. 手簿   D. 对中杆

484. BD022　静态测量检验检测结果的计算取（　　）作为标准值,计算每条基线与标准值之差。

  A. 所有基线长度的最大值   B. 所有基线长度的最小值

  C. 所有基线长度的平均值   D. 所有基线长度的任意值

485. BD022　静态测量检验选择观测条件好的环境,建立两个距离为 $100 \sim 1000m$ 的观测点,按静态测量或快速静态观测要求作业,（　　）仪器一组,轮流观测,并填写GNSS 外业观测记录。

  A. 2 台   B. 3 台   C. 4 台   D. 5 台

486. BD022　一般检视应符合下列规定,不包括（　　）。

  A. GNSS 接收机及天线的外观应良好,型号应正确

  B. 各种部件及其附件应匹配、齐全和完好

  C. 需紧固的部件应不得松动和脱落

  D. 数据传输性能是否完好

487. BD023　对中的误差严格控制在（　　）范围之内。

  A. 5mm   B. 6mm   C. 7mm   D. 8mm

488. BD023　观测前后分别量取天线高,互差不应超过（　　）。

  A. 2mm   B. 3mm   C. 5mm   D. 10mm

489. BD023　量取天线高时,测到仪器设定的位置,进行多次不同位置的比较取（　　）。

  A. 最小值   B. 最大值   C. 平均值   D. 任意值

490. BD024　实时处理两个测站载波相位观测量的差分方法称为（　　）,将基准站采集的载波相位发给用户接收机,进行求差解算坐标。

  A. PTK 测量   B. RTK 测量   C. TTK 测量   D. GTK 测量

491. BD024　RTK 是实时处理（　　）测站载波相位观测量的差分方法。

  A. 1 个   B. 2 个   C. 3 个   D. 4 个

492. BD024　RTK 是将（　　）采集的载波相位发给用户接收机,进行求差解算坐标。

  A. 流动站   B. 电台   C. 基准站   D. 中继站

493. BD025　RTK 测量的优点不包括（　　）。

  A. 作业效率高   B. 定位精度高,没有误差积累

  C. 全天候作业   D. 需要通视

494. BD025　RTK 主要用以进行（　　）测量。

  A. 控制网   B. 控制导线   C. 放样   D. 水准

495. BD025　RTK 测量定位（　　）高,没有误差积累。

  A. 位置   B. 手段   C. 时间   D. 精度

496. BD026　RTK 系统中 GNSS 接收机必须配用（　　）才能接收卫星信号。

  A. 天线   B. 控制站   C. 三角架   D. 电台

497. BD026　一个 RTK 系统至少需要（　　）GNSS 接收机。

  A. 1 台   B. 2 台   C. 3 台   D. 4 台

498. BD026　一个 RTK 系统至少需要两台 GPS 接收机,一台为(　　),另一台流动站。

　　A. 中继站　　　　　B. 卫星站　　　　　C. 基准站　　　　　D. 电台

499. BD027　主机与控制器无线连接方式通常为(　　)。

　　A. 蓝牙　　　　　B. 红外线　　　　　C. 激光　　　　　D. WIFI

500. BD027　分体式 GNSS 接收机,主机与 GNSS 卫星天线使用(　　)连接。

　　A. 蓝牙　　　　　B. 红外线　　　　　C. 两芯同轴电缆　　　　　D. 激光

501. BD027　为了保证对中精度,流动站 GNSS 天线需安装在(　　)。

　　A. 对中杆上　　　　　B. 三脚架上　　　　　C. 基座上　　　　　D. 电台上

502. BD028　RTK 作业的参数设置一般在(　　)完成。

　　A. 作业前　　　　　B. 作业中　　　　　C. 作业后　　　　　D. 任何时候

503. BD028　RTK 作业的参数设置中的通信参数包括(　　)、数据位、校检位、停止位等。

　　A. 波特率　　　　　B. 投影带　　　　　C. 参考线　　　　　D. 编码

504. BD028　RTK 作业的参数设置中的数据记录参数包括:历元、坐标类型、(　　)等。

　　A. 大地模型　　　　　　　　　　B. 高程异常值

　　C. 中央子午线　　　　　　　　　D. 实时坐标质量

505. BD029　RTK 作业需要上装的数据有控制点坐标、(　　)等。

　　A. 实测物理点坐标　　　　　　　B. 截至高度角

　　C. 待放样点理论坐标　　　　　　D. 放样限差

506. BD029　基准站和流动站 GNSS 接收机可以装载上装数据的存储器可以是(　　)。

　　A. 内存卡　　　　　B. 软盘　　　　　C. 硬盘　　　　　D. 光盘

507. BD029　需要上装的数据可以通过微机和仪器厂商提供的(　　)上装到接收机的存储器中。

　　A. 传输线　　　　　B. 商业软件　　　　　C. 控制器　　　　　D. 电台

508. BD030　通过仪器厂商提供的(　　)将原始数据转换成内业处理所需要的数据格式。

　　A. 传输线　　　　　B. 商业软件　　　　　C. 控制器　　　　　D. 电台

509. BD030　属于不合格的 RTK 数据是(　　)。

　　A. 复测的数据　　　　　　　　　B. 不符合规范各项精度指标的数据

　　C. 偏移量过大的数据　　　　　　D. 偏移量过小的数据

510. BD030　RTK 野外数据项目文件一般采用(　　)。

　　A. dxf 文件　　　　　B. txt 文件　　　　　C. word 文件　　　　　D. job 文件

511. BD031　基准站一定要架设在(　　)。

　　A. 高压线附近

　　B. 视野比较开阔,周围环境比较空旷、地势比较高的地方

　　C. 房屋附近

　　D. 水面附近

512. BD031　如果基准站是架在已知点,不小心挪了位置,(　　),并且重新测量仪器高。

　　A. 需要重新对中整平　　　　　　B. 不需要重新对中整平

　　C. 需要换仪器　　　　　　　　　D. 改换地点

513. BD031　设定电台的发射功率和频率,如果作业距离比较远的话一般选择(　　)。

　　A. 高功率　　　　　B. 高频率　　　　　C. 低功率　　　　　D. 低频率

514. BD032　流动站初始化时间的长短主要取决于卫星数目、(　　)、数据通讯链的强弱等因素。

　　A. 卫星高度　　　　B. 天线类型　　　　C. 卫星分布图形　　D. 软件版本

515. BD032　RTK 作业时,在信号受影响的点位,可将仪器移到开阔处或升高天线,待(　　)后,再小心无倾斜地移回待定点或放低天线,一般可以初始化成功。

　　A. 接收卫星　　　　B. 格式化　　　　　C. 数据链锁定　　　D. 机身稳定

516. BD032　RTK 作业时,一定要在"(　　)"状态下才可以准确放样。

　　A. 平面精度高　　　B. 浮点解　　　　　C. 固定解　　　　　D. 机身稳定

517. BD033　国内物探测量的 RTK 设计数据格式一般为 1954 坐标系统下的(　　)格式。

　　A. 平面直角坐标　　B. 大地坐标　　　　C. 地理坐标　　　　D. 经纬度坐标

518. BD033　物理点的设计坐标由(　　)给定,或根据勘探部署及采集参数推算。

　　A. 物探技术设计　　　　　　　　　　　B. 测量技术设计

　　C. 测量施工设计　　　　　　　　　　　D. 物探施工设计

519. BD033　国内物探测量的 RTK 设计数据格式一般为(　　)坐标系统下的平面直角坐标格式。

　　A. 北京 1954　　　　B. 西安 1980　　　　C. 国家 2000　　　　D. WGS—1984

520. BD034　根据规范要求,物探测量 RTK 实测数据有效观测卫星数必须大于等于(　　)。

　　A. 4　　　　　　　　B. 5　　　　　　　　C. 6　　　　　　　　D. 7

521. BD034　根据规范要求,物探测量 RTK 实测数据平面收敛精度必须小于等于±(　　)。

　　A. 0.08m　　　　　　B. 0.10m　　　　　　C. 0.12m　　　　　　D. 0.15m

522. BD034　根据规范要求,物探测量 RTK 实测数据高程收敛精度必须小于等于±(　　)。

　　A. 0.08m　　　　　　B. 0.10m　　　　　　C. 0.12m　　　　　　D. 0.15m

523. BD035　不属于手持导航仪主要功能的是(　　)。

　　A. 定位　　　　　　B. 导航　　　　　　C. 测面积　　　　　D. RTK

524. BD035　物探测量中常用的导航仪是(　　)。

　　A. 测地型接收机　　　　　　　　　　　B. 船载导航仪

　　C. 车载导航仪　　　　　　　　　　　　D. 手持导航机

525. BD035　手持导航仪不可以用于(　　)。

　　A. 计算长度　　　　B. 导航　　　　　　C. 航点存储坐标　　D. 静态测量

526. BD036　手持导航仪的三个平移参数是(　　)。

　　A. DX、DY、DZ　　B. DA、DF、DZ　　C. DX、DF、DZ　　D. DA、DY、DZ

527. BD036　对手中的导航仪进行参数设置,确定自定义坐标格式中最重要的一项是工作区(　　)。

　　A. DX、DY、DZ 的确定　　　　　　　　B. DA、DF 的确定

　　C. 中央子午线经度的确定　　　　　　　D. 东西偏差、南北偏差的确定

528. BD036　对手中的 GPS 进行参数设置,投影比例参数为1,东西偏差为(　　)。

　　A. 500　　　　　　B. 5000　　　　　　C. 50000　　　　　D. 500000

529. BD037　不属于导航系统的必要组成部分的是(　　)。

　　A. 导航软件　　　B. 硬件设备　　　C. 网络设备　　　D. 导航电子地图

530. BD037　不是导航系统的必要组成部分的是(　　)。

　　A. 定位系统　　　B. 软件设备　　　C. 网络设备　　　D. 导航电子地图

531. BD037　不属于导航系统的必要组成部分的是(　　)。

　　A. 定位系统　　　B. 软件系统　　　C. 硬件系统　　　D. 传统地图

532. BD038　电子地图的根本特征是(　　)。

　　A. 符号化　　　　　　　　　　　　B. 在计算机屏幕上可视化

　　C. 地图纸质化　　　　　　　　　　D. 线状符号

533. BD038　电子地图中一般使用(　　)图形储存。

　　A. 纸质　　　　　　B. 位图　　　　　　C. 矢量　　　　　D. 照片

534. BD038　现代电子地图软件一般利用(　　)来储存和传送地图数据。

　　A. 地理信息系统　　　　　　　　　B. 卫星定位系统

　　C. 微波电信系统　　　　　　　　　D. 中波雷达系统

535. BD039　在任何页面中,只要按住输入键 2s,gps72 都将立刻(　　),并显示"标记航点"的页面。

　　A. 定位　　　　　　B. 测距　　　　　　C. 测角　　　　　D. 捕获当前的位置

536. BD039　关于航点的命名描述错误的是(　　)。

　　A. 可以是 GPS 自动命名　　　　　　B. 可以是自己命名

　　C. GPS 自动命名一般是数字名称　　　D. 命名没有长度限制

537. BD039　GPS72 接收机必须在(　　)的状态下才能保存当前位置的正确坐标。

　　A. "速度位置"　　　　　　　　　　B. "导航位置"

　　C. "平面位置"　　　　　　　　　　D. "三维位置"

538. BD040　GPS72 中选择(　　),将使用当前光标所选择的航线进行导航。

　　A. 经过点　　　B. 第一个航点　　　C. 开始导航　　　D. 航点

539. BD040　GPS72 中为航线命名,如果不输入名称的话,机器将会默认把(　　)作为航线的名称。

　　A. 数字　　　　　　　　　　　　　B. 第一个航点

　　C. 航线首尾航点的名称　　　　　　D. 最后航点

540. BD040　GPS72 中选择(　　),将会把航线表中的所有航线都删除。

　　A. 使用地图　　　B. 删除航线　　　C. 删除所有航线　　　D. 复制航线

541. BE001　设点 A 的坐标为 X_A、Y_A,点 B 的坐标 X_B、Y_B,则 A、B 两点的增量为(　　)。

　　A. $\Delta X_{AB} = Y_A - Y_B$　$\Delta Y_{AB} = X_A - X_B$　　　B. $\Delta X_{AB} = X_A - X_B$　$\Delta Y_{AB} = Y_A - Y_B$

　　C. $\Delta X_{AB} = X_B - X_A$　$\Delta Y_{AB} = Y_B - Y_A$　　　D. $\Delta X_{AB} = Y_B - Y_A$　$\Delta Y_{AB} = X_B - X_A$

542. BE001 如果点 A 的坐标为 100、0，点 B 的坐标为 200、300，则 A、B 两点的增量为（　　）。

A. $\Delta X_{AB}=100$　$\Delta Y_{AB}=200$　　　　B. $\Delta X_{AB}=200$　$\Delta Y_{AB}=200$

C. $\Delta X_{AB}=100$　$\Delta Y_{AB}=300$　　　　D. $\Delta X_{AB}=200$　$\Delta Y_{AB}=300$

543. BE001 设点 A 的坐标为 X_A、Y_A，点 B 的坐标为 X_B、Y_B，则 A、B 两点的增量可用（　　）表示。

A. ΔX_{AB}　ΔY_{AB}　　B. ΔX_{BA}　ΔY_{BA}　　C. ΔY_{AB}　ΔX_{AB}　　D. ΔY_{BA}　ΔX_{BA}

544. BE002 横坐标增量是两点间距离乘以两点间方位角的（　　）。

A. 正弦值　　　　B. 余弦值　　　　C. 正切值　　　　D. 余切值

545. BE002 一条导线的方位角 A 和导线长度 L，那么坐标轴的纵坐标增量值（　　），坐标轴的横坐标增量值（　　）。

A. $\Delta x=L\cdot\sin A$　$\Delta y=L\cdot\cos A$　　　　B. $\Delta x=L\cdot\tan A$　$\Delta y=L\cdot\cot A$

C. $\Delta x=L\cdot\cot A$　$\Delta y=L\cdot\tan A$　　　　D. $\Delta x=L\cdot\cos A$　$\Delta y=L\cdot\sin A$

546. BE002 点 A 的坐标 100、200，点 B 的坐标 800、600 则 A、B 两点的增量为（　　）。

A. $\Delta X_{AB}=-700$　$\Delta Y_{AB}=-400$　　　B. $\Delta X_{AB}=700$　$\Delta Y_{AB}=400$

C. $\Delta X_{AB}=400$　$\Delta Y_{AB}=700$　　　　D. $\Delta X_{AB}=-400$　$\Delta Y_{AB}=700$

547. BE003 坐标正算方法一般用于（　　）测量中。

A. 精密水准　　　B. 符合导线　　　C. 三角高程　　　D. 卫星定位

548. BE003 平面直角坐标正算方法需要已知线段的（　　）。

A. 真方位角　　　B. 坐标方位角　　C. 磁方位角　　　D. 太阳方位角

549. BE003 坐标正算是利用线段的（　　）来计算。

A. 水平距离　　　B. 倾斜距离　　　C. 弧长　　　　　D. 曲线距离

550. BE004 纵坐标增量计算是线段距离与坐标方位角（　　）的乘积。

A. 正弦　　　　　B. 余弦　　　　　C. 正切　　　　　D. 余切

551. BE004 在坐标正算时未知点横坐标是已知点横坐标与（　　）的和。

A. 两点距离　　　　　　　　　　　B. 两点高差

C. 两点横坐标增量　　　　　　　　D. 两点纵坐标增量

552. BE004 在坐标正算时未知点纵坐标是已知点纵坐标与（　　）的和。

A. 两点距离　　　　　　　　　　　B. 两点高差

C. 两点横坐标增量　　　　　　　　D. 两点纵坐标增量

553. BE005 坐标反算方法一般用于（　　）测量中。

A. 精密水准　　　B. 符合导线　　　C. 三角高程　　　D. 卫星定位

554. BE005 平面直角坐标反算方法需要已知线段的（　　）。

A. 真方位角　　　B. 坐标方位角　　C. 端点高程　　　D. 端点坐标

555. BE005 坐标反算是计算线段的（　　）。

A. 水平距离　　　B. 倾斜距离　　　C. 弧长　　　　　D. 曲线距离

556. BE006 线段的坐标方位角等于横坐标增量除以纵坐标增量结果的（　　）。

A. 反正弦　　　　B. 反余弦　　　　C. 反正切　　　　D. 反余切

557. BE006　当坐标反算线段的纵坐标增量为正值时,线段的坐标方位角等于(　　)。

A. 反算角度　　　　　　　　　　　　B. 反算角度加90°

C. 反算角度加180°　　　　　　　　　D. 反算角度加270°

558. BE006　当坐标反算线段的纵坐标增量为负值时,线段的坐标方位角等于(　　)。

A. 反算角度　　　　　　　　　　　　B. 反算角度加90°

C. 反算角度加180°　　　　　　　　　D. 反算角度加270°

559. BE007　二维测线的线号是以(　　)为单位。

A. 毫米　　　　　　B. 厘米　　　　　　C. 米　　　　　　D. 千米

560. BE007　二维测线的桩号是以(　　)为单位。

A. 毫米　　　　　　B. 厘米　　　　　　C. 米　　　　　　D. 千米

561. BE007　两个同一二维测线物理点间的纵坐标增量是桩号之差乘以测线方位角的(　　)。

A. 正弦　　　　　　B. 余弦　　　　　　C. 正切　　　　　D. 余切

562. BE008　激发线距是相邻两条(　　)之间的距离。

A. 炮线　　　　　　B. 检波线　　　　　C. 控制导线　　　D. 测量导线

563. BE008　道距是指沿(　　)方向相邻接收道之间的距离。

A. 激发线　　　　　B. 接收线　　　　　C. 真北　　　　　D. 磁北

564. BE008　三维地震测线的桩号可以按照施工的需要根据特定的规则使用(　　)。

A. 米桩号　　　　　B. 公里桩号　　　　C. 随即桩号　　　D. 自编号

565. BE009　物探测量实测坐标是测量员使用(　　),应用测绘方法对地面点的测量结果。

A. 测量仪器　　　　B. 检波器　　　　　C. 地震仪　　　　D. 钻机

566. BE009　物探测量实测坐标为物探施工和解释提供了(　　)。

A. 深度位置　　　　B. 长度位置　　　　C. 角度位置　　　D. 空间位置

567. BE009　物探测量实测坐标必须根据(　　)为基准进行放样和测量。

A. 测量施工总结　　　　　　　　　　B. 测量施工设计

C. 地质走向　　　　　　　　　　　　D. 地貌状况

568. BE010　每个物探工区测线网只有(　　)原点和起算方位角。

A. 1个　　　　　　B. 2个　　　　　　C. 3个　　　　　　D. 4个

569. BE010　纵坐标增量是两点间距离乘以两点间方位角的(　　)。

A. 正弦　　　　　　B. 余弦　　　　　　C. 正切　　　　　D. 余切

570. BE010　横坐标增量是两点间距离乘以两点间方位角的(　　)。

A. 正弦　　　　　　B. 余弦　　　　　　C. 正切　　　　　D. 余切

571. BF001　瑞士徕卡公司的 GNSS 数据处理软件是(　　)。

A. Leica Geo Office　　　　　　　　　B. South Total Control

C. Trimble Business Center　　　　　　D. GAMIT/GLOBK

572. BF001　美国天宝公司的 GNSS 数据处理软件是(　　)。

A. Leica Geo Office　　　　　　　　　B. South Total Control

C. Trimble Business Center　　　　　　D. GAMIT/GLOBK

573. BF001　国内生产厂商南方测绘公司的 GNSS 数据处理软件是(　　　)。

　　A. Leica Geo Office
　　B. South Total Control
　　C. Trimble Business Center
　　D. GAMIT/GLOBK

574. BF002　GNSS 数据处理软件的文件管理模块可以(　　　)。

　　A. 进行三维自由网平差
　　B. 从 GNSS 接收机下载观测数据
　　C. 新建 GNSS 数据处理文件
　　D. 建立参考椭球

575. BF002　GNSS 数据处理软件的数据转换及导入可以(　　　)。

　　A. 进行三维自由网平差
　　B. 从 GNSS 接收机下载观测数据
　　C. 新建 GNSS 数据处理文件
　　D. 建立参考椭球

576. BF002　GNSS 数据处理软件的项目成果报告模块可以(　　　)。

　　A. 进行三维自由网平差

　　B. 从 GNSS 接收机下载观测数据

　　C. 新建 GNSS 数据处理文件

　　D. 平差成果报告内容,输出文件格式均可在该模块中进行编辑、预览和打印

577. BF003　TBC 中可以对某些选项进行设置,除了(　　　)。

　　A. 坐标系　　　　B. 单位　　　　C. 误差椭圆　　　　D. 默认标准误差

578. BF003　TBC 中设定基线解算的控制参数是基线解算时的一个非常重要的环节。进行
　　　　基线处理以前需要根据相关规范输入(　　　)。

　　A. 坐标系
　　B. 单位
　　C. 平面和垂直精度限差
　　D. 标准误差

579. BF003　TBC 中由一个已知点推导一个未知点坐标则该已知点需设置为(　　　)。

　　A. 浮动质量　　　B. 平差质量　　　C. 控制质量　　　D. 未知质量

580. BF004　在录入了外业观测数据后、在基线解算之前,需要对观测数据进行必要的检
　　　　查。对这些项目进行检查的目的是避免外业操作时的误操作,检查的项目变
　　　　化不包括(　　　)。

　　A. 测站名点号　　B. 测站坐标　　　C. 天线高　　　　D. 预报星历

581. BF004　基线解算的控制参数用以确定(　　　)采用何种处理方法来进行基线解算。

　　A. GNSS 接收机　B. 主机主板　　　C. 计算机　　　　D. 数据处理软件

582. BF004　设定基线解算的控制参数是基线解算时的一个非常重要的环节,通过控制参
　　　　数的设定,可以实现基线的(　　　)。

　　A. 参数改正　　　B. 长度计算　　　C. 优化处理　　　D. 方位检核

583. BF005　由若干含有多条独立观测边的闭合环所组成的网称为(　　　)。

　　A. 三角网　　　　B. 边形网　　　　C. 环形网　　　　D. 星形网

584. BF005　GNSS 网中的三角形边由独立的观测边组成,这种网形是(　　　)。

　　A. 三角形网　　　B. 边形网　　　　C. 环形网　　　　D. 星形网

585. BF005　观测中通常只需要两台 GNSS 接收机的布网图形是(　　　)。

　　A. 三角形网　　　B. 边形网　　　　C. 环形网　　　　D. 星形网

586. BF006　GNSS 静态测量观测应选择(　　　)较小的时段。

　　A. 卫星数　　　　B. 卫星高度角　　C. 卫星 DOP 值　　D. 信号信噪比

587. BF006　GNSS 静态测量观测时段预测必须充分考虑(　　)。

　　A. 仪器型号　　　　　B. 仪器数量　　　　　C. 观测人员　　　　　D. 观测地点

588. BF006　所谓观测时段,是测站上开始接收卫星信号到(　　),所连续观测的时间段。

　　A. 停止接收　　　　　　　　　　　　B. 主机断电

　　C. 信号中断　　　　　　　　　　　　D. 仪器搬迁

589. BF007　GPS 网的无约束平差方法,实践中常采用(　　)。

　　A. 条件平差法　　　　　　　　　　　B. 间接平差法

　　C. 序贯平差法　　　　　　　　　　　D. 卡尔曼滤波

590. BF007　经典自由网平差具有一个起始点,其坐标值在平差中保持不变,这时网的位置
　　　　　　基准,由(　　)确定。

　　A. 网点坐标近似值的平均数　　　　　B. 拟稳点

　　C. 该起点及其坐标值　　　　　　　　D. 相对稳定点

591. BF007　对于 GPS 网来说,仅具有一个起始点,其坐标值在平差中保持不变,这种平差
　　　　　　方法是(　　)。

　　A. 非经典自由网平差　　　　　　　　B. 经典自由网平差

　　C. 自由网平差　　　　　　　　　　　D. 秩亏自由网平差

592. BF008　GNSS 网平差结果的质量评定,主要采用(　　)、相邻点间弦长的中误差和相
　　　　　　对中误差等指标。

　　A. 基线向量剔除率　　　　　　　　　B. 基线向量相关率

　　C. 基线向量改正数　　　　　　　　　D. 最弱点点位中误差

593. BF008　如果经 GPS 网约束平差后的基线向量改正数与 GPS 网无约束平差后基线向
　　　　　　量改正数的较差超限,则通常认为(　　)。

　　A. 基线向量包含粗差　　　　　　　　B. 基线向量相关性强

　　C. 基线向量相关性弱　　　　　　　　D. 约束条件与 GPS 网不兼容

594. BF008　所谓三维约束平差,就是以国家大地坐标系或地方坐标系的某些固定点坐标、
　　　　　　固定边长及固定方位为网的基准,并将其作为平差中的约束条件,在平差计算
　　　　　　中考虑(　　)。

　　A. 无约束平差的结果

　　B. GPS 网的观测时间

　　C. GPS 网与地面网之间的转换参数

　　D. GPS 网与地面网之间的椭球参数差异

595. BF009　野外(　　),是检验 GPS 测量或全站仪放样测量精度的主要方法。

　　A. 复测　　　　　　　B. 补测　　　　　　　C. 重测　　　　　　　D. 观测

596. BF009　复测是指通过测量仪器在(　　)上进行观测,以检验已经施工完成测线的测
　　　　　　量精度。

　　A. 三角点　　　　　　B. 水准点　　　　　　C. 已经测过的点　　　D. 没有测过的点

597. BF009　复测是在不同的(　　)下对同一个点进行重复观测的过程。

　　A. 观测条件　　　　　B. 环境条件　　　　　C. 人员条件　　　　　D. 仪器条件

598. BF010 现行陆上物探测量规范规定 RTK 复测的较差应满足（　　　　）。

 A. $\Delta x \leqslant 0.3m, \Delta y \leqslant 0.3m, \Delta h \leqslant 0.6m$　　　　B. $\Delta x \leqslant 0.4m, \Delta y \leqslant 0.4m, \Delta h \leqslant 0.8m$

 C. $\Delta x \leqslant 1.0m, \Delta y \leqslant 1.0m, \Delta h \leqslant 2.0m$　　　　D. $\Delta x \leqslant 0.2m, \Delta y \leqslant 0.2m, \Delta h \leqslant 0.4m$

599. BF010 现行陆上石油物探测量规范规定,每连续施测不超过（　　）物理点时,应强制重新初始化并在已测过的点上复测。

 A. 50 个　　　　　　B. 100 个　　　　　　C. 200 个　　　　　　D. 300 个

600. BF010 陆上石油物探测量规范规定,每连续取浮点解不超过（　　）物理点时,应强制重新初始化并在已测过的点上复测。

 A. 5　　　　　　　　B. 10　　　　　　　　C. 20　　　　　　　　D. 50

二、判断题(对的画"√",错的画"×")

（　　）1. AA001　只需要有弹性介质就会产生地震波。

（　　）2. AA002　当地震波入射到波阻抗界面时,会产生各种不同的波,如反射波、折射波、透射波等。

（　　）3. AA003　有效波有利于解决地质任务。

（　　）4. AA004　人和车辆产生的震动对地震资料来说是干扰波。

（　　）5. AA005　物探测量包括野外观测和室内数据处理两个部分。

（　　）6. AA006　全球导航定位测量方法是目前主要的物探测量的作业方法。

（　　）7. AA007　表层调查为地震资料静校正提供基础资料。

（　　）8. AA008　每种表层调查方法反映的表层特征是相同的。

（　　）9. AA009　微测井法是利用折射波进行表层调查的方法。

（　　）10. AA010　小折射法和微测井法是目前最常用的表层调查方法。

（　　）11. AA011　物探钻井是根据地表地形情况随机选取位置进行钻井作业的。

（　　）12. AA012　根据炮点地形地貌不同可采取不同的物探钻井方法。

（　　）13. AA013　物探放线放置的设备主要包括炸药和检波器。

（　　）14. AA014　物探放线作业一般是通过人工方法安置检波器等接收设备。

（　　）15. AB001　MIDI 文件和 WAV 文件都是计算机的音频文件。

（　　）16. AB002　文件夹中只能包含文件。

（　　）17. AB003　同一个目录内,已有一个"新建文件夹",再新建一个文件夹,则此文件夹的名称为新建文件夹(1)。

（　　）18. AB004　在回收站窗口中,如果用户执行了[文件/清空回收站]命令,则回收站中的文件或文件夹不能恢复,并从磁盘中清除出去。

（　　）19. AB005　"回收站"被清空后,"回收站"图标不会发生变化。

（　　）20. AB006　移动文件实际上是剪切和粘贴的过程。

（　　）21. AB007　右键—文件—复制/剪切—目标地址—右键—粘贴,即可完成文件的复制与剪切。

（　　）22. AB008　文件名中允许使用竖线。

（　　）23. AB009　重命名文件可以改变文件的基本格式。

(　)24. AB010　能表示文件 ABC、TXT 的是？BC、* 。

(　)25. AB011　计算机病毒是一个在计算机内部或系统之间进行自我繁殖和扩散的文档文件。

(　)26. AB012　利用键盘,按 Alt+空格键可以实现中西文输入方式的切换。

(　)27. AB013　网络是以传输信息为目的而连接起来机械。

(　)28. AB014　文字信息处理时,各种文字符号都是以二进制数的形式存储在计算机中。

(　)29. AB015　TCP/IP 协议是为美国 ARPANet 网设计的,目的是使不同厂家生产的计算机能在共同的网络环境下运行。

(　)30. AB016　Excel 是 Microsoft 公司推出的电子表格软件,是办公自动化集成软件包 Office 的重要组成部分。

(　)31. AB017　Word 2010 是电子表格。

(　)32. AB018　在 Word 中撤销命令只能执行一次。

(　)33. AB019　当向 Excel 工作表单元格输入公式时,使用单元格地址 D$2 引用 D 列 2 行单元格,该单元格的引用称为相对地址引用。

(　)34. AB020　在 PowerPoint 中,要使幻灯片文件能在打开后自动放映,应将其保存为 ppt 类型。

(　)35. AC001　地图上表示的 1 千米距离等于地面上 1000 米。

(　)36. AC002　度、分、秒是我国采用的平面角的法定计量单位之一。

(　)37. AC003　10 分等于 600 秒。

(　)38. AC004　面积单位是测量物体表面大小的单位。

(　)39. AC005　1 公顷等于 15 亩。

(　)40. AC006　时间单位是国际单位制 7 种基本单位之一。

(　)41. AC007　一个恒星日约为 12 小时。

(　)42. AC008　开尔文不是国际单位制单位。

(　)43. AC009　摄氏温度是以绝对零度为 0℃。

(　)44. AC010　帕斯卡是 1 牛顿的压力施加在 10 平方米面积上所产生的压强。

(　)45. AC011　1kPa＝1000Pa。

(　)46. AC012　频率是单位时间内完成周期性变化的次数。

(　)47. AC013　速率是一种矢量。

(　)48. AC014　物体所含物质的数量叫质量。

(　)49. AD001　直角的真值是 90°。

(　)50. AD002　观测者的手眼操作和鉴别能力会对测量结果产生影响。

(　)51. AD003　读数时估读小数的误差属于偶然误差。

(　)52. AD004　绝对值小的偶然误差出现的概率小。

(　)53. AD005　一组误差的平均大小不能反映该组观测精度的高低。

(　)54. AE001　中华人民共和国测绘法是为了加强测绘管理,促进测绘事业发展,保障测绘事业为国家经济建设、国防建设、社会发展和生态保护服务,维护国家地理信息安全而制定的法律。

（　）55. AE002　测绘单位可以将承包的测绘项目转包。

（　）56. AE003　从事测绘活动，绝对不能使用国际坐标系统。

（　）57. AE004　任何单位和个人不得侵占永久性测量标志用地。

（　）58. AE005　涉密测绘成果使用后可自行销毁。

（　）59. BA001　地球表面是规则的。

（　）60. BA002　面积不大的测区可以将地球球面视作平面。

（　）61. BA003　垂直参考椭球旋转轴的平面称为子午面。

（　）62. BA004　大地坐标的经线经过椭球的南极和北极。

（　）63. BA005　我国各地的纬度都是东经。

（　）64. BA006　克拉索夫斯基椭球长半轴为 6378137m。

（　）65. BA007　地球参考椭球的扁率很小，一般情况下可以将地球视为圆球。

（　）66. BA008　大地坐标以地球自转轴和参考椭球球心为基础建立。

（　）67. BA009　在大地坐标系中，地面点的空间位置用大地经度、大地纬度和椭球高表示。

（　）68. BA010　图纸上每个大地坐标格网的横向和纵向坐标差相同。

（　）69. BA011　地理坐标是一个平面坐标系统。

（　）70. BA012　空间直角坐标系的 x 轴与赤道面和子午面的交线重合。

（　）71. BA013　高程指的是某点沿铅垂线方向到绝对基面的距离，称绝对高程，简称高程。

（　）72. BA014　海拔高从参考椭球面起算，向外为正，向内为负。

（　）73. BA015　大地高是指地面点沿铅垂线到参考椭球面的距离。

（　）74. BA016　水准面是受地球表面引力场影响而形成的。

（　）75. BA017　大地水准面是一个连续的、封闭的、不规则的曲面，是正高的基准面。

（　）76. BA018　高程异常一般采用天文重力水准测量方法获得。

（　）77. BA019　变观的目的就是保证勘探目标点的覆盖次数。

（　）78. BA020　铅垂线方向和地面质点受地球引力的方向一致。

（　）79. BA021　曲面上某一点的法线指的是经过这一点并且与该点切平面垂直的那条直线。

（　）80. BA022　地图是以放大的形式表达制图对象。

（　）81. BB001　地图投影的实质就是将地球椭球面上的地理坐标转化为平面直角坐标。

（　）82. BB002　在地图投影中，只需采用适当的投影方式使某一种投影变形小到可接受的程度。

（　）83. BB003　投影面的中心线与地轴一致是正轴投影。

（　）84. BB004　制图区域的大小是根据投影所能达到的最大变形值来确定的。

（　）85. BB005　子午线和赤道经高斯投影后为相互垂直的直线。

（　）86. BB006　中央子午线与赤道高斯投影后的直线正交。

（　）87. BB007　高斯·克吕格投影分带的目的是将投影变形限制在一定的范围。

（　）88. BB008　在小范围内进行普通测量工作时，完全可以忽略用水平面代替水准面所产生的高差误差。

（　　）89. BB009　在几百平方千米范围内进行普通测量时,必须考虑用水平面代替水准面对水平角度的影响。

（　　）90. BB010　在普通测量工作中,完全可以将大地水准面和参考椭球面看作为圆球。

（　　）91. BB011　磁子午线方向可以用罗盘仪直接测定。

（　　）92. BB012　用天文观测法确定的子午线为真子午线。

（　　）93. BB013　地形图不可以表示地形的起伏。

（　　）94. BB014　辅助要素是地图内容的主体。

（　　）95. BB015　地物泛指地球表面上移动的物体。

（　　）96. BB016　地貌:指地球表面高低起伏、凹凸不平的自然形态。

（　　）97. BB017　等高线上各点的高程相等。

（　　）98. BB018　半距等高线称为间曲线。

（　　）99. BB019　在同一地形图上等高线越稀疏表示地形坡度越平缓。

（　　）100. BB020　地图上任一点的高程均介于相邻两条等高线之间。

（　　）101. BB021　同一线段在 1:500 地图上的长度长于 1:1000 地图上的长度。

（　　）102. BB022　在三角高程测量中,测站点既可以设在已知高程点上,也可以设在待定高程点上。

（　　）103. BB023　高斯投影 6°分带第 1 带的中央子午线经度为 0°。

（　　）104. BB024　高斯投影 3°带的带宽是 3°。

（　　）105. BB025　平面直角坐标系中可以正常适用数学三角函数。

（　　）106. BB026　测量工作中平面直角坐标系的北方向是 Y 坐标。

（　　）107. BB027　平面直角坐标的变换方法常用于自定义平面直角坐标系之间或高斯平面直角坐标系与自定义平面直角坐标系之间的转换。

（　　）108. BB028　1:200000 是我国的基本比例尺。

（　　）109. BC001　"全球定位系统"英文首字母的缩写为 GPS。

（　　）110. BC002　GNSS 绝对定位方法的实质,就是空间距离前方交会。

（　　）111. BC003　GNSS 测量可同时精确测定测站平面位置和大地高程。

（　　）112. BC004　全球导航定位系统简称 GPS。

（　　）113. BC005　用户设备部分是指 GPS 卫星。

（　　）114. BC006　GPS 是英文 Global Positioning System 的简称。

（　　）115. BC007　GLONASS 系统标准配置为 24 颗卫星。

（　　）116. BC008　北斗卫星导航系统是欧洲研制的全球卫星导航系统。

（　　）117. BC009　美国的 GPS 系统卫星分布在 3 个卫星轨道上。

（　　）118. BC010　对于导航定位来说,GNSS 卫星是一动态已知点。

（　　）119. BC011　注入站作用:将导航电文注入 GNSS 卫星。

（　　）120. BC012　测量型 GNSS 接收机采用载波相位作为观测值。

（　　）121. BC013　电瓶的正负极和数据通信电台的正负极相对,否则将可能烧毁电台。

（　　）122. BC014　RTK 接收机及天线的外观应良好,型号应正确。

（　　）123. BC015　RTK 作业的参数设置一般在作业前完成。

（　　）124. BC016　分离接收到的不同卫星的信号，以实现对卫星信号的跟踪、处理和量测，具有这样功能的器件称为天线信号通道。

（　　）125. BC017　GNSS 卫星定位测量是通过用户接收机接收 GNSS 卫星发射的信号来测定测站坐标的。

（　　）126. BC018　GNSS 卫星信号中包含电离层延迟参数。

（　　）127. BC019　本质上，电磁波是一种客观存在的物质和能量传输形式，是交互变化的电磁场在空间传播的过程。

（　　）128. BC020　射频信号在空间传播所遇到某些东西都会使射频信号变得更小，这种现象称为反射。

（　　）129. BC021　电磁波测距有两种方法：脉冲测距法和相位测距法。

（　　）130. BC022　GPS 导航卫星发射的 C/A 码或 P 码称为载波。

（　　）131. BC023　GPS 卫星导航电文波形是方波。

（　　）132. BC024　惯性坐标系：在空间固定的坐标系，坐标原点和坐标轴指向在空间保持运动。

（　　）133. BC025　秒长定义为石英原子 CS133 基态的两个超精细能级间跃迁辐射振荡 9192631170 周所持续的时间。

（　　）134. BC026　恒星时是根据地球公转来计算的。

（　　）135. BC027　协调世界时一种折衷的时间系统。

（　　）136. BC028　GDOP 是几何精度因子。

（　　）137. BC029　VDOP 是水平分量精度因子。

（　　）138. BC030　VDOP 是垂直分量精度因子。

（　　）139. BC031　PDOP 值越大定位精度越好。

（　　）140. BC032　星历误差在卫星定位中是偶然误差。

（　　）141. BD001　相对定位又称为单点定位。

（　　）142. BD002　通俗理解伪距就是不真实的距离。

（　　）143. BD003　伪距测量所采用的测距码称为伪距观测值。

（　　）144. BD004　载波相位测量可用于较精密的绝对定位。

（　　）145. BD005　卫星星历，又称为两行轨道数据。

（　　）146. BD006　精密星历对导航和实时定位毫无价值，但对长基线、高精度的静态定位非常有意义。

（　　）147. BD007　广播星历也叫后处理星历。

（　　）148. BD008　静态测量精度比实时动态测量精度低。

（　　）149. BD009　主机是 GNSS 测量仪器主要的卫星信号接收和处理部件。

（　　）150. BD010　接收机天线的作用是将 GNSS 卫星信号电流予以放大。

（　　）151. BD011　GNSS 接收机是卫星定位用户部分的辅助部件。

（　　）152. BD012　GNSS 接收机具有全天候作业的特性，所以可以在雷电天气条件下继续工作。

（　　）153. BD013　充电器可以作为电源连接测量仪器。

( ) 154. BD014　在相对定位中,卫星钟差可通过电离层解算的方法消除。

( ) 155. BD015　星历误差属于随机误差。

( ) 156. BD016　当 GPS 卫星处于天顶方向时,电离层折射对信号传播路径的影响最小,而当卫星接近地平线时,则影响最大。

( ) 157. BD017　对于小于 20km 的短基线来说,通过对两个测站的同步观测值求差,可以有效地减弱对流层折射的影响。

( ) 158. BD018　选择测站时需要离开有反射的地方,比如水面、玻璃面等,这是为了避免电离层干扰的影响。

( ) 159. BD019　观测值与真值之差称为误差。

( ) 160. BD020　接收机的钟面时与卫星标准时之间的差异称为接收机钟差。

( ) 161. BD021　静态仪器需要连接电台设备。

( ) 162. BD022　GNSS 接收设备一般检视和通电检验完成后,应在不同长度的标准基线上进行测试。

( ) 163. BD023　 GNSS 控制测量作业前,应对 GNSS 接收机和天线等设备进行全面检验。

( ) 164. BD024　PPK 是实时处理两个测站载波相位观测量的差分方法。

( ) 165. BD025　RTK 测量不存在误差积累。

( ) 166. BD026　系统中的每台 GNSS 接收机都配有一个 GNSS 接收天线。

( ) 167. BD027　分体式 GNSS 接收机,主机与 GNSS 卫星天线通过蓝牙来连接。

( ) 168. BD028　RTK 作业的参数设置一般在作业后完成。

( ) 169. BD029　基准站和流动站 GNSS 操作员需要对上装到控制器或电子手簿中的数据进行抽样检查。

( ) 170. BD030　原始数据要及时做好备份以防电脑意外损坏导致数据丢失。

( ) 171. BD031　基准站要避免架在高压输变电设备附近。

( ) 172. BD032　RTK 作业应尽量在天气良好的状况下进行,要尽量避免雷雨天气,白天作业精度一般优于夜间。

( ) 173. BD033　物探测量的设计数据一般包括桩号、北坐标、东坐标。

( ) 174. BD034　根据规范要求,物探测量 RTK 实测数据采样历元个数必须大于等于 1。

( ) 175. BD035　手持 GPS 只能用于导航。

( ) 176. BD036　手持 GPS 单点定位的坐标属于北京 1954 大地坐标系。

( ) 177. BD037　导航仪一般由定位系统、硬件系统、软件系统和导航电子地图四部分构成。

( ) 178. BD038　电子地图即数字地图,是利用计算机技术,以数字方式存储和查阅的地图。

( ) 179. BD039　GPS 接收机中所有的点,都可以称为航点。

( ) 180. BD040　依次经过若干航点,由使用者自行编辑的行进路线称为航线。

( ) 181. BE001　纵坐标增量是两点间距离乘以两点间方位角的余切值。

( ) 182. BE002　横坐标增量是两点间距离乘以两点间方位角的正弦值。

（　　）183. BE003　坐标正算就是根据直线的边长和竖直角计算坐标增量的过程。

（　　）184. BE004　平面直角坐标正算过程非常复杂。

（　　）185. BE005　坐标反算就是根据直线的边长和竖直角计算坐标增量的过程。

（　　）186. BE006　平面直角坐标反算过程非常复杂。

（　　）187. BE007　二维地震测线的主测线一般是平行于地质构造走向的测线。

（　　）188. BE008　三维地震测线一般采取测线束设计。

（　　）189. BE009　内插的物理点属于测量实测坐标。

（　　）190. BE010　横坐标增量是两点间距离乘以两点间方位角的正切值。

（　　）191. BF001　瑞士徕卡公司的 GNSS 数据处理软件是 TrimbleBusiness Center。

（　　）192. BF002　选择解算基线、卫星高度截止角，采集历元间隔、参考卫星、方差比是平差解算模块的功能。

（　　）193. BF003　利用 GNSS 数据处理软件 TBC 自由网平差选用的是 WGS1984 年坐标系统。

（　　）194. BF004　基线解算完毕后，基线结果并不能马上用于后续的处理，还必须对基线的质量进行检验。

（　　）195. BF005　三角形网几何结构强，具有良好的自检能力。

（　　）196. BF006　选择卫星数较多、DOP 值较小的时段进行卫星定位测量可以保证测量精度。

（　　）197. BF007　无约束平差是不需要固定网中任一点坐标的平差方法。

（　　）198. BF008　所谓三维约束平差，就是以国家大地坐标系或地方坐标系的某些固定点坐标、固定边长及固定方位为网的基准，并将其作为平差中的约束条件，在平差计算中考虑 GPS 网与地面网之间的转换参数。

（　　）199. BF009　在一个点上连续测量 2 次可以作为复测检核。

（　　）200. BF010　精确对准标志是降低复测误差的有效方法。

答　案

一、单项选择题

1. A	2. D	3. B	4. A	5. C	6. B	7. D	8. B	9. C	10. D
11. D	12. A	13. C	14. B	15. A	16. C	17. B	18. D	19. A	20. B
21. A	22. D	23. B	24. C	25. D	26. C	27. A	28. C	29. A	30. C
31. D	32. A	33. D	34. B	35. A	36. A	37. B	38. B	39. A	40. D
41. A	42. C	43. A	44. B	45. A	46. C	47. A	48. D	49. A	50. B
51. A	52. B	53. B	54. C	55. C	56. A	57. B	58. B	59. D	60. A
61. D	62. C	63. A	64. A	65. D	66. C	67. B	68. C	69. B	70. C
71. D	72. B	73. A	74. B	75. D	76. D	77. B	78. D	79. B	80. D
81. A	82. D	83. B	84. B	85. B	86. B	87. C	88. C	89. D	90. D
91. C	92. A	93. B	94. C	95. A	96. A	97. A	98. D	99. A	100. B
101. B	102. C	103. A	104. C	105. C	106. A	107. B	108. D	109. C	110. C
111. D	112. B	113. A	114. A	115. D	116. B	117. D	118. A	119. B	120. B
121. C	122. D	123. C	124. B	125. C	126. A	127. C	128. A	129. B	130. A
131. C	132. C	133. B	134. C	135. D	136. C	137. B	138. C	139. B	140. C
141. A	142. B	143. C	144. C	145. C	146. C	147. A	148. D	149. C	150. A
151. B	152. A	153. A	154. A	155. B	156. A	157. C	158. C	159. A	160. B
161. A	162. B	163. B	164. C	165. D	166. D	167. C	168. C	169. A	170. D
171. A	172. D	173. D	174. A	175. D	176. C	177. B	178. B	179. C	180. A
181. C	182. D	183. A	184. B	185. A	186. B	187. A	188. B	189. C	190. A
191. B	192. C	193. B	194. B	195. C	196. C	197. D	198. C	199. B	200. A
201. D	202. A	203. B	204. D	205. B	206. A	207. B	208. D	209. A	210. C
211. C	213. C	214. B	215. B	216. A	217. A	218. D	219. C	220. C	221. C
222. C	223. C	224. A	225. B	226. B	227. D	228. D	229. B	230. B	231. B
232. D	233. A	234. D	235. B	236. B	237. D	238. C	239. C	240. A	241. B
242. A	243. A	244. B	245. B	246. D	247. B	248. B	249. D	250. C	251. B
252. C	253. D	254. A	255. C	256. A	257. A	258. D	259. B	260. B	261. C
262. D	263. C	264. D	265. C	266. B	267. B	268. A	269. B	270. D	271. A
272. C	273. D	274. A	275. D	276. A	277. B	278. C	279. A	280. A	281. A
282. B	283. D	284. A	285. C	286. C	287. C	288. B	289. A	290. A	291. B
292. A	293. B	294. C	295. D	296. A	297. B	298. D	299. A	300. B	301. B
302. B	303. A	304. A	305. A	306. C	307. A	308. A	309. D	310. D	311. C
312. D	313. C	314. D	315. A	316. C	317. A	318. B	319. A	320. A	321. B

322. C	323. B	324. D	325. C	326. A	327. A	328. C	329. B	330. A	331. A
332. A	333. D	334. D	335. B	336. A	337. C	338. C	339. C	340. C	341. C
342. C	343. D	344. A	345. B	346. A	347. A	348. C	349. D	350. C	351. C
352. B	353. D	354. D	355. B	356. D	357. A	358. √	359. C	360. A	361. D
362. B	363. B	364. A	365. C	366. B	367. C	368. C	369. D	370. A	371. 微
372. B	373. C	374. A	375. C	376. C	377. B	378. C	379. C	380. 钻	381. D
382. A	383. D	384. C	385. 据	386. B	387. B	388. D	389. D	390. 置	391. D
392. A	393. C	394. A	395. C	396. B	397. A	398. B	399. A	400. D	401. D
402. 建	403. B	404. C	405. C	406. D	407. D	408. B	409. C	410. A	411. A
412. D	413. B	414. B	415. D	416. A	417. B	418. C	419. B	420. D	421. C
422. A	423. C	424. D	425. D	426. A	427. C	428. C	429. C	430. 许	431. B
432. A	433. C	434. A	435. B	436. B	437. C	438. B	439. D	440. D	441. A
442. C	443. A	444. C	445. A	446. A	447. D	448. C	449. C	450. A	451. 计
452. A	453. C	454. B	455. C	456. A	457. A	458. √	459. A	460. C	461. A
462. C	463. B	464. A	465. C	466. D	467. C	468. A	469. D	470. A	471. B
472. C	473. A	474. C	475. A	476. C	477. D	478. D	479. C	480. C	481. C
482. C	483. D	484. A	485. C	486. C	487. D	488. A	489. C	490. A	491. B
492. B	493. C	494. D	495. C	496. D	497. A	498. B	499. C	500. A	501. C
502. A	503. A	504. A	505. D	505. C	506. A	507. B	508. B	509. B	510. C
511. B	512. A	513. A	514. C	515. C	516. C	517. A	518. A	519. A	520. B
521. C	522. D	523. D	524. C	525. D	526. A	527. C	528. C	529. C	530. C
531. D	532. B	533. C	534. A	535. C	536. D	537. D	538. C	539. C	540. C
541. C	542. C	543. C	544. C	545. C	546. B	547. B	548. C	549. C	550. C
551. C	552. D	553. B	554. C	555. A	556. C	557. A	558. C	559. D	560. C
561. B	562. A	563. B	564. D	565. C	566. C	567. B	568. A	569. B	570. A
571. A	572. √	573. B	574. C	575. C	576. C	577. C	578. C	579. C	580. D
581. D	582. √	583. C	584. A	585. D	586. C	587. D	588. C	589. C	590. 算
591. B	592. C	593. D	594. C	595. A	596. C	597. A	598. B	599. B	600. C

二、判断题

1. × 正确答案:需要有震源和弹性介质才能产生地震波。 2. √ 3. √ 4. √ 5 √ 6. √
7. √ 8. × 正确答案:每种表层调查方法反映的表层特征是不同的。 9. × 正确答案:微测井法是利用透射波进行表层调查的方法。 10. √ 11. × 正确答案:物探钻井是根据测量作业设定的炮点位置进行钻井作业的。 12. √ 13. × 正确答案:物探放线放置的设备主要包括数据线和检波器。 14. √ 15. √ 16. × 正确答案:文件夹中可以包含文件或文件夹 17. × 正确答案:同一个目录内,已有一个"新建文件夹",再新建一个文件夹,则此文件夹的名称为新建文件夹(2)。 18. √ 19. × 正确答案:"回收站"被清空后,"回收站"图标发生变化。 20. √ 21. √ 22. × 正确答案:文件名中不允许使用竖线。
23. × 正确答案:重命名文件不能改变文件的基本格式。 24. √ 25. × 正确答案:计算机病毒是一个在计算机内部或系统之间进行自我繁殖和扩散的程序文件。　26.√　27.×　正确答案:网络是以传输信息为目的而连接起来系统。　28.√　29.√　30.√　31.×　正确答案:Word 2010 是文字处理软件。　32.×　正确答案:在 Word 中撤消命令可以执行多次。　33.×　正确答案:当向 Excel 工作表单元格输入公式时,使用单元格地址 D＄2 引用 D 列 2 行单元格,该单元格的引用称为混合地址引用。　34.√　35.√　36.√　37.√　38.√　39.√　40.√　41.×　正确答案:一个恒星日约为 24 小时。　42.×　正确答案:开尔文是国际单位制单位。　43.×　正确答案:摄氏温度是以标准大气压下冰的熔点为 0℃。　44.×　正确答案:帕斯卡是 1 牛顿的压力施加在 1 平方米面积上所产生的压强。　45.√　46.√　47.×　正确答案:速率是一种标量。　48.√　49.√　50.√　51.√　52.×　正确答案:绝对值小的偶然误差出现的概率大。　53.×　正确答案:一组误差的平均大小能够反映该组观测精度的高低。　54.√　55.×　正确答案:测绘单位不可以将承包的测绘项目转包。　56.×　正确答案:从事测绘活动,在不妨碍国家安全的前提下,经过批准可以使用国际坐标系统。　57.√　58.×　正确答案:涉密测绘成果使用后需要销毁的,必须报本单位主要领导审批,并报原测绘成果提供单位备案。　59.×　正确答案:地球表面是不规则的。　60.√　61.×　正确答案:通过参考椭球旋转轴的平面称为子午面。　62.√　63.×　正确答案:我国各地的纬度都是北纬。　64.×　正确答案:克拉索夫斯基椭球长半轴为 6378245m。　65.√　66.×　正确答案:大地坐标以参考椭球自转轴和参考椭球球心为基础建立。　67.√　68.×　正确答案:图纸上每个大地坐标格网的横向和纵向坐标差不一定相同。　69.×　正确答案:地理坐标是一个球面坐标系统。　70.×　正确答案:空间直角坐标系的 x 轴与赤道面和起始子午面的交线重合。　71.√　72.×　正确答案:海拔高从大地水准面起算,向外为正,向内为负。　73.×　正确答案:大地高是指地面点沿法线方向到参考椭球面的距离。　74.×　正确答案:水准面是受地球表面重力场影响而形成的。　75.√　76.√　77.√　78.×　正确答案:铅垂线方向和地面质点受到的重力的方向一致。　79.√　80.×　正确答案:地图是以缩小的形式表达制图对象。　81.√　82.×　正确答案:在地图投影中,应采用适当的投影方式使各种投影变形小到可接受的程度。　83.√　84.√　85.×　正确答案:中央子午线和赤道经高斯投影后为相互垂直的直线。　86.√　87.√　88.×　正确答案:即使在小范围内进行普通测量工作,也不能忽略用水平面代替水准面所产生的高差误差。　89.×　正确答案:在几百平方千米范围内进行普通测量时,完全不必考虑用水平面代替水准面对水平角度的影响。　90.√　91.√　92.√　93.×　正确答案:地形图可以表示出地面各种高低起伏的形态。　94.×　正确答案:地理要素是地图内容的主体。　95.×　正确答案:地物泛指地球表面上相对固定的物体。　96.√　97.√　98.√　99.√　100.√　101.√　102.√　103.×　正确答案:高斯投影 6°带分带第一带的中央子午线经度为 3°。　104.√　105.√　106.×　正确答案:平面直角坐标系的北方向是 X 坐标。　107.√　108.×　正确答案:1:20000 不是我国的基本比例尺。　109.√　110.×　正确答案:GNSS 绝对定位方法的实质,就是空间距离后方交会。　111.√　112.×　正确答案:全球导航定位系统简称 GNSS。　113.×　正确答案:用户设备部分是指 GPS 信号接收机及相关设备。　114.√　115.√　116.×　正确答案:北斗卫星导航系统是中国自主研制的全球卫星导航系统。　117.×　正确答案:美国的 GPS 系统卫星分布在 6 个卫星轨道上。　118.√　119.√　120.√　121.√　122.√　123.√　124.√　125.√　126.√　127.√

128.×　正确答案:射频信号在空间传播所遇到某些东西都会使射频信号变得更小,这种现象称为吸收。　129.√　130.×　正确答案:GPS 导航卫星发射的 C/A 码或 P 码称为测距码。　131.√　132.×　正确答案:惯性坐标系:在空间固定的坐标系,坐标原点和坐标轴指向在空间保持不动。　133.×　正确答案:秒长定义为铯原子 CS133 基态的两个超精细能级间跃迁辐射振荡 9192631170 周所持续的时间。　134.×　正确答案:恒星时是根据地球自转来计算的。　135.√　136.√　137.×　正确答案:HDOP 水平分量精度因子。　138.√　139.×　正确答案:PDOP 值越小定位精度越好。　140.×　正确答案:星历误差在卫星定位中是系统误差。　141.×　正确答案:绝对定位又称为单点定位。　142.√　143.√　144.√　145.√　146.√　147.×　正确答案:广播星历也叫预报星历。　148.×　正确答案:静态测量精度比实时动态测量精度高。　149.√　150.×　正确答案:接收机天线的作用是将 GNSS 卫星信号的极微弱的电磁波能转化为相应的电流。　151.×　正确答案:GNSS 接收机是卫星定位用户部分的核心部件。　152.×　正确答案:GNSS 接收机虽然具有全天候作业的特性,但不可以在雷电天气条件下继续工作,避免击伤仪器。　153.×　正确答案:充电器不可以作为电源连接测量仪器。　154.×　正确答案:正确答案:在相对定位中,卫星钟差可通过观测量求差或差分的方法消除。　155.×　正确答案:　星历误差属于系统误差。　156.√　157.√　158.×　正确答案:选择测站时需要离开有反射的地方,比如水面、玻璃面等,这是为了减弱多路径效应的影响。　159.√　160.√　161.×　正确答案:静态仪器不需要连接电台设备。　162.√　163.√　164.×　正确答案:RTK 是实时处理两个测站载波相位观测量的差分方法。　165.√　166.√　167.×　正确答案:分体式 GNSS 接收机,主机与 GNSS 卫星天线使用两芯同轴电缆连接。　168.×　正确答案:RTK 作业的参数设置一般在作业前完成。　169.√　170.√　171.√　172.×　正确答案:RTK 作业应尽量在天气良好的状况下进行,要尽量避免雷雨天气,夜间作业精度一般优于白天。　173.√　174.×　正确答案:根据规范要求物探测量 RTK 实测数据采样历元个数必须大于等于 2。　175.×　正确答案:手持 GPS 可以实现定位、导航、记录航迹、移动 GIS 数据采集、野外制图等很多功能。　176.×　正确答案:手持 GPS 单点定位的坐标属于 WGS—1984 大地坐标系。　177.√　178.√　179.√　180.√　181.×　正确答案:纵坐标增量是两点间距离乘以两点间方位角的余弦值。　182.√　183.×　正确答案:坐标正算就是根据直线的边长和方位角计算坐标增量的过程。　184.×　正确答案:平面直角坐标正算过程非常简单。　185.×　正确答案:坐标反算就是根据线段的端点坐标计算线段的水平长度和坐标方位角的过程。　186.×　正确答案:平面直角坐标反算过程非常简单。　187.×　正确答案:二维地震测线的主测线一般是垂直于地质构造走向的测线。　188.√　189.×　正确答案:内插的物理点不属于测量实测坐标。　190.×　正确答案:横坐标增量是两点间距离乘以两点间方位角的正弦值。　191.×　正确答案:瑞士徕卡公司的 GNSS 数据处理软件是 Leica Geo Office。　192.×　正确答案:选择解算基线、卫星高度截止角,采集历元间隔、参考卫星、方差比是基线解算模块的功能。　193.√　194.√　195.√　196.√　197.×　正确答案:无约束平差即只固定网中某一点坐标的平差方法。　198.√　199.×　正确答案:在一个点上连续测量 2 次不可以作为复测检核。　200.√

附　录

附录1　职业资格等级标准

1. 工种概况

1.1　工种名称

石油勘探测量工。

1.2　工种代码

6-16-02-01-02。

1.3　工种定义

操作大地测量仪器及辅助设备,为石油、天然气勘探提供位置和地理信息服务的人员。

1.4　适用范围

物探(化探)队测量、观测、记录、链尺、花杆、标尺和内业计算岗位。

1.5　工种等级

本工种共设五个等级,分别为:初级(国家职业资格五级)、中级(国家职业资格四级)、高级(国家职业资格三级)、技师(国家职业资格二级)、高级技师(国家职业资格一级)。

1.6　工种环境

主要是野外作业,部分岗位为室内作业。

1.7　工种能力特征

身体健康,具有一定的理解、表达、分析、判断能力和形体知觉、色觉能力,动作协调灵活。

1.8　基本文化程度

高中毕业(或同等学历)。

1.9　培训要求

1.9.1　培训期限

全日制职业学校教育,根据其培养目标和教学计划确定期限。晋级培训:初级不少于280标准学时;中级不少于210标准学时;高级不少于200标准学时;技师不少于280标准学时;高级技师不少于200标准学时。

1.9.2　培训教师

培训初级、中级、高级的教师应具有本职业技师职业资格证书或中级以上专业技术职业任职资格；培训技师、高级技师的教师应具有本职业高级技师职业资格证书或相应专业高级专业技术职务。

1.9.3　培训场地设备

理论培训应具有可容纳30名以上学员的教室，技能操作培训应有相应的设备、工具、安全设施等较为完善的场地。

1.10　鉴定要求

1.10.1　适用对象

（1）新入职的操作技能人员。

（2）在操作技能岗位工作的人员。

（3）其他需要鉴定的人员。

1.10.2　申报条件

具备以下条件之一者可申报初级工：

（1）新入职完成本职业（工种）培训内容，经考核合格人员。

（2）从事本工种工作1年及以上的人员。

具备以下条件之一者可申报中级工：

（1）从事本工种工作5年以上，并取得本职业（工种）初级工职业技能等级证书。

（2）各类职业、高等院校大专及以上毕业生从事本工种工作3年及以上，并取得本职业（工种）初级工职业技能等级证书。

具备以下条件之一者可申报高级工。

（1）从事本工种工作14年以上，并取得本职业（工种）中级工职业技能等级证书的人员。

（2）各类职业、高等院校大专及以上毕业生从事本工种工作5年及以上，并取得本职业（工种）中级工职业技能等级证书的人员。

技师需取得本职业（工种）高级工职业技能等级证书3年以上，工作业绩经企业考核合格的人员。

高级技师需取得本职业（工种）技师职业技能等级证书3年以上，工作业绩经企业考核合格的人员。

2. 基本要求

2.1　职业道德

（1）爱岗敬业，自觉履行职责；

（2）忠于职守，严于律己；

（3）吃苦耐劳，工作认真负责；

（4）勤奋好学，刻苦钻研业务技术；

（5）谦虚谨慎，团结协作；

（6）安全生产，严格执行生产操作规程；

（7）文明作业，质量环保意识强；

（8）文明守纪，遵纪守法。

2.2 基础知识

2.2.1 石油勘探知识

（1）石油勘探基础知识；

（2）石油物探基础知识；

（3）地震勘探基础知识；

（4）地震采集施工流程。

2.2.2 计算机基础知识

（1）计算机硬件基础知识；

（2）计算机软件基础知识；

（3）文字处理软件的操作方法；

（4）电子表格软件的操作方法；

（5）幻灯片软件的操作方法；

（6）计算机网络的概念。

2.2.3 计量基础知识

（1）计量单位的概念；

（2）常用计量单位。

2.2.4 误差基本知识

（1）误差的基本概念；

（2）误差传播定律；

（3）中误差计算方法。

2.2.5 电工基础知识

（1）交流电的概念；

（2）直流电的概念；

（3）常用电工术语；

（4）电池充放电原理。

2.2.6 测绘法律法规知识

（1）测绘法；

（2）测绘资质管理规定；

（3）测绘作业证管理规定；

（4）建立相对独立的平面坐标系管理办法；

（5）测绘标准化法工作管理办法；

（6）测绘计量管理暂行办法；

（7）测绘生产质量管理规定；

（8）测绘成果质量监督抽查管理办法；

（9）测绘成果保密的管理制度；

（10）测绘成果管理条例。

3. 工作要求

本标准对初级、中级、高级、技师、高级技师的技能要求依次递进，高级别包含低级别的要求。

3.1 初级

职业功能	工作内容	技能要求	相关知识
一、使用工具	（一）制作标志	1. 能制作测量标志旗 2. 能制作测量桩号	1. 测线部署及物理点的概念 2. 测量标志制作方法 3. 观测系统的概念 4. 物理点桩号的概念
	（二）使用工具	1. 能制作和检校链尺 2. 能使用过塑机塑封桩号	1. 测线设计和实测坐标 2. 测量工具及标志旗的概念 3. 制作与检校链尺 4. 特观设计的方法
二、使用图纸	（一）展绘地图	1. 能绘制测站位置图 2. 能绘制测线草图 3. 能量算地图点大地坐标点 4. 能量算地图点平面直角坐标点	1. 基本方向和方位角的概念 2. 测线测量草图绘制方法 3. 大地坐标的概念 4. 平面直角坐标量算
	（二）使用地图	1. 能利用地形图判断地形 2. 能量算地图比例尺 3. 能利用地图量算测线长度 4. 能拼接图纸	1. 地图的特性和内容 2. 比例尺概念 3. 国家基本比例尺 4. 地形图的内容
三、使用仪器	（一）维护仪器	1. 能使用万用表量测仪器电池电压 2. 能使用充电器充放电 3. 能对中整平仪器 4. 能测量仪器天线高	1. 仪器电池维护 2. 充电器的维护 3. 对中整平方法 4. 物探测量仪器组成
	（二）操作仪器	1. 能安装 GNSS 静态测量仪器 2. 能安装 GNSS RTK 基准站测量仪器 3. 能安装 GNSS RTK 流动站测量仪器 4. 能使用导航仪导航	1. 静态测量原理 2. 参考站仪器安装方法 3. 动态差分流动站安装方法 4. 导航仪的概念

3.2 中级

职业功能	工作内容	技能要求	相关知识
一、使用图纸	（一）展绘地图	1. 能绘制测线高程剖面图 2. 能绘制物理点偏移设计草图 3. 能抄录施工图纸	1. 高程的概念 2. 物理点偏移设计方法 3. 图纸抄绘方法
	（二）使用地图	1. 能展绘大地坐标点 2. 能展绘平面直角坐标点 3. 能量算地图点高程	1. 大地坐标系统的概念 2. 平面直角坐标系的概念 3. 等高线及高程的量算方法

续表

职业功能	工作内容	技能要求	相关知识
二、 使用仪器	（一） 维护仪器	1. 能调试 GNSS 静态测量仪器 2. 能调试 GNSS 基准站测量仪器 3. 能调试 GNSS 流动站测量仪器 4. 能配置 GNSS 仪器坐标系统参数	1. 静态测量仪器的调试方法 2. RTK 基准站仪器调试方法 3. RTK 流动站仪器调试方法 4. GNSS 坐标系统的概念
	（二） 操作仪器	1. 能进行 GNSS 静态观测 2. 能进行 GNSS 基准站观测 3. 能进行 GNSS 流动站观测 4. 能设置导航仪作业参数	1. 静态测量的作业流程 2. RTK 基准站作业流程 3. RTK 流动站作业流程 4. 导航仪测点方法
三、 处理数据	（一） 整理数据	1. 能进行平面直角坐标正反算 2. 能计算二维测线设计坐标 3. 能计算三维测线设计坐标	1. 平面直角坐标正算和反算 2. 二维测线设计坐标计算方法 3. 三维测线设计坐标计算方法
	（二） 计算数据	1. 能设置软件坐标系统参数 2. 能管理静态观测数据 3. 能进行静态基线计算	1. GNSS 测量软件参数设置方法 2. 静态观测数据管理方法 3. 静态基线处理流程

3.3 高级

职业 功能	工作 内容	技能要求	相关知识
一、 使用图纸	（一） 展绘地图	1. 能绘制测线上线设计草图 2. 能绘制导线过障碍草图	1. 导线测量方位角和坐标 2. 导线跨越障碍物方法
	（二） 使用地图	1. 能计算地形图分幅编号 2. 能使用计算机辅助绘制测线位置图 3. 能利用地形图分析测线地形状况	1. 地形图的分幅和编号方法 2. 计算机辅助绘制测线位置图方法 3. 等高线的概念
二、 使用仪器	（一） 维护仪器	1. 能检验全站仪对中器 2. 能检验全站仪指标差 3. 能检查 GNSS 静态仪器运行状态 4. 能检查 GNSS 基准站仪器运行状态 5. 能检查 GNSS 流动站仪器运行状态	1. 全站仪原理 2. 全站仪指标差的检验 3. GNSS 静态作业正常状态 4. GNSS 基准站的架设及常见故障 5. RTK 流动站作业正常状态
	（二） 操作仪器	1. 能进行全站仪设站操作 2. 能进行全站仪放样 3. 能进行全站仪观测水平角	1. 全站仪安置方法 2. 全站仪放样方法 3. 水平角观测方法
三、 处理数据	（一） 整理数据	1. 能统计 RTK 复测点 2. 能统计 RTK 实测点 3. 能整理水平角观测数据 4. 能整理垂直角观测数据	1. RTK 复测量统计方法 2. RTK 实测数据统计方法 3. 水平角观测数据整理方法 4. 垂直角观测数据整理方法
	（二） 计算数据	1. 能计算物理点实测偏移量 2. 能计算导线角度闭合差 3. 能计算导线坐标增量闭合差	1. 实测物理点偏移量计算方法 2. 导线测量的精度统计方法 3. 导线坐标增量的计算

3.4 技师

职业功能	工作内容	技能要求	相关知识
一、 使用仪器	（一） 维护仪器	1. 能检测全站仪视准轴误差 2. 能检验全站仪横轴误差 3. 能简易测定棱镜加常数	1. 全站仪的检验方法 2. 电子全站仪的横向补偿精度 3. 全站仪加常数的检测方法
	（二） 操作仪器	1. 能进行全站仪三角高程测量 2. 能利用普通水准测量两点高差 3. 能设置 RTK 基准站作业参数 4. 能设置 RTK 流动站导航参数	1. 全站仪三角高程的作业流程 2. 光学水准仪基本操作的方法 3. 基准站的作业流程 4. GPS 接收机检验的内容与方法
二、 处理数据	（一） 整理数据	1. 能反算二维桩号 2. 能反算三维桩号 3. 能整理 RTK 观测数据 4. 能进行坐标系统转换	1. 二维坐标反算桩号的方法 2. 三维坐标反算桩号的方法 3. RTK 观测数据整理方法 4. 坐标系统转换的方法
	（二） 计算数据	1. 能计算三角高程 2. 能进行 GNSS 控制网无约束平差 3. 能计算坐标系统转换参数 4. 能进行普通水准测量计算	1. 三角高程的基本原理 2. GNSS 控制网三维无约束平差的方法 3. 坐标系统转换参数的计算方法 4. 普通水准测量计算的方法
三、 控制质量	（一） 监控质量	1. 能检查静态观测数据质量 2. 能检查 RTK 观测数据质量 3. 能检查 RTK 放样质量	1. 静态野外观测质量监控的方法 2. RTK 观测数据质量检查方法 3. RTK 流动站放样质量控制方法
	（二） 制定流程	1. 能编写野外作业流程 2. 能编写数据处理流程	1. 野外作业流程编制要点 2. 数据处理流程编制要点

3.5 高级技师

职业功能	工作内容	技能要求	相关知识
一、 使用仪器	（一） 维护仪器	1. 能进行水准仪 i 角检验 2. 能检测 RTK 测量精度	1. 水准仪 i 角检验方法 2. RTK 测量精度检测方法
	（二） 操作仪器	1. 能进行 GNSS RTK 偏移测量作业 2. 能进行全站仪导线测量作业	1. GNSS RTK 偏移测量的方法 2. 全站仪导线测量的流程
二、 处理数据	（一） 整理数据	1. 能进行 GNSS RTK 观测数据格式变换 2. 能进行二维测线偏移设计 3. 能进行三维测线障碍偏移设计	1. GNSS RTK 观测数据格式变换 2. 二维测线偏移设计方法 3. 三维测线偏移设计方法
	（二） 处理数据	1. 能计算四等水准数据 2. 能进行 GNSS 控制网约束平差 3. 能计算 GNSS 控制网环闭合差 4. 能计算 GNSS 控制网标准差	1. 单一水准路线平差计算的方法 2. 约束平差的方法 3. GNSS 控制网环闭合差 4. GNSS 控制网的技术指标

续表

职业功能	工作内容	技能要求	相关知识
三、 控制质量	（一） 监控质量	1. 能检查 GNSS 控制网基线复测精度 2. 能检查控制网平差质量 3. 能检查导线成果质量	1. GNSS 基线解算的质量指标 2. GNSS 控制网平差质量 3. 导线控制测量的质量监控要点
	（二） 制作流程	1. 能利用网络资源勘查工区地形地貌 2. 编写全站仪和 GNSS RTK 联合作业方案	1. 网络地理信息的利用 2. 全站仪和 RTK 联合作业方法
四、 综合能力	（一） 程序设计	1. 能编写实用测量程序 2. 能编写测量技术设计书	1. 实用测量程序编制方法 2. 石油物探测量技术设计
	（二） 培训管理	1. 能设计测量教学幻灯片 2. 能编写测量培训教学计划	1. 测量教学幻灯片制作方法 2. 测量教学计划的编制方法

4. 比重表

4.1　理论知识

项目		初级 （%）	中级 （%）	高级 （%）	技师、高级技师（%）
基本要求	基础知识	32	29	27	27
专业知识	使用工具 — 制作标志	12			
	使用工具 — 使用工具	11			
	使用图纸 — 展绘地图	6	11	15	
	使用图纸 — 使用地图	7	14	16	
	使用仪器 — 维护仪器	15	16	14	14
	使用仪器 — 操作仪器	17	20	17	12
	处理数据 — 整理数据		5	6	12
	处理数据 — 处理数据		5	5	17
	控制质量 — 监控质量				7
	控制质量 — 制定流程				4
	综合能力 — 操作计算机				4
	综合能力 — 培训管理				3
合计		100	100	100	100

4.2 技能操作

项目			初级 （%）	中级 （%）	高级 （%）	技师 （%）	高级技师 （%）
技能要求	使用工具	制作标志	10				
		使用工具	10				
	使用图纸	展绘地图	20	15	10		
		使用地图	20	15	15		
	使用仪器	维护仪器	20	20	25	15	10
		操作仪器	20	20	15	20	10
技能要求	处理数据	整理数据		20	20	20	15
		处理数据		10	15	20	20
	控制质量	监控质量				15	15
		制定流程				10	10
	综合能力	操作计算机					10
		培训管理					10
合计			100	100	100	100	100

附录 2 初级工理论知识鉴定要素细目表

行业:石油天然气　　　　工种:石油勘探测量工　　　　等级:初级工　　　　鉴定方式:理论知识

行为领域	代码	鉴定范围	鉴定比重	代码	鉴定点	重要程度	备注
基础知识 A（32%）	A	石油勘探知识（15:3:1）	10%	001	石油勘探的定义	Y	
				002	石油勘探的方法	X	上岗要求
				003	地质法勘探的概念	Z	
				004	钻探法勘探的概念	Y	
				005	石油物理勘探的定义	X	
				006	石油物探的地位	Y	
				007	石油物理勘探的方法	X	上岗要求
				008	石油物探的作用	X	上岗要求
				009	电法勘探的定义	X	上岗要求
				010	重力勘探的定义	X	上岗要求
				011	磁法勘探的定义	X	上岗要求
				012	地震勘探的定义	X	上岗要求
				013	地震勘探的方法	X	上岗要求
				014	地震勘探的阶段	X	
				015	地震测线的部署	X	
				016	地震勘探的流程	X	上岗要求
				017	地震资料采集方法	X	上岗要求
				018	地震资料处理方法	X	
				019	地震资料解释方法	X	
	B	计算机基础知识（16:3:1）	10%	001	计算机的功能	X	
				002	计算机的特点	X	
				003	计算机的应用	X	
				004	计算机系统的组成	X	上岗要求
				005	计算机的工作原理	X	上岗要求
				006	计算机的输入设备	X	上岗要求
				007	计算机的输出设备	X	上岗要求
				008	计算机中央处理器的概念	X	上岗要求
				009	计算机存储器的概念	X	
				010	计算机显示器的概念	X	
				011	计算机网络的概念	Z	上岗要求

续表

行为领域	代码	鉴定范围	鉴定比重	代码	鉴定点	重要程度	备注
基础知识A（32%）	B	计算机基础知识（16∶3∶1）	10%	012	计算机网络的应用	Y	上岗要求
				013	计算机驱动器的概念	Y	
				014	软件的概念	Y	上岗要求
				015	软件的分类	X	上岗要求
				016	操作系统的概念	X	上岗要求
				017	应用软件的概念	X	上岗要求
				018	常用计算机操作系统	X	
				019	启动应用程序的方法	X	
				020	退出应用程序的方法	X	
	C	计量基础知识（4∶1∶0）	2%	001	我国法定计量单位	X	
				002	国际单位制的概念	Y	
				003	计量单位制的概念	X	
				004	计量单位的定义	X	
				005	计量单位书写形式	X	
	D	电工基础知识（15∶3∶2）	10%	001	交流电的概念	X	上岗要求
				002	交流电的基本物理量	X	上岗要求
				003	交流电的表示方法	Y	上岗要求
				004	直流电的概念	X	上岗要求
				005	电流的概念	X	上岗要求
				006	电压的概念	X	上岗要求
				007	电阻的概念	X	上岗要求
				008	电容的概念	Y	
				009	电感的概念	Z	
				010	电功率的概念	Y	
				011	电动势的概念	Z	
				012	欧姆定律的含义	X	
				013	充电的基本原理	X	
				014	电池充电的基本要求	X	上岗要求
				015	电池放电的注意事项	X	上岗要求
				016	锂电池的特性	X	上岗要求
				017	镍氢电池的特性	X	
				018	测量电压的方法	X	
				019	测量电流的方法	X	
				020	测量电阻的方法	X	

行为领域	代码	鉴定范围	鉴定比重	代码	鉴定点	重要程度	备注
专业 知识 B （68%）	A	制作标志 （19：4：1）	12%	001	物理点的概念	X	上岗要求
				002	激发点的概念	X	上岗要求
				003	接收点的概念	X	上岗要求
				004	地震勘探对测量的要求	X	上岗要求
				005	地震勘探震源的种类	Y	
				006	可控震源的特点	Z	
				007	炸药震源的特点	Y	
				008	地震检波器的工作原理	Y	
				009	地震检波器的埋置要求	X	
				010	地震检波器的主要参数	Y	
				011	地震勘探测线的布置形式	X	
				012	二维地震测线的设计方法	X	上岗要求
				013	三维地震测线的设计方法	X	上岗要求
				014	物探观测系统的概念	X	
				015	三维观测系统的定义	X	
				016	三维观测系统的类型	X	
				017	物探设计坐标的计算方法	X	
				018	物探测量实测坐标的定义	X	
				019	测量标志制作方法	X	
				020	物理点桩号的编写方法	X	上岗要求
				021	测量标志旗的制作方法	X	上岗要求
				022	测量标志点号的制作方法	X	上岗要求
				023	标志员的工作内容	X	上岗要求
				024	标志员的工作要求	X	上岗要求
	B	使用工具 （18：3：1）	11%	001	地震施工对激发点位置的选择要求	X	上岗要求
				002	地震施工对接收点位置的选择要求	X	上岗要求
				003	特观设计的定义	Z	
				004	物理点偏移的基本原理	X	
				005	物理点放样偏移的最大距离	X	
				006	特观物理点布设的基本规律	X	
				007	特观设计的工作过程	Y	
				008	二维地震特观设计方法	Y	
				009	三维地震特观设计方法	Y	
				010	物探测量工具的概念	X	上岗要求
				011	链尺的制作方法	X	

续表

行为领域	代码	鉴定范围	鉴定比重	代码	鉴定点	重要程度	备注
专业知识 B（68%）	B	使用工具（18∶3∶1）	11%	012	链尺的检校方法	X	
				013	钢卷尺的维护方法	X	
				014	直线定向的方法	X	上岗要求
				015	基本方向的概念	X	上岗要求
				016	方位角的概念	X	上岗要求
				017	象限角的概念	X	上岗要求
				018	罗盘仪的使用方法	X	
				019	基本方向的关系	X	
				020	物探测线方位角的概念	X	上岗要求
				021	司尺员的工作内容	X	上岗要求
				022	司尺员的工作要求	X	上岗要求
	C	展绘地图（9∶1∶1）	6%	001	测绘学的概念	Y	
				002	测绘学的分科	Z	
				003	大地测量学的概念	X	
				004	地形测量学的概念	X	
				005	工程测量学的定义	X	
				006	现代测绘学的内容	X	
				007	国家基本比例尺	X	上岗要求
				008	比例尺的定义	X	上岗要求
				009	比例尺的精度	X	上岗要求
				010	测量记录员的工作内容	X	上岗要求
				011	测量记录员的工作要求	X	上岗要求
	D	使用地图（10∶3∶1）	7%	001	地图的特性	Y	上岗要求
				002	地图的内容	Z	上岗要求
				003	地图的分类	X	
				004	地图综合的概念	Y	
				005	地图综合的基本方法	Y	
				006	地形图的应用知识	X	上岗要求
				007	测线草图的制作方法	X	上岗要求
				008	测站位置图的绘制方法	X	上岗要求
				009	参考椭球的定义	X	上岗要求
				010	地球椭球的定义	X	上岗要求
				011	大地坐标的概念	X	上岗要求
				012	平面直角坐标的概念	X	上岗要求
				013	平面直角坐标点的展绘方法	X	上岗要求
				014	大地坐标点的展绘方法	X	上岗要求

行为领域	代码	鉴定范围	鉴定比重	代码	鉴定点	重要程度	备注
专业知识B（68%）	E	维护仪器（24：4：2）	15%	001	物探测量的基本任务	Y	
				002	物探测量的主要内容	Y	
				003	物探测量的作业方法	Y	
				004	物探测量的作业流程	X	
				005	物探测量的仪器	X	上岗要求
				006	经纬仪的概念	Y	上岗要求
				007	测距仪的概念	Z	上岗要求
				008	水准仪的概念	Z	上岗要求
				009	全站仪的概念	X	上岗要求
				010	GNSS天线的认识	X	上岗要求
				011	GNSS接收机的认识	X	上岗要求
				012	GNSS控制器的认识	X	上岗要求
				013	仪器转运中的维护方法	X	上岗要求
				014	仪器使用中的维护方法	X	上岗要求
				015	仪器保管中的维护方法	X	上岗要求
				016	电子全站仪的维护方法	X	
				017	GNSS接收机的维护方法	X	
				018	充电器的维护方法	X	
				019	电池的维护方法	X	
				020	电缆的维护方法	X	
				021	三脚架的功能	X	
				022	三脚架的维护方法	X	
				023	基座的功能	X	
				024	对中器的维护方法	X	
				025	仪器对中的概念	X	
				026	仪器对中的意义	X	
				027	仪器对中的方法	X	上岗要求
				028	仪器整平的概念	X	
				029	仪器整平的意义	X	
				030	仪器整平的方法	X	上岗要求
	F	操作仪器（28：5：2）	17%	001	控制测量的基本概念	Z	上岗要求
				002	碎部测量的基本概念	Z	
				003	常规测量的一般原则	Y	
				004	常规测量的基本要素	Y	
				005	常规测量的一般过程	Y	

续表

行为领域	代码	鉴定范围	鉴定比重	代码	鉴定点	重要程度	备注
专业知识B（68%）	F	操作仪器（28：5：2）	17%	006	常规测量坐标系的形式	Y	
				007	全球导航定位系统的定义	X	上岗要求
				008	全球导航定位技术的特点	X	上岗要求
				009	静态测量的概念	X	上岗要求
				010	快速静态的概念	X	上岗要求
				011	实时动态差分测量的概念	X	上岗要求
				012	动态差分参考站的概念	X	上岗要求
				013	动态差分流动站的概念	X	上岗要求
				014	静态测量仪器安装方法	X	上岗要求
				015	RTK 动态测量基准站仪器安装方法	X	上岗要求
				016	RTK 动态测量流动站仪器安装方法	X	上岗要求
				017	导航仪导航方法	X	上岗要求
				018	单点定位的概念	X	上岗要求
				019	发展参考站的规则	X	上岗要求
				020	复测的概念	X	上岗要求
				021	放样的概念	X	上岗要求
				022	控制点位置的选择方法	X	上岗要求
				023	复测率的概念	X	上岗要求
				024	整周模糊度的概念	X	上岗要求
				025	固定解的概念	X	上岗要求
				026	浮点解的概念	X	上岗要求
				027	观测历元的概念	X	上岗要求
				028	有效卫星数的概念	X	上岗要求
				029	放样误差的概念	X	上岗要求
				030	DOP 值的定义	X	
				031	采样间隔的确定方法	X	上岗要求
				032	观测时段的确定方法	X	上岗要求
				033	精密单点定位技术的概念	X	上岗要求
				034	连续运行参考系统的概念	X	上岗要求
				035	信标差分全球定位系统的概念	Y	

注：X—核心要素；Y——一般要素；Z—辅助要素。

附录3 初级工操作技能鉴定要素细目表

行业:石油天然气　　　　工种:石油勘探测量工　　　　等级:初级工　　　　鉴定方式:操作技能

行为领域	代码	鉴定范围	鉴定比重	代码	鉴定点	重要程度	备注
操作技能 A（100%）	A	使用工具	20%	001	制作测量标志旗	X	
				002	制作测量桩号	X	上岗要求
				003	制作与检校链尺	Z	
				004	使用过塑机塑封桩号	X	上岗要求
	B	使用图纸	40%	001	绘制测站位置图	X	上岗要求
				002	绘制测线草图	X	上岗要求
				003	量算地图点大地坐标	X	上岗要求
				004	量算地图点平面直角坐标	X	上岗要求
				005	利用地形图判断地形	X	上岗要求
				006	量算地图比例尺	Y	
				007	利用地图量算测线长度	X	
				008	拼接图纸	Y	
	C	使用仪器	40%	001	使用万用表量测仪器电池电压	Y	上岗要求
				002	使用充电器充放电	X	上岗要求
				003	对中整平仪器	X	上岗要求
				004	测量仪器天线高	X	上岗要求
				005	安装静态测量仪器	X	上岗要求
				006	安装 RTK 基准站测量仪器	X	上岗要求
				007	安装 RTK 流动站测量仪器	X	上岗要求
				008	使用导航仪导航	X	

注:X—核心要素;Y—一般要素;Z—辅助要素。

附录4　中级工理论知识鉴定要素细目表

行业：石油天然气　　　　工种：石油勘探测量工　　　　等级：中级工　　　　鉴定方式：理论知识

行为领域	代码	鉴定范围	鉴定比重	代码	鉴定点	重要程度
基础知识A（29%）	A	石油物探知识（11：2：1）	7%	001	地震波的基本概念	Z
				002	地震波的分类	X
				003	有效波的概念	X
				004	干扰波的概念	X
				005	物探测量的概念	X
				006	物探测量的方法	X
				007	表层调查的概念	X
				008	表层调查的方法	X
				009	微测井的概念	X
				010	小折射的基本概念	X
				011	物探钻井的概念	Y
				012	物探钻井的方法	X
				013	物探放线的概念	Y
				014	物探放线的方法	X
	B	计算机基础知识（16：3：1）	10%	001	计算机文件的概念	X
				002	计算机文件夹的概念	X
				003	新建文件夹的方法	X
				004	删除文件的方法	X
				005	回收站的概念	X
				006	移动文件的方法	X
				007	复制文件的方法	X
				008	命名文件的方法	X
				009	重命名文件夹的方法	X
				010	查找文件的方法	X
				011	计算机病毒的概念	Y
				012	输入法的概念	X
				013	信息的概念	Y
				014	IP地址的概念	Z
				015	计算机网络的特点	Y
				016	办公软件的概念	X

行为领域	代码	鉴定范围	鉴定比重	代码	鉴定点	重要程度
基础知识 A (29%)	B	计算机基础知识 (16∶3∶1)	10%	017	办公软件的基本构成	X
				018	文字处理软件的基本功能	X
				019	电子表格软件的基本功能	X
				020	幻灯片软件的基本功能	X
	C	计量基础知识 (10∶3∶1)	7%	001	长度的单位	X
				002	长度的换算方法	X
				003	角度的单位	X
				004	角度的换算方法	X
				005	面积的单位	X
				006	面积的换算方法	X
				007	时间的单位	X
				008	时间的换算方法	X
				009	温度的单位	X
				010	温度的换算方法	X
				011	压强的单位	Y
				012	压强的换算方法	Y
				013	频率的概念	X
				014	速度的概念	Y
				015	质量的概念	Z
	D	误差基础知识 (4∶1∶0)	2.5%	001	误差的基本概念	X
				002	观测条件的含义	X
				003	误差的分类	X
				004	偶然误差的特性	X
				005	评定精度的标准	Y
	E	测绘法律法规 (4∶1∶0)	2.5%	001	测绘法的施行	X
				002	测绘法确定的测绘的概念	X
				003	测绘法对建立坐标系统的要求	X
				004	测绘法对测量标志保护的规定	Y
				005	测绘成果保密的规定	X
专业知识 B (71%)	A	展绘地图 (18∶3∶1)	11%	001	地球的形状	Z
				002	地球的大小	Y
				003	子午线的含义	X
				004	经度的概念	X
				005	纬度的概念	X
				006	椭球长半轴的含义	X
				007	椭球扁率的含义	X

行为领域	代码	鉴定范围	鉴定比重	代码	鉴定点	重要程度
专业知识 B（71%）	A	展绘地图（18∶3∶1）	11%	008	大地坐标的定义	X
				009	大地坐标的表示方法	X
				010	图纸大地坐标量算方法	X
				011	地理坐标的定义	X
				012	空间直角坐标的定义	X
				013	高程的概念	X
				014	海拔高的概念	X
				015	大地高的概念	X
				016	水准面的概念	X
				017	大地水准面的概念	X
				018	高程异常值的概念	Y
				019	物理点偏移设计方法	X
				020	铅垂线的概念	X
				021	法线的概念	X
				022	图纸抄录方法	Y
	B	使用地图（23∶4∶1）	14%	001	地图投影的概念	X
				002	地图投影的意义	X
				003	地图投影的分类	X
				004	选择地图投影应考虑的因素	Y
				005	高斯投影的概念	X
				006	中央子午线的概念	X
				007	投影分带的概念	X
				008	地球曲率对高差的影响	Y
				009	地球曲率对角度的影响	Y
				010	地球曲率对距离的影响	Y
				011	三北方向的含义	X
				012	三北方向的关系	X
				013	地形图的概念	X
				014	地形图的内容	X
				015	地物的概念	X
				016	地貌的概念	X
				017	等高线的概念	X
				018	等高线的分类	X
				019	等高线的特性	X
				020	高程的量算方法	X

行为领域	代码	鉴定范围	鉴定比重	代码	鉴定点	重要程度
专业知识 B（71%）	B	使用地图（23：4：1）	14%	021	数字比例尺的含义	X
				022	三角高程测量的概念	X
				023	高斯投影 6° 分带方法	X
				024	高斯投影 3° 分带方法	X
				025	平面直角坐标系的概念	X
				026	平面直角坐标的表示方法	X
				027	平面直角坐标的变换	X
				028	国家基本比例尺的含义	Z
	C	维护仪器（25：5：2）	16%	001	卫星定位方法概述	X
				002	卫星定位方法的基本原理	X
				003	卫星定位方法的特点	X
				004	GNSS 的定义	X
				005	GPS 系统基本组成	X
				006	GPS 系统的特点	X
				007	GLONASS 系统的特点	X
				008	北斗导航系统的特点	X
				009	GNSS 卫星星座构成	X
				010	GNSS 卫星的功能	X
				011	GNSS 监控系统的作用	X
				012	GNSS 用户设备分类	X
				013	RTK 基准站仪器调试方法	X
				014	RTK 流动站仪器调试方法	X
				015	RTK 作业参数设置的方法	X
				016	GNSS 接收机通道的概念	X
				017	GNSS 卫星信号的概念	X
				018	GNSS 卫星信号的基本构成	X
				019	电磁波的概念	Y
				020	电磁波传播的特点	Y
				021	电磁波测距原理	X
				022	GNSS 测距码的概念	Y
				023	GNSS 导航电文的概念	X
				024	GNSS 坐标系统的特点	X
				025	GNSS 时间系统的概念	Y
				026	恒星时的概念	Z
				027	协调世界时的概念	Y

行为领域	代码	鉴定范围	鉴定比重	代码	鉴定点	重要程度
专业知识B（71%）	C	维护仪器（25：5：2）	16%	028	卫星定位精度因子分类	X
				029	卫星定位平面精度因子概念	X
				030	卫星定位高程精度因子概念	X
				031	卫星定位空间位置精度因子概念	Z
				032	卫星定位误差的主要来源	X
	D	操作仪器（32：6：2）	20%	001	GNSS 定位的方式	X
				002	伪距的基本概念	Y
				003	伪距测量的基本原理	X
				004	载波相位测量的概念	X
				005	星历的概念	X
				006	精密星历的概念	X
				007	广播星历的概念	X
				008	GNSS 静态测量的意义	X
				009	GNSS 静态测量仪器的基本组成	X
				010	GNSS 天线的认识	X
				011	GNSS 接收机的认识	X
				012	GNSS 接收机的维护方法	X
				013	充电器及电池维护方法	X
				014	卫星钟误差的概念	X
				015	卫星星历误差	X
				016	电离层折射误差的概念	Z
				017	对流层折射误差的概念	X
				018	多路径效应的概念	X
				019	测量误差的概念	X
				020	接收机钟误差的概念	Z
				021	GNSS 静态测量仪器连接方法	X
				022	静态测量仪器调试方法	X
				023	GNSS 静态测量的作业流程	X
				024	RTK 测量的概念	Y
				025	RTK 测量的意义	Y
				026	RTK 测量仪器的基本组成	X
				027	RTK 测量仪器连接方法	X
				028	RTK 测量的作业参数	X
				029	RTK 数据上装的方法	X
				030	RTK 数据下装的方法	X

行为领域	代码	鉴定范围	鉴定比重	代码	鉴定点	重要程度
专业知识B（71%）	D	操作仪器（32：6：2）	20%	031	RTK 基准站的作业流程	X
				032	RTK 流动站的作业流程	X
				033	RTK 设计数据的概念	X
				034	RTK 实测数据的概念	X
				035	导航仪的概念	Y
				036	导航仪的基准参数	X
				037	导航仪的系统构成	Y
				038	导航仪电子地图的概念	Y
				039	导航仪测点方法	X
				040	导航仪航线设计方法	X
	E	整理数据（8：1：1）	5%	001	坐标增量的概念	Z
				002	坐标增量的计算方法	X
				003	坐标正算的概念	X
				004	坐标正算的方法	X
				005	坐标反算的概念	X
				006	坐标反算的方法	X
				007	二维测线设计坐标计算方法	X
				008	三维测线设计坐标计算方法	X
				009	物探测量实测坐标的概念	Y
				010	设计坐标的计算方法	X
	F	处理数据（8：1：1）	5%	001	GNSS 处理软件的概念	Z
				002	GNSS 处理软件的功能	Y
				003	GNSS 处理软件参数设置方法	X
				004	GNSS 静态基线处理的流程	X
				005	GNSS 控制网的图形结构	X
				006	观测时段的概念	X
				007	GNSS 网三维无约束平差的方法	X
				008	GNSS 网三维约束平差的方法	X
				009	复测的概念	X
				010	复测误差的概念	X

注：X—核心要素；Y——一般要素；Z—辅助要素。

附录5　中级工操作技能鉴定要素细目表

行业：石油天然气　　　　工种：石油勘探测量工　　　　等级：中级工　　　　鉴定方式：操作技能

行为领域	代码	鉴定范围	鉴定比重	代码	鉴定点	重要程度
操作技能 A （100%）	A	使用地图	30%	001	绘制测线高程曲线图	X
				002	绘制物理点偏移设计草图	Y
				003	抄录施工图纸	Z
				004	展绘大地坐标点	X
				005	展绘平面直角坐标点	X
				006	量算地图点高程	X
	B	使用仪器	40%	001	调试 GNSS 静态测量仪器	X
				002	调试 GNSS 基准站测量仪器	X
				003	调试 GNSS 流动站测量仪器	X
				004	配置 GNSS 仪器坐标系统参数	X
				005	GNSS 静态观测作业	X
				006	GNSS 基准站观测作业	Y
				007	GNSS 流动站观测作业	X
				008	设置导航仪作业参数	X
	C	处理数据	30%	001	坐标正反算	X
				002	计算二维测线设计坐标	X
				003	计算三维测线设计坐标	X
				004	设置软件坐标系统参数	X
				005	管理静态观测数据	Y
				006	静态基线计算	X

注：X—核心要素；Y—一般要素；Z—辅助要素。

附录6　高级工理论知识鉴定要素细目表

行业:石油天然气　　　　工种:石油勘探测量工　　　　等级:高级工　　　　鉴定方式:理论知识

行为领域	代码	鉴定范围	鉴定比重	代码	鉴定点	重要程度
基础知识A（27%）	A	计算机基础知识（30：5：2）	21%	001	文字处理软件的启动方法	X
				002	文字处理软件窗口的组成	X
				003	新建文字处理文档的方法	X
				004	打开文字处理文档的方法	X
				005	关闭文字处理文档的方法	X
				006	文本输入方法	X
				007	文字处理文本的删除方法	X
				008	文字处理文本的复制方法	X
				009	文字处理文本的粘贴方法	X
				010	文字处理文本的查找方法	X
				011	文字处理文本的替换方法	X
				012	文字处理文本字体的设置方法	X
				013	文字处理文本下划线的设置方法	X
				014	文字处理文本字形的设置方法	X
				015	文字处理文本字号的设置方法	X
				016	文字处理文本颜色的设置方法	X
				017	文字处理文本字间距的设置方法	X
				018	文字处理文本行间距的设置方法	X
				019	文字处理文本对齐方式设置方法	X
				020	文字处理文字方向设置方法	Z
				021	页面方向的设置方法	X
				022	纸张类型的设置方法	Y
				023	页边距的设置方法	X
				024	页眉的设置方法	X
				025	页码的设置方法	X
				026	文字处理文档插入表格的方法	X
				027	文字处理文档表格插入行的方法	X
				028	文字处理文档表格插入列的方法	X
				029	文字处理文档表格合并的方法	X
				030	文字处理文档表格拆分的方法	X

行为领域	代码	鉴定范围	鉴定比重	代码	鉴定点	重要程度
基础知识 A（27%）	A	计算机基础知识（30：5：2）	21%	031	文档表格大小的调整方法	X
				032	文档表格边框的设置的方法	Y
				033	文档表格底纹的设置的方法	Z
				034	文档表格与文本的转换方法	Y
				035	文字处理文档表格数据求和方法	Y
				036	文字处理文档表格数据排序方法	Y
				037	文字处理文档输出方法	X
	B	误差基础知识（6：1：0）	4%	001	中误差的概念	X
				002	误差的传播定律	X
				003	算术平均值的中误差	X
				004	权的定义	Y
				005	单位权中误差	X
				006	带权平均值的中误差	X
				007	同精度观测值的中误差	X
	C	测绘法律法规（3：1：0）	2%	001	测绘标准化工作管理办法	X
				002	测绘计量管理暂行办法	Y
				003	测绘资质管理规定	X
				004	测绘作业证管理规定	X
专业知识 B（73%）	A	展绘图纸（21：4：1）	15%	001	控制测量的概念	X
				002	碎部测量的概念	Z
				003	地形图测绘的方法	X
				004	地形测量任务概述	X
				005	地形测量方法概述	X
				006	地形测量过程概述	X
				007	地物的测绘与表示	X
				008	地物符号的种类	X
				009	地貌的表示方法	X
				010	各种文字注记方法	X
				011	数字化地形测量概述	X
				012	导线测量的概念	X
				013	导线起点的计算方法	X
				014	测线起点草图的绘制方法	X
				015	导线跨越障碍的施工要求	X
				016	导线跨越障碍物草图的设计方法	X
				017	地球椭球体的基本参数	X

续表

行为领域	代码	鉴定范围	鉴定比重	代码	鉴定点	重要程度
专业知识 B（73%）	A	展绘图纸（21：4：1）	15%	018	经纬仪测绘法测图方法	X
				019	全站仪测记法测图方法	X
				020	1956 黄海高程系的含义	X
				021	1985 国家高程基准的含义	Y
				022	1954 北京坐标系的含义	Y
				023	1980 国家坐标系的含义	Y
				024	新 1954 北京坐标系的含义	Y
				025	国家基本平面控制的含义	X
				026	国家基本高程控制的含义	X
	B	使用地图（24：3：2）	16%	001	大地测量学的概念	X
				002	大地测量的任务	X
				003	大地测量的内容	X
				004	大地基准的概念	X
				005	大地原点的概念	X
				006	大地基准的变换	X
				007	地形图的概念	X
				008	地形图的比例	X
				009	地形图的精度	X
				010	图根控制的形式	Z
				011	图根控制的等级	Z
				012	图根点的密度要求	Y
				013	图根点的精度要求	Y
				014	碎部点的测定方法	Y
				015	正高的概念	X
				016	正常高的概念	X
				017	大地水准面差距	X
				018	绝对高程的概念	X
				019	相对高程的概念	X
				020	高程异常的概念	X
				021	等高线的概念	X
				022	地形图分幅编号的概念	X
				023	1：1000000 地形图分幅编号	X
				024	1：100000 地形图分幅编号	X
				025	1：50000 地形图分幅编号	X
				026	坡度的概念	X

行为领域	代码	鉴定范围	鉴定比重	代码	鉴定点	重要程度
	B	使用地图 (24：3：2)	16%	027	坡度的量算方法	X
				028	方位角的概念	X
				029	方位角的量算方法	X
专业知识B (73%)	C	维护仪器 (21：4：1)	14%	001	全站仪的概念	X
				002	全站仪的组成	X
				003	全站仪的分类	X
				004	全站仪的特性	X
				005	电子经纬仪的概念	Y
				006	电子测角原理	Y
				007	补偿器的概念	Z
				008	电子气泡的概念	Y
				009	三轴补偿的概念	Y
				010	电磁波测距仪概述	X
				011	电磁波测距仪的分类	X
				012	电磁波测距仪的测程	X
				013	电磁波的概念	X
				014	正弦波的特性	X
				015	载波与调制波	X
				016	电磁波测距原理	X
				017	测距仪标称精度	X
				018	测距仪固定误差	X
				019	测距仪比例误差	X
				020	测距的气象改正	X
				021	测距仪的加常数	X
				022	测距仪的乘常数	X
				023	全站仪安置的标准	X
				024	全站仪测站检测的标准	X
				025	GNSS 静态作业常见故障	X
				026	GNSS 基准站常见故障	X
	D	操作仪器 (25：5：1)	17%	001	导线控制测量基本技术要求	X
				002	导线控制测量水平角观测要求	X
				003	导线控制测量垂直角观测要求	X
				004	导线控制测量边长观测要求	X
				005	导线控制测量观测记录要求	X
				006	导线控制测量图形的技术要求	X

行为领域	代码	鉴定范围	鉴定比重	代码	鉴定点	重要程度
专业知识 B (73%)	D	操作仪器 (25:5:1)	17%	007	高程测量的精度等级的划分	X
				008	测区的高程系统要求	X
				009	天文方位角的概念	X
				010	天球的概念	X
				011	天球的要素	Y
				012	天球坐标系的概念	Y
				013	地平坐标系的概念	Y
				014	时角赤道坐标系的概念	Y
				015	赤经赤道坐标系的概念	Y
				016	CGCS2 坐标系的概念	X
				017	太阳视位置的概念	Z
				018	太阳方位角观测的要求	X
				019	数据通信基本概念	X
				020	全站仪的记录装置	X
				021	全站仪测图所用仪器的标准	X
				022	全站仪测图的方法	X
				023	全站仪测图测距的要求	X
				024	测距仪的误差来源	X
				025	测距仪使用的注意事项	X
				026	标准方向的种类	X
				027	全站仪的数据通信方法	X
				028	导线测量作业流程	X
				029	坐标方位角计算的方法	X
				030	坐标方位角的传递	X
				031	控制点的概念	X
	E	整理数据 (8:1:1)	6%	001	导线测量的概念	X
				002	导线测量的形式	X
				003	附和导线的概念	X
				004	闭合导线的概念	X
				005	支导线的概念	X
				006	导线网的概念	X
				007	测回的概念	Z
				008	2C 差的概念	Y
				009	RTK 实测偏移量计算方法	X
				010	RTK 复测量统计方法	X

行为 领域	代码	鉴定范围	鉴定 比重	代码	鉴定点	重要 程度
专业 知识 B （73%）	F	处理数据 （7∶1∶1）	5%	001	三角高程测量的原理	Z
				002	三角高程测量的基本公式	Y
				003	三角高程测量球差改正方法	X
				004	导线全长闭合差的概念	X
				005	导线全长相对闭合差的概念	X
				006	角度闭合差的计算方法	X
				007	角度闭合差的分配方法	X
				008	坐标增量闭合差的计算方法	X
				009	坐标增量闭合差的分配方法	X

注：X—核心要素；Y—一般要素；Z—辅助要素。

附录7　高级工操作技能鉴定要素细目表

行业:石油天然气　　　　工种:石油勘探测量工　　　　等级:高级工　　　　鉴定方式:操作技能

行为领域	代码	鉴定范围	鉴定比重	代码	鉴定点	重要程度
操作技能A（100%）	A	使用图纸	25%	001	绘制测线上线设计草图	X
				002	绘制导线过障碍草图	Y
				003	计算地形图分幅编号	X
				004	计算机辅助绘制测线位置图	X
				005	利用地形图分析测线地形状况	X
	B	使用仪器	40%	001	检验全站仪对中器	Y
				002	检验全站仪指标差	X
				003	检查 GNSS 静态仪器运行状态	X
				004	检查 GNSS 基准站仪器运行状态	X
				005	检查 GNSS 流动站仪器运行状态	X
				006	全站仪设站操作	X
				007	全站仪放样	X
				008	全站仪观测水平角	X
	C	处理数据	35%	001	统计 RTK 复测点	X
				002	统计 RTK 实测点	X
				003	整理水平角观测数据	X
				004	整理垂直角观测数据	Z
				005	计算物理点实测偏移量	X
				006	计算导线角度闭合差	X
				007	计算导线坐标增量闭合差	Y

注:X—核心要素;Y—一般要素;Z—辅助要素。

附录8 技师和高级技师理论知识鉴定要素细目表

行业：石油天然气　　　工种：石油勘探测量工　　　等级：技师和高级技师　　　鉴定方式：理论知识

代码	级别	代码	行为领域	代码	鉴定范围	鉴定比重(%)	代码	鉴定点	重要程度
J（GJ）	技师高级技师	A	基础知识25%	A	计算机知识	24	001	电子表格的基本特点	Y
							002	启动电子表格的方法	X
							003	电子表格新建工作簿的方法	X
							004	电子表格打开工作簿的方法	X
							005	电子表格保存工作簿的方法	X
							006	电子表格工作表的含义	X
							007	电子表格插入工作表的方法	X
							008	电子表格重命名工作表的方法	X
							009	复制工作表的方法	X
							010	电子表格插入行的方法	X
							011	电子表格选中单元格区域的方法	X
							012	电子表格删除单元格的方法	X
							013	电子表格替换数据的方法	X
							014	电子表格数据的填充方法	X
							015	电子表格单元格格式的设置方法	X
							016	电子表格列宽的设置方法	X
							017	电子表格保护工作表的方法	Y
							018	电子表格构建公式的方法	X
							019	电子表格使用内置函数的方法	X
							020	在函数中使用名称的方法	X
							021	电子表格数据排序的方法	X
							022	电子表格数据筛选的方法	X
							023	电子表格图表的创建方法	X
							024	电子表格打印区域的设置方法	X
							025	创建演示文稿的方法	X
							026	幻灯片输入文本的方法	X
							027	幻灯片编辑文本的方法	X
							028	幻灯片使用大纲的方法	X
							029	幻灯片文本格式设置的方法	X
							030	幻灯片运用项目符号和编号的方法	X

续表

代码	级别	代码	行为领域	代码	鉴定范围	鉴定比重(%)	代码	鉴定点	重要程度
J(GJ)	技师高级技师	A	基础知识 25%	A	计算机知识	24	031	幻灯片运用配色方案的方法	X
							032	幻灯片应用动画的方法	X
							033	放映幻灯片的方法	X
							034	计算机网络的分类	Y
							035	计算机网络的基本组成	Y
							036	计算机网络的 IP 地址的概念	Y
							037	计算机网络域名的概念	Z
							038	计算机网络浏览器的概念	Z
							039	计算机网络搜索引擎的概念	Y
				B	测绘法律法规	2	001	建立相对独立的平面坐标系统管理办法	X
							002	测绘成果质量监督抽查管理办法	X
							003	测绘生产质量管理规定	Y
							004	测绘成果管理条例	X
		B	专业知识	A	维护仪器	12	001	光学经纬仪高级检验的方法	X
							002	全站仪测距轴和视准轴重合性的检测方法	X
							003	全站仪周期误差的检测方法	X
							004	全站仪加常数的检测方法	X
							005	电子全站仪基座稳定性的检测方法	X
							006	电子全站仪照准部旋转正确性的检测方法	X
							007	全站仪的零位误差的概念	X
							008	全站仪的零位误差的检定	X
							009	电子全站仪的纵向补偿精度	X
							010	电子全站仪的横向补偿精度	Y
							011	水准测量概述	X
							012	水准仪的分类	X
							013	水准仪的构造	Y
							014	水准测量的基本原理	X
							015	水准仪轴系应满足的条件	X
							016	水准管轴与视准轴平行性的检校	X
							017	i 角对读数的影响	X
							018	i 角对高差的影响	X
							019	i 角的检验原理	X
							020	i 角的检验方法	X
							021	i 角的校正方法	Y
							022	i 角的校正步骤	Z

代码	级别	代码	行为领域	代码	鉴定范围	鉴定比重(%)	代码	鉴定点	重要程度
J（GJ）	技师高级技师	B	专业知识	B	操作仪器	12	001	全站仪加常数的测定流程	X
							002	水准测量的等级	X
							003	普通水准测量观测的方法	X
							004	普通水准测量记录的方法	X
							005	地球曲率对高差的影响度	X
							006	水准测量的设计方案	X
							007	光学水准仪基本操作的方法	X
							008	电子水准仪的基本原理	X
							009	电子水准原理的种类	X
							010	电子水准仪的特点	X
							011	电子水准仪的误差源	X
							012	电子水准仪的检验	Y
							013	电子水准仪的校正	Y
							014	GPS接收机的检测项目	X
							015	GPS接收机的通电检视方法	X
							016	GPS接收机内部噪声水平测试的方法	X
							017	GPS接收机静态精度指标测试的方法	X
							018	GPS接收机天线相位中心稳定性检验的方法	Y
							019	GPS接收机频标稳定性检验的方法	Z
					C	整理数据	12	001	精度的概念	X
							002	准确度的概念	X
							003	方差的概念	X
							004	标准差的意义	X
							005	等精度观测值的概念	X
							006	观测值方差的估算方法	X
							007	整周未知数的确定方法	X
							008	基线向量固定解的确定方法	X
							009	基线解算的质量指标	X
							010	基线解算质量分析的方法	X
							011	影响GNSS基线解算的因素	X
							012	坐标转换的模型	X
							013	转换参数的计算方法	X
							014	高程拟合法的基本原理	X
							015	高程拟合法的注意事项	X
							016	高程拟合的方法	X

续表

代码	级别	代码	行为领域	代码	鉴定范围	鉴定比重(%)	代码	鉴定点	重要程度
J(GJ)	技师高级技师	B	专业知识	C	整理数据	12	017	函数模型	Y
							018	随机模型	Y
							019	条件平差法的数学模型	Y
							020	间接平差法的数学模型	Z
				D	计算数据	17	001	测量平差概述	Z
							002	测量平差的任务	Y
							003	三角网的概念	Y
							004	导线网的概念	Y
							005	正态分布方程的概念	Y
							006	GNSS 网概述	X
							007	GNSS 网的相关概念	X
							008	GNSS 控制点选定的方法	X
							009	GNSS 广域差分系统的概述	X
							010	GNSS 局域差分系统的概述	X
							011	GNSS 网的图形结构	X
							012	GNSS 网的技术指标	X
							013	初始平差的概念	X
							014	GNSS 基线向量网平差的概述	X
							015	GNSS 控制网平差的类型	X
							016	三维无约束平差的原理	X
							017	提取基线向量的原则	X
							018	GNSS 网三维无约束平差的方法	X
							019	转换参数的求解方法	X
							020	单一水准路线平差计算的方法	X
							021	点位误差	X
							022	误差曲线	X
							023	误差椭圆	X
							024	相对误差椭圆	X
							025	测量平差的随机模型	X
							026	最小二乘法的基本概念	X
							027	GNSS 网二维约束平差的方法	X
							028	GNSS 网三维约束平差的方法	X
				E	监控质量	7	001	石油勘探测量质量监控的目的	X
							002	GNSS 控制测量的质量监控要点	X
							003	静态野外观测质量监控的方法	X

续表

代码	级别	代码	行为领域	代码	鉴定范围	鉴定比重(%)	代码	鉴定点	重要程度
JS	技师高级技师	B	专业知识	E	监控质量	7	004	控制点标志设置质量监控方法	X
							005	RTK 基准站操作质量控制方法	X
							006	RTK 流动站观测质量控制方法	X
							007	RTK 流动站放样质量控制方法	X
							008	RTK 数据传输质量控制方法	Z
							009	导线控制测量的质量监控要点	Y
							010	物探测量资料质量评定的标准	X
							011	物探测量资料的最终检查验收内容	Y
				F	制定流程	4	001	全站仪施工作业流程编制要点	Y
							002	全站仪野外操作流程编制要点	X
							003	静态测量施工作业流程编制要点	X
							004	静态测量野外操作流程编制要点	X
							005	静态测量数据处理流程编制要点	X
							006	RTK 基准站作业流程编制要点	X
							007	RTK 流动站作业流程编制要点	X
				G	操作计算机	4	001	编程语言的概念	Y
							002	常用编程软件	X
							003	数据输入方法	X
							004	数据输出方法	X
							005	文件操作方法	X
							006	测线合格通知书一般要求	X
							007	测量成果格式一般要求	X
				H	培训管理	3	001	静态测量教学幻灯片制作方法	X
							002	测量仪器安全使用的方法	X
							003	石油物探测量规范的培训	X
							004	网络管理方法	Y
							005	野外施工质量监控的方法	X

附录9 技师操作技能鉴定要素细目表

行业：石油天然气　　　工种：石油勘探测量工　　　　等级：技师　　　　　鉴定方式：操作技能

代码	级别	代码	行为领域	代码	鉴定范围	鉴定比重（%）	代码	鉴定点	重要程度
J	技师	A	操作技能	A	使用仪器	35	001	检验全站仪视准轴误差	X
							002	检验全站仪横轴误差	Y
							003	简易测定棱镜加常数	Z
							004	全站仪三角高程测量	X
							005	普通水准测量两点高差	X
							006	设置 RTK 基准站作业参数	X
							007	设置 RTK 流动站导航参数	X
				B	处理数据	40	001	反算二维测线桩号	X
							002	反算三维测线桩号	X
							003	整理 RTK 观测数据	X
							004	转换坐标系统	X
							005	计算三角高程	X
							006	GNSS 控制网无约束平差	X
							007	计算坐标系统转换参数	X
							008	普通水准测量计算	Y
				C	控制质量	25	001	检查静态数据观测质量	X
							002	检查 RTK 数据观测质量	X
							003	检查 RTK 放样质量	X
							004	编写 GNSS 静态作业流程	Y
							005	编写 GNSS RTK 作业流程	X

附录10　高级技师操作技能鉴定要素细目表

行业:石油天然气　　　　工种:石油勘探测量工　　　　等级:高级技师　　　　鉴定方式:操作技能

代码	级别	代码	行为领域	代码	鉴定范围	鉴定比重（%）	代码	鉴定点	重要程度
GJ	高级技师	A	操作技能	A	使用仪器	20	001	水准仪 i 角检验	Y
							002	检测 RTK 测量精度	X
							003	GNSS RTK 偏移测量作业	X
							004	全站仪导线测量作业	X
				B	处理数据	35	001	GNSS RTK 数据格式变换	X
							002	二维测线偏移设计	X
							003	三维测线偏移设计	X
							004	四等水准数据计算	Y
							005	GNSS 控制网约束平差	X
							006	计算 GNSS 控制网环闭合差	X
							007	计算 GNSS 控制网标准差	X
				C	控制质量	25	001	检查 GNSS 控制网基线复测精度	X
							002	检查 GNSS 控制网平差质量	X
							003	检查导线成果质量	X
							004	利用网络资源勘查工区地形地貌	X
							005	编写全站仪和 GNSS RTK 联合作业方案	Z
				D	综合能力	20	001	编写实用测量程序	X
							002	编写测量技术设计书	X
							003	制作测量教学幻灯片	X
							004	编写培训教学计划	Y

附录 11　操作技能考核内容层次结构表

项目 级别	技能操作				综合能力		合计
	使用工具	使用图纸	使用仪器	处理数据	控制质量	综合能力	
初级	20分 40~45min	40分 80~90min	40分 80~96min				100分 200~231min
中级		30分 60~90min	40分 80~95min	30分 60~85min			100分 200~270min
高级		25分 50~55min	40分 80~120min	35分 70~105min			100分 200~280min
技师			35分 70~105min	40分 80~125min	25分 50~85min		100分 200~315min
高级技师			20分 40~90min	35分 70~140min	35分 70~160min	10分 20~50min	100分 200~440min

参 考 文 献

[1]　中国石油天然气集团公司人事服务中心. 石油物探测量工(上册)[M]. 北京:石油工业出版社,2005.

[2]　中国石油天然气集团公司人事服务中心. 石油物探测量工(下册)[M]. 北京:石油工业出版社,2005.

[3]　中国石油天然气集团公司人事服务中心. 石油地震勘探工(上册)[M]. 北京:石油工业出版社,2005.

[4]　中国石油天然气集团公司人事服务中心. 石油地震勘探工(下册)[M]. 北京:石油工业出版社,2005.

[5]　中国石油天然气集团公司人事服务中心. 电工(上册)[M]. 北京:石油工业出版社,2005.

[6]　中国石油天然气集团公司人事服务中心. 电工(下册)[M]. 北京:石油工业出版社,2005.

[7]　陆国胜. 测量学[M]. 北京:测绘出版社,2015.

[8]　吕志平,乔书波. 大地测量学基础[M]. 北京:测绘出版社,2017.

[9]　孔祥元,梅是义. 控制测量学(上册)[M]. 武汉:武汉大学出版社,2002.

[10]　张秀胜. 石油物探测量理论与应用[M]. 北京:石油工业出版社,2009.

[11]　魏二虎,黄劲松. GPS 测量操作与数据处理[M]. 武汉:武汉大学出版社,2004.

[12]　赵长胜. 现代测量平差理论与方法[M]. 北京:测绘出版社,2018.

[13]　陈健,晁定波. 椭球大地测量学[M]. 北京:测绘出版社,1992.

[14]　周忠谟,易杰军,周琪. GPS 卫星测量原理与应用[M]. 北京:测绘出版社,2002.

[15]　程鹏飞,成英燕,文汉江,等. 2000 国家大地坐标系实用宝典[M]. 北京:测绘出版社,2008.